무분별한 사교육은 이제 그만!
위기탈출 청소년을 위한

중학 수학 플랜 B

중학교
수학 2-2

 books

생각하지 않는 수학은 미친 짓이다

어렸을 때 나는 숫자를 계산하는 것이 재밌어서 수학을 좋아했다. 사칙연산, 다항식의 계산, 방정식의 풀이 등 친구들과 칠판에 똑같은 문제를 써 놓고 '누가 더 빨리 푸나' 내기를 한 적도 많다. 유난히 수학 문제를 많이 푼 덕에 초·중학교 때 수학성적만은 반에서 항상 1등을 놓치지 않았다. 그런데 문제는 고등학교 수능 모의고사(수리영역)였다. 그렇게 많은 문제를 풀고 공식을 달달 외웠음에도 불구하고 좀처럼 모의고사 성적은 오르지 않았다. 그럴 때마다 끊임없이 새로운 문제집을 사서 더 많은 문제를 풀곤 했는데, '한 번 풀었던 문제는 절대 틀리지 말아야지' 하는 생각에 문제유형까지 모조리 암기했던 기억이 난다. 드디어 1997년 수능시험 날. 결과는 무척 실망스러웠다. 투자한 시간에 비해 성적이 턱없이 저조했기 때문이다. '노력은 배신하지 않는다' 라는 신조를 가슴에 새기고 고군분투했는데 이런 결과가 나오다니... 나는 이날의 결과를 도저히 인정할 수가 없었다. 그때 문득 이런 생각이 들었다.

혹시 나의 공부법이 잘못된 것은 아니었을까?...

그렇다. 개념을 이해하고 문제를 해결해 나가는 과정에서 나는 특별한 고민없이 무작정 '개념암기·문제풀이식' 학습을 했던 것이 기억난다. 수학문제를 보면 항상 연습장부터 꺼내들어 수식을 써 내려가며 기계적으로 정답을 찾곤 했는데, 당연히 문제를 풀 수 있으니 개념은 알고 있는 줄 착각했던 것이다. 이것이 바로 내가 수학에 실패한 이유 중 하나이다. 유사한 문제를 푸는 것은 한두 번으로 족하다. 중요한 것은 개념 하나를 보더라도 그리고 한 문제를 풀더라도 뭔가 특별한 고민을 해야한다는 것이다. 예를 들어, 이 개념이 왜 도출되었는지 그리고 이 개념을 알면 어떤 것들을 해결할 수 있는지, 문제를 풀기 위해 어떤 개념을 어떻게 사용해야 하는지 그리고 문제의 출제의도가 무엇인지 등에 대한 고민 말이다. 정리하면, '개념을 정확히 이해하고 그것을 바탕으로 문제를 철저히 분석하여 해결해 나가는 것', 그것이 바로 수학을 공부하는 기본적인 자세였던 것이다. 혹자는 하나의 개념 또는 문제를 다루는데 이렇게 많은 시간을 투자할 필요가 있느냐고 물을 것이다. 하지만 이러한 방식으로 개념을 이해하고 문제를 해결하게 되면, 그와 유사한 모든 개념과 문제를 섭렵할 수 있을 뿐만 아니라 개념을 조금씩 변형하여 다양한 유형의 문제를 직접 출제할 수 있는 역량까지도 겸비할 수 있게 된다.

정말 그런 능력이 생기는지 궁금하다고?

그렇다면 지금 바로 중학수학 플랜B의 개념이해 및 문제해결과정을 통해 직접 경험해 보길 바란다. 더불어 아직도 '개념암기 · 문제풀이식' 학습을 하는 학생들이 있다면 필자는 이렇게 말하고 싶다.

'생각하지 않는 수학은 미친 짓'이라고...

비록 고등학교 때 수학에서 큰 결실을 거두지는 못했지만 워낙 수학을 좋아했던 나머지 대학 시절 다수의 과외 경험과 졸업 후 학원강사 경력을 살려, 2011년 12월부터 중 · 고등학생들을 위한 재능기부 수학교실(슬기스쿨)을 운영하게 되었다. '슬기스쿨'은 수학을 쉽고 재미있게 공부할 수 있도록 코칭하는 일종의 자기주도학습 프로그램이다. 그런데 학생들을 코칭하던 중 '기존 수험서를 가지고는 혼자서 수학을 공부하기 어렵다'는 것을 절실히 깨달았다. 우리 아이들이 비싼 사교육 없이 혼자서도 즐겁고 재미있게 수학을 공부할 수 있도록 도와주고 싶은데... 뭔가 좋은 방법이 없을까? 이러한 고민 끝에 그간 슬기스쿨의 수업자료를 정리하여『중학수학 플랜B』가 세상에 나오게 되었다.

이 책은 '개념암기 · 문제풀이식' 학습을 지향하는 기존 여러 참고서와는 전혀 다른 패턴으로 기술되었다. 첫째, 마치 선생님이 곁에서 이야기 해 주듯이 서술형으로 개념을 정리해 줌으로써, 학교수업 이외 별도의 학원강의를 들을 필요가 없도록 해 준다. 둘째, 질의응답식 개념설명을 통해 학생 스스로가 개념의 맥을 직접 찾을 수 있도록 도와준다. 셋째, 문제해결에 필요한 개념을 스스로 도출하여 그 해법을 설계하는 신개념 문제풀이법(개념도출형 학습방식)을 개발 · 적용하였다. 이는 무엇보다 정답을 맞추기 위한 문제풀이가 아닌 스스로 개념을 도출하여 문제를 해결하는 혁신적인 문제풀이법으로 '어떤 개념을 어떻게 활용해야 문제를 해결할 수 있는지'를 학생 스스로 깨치도록 하여, 한 문제를 풀어도 유사한 모든 문제를 풀 수 있는 능력을 갖추도록 도와준다.

더 이상 사교육 중심의 수학공부시대(플랜A)는 끝났다. 이젠 스스로 생각하는 자기주도학습(플랜B)만이 살 길이다. 모쪼록 이 책을 통해 대한민국 모든 학생들이 논리적으로 사고할 수 있는 '창의적 인재'가 되길 간절히 소망한다.

고교 시절 실패의 경험을 떠올리며

이 형 욱

플랜B가 강력 추천하는 효율적인 수학공부법

수학에는 왕도가 없다? 중학교 수학시간에 줄곧 들었던 말이다. 수학이라는 학문은 아무리 왕이라도 쉽게 정복할 수 없음을 의미한다. 즉, 기초를 확실히 다지고 다양한 문제를 접해봐야만 수학을 잘할 수 있다는 뜻이기도 하다.

정말 수학에는 왕도가 없는 것일까?

흔히 수학을 이렇게 공부하라고 말한다.

① 기본개념에 충실하라.　② 다양한 유형의 문제를 풀어라.

많은 학생들이 이 말을 굳게 믿고 개념과 공식을 열심히 암기하여 수많은 문제를 푸는데 시간과 공을 들이고 있다. 나 또한 그랬다. 그러나 더 이상 학생들이 나와 같은 실패를 경험하게 하고 싶지 않다. 수학의 왕도는 없지만 효율적으로 쉽게 수학을 공부하는 방법은 분명히 존재한다. 지금부터 그 방법에 대해 구체적으로 설명해 보려 한다.

[1] 기본개념의 숨은 의미까지 파악하라.

수학의 기본개념을 이해했다면 그 개념의 숨은 의미까지 정확히 파악할 수 있어야 한다. 도대체 숨은 의미가 뭐냐고? 만약 어떤 수학개념을 배웠다면, 이 개념이 어디에 어떻게 쓰이는지 그리고 어떠한 것들을 해결할 수 있는지가 바로 그 개념의 숨은 의미라고 말할 수 있다. 그럼 다음 수학개념의 숨은 의미를 함께 찾아보자.

[등식의 성질]
① 등식의 양변에 같은 수를 더해도 등식은 성립한다. ($a=b \;\rightarrow\; a+c=b+c$)
② 등식의 양변에서 같은 수를 빼도 등식은 성립한다. ($a=b \;\rightarrow\; a-c=b-c$)
③ 등식의 양변에 같은 수를 곱해도 등식은 성립한다. ($a=b \;\rightarrow\; a \times c=b \times c$)
④ 등식의 양변을 0이 아닌 같은 수로 나누어도 등식은 성립한다.
　($c \neq 0$일 때, $a=b \;\rightarrow\; a \div c=b \div c$)

다들 등식의 성질이 무엇인지 알고 있을 것이다. 그렇다면 등식의 성질이라는 개념이 어디에 어떻게 쓰이는지도 알고 있는가? 그렇다. 등식의 성질은 일차방정식을 풀어 미지수의 값을 찾는데 흔히 사용된다.

$$2x+4=8 \ \rightarrow \ 2x+4-4=8-4 \ (\text{등식의 양변에서 4를 뺀다}) \ \rightarrow \ 2x=4$$
$$2x=4 \ \rightarrow \ 2x \div 2=4 \div 2 \ (\text{등식의 양변을 2로 나눈다}) \ \rightarrow \ x=2$$

그럼 등식의 성질을 이용하여 어떠한 것들을 해결할 수 있는지 차근차근 정리해 보자. 일단 일차방정식을 풀 때 등식의 성질이 활용되고 있는 것쯤은 다들 알고 있을 것이다. 여기서 우리는 다음과 같은 질문을 던져 볼 수 있다.

과연 등식의 성질을 이용하면 어떠한 일차방정식도 풀 수 있을까?

즉, 등식의 성질을 이용하면 임의의 일차방정식 $ax+b=c(a \neq 0)$를 풀어 낼 수 있는지 묻는 것이다. 음... 잘 모르겠다고? 그럼 함께 풀어보도록 하자.

$$ax+b=c \ \rightarrow \ ax+b-b=c-b \ (\text{등식의 양변에서 } b\text{를 뺀다}) \ \rightarrow \ ax=c-b$$
$$ax=c-b \ \rightarrow \ ax \div a=(c-b) \div a \ (\text{등식의 양변을 } a\text{로 나눈다}) \ \rightarrow \ x=\frac{c-b}{a}$$

따라서 임의의 일차방정식 $ax+b=c(a \neq 0)$의 해는 $x=\dfrac{c-b}{a}$가 된다. 여기서 a, b, c는 어떤 상수이므로 $\dfrac{c-b}{a}$ 또한 어떤 숫자에 불과하다. 이제 질문의 답을 찾아볼 시간이다.

등식의 성질을 이용하면 어떠한 일차방정식도 풀 수 있을까? ➡ YES!

개념의 숨은 의미가 무엇인지 감이 오는가? 등식의 성질이 갖고 있는 숨은 의미는 바로 '등식의 성질을 이용하면 어떠한 일차방정식도 풀이가 가능하다는 것', 더 나아가 '일차방정식 문제는 단순히 등식의 성질을 이용하는 계산문제라는 것'이다. 이 말은 더 이상 우리가 풀지 못하는 일차방정식은 이 세상에 없다는 말과도 상통한다.

[2] 개념을 도출하면서 문제해결과정을 설계하라. (개념도출형 학습방식)

무작정 많은 문제를 푼다고 해서 수학 실력이 향상되는 것은 아니다. 물론 순간적으로 시험 성적을 높일 수는 있겠지만, 진정한 수학 실력인 논리적 사고에는 그다지 큰 도움을 주지 못한다는 말이다. 한 문제를 풀더라도 이 문제를 풀기 위해서 어떤 개념을 알아야 하는지 그리고 그 개념을 어떻게 적용해야 문제를 해결할 수 있는지 스스로 설계하는 것이 중요하다. 계산은 나중 문제다. 그럼 다음 문제를 통해 개념을 도출하면서 문제를 해결하는 과정을 함께 설계해 보도록 하자. 즉, 개념도출형 학습방식을 체험해 보자는 말이다.

두 일차방정식 $ax+3=-4$와 $5x-4=6$의 해가 서로 같을 때,

상수 a의 값을 구하여라.

먼저 ① 문제를 풀기 위해 어떤 개념을 알아야 할까? 그렇다. 일차방정식에 관한 개념을 알아야 할 것이다. 다시 말해, 일차방정식의 해의 의미 그리고 일차방정식의 풀이법이 무엇인지 정확히 알고 있어야 한다는 말이다. 이제 ② 도출한 개념과 그 숨은 의미를 머릿속에 떠올려 보자.

• 일차방정식 : $ax+b=0(a \neq 0,\ a,\ b$는 상수)꼴로 변형이 가능한 방정식
• 일차방정식의 해 : 방정식을 참으로 만드는 미지수의 값
  ※ 숨은 의미 : 방정식의 해를 미지수에 대입하면 등식이 성립한다.
• 일차방정식의 풀이법 : 등식의 성질을 이용하여 방정식을 '$x=($ $)$꼴로 변형한다.
  ※ 숨은 의미 : 등식의 성질을 이용하면 모든 일차방정식을 풀 수 있다.

다음으로 ③ 문제의 출제의도가 무엇인지 생각해 보고, 본인이 떠올린 개념을 바탕으로 문제를 해결하는 방법을 설계한다. 여기서 설계란 정답을 찾는 것이 아닌 어떤 방식으로 문제를 풀지 서술하는 것을 말한다. 우선 이 문제는 일차방정식의 해와 그 풀이법에 대한 개념을 정확히 알고 있는지 묻는 문제이다. 주어진 두 방정식의 해가 서로 같다고 했으므로 미정계수가 없는 방정식 $5x-4=6$을 먼저 푼 다음에 그 해를 방정식 $ax+3=-4$에 대입한다. 그러면 어렵지 않게 미정계수 a에 대한 또 다른 방정식을 도출할 수 있을 것이다. 마지막으로 등식의 성질을 활용하여 도출된 방정식(a에 대한 방정식)을 풀면, 게임 끝~ 이제 남은 것은 ④ 수식의 계산을 통해 정답을 찾는 것이다. 이는 이미 머릿속에 설계된 내용대로 천천히 계산하는 단순 과정일 뿐이다. 고작 한 문제를 푸는데 이렇게 많은 시간을 들일 필요가 있

냐고? 물론 처음에는 좀 시간이 걸리겠지만, 몇 번 하다보면 과정 ①~②의 경우 문제를 읽는 도중에 해결할 수 있을 것이다. 그리고 문제를 다 읽고 난 후 바로 ③~④의 과정을 진행하면 된다. 특히 과정 ③을 진행할 때 가장 심도있게 고민해야 한다. 가끔 과정 ③을 건너뛰는 학생들이 있는데 절대 그러지 않길 바란다. 가장 중요한 것이 바로 과정 ③이라는 사실을 반드시 명심해야 할 것이다. 그래야 다음 [3]번을 제대로 수행할 수 있기 때문이다.

[3] 본인이 푼 문제를 변형하여 직접 새로운 문제를 출제해 본다.

앞서 풀었던 문제를 다음과 같이 변형할 수 있다. 참고로 다음 변형된 문제는 일차방정식의 해의 개념을 기준으로 정답 추론과정을 조금씩 다르게 설계한 문제라고 볼 수 있다.

- 일차방정식 $-2x+7=9$의 해에 4를 더한 값이 일차방정식 $4x-a=6$의 해와 같을 때, 상수 a의 값을 구하여라.
- 일차방정식 $2x-a=9$에서 x의 계수를 3인 줄 착각하고 풀었더니 해가 $x=2$가 되었다. 원래의 일차방정식의 해를 구하여라.

어떠한가? 참으로 대단하지 않은가? 이처럼 개념도출형 학습방식으로 문제를 풀다보면, 한 문제를 풀어도 그와 유사한 무수히 많은 문제를 해결할 수 있는 능력이 생기게 된다. 더불어 다양한 유형의 문제를 직접 출제할 수 있는 역량도 갖출 수 있게 된다. 즉, 수학을 아주 효율적으로 공부할 수 있다는 말이다.

중학수학 플랜B(교재)의 활용법

수학은 어떤 특징을 가지고 있을까? 국어, 과학, 사회 등과는 다르게 수학이라는 과목은 앞의 내용을 '기억'하지 못한다면 뒤의 내용을 '이해'할 수가 없는 과목 중 하나이다. 예를 들어, 등식의 성질을 모르고서는 일차방정식을 풀 수 없으며 일차방정식을 모르고서는 연립방정식, 이차방정식 등을 풀 수 없다는 말이다. 수학이 다른 과목에 비해 기초가 중요하다고 말하는 이유도 바로 여기에 있다. 단순히 개념을 '이해'하는 것이 아닌 '80% 이상을 기억'하고 있어야 비로소 뒤에 나오는 개념을 이해할 수 있다는 것이 수학의 가장 중요한 특징이다. 개념을 기억하기 위해서는 여러 번에 걸친 개념이해 작업이 필요하다는 것쯤은 다들 알고 있을 것이다. 다음은 중학수학 플랜B의 내용구성에 따른 특징을 요약한 것이다.

[교재의 특징]

① 마치 선생님의 설명을 그대로 글로 옮겨놓은 듯 산문형식으로 개념이 정리되어 있다.

➡ 학교수업 이외 별도의 강의를 들을 필요가 없다.

② 질의응답식 개념 설명을 기본으로 하고 있다.

➡ 스스로 질문의 답을 찾으면서 개념의 맥을 찾을 수 있게 한다.

③ 개념도출형 학습방식으로 문제를 해결하고 있다.

➡ 문제해결방법을 스스로 설계할 수 있으며, 더 나아가 다양한 유형의 문제를 출제할 수 있는 역량까지도 키울 수 있게 한다.

이러한 특징을 바탕으로 개별 단원의 경우, i) 서술식 개념설명(본문 40 page 내외), ii) 개념이해하기(2 page 내외) 그리고 iii) 문제해결하기(기본 15문제 내외, 심화 3~5문제 내외) 이렇게 세 가지 소단원으로 구성되어 있다. 이제 교재를 어떻게 활용하는지에 대해 자세히 알아보자.

[교재 활용법]

① 서술식 개념설명 (본문)

i) 본문을 천천히 한 문장 한 문장 이해하면서 끝까지 읽어본다.

여기서 그냥 읽기만 하면 안 된다. 본문에서 '~은 무엇일까요?' 등의 질문이 나오면, 반드시 1분 정도 질문의 답을 스스로 찾아본 후, 다음 내용을 읽어 내려간다. 이는 학습에 집중할 수 있게 할 뿐더러 개념에 대한 기억이 훨씬 오랫동안 남도록 도와준다. 만약 이해가 되지 않는 문장이 있으면 한 번 더 읽어보고 그래도 이해가 안 간다면 그냥 다음 문장으로 넘어간다. (아마 60~70%를 이해했더라도 30~40% 정도만 기억할 것이다)

ii) 다시 한 번 개념설명에 대한 본문을 천천히 이해하면서 끝까지 읽어본다.

좀 더 빠르게 읽힐 것이다. 마찬가지로 질문이 나오면 반드시 1분 정도 질문의 답을 스스로 찾아본다. 더불어 개념의 숨은 의미가 무엇인지도 직접 찾으면서 읽는다. (아마 80~90%를 이해했더라도 60~70% 정도만 기억할 것이다)

iii) 마지막으로 주요 개념 및 숨은 의미를 짚어가면서 읽어본다.

아주 빠르게 읽힐 것이다. 마찬가지로 질문이 나오면 반드시 1분 정도 질문의 답을 스스로 찾아본다. 더불어 개념의 숨은 의미가 무엇인지도 직접 찾으면서 읽는다. (아마 100%를 이해했더라도 80% 정도만 기억할 것이다. 이 정도면 충분하다)

② 개념정리하기

일단 용어만 보고 개념의 의미를 머릿속에 떠올린 후, 자신이 생각한 내용이 맞는지 확인하면서 읽는다. 그리고 개념에 대한 예시를 직접 찾아본다.

③ 문제해결하기

절대 빨리 풀려고 하지 마라. 반드시 개념도출형 학습방식으로 한 문제 한 문제씩 천천히 해결해 나가야 한다. 이 때 책 속에 들어 있는 **붉은색 카드를 활용하여 질문의 답을 가린 후 단계별로 본인이 맞게 답했는지** 확인하면서 문제를 해결한다. 한 문제를 해결한 후에는 반드시 그와 유사한 문제를 직접 출제해 본다.

'기억하는' 것은 '암기하는' 것과는 다르다. 즉, 뒤쪽에서 비슷한 내용이 나올 경우 바로 이해할 수 있다는 뜻이지, 내용 하나하나를 외우는 것이 아님을 명심해야 한다. 천천히 생각하면서 책을 읽다 보면 어느샌가 자신도 모르게 수학이 점점 쉽게 느껴질 것이다. 그리고 더 많은 문제를 풀고 싶다면 시중에 나와 있는 여러 문제집을 사서 풀어보길 바란다. 유사한 문제는 한두 번만 풀어도 족하다. 여기서 중요한 것은 문제유형을 암기하는 것이 아니라 문제를 통해 내가 알고 있는 개념을 스스로 도출해내야 한다는 것이다. 이 사실을 반드시 기억하길 바란다.

수학은 왜 배울까?

흔히 수학을 배워서 뭐하냐고 말한다. 또한 방정식, 도형 등은 고등학교를 졸업하면 끝이라고 말한다. 틀린 말은 아니다. 왜냐하면 사회 나가서 우리가 배웠던 수학개념을 활용할 일이 거의 없기 때문이다. 그러나 이는 수학을 배우는 이유를 아직 잘 모르고 있기 때문에 하는 말이다.

수학을 배우는 진짜 이유가 뭘까?

수학을 배우는 진짜 이유는 바로 '논리적이고 창의적인 사고'를 하기 위해서이다. 이해가 잘 가지 않는 학생들을 위해 실생활 속 예시를 통해 수학을 배우는 이유에 대해서 자세히 살펴보도록 하겠다. 어떤 사람이 커피숍을 성공적으로 운영하기 위해서 고민하고 있다고 가정해 보자.

커피숍 운영 과정	수학문제 해결 과정
커피숍을 성공적으로 운영하기 위해서 내가 알아야 하는 지식은 무엇일까?	문제를 풀기 위해서 내가 알아야 하는 개념 (공식)은 무엇일까?
나는 그것(지식)을 정확히 알고 있는가? 만약 모른다면 어떻게 그 지식을 획득할 수 있는가?	나는 그것(개념)을 정확히 알고 있는가? 만약 모른다면 책의 어느 부분을 찾아봐야 그 개념을 확인할 수 있는가?
어떻게 커피숍을 운영해야 성공할 수 있을까? (알고 있는 지식을 가지고 커피숍 운영전략을 설계해 보자)	개념을 어떻게 적용해야 문제를 풀 수 있을까? (알고 있는 개념을 바탕으로 문제해결 과정을 설계해 보자)

어떠한가? 아직도 수학을 배우는 이유를 모르겠는가? 우리가 수학을 배우는 진짜 이유는 바로 주어진 상황을 해결하기 위한 '수학적 사고'를 하기 위해서이다. 단순히 어려운 수학문제를 푸는 것이 수학의 전부가 아니다. 이것은 극히 일부분에 불과하다. 우리가 경험할 수 있는 모든 상황에 대한 수학적 사고(논리적이고 창의적 사고)를 하기 위해 우리가 수학을 배운다는 사실을 반드시 기억하길 바란다.

개념도출형 학습방식이란...

문제를 통해 필요한 개념을 도출한 후, 그 개념을 바탕으로 문제해결방법을 찾아내는 학습방식이다.

VIII. 삼각형과 사각형

IX. 도형의 닮음

일차함수

1 일차함수

1 일차함수

여러분~ 아빠의 용돈이 얼마인지 알고 계십니까? 은설이 아빠는 매월 초 엄마에게 용돈을 타서 생활한다고 합니다. 다음은 은설이 아빠의 용돈 사용내역입니다.

(아빠의 용돈)＝(출퇴근용 자동차 주유비)＋(식비)

식비의 경우, 매월 20만원으로 고정되어 있지만 주유비는 그렇지 않습니다. 혹시 주유소에 갔을 때, 1L당 휘발유가격이 적힌 간판을 본 적이 있으신가요?

그렇다면 1L당 휘발유가격이 수시로 변한다는 사실도 잘 알고 계실 겁니다. 이는 국제유가 변동에 따라 국내 휘발유가격이 영향을 받기 때문입니다. 다음 월별 휘발유가격을 토대로 은설이 아빠의 한 달 용돈이 얼마인지 각각 계산해 보시기 바랍니다. 단, 아빠는 매월 초 자동차에 100L의 휘발유를 주유한다고 합니다.

① 4월 초 1L당 휘발유가격이 1,500원일 경우
② 5월 초 1L당 휘발유가격이 1,600원일 경우

③ 6월 초 1L당 휘발유가격이 1,700원일 경우

 잠시 질문의 답을 스스로 찾아보는 시간을 가져보세요.

　일단 주어진 휘발유가격(1L당)을 바탕으로, 월별 아빠의 주유비(100L)가 얼마인지 계산해 봐야겠죠? 여기에 식비 20만원을 더하면, 은설이 아빠의 용돈이 나옵니다.

① 4월 : 35만원 (주유비 150,000원＋식비 200,000원)
② 5월 : 36만원 (주유비 160,000원＋식비 200,000원)
③ 6월 : 37만원 (주유비 170,000원＋식비 200,000원)

　만약 누군가가 은설이 아빠의 한 달 용돈이 정확히 얼마냐고 묻는다면, 여러분들은 어떻게 대답하시겠습니까?

은설이 아빠의 한 달 용돈이 정확히 얼마냐고...? 음...

　여기서 여러분들이 머뭇거리는 이유는 바로 아빠의 용돈이 매월 달라서일 것입니다. 즉, 아빠의 용돈을 일정한 숫자로 표현할 수 없기 때문이지요. 이는 1L당 휘발유가격이 아빠의 용돈을 결정하는 변수(변화하는 값)로 작용했기 때문입니다. 과연 어떻게 해야 은설이 아빠의 용돈을 일정한 수식으로 표현할 수 있을까요?

　조금 어렵나요? 그럼 1L당 휘발유가격을 어떤 하나의 문자로 대신해 보면 어떨까요? 즉, 1L당 휘발유가격을 문자 x로 놓아보자는 말입니다. 그렇게 하면 아빠의 주유비는 $(100 \times x)$원이 될 것이며, 여기에 식비 20만원을 더한 값이 바로 은설이 아빠의 용돈이 됩니다. 그렇죠?

은설이 아빠의 용돈 : $(100 \times x + 200000)$원 [단, 1L당 휘발유가격은 x원이다]

　어떠세요? 일반적인 숫자로 표현할 수 없었던 것(은설이 아빠의 용돈)이, 문자 x를 사용함으로써 하나의 수식으로 잘 정리되었죠?

문자를 사용한 식

문자를 사용한 식이란 일반적으로 문자와 수를 혼용하여 사칙연산으로 표현한 식을 말합니다.
(예 : $2x+1$, $-x+y$, $a-b+1$, ...)

일반적으로 문자를 사용하면 변수(변화하는 값)에 대한 수식을 쉽게 작성할 수 있습니다. 앞서 은설이 아빠의 용돈을 일정한 수식 $(100 \times x + 200000)$으로 표현한 것처럼 말이죠. 이것이 바로 수학에서 문자를 사용하는 이유입니다. 가끔씩 문자가 포함된 식을 배울 때, '왜 이렇게 어려운 거야?', '도대체 문자는 왜 나온 거야?'라고 투덜대는 학생들이 있는데, 문자를 사용할 경우 이렇게 변화하는 값을 간단히 표현할 수 있다는 사실, 반드시 기억하고 넘어가시기 바랍니다. (문자를 사용한 식의 숨은 의미)

이번 달 초 휘발유가격이 1L당 1,750원이었다면, 은설이 아빠의 한 달 용돈은 얼마일까요?

 잠시 질문의 답을 스스로 찾아보는 시간을 가져보세요.

앞서 우리는 1L당 휘발유가격이 x원일 때, 은설이 아빠의 한 달 용돈이 $(100 \times x + 200000)$ 원으로 표현된다는 사실을 확인했습니다. 즉, x에 대한 식 $(100 \times x + 200000)$에 x 대신 1750을 대입하면 손쉽게 이번 달 아빠의 용돈을 계산할 수 있다는 말이지요.

$$100 \times x + 200000 \rightarrow 100 \times 1750 + 200000 = 375000(원)$$

여기서 1L당 휘발유가격을 독립변수 x로, 아빠의 용돈을 종속변수 y로 놓을 경우, 두 변수 x, y는 어떤 관계를 가질까요? 참고로 독립변수는 먼저 정해지는 변수, 종속변수는 독립변수에 의해 나중에 정해지는 변수를 말합니다. 함수의 개념이 어색한 학생이 있다면, 1학년 함수 단원을 다시 한 번 읽어보시기 바랍니다.

일단 두 변수 x, y에 대한 관계식(등식)을 작성해 보면 다음과 같습니다. 앞서 도출했던 아빠의 용돈에 관한 식(x에 대한 식)을 y와 같다고 놓으면 쉽게 해결됩니다.

아빠의 용돈(y) : $(100 \times x + 200000)$원 [단, 1L당 휘발유가격은 x원이다]
☞ $y = 100x + 200000$

그렇다면 여기서 퀴즈입니다. 두 변수 x, y에 대하여 y는 x의 함수일까요, 아닐까요? 즉, 독립변수 x값이 정해지면, 그에 따른 종속변수 y값이 단 하나로 결정되어지는지 묻는 것입니다.

 잠시 질문의 답을 스스로 찾아보는 시간을 가져보세요.

네, 맞아요. 독립변수 x값이 정해지면 식 $(100x+200000)$의 값(y)도 단 하나로 결정되어지므로, y는 x의 함수가 맞습니다. 즉, x, y의 관계식 $y=100x+200000$은 두 변수 x, y의 함수식이라는 말입니다. 잠깐! 함수식 $f(x)=100x+200000$은 몇 차식일까요? 그렇습니다. 일차식(일차다항식)입니다. 이렇게 함수식이 일차식인 함수를 일차함수라고 정의합니다.

일차함수

일반적으로 $y=f(x)$에서 y가 x에 대한 일차식 '$y=ax+b(a\neq0)$꼴'로 표현되어질 때, y를 x의 일차함수라고 부릅니다. (단, a, b는 상수입니다)

이렇게 일차함수를 수식으로 정의함으로써, 우리는 어느 것(함수식)이 일차함수인지 명확히 판별할 수 있습니다. 더불어 y가 x에 대한 일차식, 이차식, 삼차식, ...으로 표현될 때, y를 x의 일차함수, 이차함수, 삼차함수, ...라고 정의한다는 사실도 함께 기억하시기 바랍니다. (일차함수의 숨은 의미)

다음 중 일차함수인 것을 찾아보시기 바랍니다.

$$① \ y=\frac{2}{x} \quad ② \ y=x(x-1) \quad ③ \ y=\frac{2x-1}{5} \quad ④ \ y=5 \quad ⑤ \ y=\frac{2x^2-1}{x}$$

 잠시 질문의 답을 스스로 찾아보는 시간을 가져보세요.

어렵지 않죠? 일단 주어진 식을 '$y=ax+b(a\neq0)$꼴'로 변형해 보면 다음과 같습니다.

① $y=\dfrac{2}{x}$: 일차함수가 아니다.

② $y=x(x-1) \ \rightarrow \ y=x^2-x$: 일차함수가 아니다.

③ $y=\dfrac{2x-1}{5} \ \rightarrow \ y=\dfrac{2}{5}x-\dfrac{1}{5}$: 일차함수이다.

④ $y=5 \ \rightarrow \ y=0\times x+5$: 일차함수가 아니다.

⑤ $y=\dfrac{2x^2-1}{x} \ \rightarrow \ y=\dfrac{2x^2}{x}-\dfrac{1}{x}=2x-\dfrac{1}{x}$: 일차함수가 아니다.

정답은 ③ $y=\dfrac{2x-1}{5}$입니다. 일차함수의 정의만 제대로 알고 있으면 쉽게 해결할 수 있는 문제였습니다. 가끔 분모에 x에 대한 일차식이 있는 것을 보고, 일차함수로 착각하는 학생들이 있는데, $y = \dfrac{1}{x}$, $y = \dfrac{2}{3x+1}$, … 등은 일차함수가 아님을 명심하시기 바랍니다.

다음 주어진 내용으로부터 두 변수 x, y에 대한 관계식을 작성하고, y가 x의 일차함수인지 판별해 보시기 바랍니다. 더불어 일차함수가 아니라면 그 이유도 밝혀보십시오.

① 은설이는 인터넷으로 12,000원짜리 원피스 x벌을 주문했다. 배송비는 2,500원이며 은설이가 지불한 총 비용은 y원이다.

② 현재 규민이와 아빠의 나이는 각각 x살, y살이다. 15년 후에는 아빠의 나이가 규민이의 나이의 2배가 된다고 한다.

③ 분속 3km로 움직이는 자동차가 x시간 동안 이동한 거리는 $y$km이다.

④ $x\%$의 소금물 400g과 3%의 소금물 200g의 섞었더니, 혼합된 소금물 속에 녹아있는 소금의 양은 yg이 되었다.

 잠시 질문의 답을 스스로 찾아보는 시간을 가져보세요.

조금 어렵나요? 사실 수학에서는 수식의 계산보다 이렇게 일상적인 언어를 수식으로 표현하는 것이 훨씬 더 어렵습니다. 이는 개인의 문장이해력(독해력)과도 크게 상관이 있는데요, 이것을 잘하기 위해서는 평소 책을 많이 읽어야 한다는 사실, 절대 잊지 마시기 바랍니다. 그럼 주어진 문제를 하나씩 해결해 보도록 하겠습니다.

① 은설이가 12,000원짜리 원피스 x벌을 주문했다고 했으므로, 옷값은 $12000x$원이 될 것입니다. 맞죠? 여기에 배송비 2,500원을 더한 값 $(12000x+2500)$원이 바로 은설이가 지불해야하는 총 비용입니다. 문제에서 은설이가 지불한 총 비용이 y원이라고 했으므로, 두 변수 x, y에 대한 관계식은 $y=12000x+2500$이 됩니다. 즉, '$y=ax+b(a\neq0)$꼴'이므로 일차함수가맞습니다.

② 현재 규민이와 아빠의 나이가 각각 x살, y살이라고 했으므로, 15년 후 규민이와 아빠의 나이는 각각 $(15+x)$살, $(15+y)$살이 될 것입니다. 맞죠? 문제에서 15년 후에는 아빠의 나이 $(15+y)$가 규민이의 나이 $(15+x)$의 2배가 된다고 했으므로, 두 변수 x, y에 대한 관계식은 $15+y=2(15+x)$가 될 것입니다. 이제 함수식을 정리해 볼까요?

$$15+y=2(15+x) \ \rightarrow \ y=30+2x-15 \ \rightarrow \ y=2x+15$$

어떠세요? 네, 그렇습니다. '$y=ax+b(a \neq 0)$꼴'이므로 일차함수가 맞습니다.

③의 경우, 속력공식을 활용해야겠네요. 다들 알고 있는 내용이겠지만, 속력, 시간, 거리에 대한 관계식은 다음과 같습니다. 참고로 다음 세 식은 등식의 성질에 의해 변형이 가능하므로 동일한 등식이라고 볼 수 있습니다.

$$(속력)=\frac{(거리)}{(시간)} \qquad (거리)=(속력) \times (시간) \qquad (시간)=\frac{(거리)}{(속력)}$$

문제에서 분속 3km(속력)로 움직이는 자동차가 x시간 동안 이동한 거리를 $y$km라고 했으므로, 속력공식 (거리)=(속력)×(시간)에 대입하여 두 변수 x, y에 대한 등식을 작성해 보면 다음과 같습니다.

$$(거리)=(속력) \times (시간) : y=3 \times x$$

어라...? 뭔가 좀 이상하다고요? 만약 여기서 수상한(?) 점을 발견했다면, 여러분들의 수학 실력은 가히 최고 수준이라고 말할 수 있습니다. 즉, 함수식 $y=3 \times x$는 잘못된 식이라는 뜻입니다. 그렇다면 틀린 부분을 맞게 고쳐보시기 바랍니다.

 잠시 질문의 답을 스스로 찾아보는 시간을 가져보세요

잘 모르겠다고요? 힌트를 드리겠습니다.

분속 3km는 '1분'에 3km를 이동할 수 있는 빠르기입니다.

네. 맞습니다. 문제에서 x시간 동안 이동한 거리를 $y$km라고 했으므로, 속력공식에 대입할 때 시간의 단위를 '분'으로 일치시켜 주어야 합니다. 즉, x시간을 '분'으로 바꿔 주어야 한다는 말이죠. 그래야 제대로 된 함수식을 도출할 수 있습니다.

$$x시간 \ \rightarrow \ 60x분$$

이제 두 변수 x, y에 대한 등식을 작성하면 다음과 같습니다.

$$\text{(거리)} = \text{(속력)} \times \text{(시간)} : y = 3 \times 60x = 180x$$

보아하니 함수식이 '$y=ax+b(a \neq 0)$꼴'이므로 일차함수가 맞습니다.

④의 경우도 마찬가지로 소금물의 농도공식을 활용해야 합니다. 다들 알고 있는 내용이겠지만, 소금물의 농도공식은 다음과 같습니다. 참고로 다음 두 식 또한 등식의 성질에 의해 변형이 가능하므로 동일한 등식이라고 볼 수 있습니다.

$$\text{(\%농도)} = \frac{\text{(소금의 양)}}{\text{(소금물의 양)}} \times 100 \qquad \text{(소금의 양)} = \text{(소금물의 양)} \times \frac{\text{(\%농도)}}{100}$$

일단 x%의 소금물 400g과 3%의 소금물 200g 속에 녹아있는 소금의 양을 따져볼까요?

- x%의 소금물 400g 속에 녹아있는 소금의 양

  : (소금의 양) = (소금물의 양) $\times \dfrac{\text{(\%농도)}}{100}$ → (소금의 양) $= 400 \times \dfrac{x}{100} = 4x$

- 3%의 소금물 200g 속에 녹아있는 소금의 양

  : (소금의 양) = (소금물의 양) $\times \dfrac{\text{(\%농도)}}{100}$ → (소금의 양) $= 200 \times \dfrac{3}{100} = 6$

두 소금물을 섞었다고 했으므로, 혼합된 소금물 속에 녹아있는 소금의 양은 $(4x+6)$g이 될 것입니다. 그렇죠? 문제에서 이 값을 yg이라고 놓았으므로, 두 변수 x, y에 대한 함수식은 $y = 4x+6$이 되겠네요. 그렇죠?

함수식이 '$y=ax+b(a \neq 0)$꼴'이므로 일차함수가 맞습니다.

★ 개념을 정확히 이해했는지 확인하고 싶다면, 학교 교과서에 나오는 개념확인 문제를 풀어 보거나 스스로 개념 확인문제를 출제하여 풀어보면 큰 도움이 될 것입니다.

2 일차함수의 그래프(1)

여러분~ 정비례함수 $y=ax(a\neq0)$도 일차함수인 거, 다들 아시죠? 1학년 때 배운 내용이지만 다시 한 번 정리해 보도록 하겠습니다.

$y=ax(a\neq0)$의 성질

① 원점을 지나는 직선입니다.

② $a>0$일 때, 함수의 그래프는 제1사분면과 제3사분면을 지나는 우상향 직선입니다.

③ $a<0$일 때, 함수의 그래프는 제2사분면과 제4사분면을 지나는 우하향 직선입니다.

④ 점 $(1,a)$를 지납니다.

⑤ $|a|$가 클수록 y축에 근접합니다. 즉, $|a|$가 클수록 함수의 그래프는 가파르게 그려지며, $|a|$가 작을수록 함수의 그래프는 완만하게 그려집니다.

다음 그림을 보면 이해하기가 한결 수월할 것입니다.

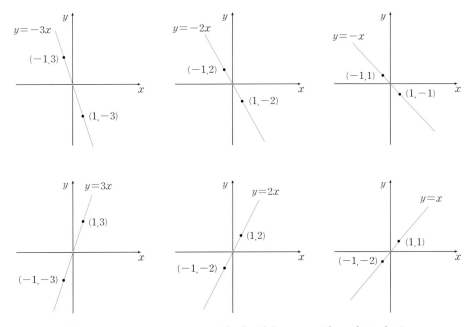

$[a=-3,\ -2,\ -1,\ 1,\ 2,\ 3$일 때, 함수 $y=ax$의 그래프 비교$]$

참고로 직선의 방향을 말할 때 우상향 또는 우하향이라고 표현하는데, 이는 x값이 커질수록 직선이 향하는 방향이 어디인지를 의미하는 것입니다. 더불어 우상향 직선의 경우, x값이 증가할 때 y값도 증가하며, 우하향 직선의 경우 x값이 증가할 때 y값은 감소한다는 사실도 함께 기억하고 넘어가시기 바랍니다.

이번엔 일반적인 일차함수 $y=ax+b(a\neq0)$의 그래프가 어떻게 그려지는지 알아보는 시간을 갖도록 하겠습니다. 다음 일차함수의 그래프를 그려보시기 바랍니다.

$$① \ y=2x+2 \qquad ② \ y=2x-2$$

 잠시 질문의 답을 스스로 찾아보는 시간을 가져보세요.

일단 함수식을 만족하는 순서쌍을 찾아봐야겠죠? 즉, 독립변수 $x=-3, \ -2, \ -1, \ 0, \ 1, \ 2,$ 3에 대응하는 종속변수 y값을 각각 확인하여 순서쌍을 만들어 보자는 말입니다.

① $y=2x+2$

독립변수 x	-3	-2	-1	0	1	2	3
종속변수 y	-4	-2	0	2	4	6	8
순 서 쌍	$(-3,-4)$	$(-2,-2)$	$(-1,0)$	$(0,2)$	$(1,4)$	$(2,6)$	$(3,8)$

② $y=2x-2$

독립변수 x	-3	-2	-1	0	1	2	3
종속변수 y	-8	-6	-4	-2	0	2	4
순 서 쌍	$(-3,-8)$	$(-2,-6)$	$(-1,-4)$	$(0,-2)$	$(1,0)$	$(2,2)$	$(3,4)$

이제 순서쌍을 점으로 표시하여 일차함수의 그래프를 그려보겠습니다. 여기서 정비례함수 $y=2x$(기본형)의 그래프를 기준으로 ① $y=2x+2$와 ② $y=2x-2$의 위치를 잘 살펴보시기 바랍니다.

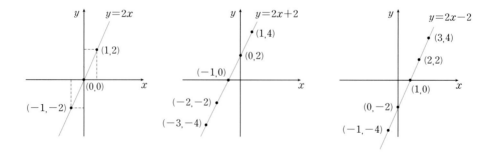

어떠세요? 감이 좀 오시나요? 그렇습니다. 일차함수 ① $y=2x+2$, ② $y=2x-2$의 그래프

는 일차함수 $y=2x$(기본형)를 각각 y축의 방향으로 $+2$, -2만큼 평행이동한 그래프입니다. 함수의 평행이동이란, 그래프의 모양은 그대로 둔 채 x축 또는 y축의 방향으로 평행하게 이동하는 것을 말합니다.

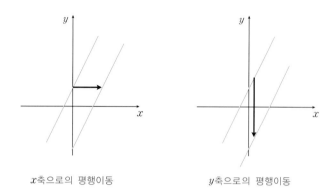

x축으로의 평행이동 y축으로의 평행이동

그림에서 보는 바와 같이 어떤 함수의 그래프가 x축의 '양의' 방향으로(오른쪽으로) $a(a>0)$ 만큼 평행이동했다는 말은 x축 방향을 따라가면서 '$+a$'만큼 이동했다는 말과 같으며, x축의 '음의' 방향으로(왼쪽으로) $a(a>0)$만큼 평행이동했다는 말은 x축 방향을 따라가면서 '$-a$'만큼 이동했다는 말과 같습니다. 이해가 되시죠? 마찬가지로 어떤 함수의 그래프가 y축의 '양의' 방향으로(오른쪽으로) $b(b>0)$만큼 평행이동했다는 말은 y축 방향을 따라가면서 '$+b$'만큼 이동했다는 말과 같으며, y축의 '음의' 방향으로(왼쪽으로) $b(b>0)$만큼 평행이동했다는 말은 y축 방향을 따라가면서 '$-b$'만큼 이동했다는 말과 같습니다.

함수의 평행이동

함수의 평행이동이란 그래프의 모양은 그대로 둔 채 x축 또는 y축의 방향으로 평행하게 이동하는 것을 말합니다.

용어를 명확히 정리하는 차원에서, 다음 괄호 안에 알맞은 숫자를 넣어보시기 바랍니다.

① y축의 방향으로 $+5$만큼 평행이동했다는 말은 y축의 ( )의 방향으로(위쪽으로) 거리 ( )만큼 그래프를 이동한 것과 같습니다.

② y축의 방향으로 -5만큼 평행이동했다는 말은 y축의 ( )의 방향으로(아랫쪽으로) 거리 ( )만큼 그래프를 이동한 것과 같습니다.

 잠시 질문의 답을 스스로 찾아보는 시간을 가져보세요.

어렵지 않죠? 정답은 다음과 같습니다.

  ① y축의 방향으로 $+5$만큼 평행이동했다는 말은 y축의 (양)의 방향으로(위쪽으로)
    거리 5만큼 그래프를 이동한 것과 같습니다.
  ② y축의 방향으로 -5만큼 평행이동했다는 말은 y축의 (음)의 방향으로(아랫쪽으로)
    거리 5만큼 그래프를 이동한 것과 같습니다.

  여러분~ 앞서 두 일차함수 $y=2x+2$와 $y=2x-2$가 정비례함수 $y=2x$(기본형)를 각각 y축 방향으로 $+2$, -2만큼 평행이동한 그래프라는 사실, 기억하시죠? 이를 일반화하면, 일차함수 $y=ax+b$의 그래프는 정비례함수 $y=ax$의 그래프를 y축 방향으로 b만큼 평행이동한 그래프라고 볼 수 있습니다. 이것만 제대로 기억하고 있으면, 임의의 일차함수 $y=ax+b$의 그래프를 분석하는 데 큰 어려움은 없을 것입니다. 참고로 함수의 평행이동은 일차함수식을 작성하거나 함수의 그래프를 그리는 데에 많은 도움을 줍니다. (함수의 평행이동의 숨은 의미)

> **$y=ax$와 $y=ax+b$의 위치관계**
>
> 일차함수 $y=ax+b$의 그래프는 정비례함수 $y=ax$의 그래프를 y축 방향으로 b만큼 평행이동한 그래프입니다.

  더불어 직선의 경우, x축이든 y축이든 어느 한 방향으로만 평행이동시켜도 모든 직선을 표현할 수 있답니다. 여기서는 편의상 y축 방향으로 평행이동하는 것만 다루도록 하겠습니다.

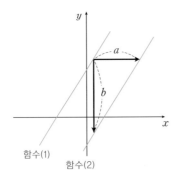

- 함수(1)을 y축 방향으로 b만큼$(b<0)$ 평행이동하면 함수(2)가 된다.
- 함수(1)을 x축 방향으로 a만큼$(a<0)$ 평행이동하면 함수(2)가 된다.

  함숫값과 연관지여 일차함수 $y=ax+b$의 평행이동을 설명할 수도 있습니다. 다음 질문에 답해보시기 바랍니다. 잠깐! 여기서 함숫값이 종속변수 y의 값이라는 거, 다들 아시죠?

동일한 독립변수 x값에 대해서 일차함수 $y=3x$의
함숫값보다 항상 4만큼 큰(또는 작은) 일차함수는 무엇일까요?

 잠시 질문의 답을 스스로 찾아보는 시간을 가져보세요.

조금 어렵나요? 아니, 문제 자체가 무슨 뜻인지 모르겠다고요? 그렇다면 함께 문제내용을 하나씩 분석해 보도록 하겠습니다.

- 함숫값이 4만큼 크다. → y값이 4만큼 크다. → 모든 점의 y좌표가 4만큼 크다.
- 함숫값이 4만큼 작다. → y값이 4만큼 작다. → 모든 점의 y좌표가 4만큼 작다.

이제 좀 이해가 되시나요? 그렇습니다. 동일한 독립변수 x값에 대해서 일차함수 $y=3x$의 함숫값보다 항상 4만큼 큰(또는 작은) 일차함수는 바로 일차함수 $y=3x$의 그래프를 y축의 방향으로 $+4$만큼(또는 -4만큼) 평행이동한 함수인 $y=3x+4$(또는 $y=3x-4$)를 뜻합니다. 이해를 돕기 위해 세 일차함수 $y=3x$, $y=3x+4$, $y=3x-4$의 그래프를 좌표평면에 함께 그려보도록 하겠습니다.

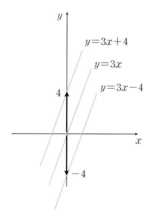

어렵지 않죠? 함숫값과 연관지여 일차함수의 평행이동을 정리하면 다음과 같습니다.

동일한 독립변수 x값에 대해서 일차함수 $y=ax$의
함숫값보다 항상 b만큼 큰 일차함수는 $y=ax+b$이다.

다음 일차함수의 그래프가 어떤 정비례함수로부터 도출되었는지 말해보시기 바랍니다. 즉, 어떤 정비례함수의 그래프를 y축의 방향으로 얼마만큼 평행이동해야 다음에 주어진 일차함수가 도출되

는지 묻는 것입니다.

$$① \; y = -x + 5 \quad ② \; y = \frac{x}{3} - 4$$

 잠시 질문의 답을 스스로 찾아보는 시간을 가져보세요.

여러분~ 정비례함수가 $y = ax(a \neq 0)$인 거, 다들 아시죠? 더불어 일차함수 $y = ax + b(a \neq 0)$는 정비례함수 $y = ax$의 그래프를 y축의 방향으로 b만큼 평행이동한 그래프라는 사실도 잘 알고 계시죠? 이것만 기억하고 있으면 쉽게 해결할 수 있는 문제입니다.

① $y = -x + 5$: 정비례함수 $y = -x$를 y축의 방향으로 $+5$만큼 평행이동한 함수
② $y = \frac{x}{3} - 4$: 정비례함수 $y = \frac{x}{3}$를 y축의 방향으로 -4만큼 평행이동한 함수

어렵지 않죠? 다음 일차함수의 그래프를 y축의 방향으로 괄호 안의 수만큼 평행이동한 그래프의 함수식을 찾아보시기 바랍니다.

$$① \; y = -3x \; [+3] \quad ② \; y = \frac{x}{3} \; [-5]$$

 잠시 질문의 답을 스스로 찾아보는 시간을 가져보세요.

마찬가지로 일차함수 $y = ax + b(a \neq 0)$가 정비례함수 $y = ax$의 그래프를 y축의 방향으로 b만큼 평행이동한 그래프라는 사실만 알고 있으면 쉽게 해결할 수 있는 문제입니다.

① 함수 $y = -3x$를 y축의 방향으로 $+3$만큼 평행이동한 함수 $\rightarrow$ $y = -3x + 3$
② 함수 $y = \frac{x}{3}$를 y축의 방향으로 -5만큼 평행이동한 함수 $\rightarrow$ $y = \frac{x}{3} - 5$

그렇다면 일차함수 $y = -2x + 4$의 그래프를 y축의 방향으로 $+3$만큼 평행이동한 그래프의 함수식은 무엇일까요?

 잠시 질문의 답을 스스로 찾아보는 시간을 가져보세요.

이건 조금 어렵나요? 일단 일차함수(정비례함수) $y=ax$의 그래프를 y축의 방향으로 b만큼 평행이동한 함수는 $y=ax+b$입니다. 맞죠? 여기서 질문~ 동일한 독립변수 x에 대하여 정비례함수 $y=ax$의 함숫값은 $y=ax+b$의 함숫값보다 얼마만큼 클까요? 그렇습니다. b만큼 큰 함수입니다. 즉, x에 대한 함수식 ax의 값(y)보다 b만큼 큰 함수, 즉 $y=ax+b$를 뜻한다는 말이지요. 이제 문제에 적용해 볼까요?

일차함수 $y=-2x+4$의 그래프를 y축의 방향으로 $+3$만큼 평행이동한 함수

→ 일차함수 $y=-2x+4$에서 y값이, 즉 x에 대한 함수식 $(-2x+4)$보다 3만큼 큰 함수

→ $y=(-2x+4)+3=-2x+7$

이해되시죠? 일반적인 형태로 정리하면 다음과 같습니다.

$y=ax+b(a≠0)$의 평행이동

> 일차함수 $y=ax+b$를 y축의 방향으로 c만큼 평행이동한 그래프의 함수식은 $y=ax+(b+c)$입니다.

조금 어려운 문제에 도전해 볼까요? 일차함수 $y=\dfrac{4x-9}{3}$의 그래프가 $y=mx+n$의 그래프를 y축의 방향으로 -6만큼 평행이동한 그래프라면, 곱셈식 mn의 값은 얼마일까요?

 잠시 질문의 답을 스스로 찾아보는 시간을 가져보세요.

일단 주어진 일차함수식을 '$y=ax+b$꼴'로 변형해 봅시다.

$$y=\frac{4x-9}{3} \ \rightarrow \ y=\frac{4x}{3}-\frac{9}{3}=\frac{4}{3}x-3$$

잠깐! 일차함수 $y=ax+b$를 y축의 방향으로 c만큼 평행이동한 그래프의 함수식이 $y=ax+(b+c)$가 된다는 사실, 다들 알고 계시죠? 문제에서 일차함수 $y=mx+n$의 그래프를 y축의 방향으로 -6만큼 평행이동했다고 했으므로, 평행이동된 그래프의 함수식은 $y=mx+(n-6)$과 같습니다. 더불어 이 함수식이 주어진 함수식 $y=\dfrac{4}{3}x-3\left(=\dfrac{4x-9}{3}\right)$과 같다고 했으므로, 두 함수식을 비교하면 어렵지 않게 m, n의 값을 구할 수 있습니다.

$$y=mx+(n-6) \ \Leftrightarrow \ y=\frac{4}{3}x-3$$

따라서 $m=\dfrac{4}{3}$, $n=3$이 되어, 구하고자 하는 곱셈식 mn의 값은 4입니다. 잘 이해가 가지 않는 학생은 평행이동의 개념부터 천천히 다시 한 번 읽어보시기 바랍니다.

정비례함수 $y=ax(a\neq0)$의 그래프를 토대로 다음 일차함수의 그래프를 그려보시기 바랍니다.

$$① \ y=-\frac{5x+2}{2} \qquad ② \ y=-\frac{4x-10}{5}$$

 잠시 질문의 답을 스스로 찾아보는 시간을 가져보세요.

일단 주어진 그래프를 '$y=ax+b(a\neq0)$꼴'로 변형해 보겠습니다.

$$① \ y=-\frac{5x+2}{2} \ \rightarrow \ y=-\frac{5}{2}x-1 \qquad ② \ y=-\frac{4x-10}{5} \ \rightarrow \ y=-\frac{4}{5}x+2$$

어떠세요? 감이 오시죠? ① $y=-\dfrac{5}{2}x-1$의 그래프는 정비례함수 $y=-\dfrac{5}{2}x$의 그래프를 y축의 방향으로 -1만큼, ② $y=-\dfrac{4}{5}x+2$의 그래프는 정비례함수 $y=-\dfrac{4}{5}x$의 그래프를 y축의 방향으로 $+2$만큼 평행이동한 그래프입니다. 어렵지 않죠? 함수의 그래프는 각자 그려보시기 바랍니다.

여러분~ 한 점을 지나는 직선의 개수는 몇 개일까요?

 잠시 질문의 답을 스스로 찾아보는 시간을 가져보세요.

연습장에 점 하나를 찍은 후, 그 점을 지나는 직선을 모두 그려보시기 바랍니다. 정말 많죠? 그렇습니다. 한 점을 지나는 직선은 무수히 많습니다.

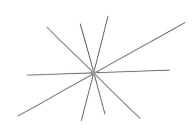

그렇다면 두 점을 지나는 직선은 몇 개일까요? 마찬가지로 연습장에 점 두 개를 찍은 후, 그 점들을 모두 지나는 직선을 그려보시기 바랍니다.

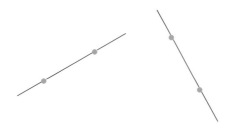

어라...? 두 점을 지나는 직선은 단 1개밖에 없네요. 여기서 우리는 직선을 결정하는 조건을 찾을 수 있습니다. 무슨 말인지 잘 모르겠다고요? 힌트를 드리겠습니다. 직선 1개가 결정되기 위해서 최소한 몇 개의 점이 필요한지 생각해 보십시오.

 잠시 질문의 답을 스스로 찾아보는 시간을 가져보세요.

네, 맞아요. 하나의 직선이 결정되기 위해서는 최소한 두 개의 점(직선이 지나는 점)이 필요합니다. 즉, 두 점이 정해지면 하나의 직선을 결정할 수 있다는 말입니다.

하나의 직선을 결정하는 조건 : 두 개의 점

만약 점이 세 개 이상일 경우에는 어떨까요? 그렇습니다. 세 개 이상의 점으로부터 하나의 직선을 결정하기 위해서는, 모든 점들이 일직선으로 정렬해 있어야 합니다. 즉, 특별한 경우를 제외하고는 임의의 세 점, 네 점, ...으로는 하나의 직선을 결정할 수 없다는 말입니다.

한 점, 세 점, 네 점, ...은 직선을 결정하는 조건이 될 수 없다.

다음 일차함수의 그래프가 지나는 점들 중 '점의 좌표를 가장 쉽게 파악할 수 있는 점 두 개'를 골라 보시기 바랍니다.

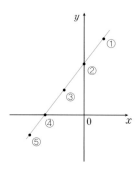

어렵지 않죠? 정답은 바로 ②와 ④입니다. 여기서 점 ②의 x좌표와 점 ④의 y좌표는 모두 0이라는 사실, 다들 알고 계시죠? 벌써 점의 좌표값 하나를 찾았네요. 더불어 함수식에 $x=0$ 또는 $y=0$을 대입하면 나머지 좌표값도 쉽게 구할 수 있습니다. 잠깐! 하나의 직선을 결정하는 조건이 무엇이라고 했죠? 그렇습니다. 바로 두 개의 점입니다. 즉, x축과 y축을 가로지르는 점의 좌표를 찾으면, 일차함수의 그래프를 쉽게 그릴 수 있다는 뜻입니다. 여기서 x축을 가로지르는 점의 x좌표를 x절편, y축을 가로지르는 점의 y좌표를 y절편이라고 정의합니다.

---

x절편과 y절편

좌표평면에서 어떤 도형의 그래프가 x축을 가로지르는(x축과 교차하는) 점의 x좌표를 x절편, y축을 가로지르는(y축과 교차하는) 점의 y좌표를 y절편이라고 정의합니다.

참고로 절편이란, '끊을 절(截)', '조각 편(片)'자를 써서 그래프가 축을 가로지르면서 끊은 점의 조각을 뜻하는 한자어입니다.

다음 일차함수의 그래프에서 x절편과 y절편을 찾아보시기 바랍니다.

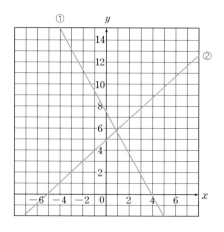

어렵지 않죠? 주어진 그래프와 두 축(x축, y축)이 만나는 점을 찾아, 각각 x좌표와 y좌표의 값을 읽기만 하면 됩니다.

① x절편 : 4, y절편 : 7   ② x절편 : -5, y절편 : 5

참고로 어떤 그래프 위의 점 중에서 'y좌표값이 0'인 점의 x좌표를 x절편으로, 'x좌표값이 0'인 점의 y좌표를 y절편으로 정의하기도 합니다.

• x절편 : y좌표값이 0인 점의 x좌표   • y절편 : x좌표값이 0인 점의 y좌표

여기서 잠깐! 어떤 점이 그래프 위에 있다는 말이, 그래프가 그 점을 지난다는 말과 같다는 사실, 다들 아시죠? 즉, x축 위에 있는 점은 x축 위쪽(밖)에 있는 점이 아닌 x축이 지나는 점을 의미한다는 뜻입니다. 이 점 반드시 명심하시기 바랍니다.

다음에 주어진 일차함수식으로부터 x, y절편을 각각 구해보시기 바랍니다.

$$① \ y=3x-2 \quad ② \ y=-\frac{x}{2}+4 \quad ③ \ y=-\frac{5x}{3}-8 \quad ④ \ y=\frac{5x}{3}+1$$

 잠시 질문의 답을 스스로 찾아보는 시간을 가져보세요.

어렵지 않죠? y좌표값이 0인 점의 x좌표를 x절편으로, x좌표값이 0인 점의 y좌표를 y절편으로 정의했다는 사실만 기억하면 쉽게 해결할 수 있는 문제입니다. 즉, 함수식에 $y=0$과 $x=0$을 대입하여 얻은 x값과 y값만 구하면 쉽게 x, y절편을 찾을 수 있다는 말입니다.

① $y=3x-2$
- x절편 : $y=0$을 대입 $\rightarrow$ $0=3x-2$ $\rightarrow$ $x=\dfrac{2}{3}$ $\quad \therefore x$절편 $\dfrac{2}{3}$
- y절편 : $x=0$을 대입 $\rightarrow$ $y=3\times0-2=-2$ $\quad \therefore y$절편 -2

② $y=-\dfrac{x}{2}+4$
- x절편 : $y=0$을 대입 $\rightarrow$ $0=-\dfrac{x}{2}+4$ $\rightarrow$ $x=8$ $\quad \therefore x$절편 8
- y절편 : $x=0$을 대입 $\rightarrow$ $y=-\dfrac{0}{2}+4=4$ $\quad \therefore y$절편 4

③ $y=-\dfrac{5x}{3}-8$

　• x절편 : $y=0$을 대입 $\rightarrow$ $0=-\dfrac{5x}{3}-8$ $\rightarrow$ $x=-\dfrac{24}{5}$ $\quad\therefore$ x절편 $-\dfrac{24}{5}$

　• y절편 : $x=0$을 대입 $\rightarrow$ $y=-\dfrac{5\times0}{3}-8=-8$ $\quad\therefore$ y절편 -8

④ $y=\dfrac{5x}{3}+1$

　• x절편 : $y=0$을 대입 $\rightarrow$ $0=\dfrac{5x}{3}+1$ $\rightarrow$ $x=-\dfrac{3}{5}$ $\quad\therefore$ x절편 $-\dfrac{3}{5}$

　• y절편 : $x=0$을 대입 $\rightarrow$ $y=\dfrac{5\times0}{3}+1=1$ $\quad\therefore$ y절편 1

　가끔 x절편을 구할 때 $x=0$을, y절편을 구할 때 $y=0$을 함수식에 대입하여 틀리는 학생들이 있는데, 절대 혼동하지 않길 바랍니다. 이것이 바로 학생들이 가장 많이 하는 실수 중 하나거든요.

[x, y절편의 오해와 진실]
간혹 함수의 그래프가 x축과 만나는 점의 좌표를 x절편이라고 생각하여, x절편의 값을 순서쌍으로 답하는 학생이 있는데, x절편은 점의 좌표(순서쌍)가 아닌 그 점의 x좌표(하나의 숫자)를 의미한다는 사실, 반드시 명심하시기 바랍니다. y절편도 마찬가지입니다. 점의 좌표(순서쌍)가 아닌 그 점의 y좌표(하나의 숫자)가 바로 y절편입니다.

　일차함수의 x, y절편을 구하는 이유는 무엇일까요? 네, 그렇습니다. 그래프가 지나는 '두 점의 좌표'를 손쉽게 찾기 위해서입니다. 그래야 함수의 그래프를 쉽게 그릴 수 있거든요. (x, y절편의 숨은 의미)

임의의 일차함수 $y=ax+b$의 x절편과 y절편은 무엇일까요?

　어라...? a, b의 값을 모르는데, 어떻게 x, y절편값을 찾을 수 있냐고요? 여러분~ a와 b는 어떤 상수에 불과합니다. 그냥 숫자처럼 계산하면 되니 너무 걱정하지 마십시오. 먼저 y절편부터 찾아볼까요? 잠깐! 함수식 $y=ax+b$에 $x=0$을 대입하면 손쉽게 y절편을 구할 수 있다는 사실, 다들 아시죠?

$$y=ax+b \ \rightarrow \ x=0 : y=a\times0+b \ \rightarrow \ y=b$$

오~ 상수항 b가 바로 y절편이었군요. 즉, 일차함수식의 상수항만 잘 확인하면, 쉽게 y축을 가로지르는 점이 어디인지 금방 찾을 수 있다는 뜻입니다. 앞으로 일차함수식의 상수항을 보면, '아~ 요놈이 바로 y절편이군...'이라고 생각하시기 바랍니다. 이번엔 x절편을 찾아볼까요? 마찬가지로 함수식 $y=ax+b$에 $y=0$을 대입해 보겠습니다.

$$y=ax+b \ \rightarrow \ y=0 : 0=ax+b \ \rightarrow \ x=-\frac{b}{a}$$

음... x절편은 상수항 b를 일차항의 계수 a로 나눈 값에 음의 부호를 붙인 숫자군요. 별로 공식으로서 효용성이 없어 보입니다. 앞으로 x절편은 그 정의를 토대로 필요할 때마다 함수식에 $y=0$을 대입하여 직접 구하시기 바랍니다. 다음 일차함수의 y절편이 무엇인지 말해보는 시간을 갖도록 하겠습니다. 단, x, y를 제외한 문자는 모두 상수입니다.

$$① \ y=3x-\frac{3}{5} \quad ② \ y=-\frac{5x}{3}-\frac{a}{b} \quad ③ \ y=-\frac{x}{2}+k-1$$

아주 쉽죠? 상수항만 찾으면 쉽게 해결할 수 있잖아요. ①과 ②의 경우, 상수항의 음의 부호 ($-$)를 빼 먹지 않도록 주의하시기 바랍니다. 더불어 문자상수가 있다고 쫄지 마십시오. 숫자처럼 계산하면 그 뿐입니다. 정답은 다음과 같습니다.

$$① \ -\frac{3}{5} \quad ② \ -\frac{a}{b} \quad ③ \ k-1$$

x절편과 y절편을 이용하여 다음 일차함수의 그래프를 그려보시기 바랍니다.

$$① \ y=3x+9 \quad ② \ y=-\frac{x}{2}+4 \quad ③ \ y=-\frac{5x}{3}-8 \quad ④ \ y=\frac{5x}{3}+1$$

여러분~ 하나의 직선을 결정하기 위해서 무엇이 정해져야 한다고 했죠? 네, 맞아요. 두 개의 점입니다. 즉, x절편과 y절편에 해당하는 두 점의 좌표를 확인하면, 우리는 쉽게 주어진 일차함수의 그래프를 그릴 수 있습니다. ①번만 함께 그려보기로 하겠습니다. 나머지는 각자 수행해 보시기 바랍니다.

① $y=3x+9$

- x절편 : $y=0$ 대입 $\rightarrow$ $0=3x+9$ $\rightarrow$ $x=-3$

∴ x절편 -3 [점 $(-3,0)$을 지난다]

- y절편 : $x=0$ 대입 $\rightarrow$ $y=3\times0+9=9$

∴ y절편 9 [점 $(0,9)$를 지난다]

☞ 두 점 $(-3,0)$과 $(0,9)$를 지나는 직선

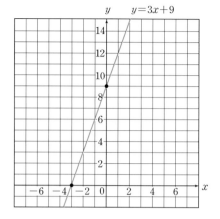

x절편이 4이고 y절편이 8인 일차함수가 무엇인지 말하고, 그 그래프를 그려보시기 바랍니다.

 잠시 질문의 답을 스스로 찾아보는 시간을 가져보세요

일단 구하고자 하는 일차함수를 $y=ax+b$라고 놓고, 주어진 조건을 적용해 보겠습니다.

$y=ax+b$
- x절편 4 : 점 $(4,0)$을 지난다. $\rightarrow$ $y=ax+b$: $0=a\times4+b$
- y절편 8 : 점 $(0,8)$을 지난다. $\rightarrow$ $y=ax+b$: $8=a\times0+b$

이제 도출된 연립방정식을 풀어 a, b의 값을 구해봅시다.

$$0=a\times4+b,\ 8=a\times0+b \rightarrow a=-2,\ b=8$$

따라서 x절편이 4이고 y절편이 8인 일차함수는 $y=-2x+8$입니다. 어렵지 않죠? 아울러 절편에 해당하는 두 점 $(4,0)$, $(0,8)$을 직선으로 이으면 쉽게 그래프도 그릴 수 있으니, 각자 연습장에 그려보시기 바랍니다.

★ 개념을 정확히 이해했는지 확인하고 싶다면, 학교 교과서에 나오는 개념확인 문제를 풀어 보거나 스스로 개념 확인문제를 출제하여 풀어보면 큰 도움이 될 것입니다.

3 일차함수의 그래프(2)

앞서 우리는 두 개의 점이 정해지면 하나의 직선을 결정할 수 있다고 배웠습니다. 그렇다면 두 개의 점 이외에 직선을 결정하는 또 다른 조건에는 무엇이 있을까요?

 잠시 질문의 답을 스스로 찾아보는 시간을 가져보세요.

다음과 같이 평면 위의 한 점을 지나는 여러 직선을 상상해 봅시다.

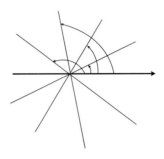

그림에서 보는 바와 같이 한 점을 지나는 무수히 많은 직선들은 제각각 기울어진 정도가 다릅니다. 그렇죠? 다음과 같이 가로축을 기준으로 기울어진 정도(반시계방향의 각도)를 측정할 경우, 각 직선들의 기울기는 단 하나의 값으로 정해질 것입니다. 여기서 우리는 직선을 결정하는 또 하나의 조건을 찾을 수 있습니다.

A를 지나고 가로축으로부터 '45° (반시계방향)' 기울어진 직선은 단 하나뿐이다.

네, 맞습니다. 바로 '한 점과 직선의 기울기'입니다.

직선의 결정조건 ② : 한 점과 직선의 기울기

그렇다면 직선의 기울기는 어떻게 정의될까요? 여러분 혹시 차를 타고 가면서 다음과 같은 교통 표지판을 본 적이 있으십니까?

　과연 이 표지판은 무엇을 의미할까요? 그렇습니다. 왼쪽 표지판은 내리막길을, 오른쪽 표지판은 오르막길을 표시한 것입니다. 그런데 여기서 하나 궁금한 점이 생기는군요. 도대체 10%는 어느 정도의 경사를 말하는 것일까요?

 잠시 질문의 답을 스스로 찾아보는 시간을 가져보세요.

　경사도란 경사진 기울기를 의미하며, 수평거리에 대한 수직높이의 비율 또는 그 비율을 백분위로 나타낸 값을 말합니다.

$$(경사도 \,\%) = \frac{(수직높이)}{(수평거리)} \times 100$$

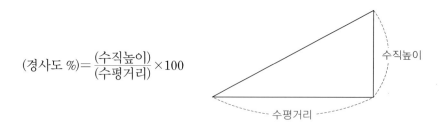

즉, 경사도가 10%라는 말은 수평거리가 100m일 때 수직높이가 10m가 된다는 뜻입니다.

 　　　$$(경사도 \,10\%) = \frac{10}{100} \times 100$$

　사실 함수식에서 단위를 사용하는 것은 상당히 불편합니다. 일일이 단위를 써 주어야 하는 것도 그렇지만, 일단 단위가 정해지면 두 변수 x, y에 아무 숫자나 막 대입할 수 없거든요. % 단위도 마찬가지입니다. 그래서 수학자들은 일차함수를 표현하는 그래프(직선)의 기울기를 % 단위 없이 표현하기로 결정했습니다. 즉, 직선 위의 두 점을 기준으로 다음 그림과 같이 직각삼각형을 만들어, 밑변의 길이(수평거리)에 대한 높이(수직높이)의 비율을 직선의 기울기로 정의했다는 것이지요.

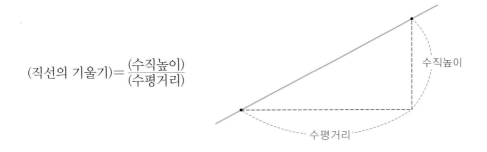

$$(직선의 기울기)=\frac{(수직높이)}{(수평거리)}$$

수직높이

수평거리

그런데 뭔가 좀 이상하네요. 직선 위에는 무수히 많은 점들이 있잖아요. 그 중에 어떤 두 점을 기준으로 삼아야 기울기의 값을 찾을 수 있는지 의문이 생깁니다.

직선의 기울기를 구하려면 어떤 두 점을 선택해야할까?

 잠시 질문의 답을 스스로 찾아보는 시간을 가져보세요

다음 일차함수의 그래프를 빗변으로 하는 직각삼각형을 찾아보시기 바랍니다.

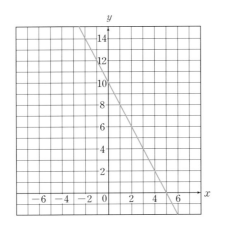 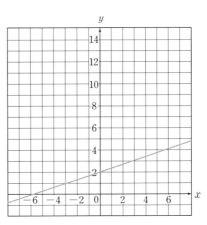

도대체 직각삼각형이 어디 있냐고요? 눈을 크게 뜨고 잘 살펴보세요~ 일차함수의 그래프를 빗변으로, x축과 y축을 각각 밑변과 높이로 하는 직각삼각형이 보이지 않나요? 그 외에도 우리는 좌표평면의 가로세로 눈금선을 밑변과 높이로 하는 수많은 직각삼각형을 찾을 수 있습니다. 즉, 직선 위의 두 점을 골라 가로세로 눈금선에 맞춰 연결하면, 어렵지 않게 직선의 기울기를 계산할 수 있다는 말입니다. 참고로 하나의 직선으로부터 도출된 직각삼각형은 모두 닮음입니다. 즉, 수평거리와 수직높이의 비율 또한 모두 같다는 뜻이지요. 이는 직선 위에 있는 어떤 두 점을 선택하더라도, 직선의 기울기는 모두 같다는 것을 의미합니다. 도형의 닮음에 관해서는 9단원에서 자세히 배우도록 하겠습니다. 지금은 한 직선에서 만들어지는 모든 직각삼각형의 수평거리와 수직높이의 비율이 모두 일정하다는 사실만 알고 넘어가시기 바랍니다.

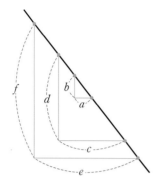

한 직선에서 만들어지는
삼각형의 수평거리와
수직높이의 비율은 서로 같다.

$$a:b=c:d=e:f$$

여기서 우리는 직선 위의 두 점으로부터 직선의 기울기를 정의할 수 있습니다. 무슨 말인지 잘 모르겠다고요? 다음 직선 위의 두 점으로부터 만들어지는 직각삼각형의 수평거리에 대한 수직높이의 비율(%단위가 없는 경사도)을 계산해 보시기 바랍니다.

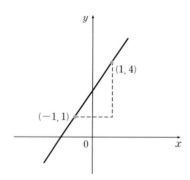

잠시 질문의 답을 스스로 찾아보는 시간을 가져보세요.

조금 어렵나요? 일단 수평거리(직각삼각형의 밑변의 길이)부터 계산해 보겠습니다.

(수평거리)=(두 점의 x좌표의 차)=$1-(-1)=2$

이번엔 수직높이(직각삼각형의 높이)를 계산해 보겠습니다.

(수직높이)=(두 점의 y좌표의 차)=$4-1=3$

이제 수평거리에 대한 수직높이의 비율, 즉 직선의 기울기(경사도)를 구해보겠습니다.

$$(직선의 기울기) = \frac{(수직높이)}{(수평거리)} = \frac{3}{2}$$

따라서 두 점 $(-1, 1)$, $(1, 4)$를 지나는 직선의 기울기는 $\frac{3}{2}$입니다. 이해되시죠? 그럼 우리 함께 직선의 기울기를 정의해 볼까요?

직선의 기울기

직선 위의 임의의 서로 다른 두 점 (x_1, y_1)과 (x_2, y_2)에 대하여 직선의 기울기는 다음과 같이 정의됩니다.

$$(직선의 기울기) = \frac{(y_2 - y_1)}{(x_2 - x_1)} = \frac{(y의 \ 증가량)}{(x의 \ 증가량)}$$

그런데 왜 서로 다른 두 점 (x_1, y_1)과 (x_2, y_2)에 대하여, 뺄셈식 $(x_2 - x_1)$과 $(y_2 - y_1)$의 값을 각각 $(x$의 증가량$)$과 $(y$의 증가량$)$이라고 표현했냐고요? 이는 점 (x_1, y_1)이 점 (x_2, y_2)로 이동했을 때, x좌표와 y좌표의 값이 각각 $(x_2 - x_1)$과 $(y_2 - y_1)$만큼씩 증가해서 그렇습니다. 예를 들어, 두 점 $(-1, 1)$, $(1, 4)$를 지나는 직선이 있다고 가정해 봅시다. 다음 그림에서 보는 바와 같이 점 $(-1, 1)$이 점 $(1, 4)$로 이동했을 때, 점 $(-1, 1)$의 x좌표와 y좌표의 값은 각각 $2\{= 1 - (-1)\}$와 $3\{= 4 - 1\}$만큼씩 증가했다고 볼 수 있거든요.

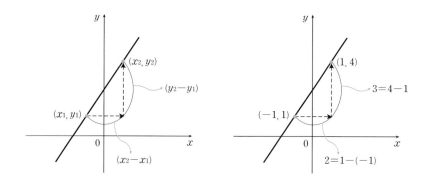

참고로 두 점 중 어느 것을 (x_1, y_1) 또는 (x_2, y_2)로 놓아도 상관없습니다. 하지만 기울기를 계산할 때에는 분모와 분자의 x좌표와 y좌표의 순서는 반드시 통일시켜 주어야 한다는 사실, 꼭 명심하시기 바랍니다.

$$\frac{y_1 - y_2}{x_2 - x_1} (\times) \qquad \frac{y_2 - y_1}{x_1 - x_2} (\times) \qquad \frac{y_1 - y_2}{x_1 - x_2} (\bigcirc) \qquad \frac{y_2 - y_1}{x_2 - x_1} (\bigcirc)$$

직선의 기울기를 활용하면 일차함수의 증가(또는 감소) 경향을 쉽게 파악할 수 있습니다. 즉, 독립변수 x의 변화에 따른 종속변수 y의 변화량을 손쉽게 확인할 수 있다는 뜻입니다. 예를 들어, 기울기가 $+2$와 -2일 경우, 독립변수 x의 변화에 따른 종속변수 y의 변화를 살펴보면 다음과 같습니다.

- 기울기 $+2$: $\dfrac{(y의\ 증가량)}{(x의\ 증가량)}=\dfrac{2}{1}=2$ $\rightarrow$ x좌표가 1만큼 증가하면 y좌표는 2만큼 증가

- 기울기 -2 : $\dfrac{(y의\ 증가량)}{(x의\ 증가량)}=\dfrac{-2}{1}=-2$ $\rightarrow$ x좌표가 1만큼 증가하면 y좌표는 2만큼 감소

이는 일차함수의 그래프를 쉽게 그리는 데에도 큰 도움을 줍니다. 잠깐만! 앞서 직선의 두 번째 결정조건을 '한 점과 직선의 기울기'라고 했던 거, 기억나시죠? 직선의 기울기를 활용하면 일차함수식도 쉽게 작성할 수 있다는 사실도 함께 기억하시기 바랍니다. 이 부분은 차차 배워나가도록 하겠습니다. (직선의 기울기의 숨은 의미)

다음 일차함수의 기울기를 구해보시기 바랍니다.

$$① \ y=3x+9 \quad ② \ y=-\frac{x}{2}+4 \quad ③ \ y=-\frac{5x}{3}-8 \quad ④ \ y=\frac{5x}{3}+1$$

 잠시 질문의 답을 스스로 찾아보는 시간을 가져보세요.

아니, 두 점의 좌표가 없는데 어떻게 직선의 기울기를 구할 수 있냐고요? 잘 한번 생각해 보세요. 우리는 주어진 함수식으로부터 직선이 지나는 두 점의 좌표를 쉽게 찾을 수 있습니다. 즉, 함수식에 임의의 독립변수 x값만 대입하면, 손쉽게 함수식을 만족하는(직선을 지나는) 순서쌍 (x, y)를 찾아낼 수 있다는 뜻입니다. 그럼 주어진 함수식에 각각 $x=0$, 1을 대입하여, 그래프가 지나는 두 점의 좌표를 구해보도록 하겠습니다.

$① \ y=3x+9$

$\quad x=0 \ \rightarrow \ y=3\times0+9 \ \rightarrow \ $점의 좌표 $(0,9)$

$\quad x=1 \ \rightarrow \ y=3\times1+9=12 \ \rightarrow \ $점의 좌표 $(1,12)$

$② \ y=-\dfrac{x}{2}+4$

$\quad x=0 \ \rightarrow \ y=-\dfrac{0}{2}+4=4 \ \rightarrow \ $점의 좌표 $(0,4)$

$$x=1 \ \rightarrow \ y=-\frac{1}{2}+4=\frac{7}{2} \ \rightarrow \ \text{점의 좌표}\left(1,\frac{7}{2}\right)$$

③ $y=-\dfrac{5x}{3}-8$

$$x=0 \ \rightarrow \ y=-\frac{5\times0}{3}-8=-8 \ \rightarrow \ \text{점의 좌표} \ (0,-8)$$

$$x=1 \rightarrow \ y=-\frac{5\times1}{3}-8=-\frac{29}{3} \ \rightarrow \ \text{점의 좌표}\left(1,-\frac{29}{3}\right)$$

④ $y=\dfrac{5x}{3}+1$

$$x=0 \ \rightarrow \ y=\frac{5\times0}{3}+1=1 \ \rightarrow \ \text{점의 좌표} \ (0,1)$$

$$x=1 \rightarrow \ y=\frac{5\times1}{3}+1=\frac{8}{3} \ \rightarrow \ \text{점의 좌표}\left(1,\frac{8}{3}\right)$$

이제 도출한 두 점으로부터 직선의 기울기를 계산해 볼까요? 계산의 편의를 돕기 위해, 기울기의 정의도 함께 써 놓았습니다. 천천히 살펴보면서 답을 찾아보시기 바랍니다.

$$(\text{직선의 기울기})=\frac{y_2-y_1}{x_2-x_1}=\frac{(y\text{의 증가량})}{(x\text{의 증가량})}$$

① $y=3x+9$: 두 점의 좌표 $(0,9)$, $(1,12)$ $\rightarrow \ \dfrac{12-9}{1-0}=3$

② $y=-\dfrac{x}{2}+4$: 두 점의 좌표 $(0,4)$, $\left(1,\dfrac{7}{2}\right)$ $\rightarrow \ \dfrac{\frac{7}{2}-4}{1-0}=-\dfrac{1}{2}$

③ $y=-\dfrac{5x}{3}-8$: 두 점의 좌표 $(0,-8)$, $\left(1,-\dfrac{29}{3}\right)$ $\rightarrow \ \dfrac{-\frac{29}{3}-(-8)}{1-0}=-\dfrac{5}{3}$

④ $y=\dfrac{5x}{3}+1$: 두 점의 좌표 $(0,1)$, $\left(1,\dfrac{8}{3}\right)$ $\rightarrow \ \dfrac{\frac{8}{3}-1}{1-0}=\dfrac{5}{3}$

어라...? 기울기의 값과 함수식을 비교해 보니 뭔가 규칙성이 보이는군요. 혹시 찾으셨나요?

잠시 질문의 답을 스스로 찾아보는 시간을 가져보세요.

우연인지 모르겠지만, 직선의 기울기는 모두 함수식의 일차항 x의 계수와 같습니다. 그렇죠? 이게 어떻게 된 일일까요? 음... 이에 대한 자세한 설명은 고등학교 교과과정에 해당하므로 지금은 그냥 일차함수식 x의 계수가 직선의 기울기라는 사실만 기억하고 넘어가도록 하겠습니다. 잠깐! 일차함수 $y=ax+b$에서 $x=0$을 대입한 값 $y=b$가 바로 y절편이라는 거, 다들 알고 계시죠? 기울기와 함께 정리하면 다음과 같습니다.

일차함수 $y=ax+b$의 기울기와 y절편

일차함수 $y=ax+b$의 기울기는 a이며, y절편은 상수항 b입니다. 일차함수 $y=ax+b$의 그래프를 지나는 임의의 서로 다른 두 점 (x_1, y_1)과 (x_2, y_2)에 대하여 다음이 성립합니다.

$$(일차함수의 기울기)=\frac{(y_2-y_1)}{(x_2-x_1)}=\frac{(y의 증가량)}{(x의 증가량)}=a, \quad (y절편)=b$$

이처럼 일차함수의 기울기와 y절편을 알고 있으면, 일차함수식을 쉽게 작성할 수 있습니다. 더불어 이는 함수의 그래프를 그리는 데에 큰 도움을 줍니다. (일차함수 $y=ax+b$의 기울기와 y절편의 숨은 의미)

다음 일차함수의 기울기와 y절편을 말해보시기 바랍니다.

$$① \ y=3x+9 \quad ② \ y=-\frac{x}{2}+1 \quad ③ \ y=\frac{3x}{4}-6 \quad ④ \ y=\frac{5x}{3}-2$$

 잠시 질문의 답을 스스로 찾아보는 시간을 가져보세요.

쉽죠? 정답은 다음과 같습니다.

$$① \ 기울기 \ 3, \ y절편 \ +9 \quad ② \ 기울기 \ -\frac{1}{2}, \ y절편 \ 1$$

$$③ \ 기울기 \ \frac{3}{4}, \ y절편 \ -6 \quad ④ \ 기울기 \ \frac{5}{3}, \ y절편 \ -2$$

이번엔 **그래프로부터 일차함수의 기울기를 찾아보는** 시간을 갖도록 하겠습니다. 다음에 그려진 그래프를 잘 살펴보면서, 일차함수의 기울기가 무엇인지 말해보시기 바랍니다.

그래프로부터 일차함수의 기울기를 찾는다? 음...

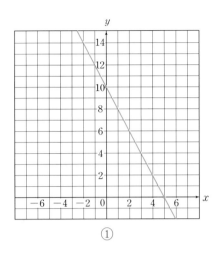

①

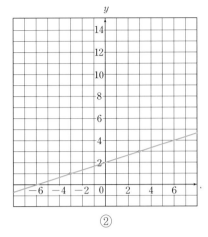

②

어렵지 않죠? 직선이 지나는 두 점을 찾은 후, 기울기의 정의에 맞춰 계산하면 쉽게 해결할 수 있는 문제입니다. 정답은 다음과 같습니다.

① 기울기 -2 [두 점 $(0,10)$, $(5,0)$]　② 기울기 $\dfrac{1}{3}$ [두 점 $(-3,1)$, $(3,3)$]

또는 두 점과 가로세로 눈금선을 세 변으로 하는 직각삼각형 하나를 찾아, 수평거리와 수직 높이가 몇 칸인지 세어보면서 직선의 기울기를 구할 수도 있습니다.

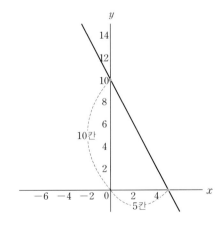

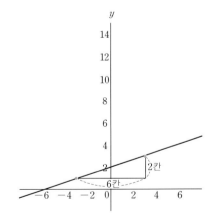

① 수평거리에 대한 수직높이의 비율

$$\frac{(수직높이)}{(수평거리)} = \frac{10}{5} = 2$$

→ 직선의 기울기(우하향) : -2

② 수평거리에 대한 수직높이의 비율

$$\frac{(수직높이)}{(수평거리)} = \frac{2}{6} = \frac{1}{3}$$

→ 직선의 기울기(우상향) : $\dfrac{1}{3}$

잠깐! 여기서 우리는 기울기의 부호를 정확히 따져 봐야 합니다. 즉, ①과 같이 우하향 직선의 경우, $\dfrac{(수직높이)}{(수평거리)}$의 값에 음의 부호를 붙여줘야 한다는 말이지요. 이 점 반드시 명심하시기 바랍니다. 아울러 기울기의 부호는 학생들이 가장 많이 하는 실수 중 하나이므로, 가급적이면 기울기의 정의로부터 그 값을 계산하는 것을 권장합니다.

앞서 우리는 일차함수 $y=ax+b$의 기울기가 a이고, y절편이 b라는 사실로부터, 일차함수의 그래프의 개형을 쉽게 그릴 수 있다고 배웠습니다. 이제 그 이유에 대해 하나씩 살펴보는 시간을 갖도록 하겠습니다. 일단 기울기 a가 양수이면 우상향 직선으로, 음수이면 우하향 직선으로 그려집니다. 그렇죠? 더불어 y절편이 양수이면 함수의 그래프는 y축의 양의 부분과 교차하며, 음수이면 y축의 음의 부분과 교차합니다. 여기까지 이해가 되시나요? 이제 이를 좌표평면에 그대로 적용해 보겠습니다.

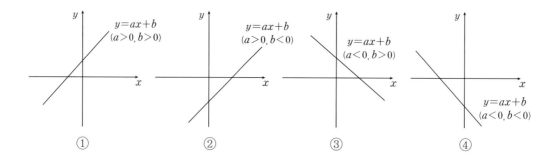

어떠세요? 일차함수 $y=ax+b$의 기울기가 a이고, y절편이 b라는 사실만 알고 있으면, 일차함수의 그래프의 개형을 찾는 것은 일도 아니죠? 이번엔 **주어진 조건으로부터 일차함수식을 찾아보는 시간을 갖겠습니다.** 잠깐! 일차함수 $y=ax+b$에서 기울기가 a이며, y절편은 상수항 b라는 사실, 잊지 않으셨죠?

① 기울기가 $+3$이고 y절편이 -6인 일차함수
② 기울기가 -2이고 y절편이 $+4$인 일차함수

정답은 다음과 같습니다.

① 기울기가 $+3$이고 y절편이 -6인 일차함수 → $y=3x-6$
② 기울기가 -2이고 y절편이 $+4$인 일차함수 → $y=-2x+4$

내친김에 함수의 그래프도 그려볼까요? 앞서 x, y절편을 활용하면 함수의 그래프를 쉽게 그릴 수 있다고 한 거, 기억나시죠? 그럼 도출된 두 함수의 x, y절편을 확인한 후, x, y절편에 해당하는 두 점, 즉 직선이 지나는 두 점을 찾아보도록 하겠습니다.

① 기울기가 $+3$이고 y절편이 -6인 일차함수 → $y=3x-6$
  • x절편($y=0$에 대응하는 x값) : $0=3x-6$ → (x절편)$=2$ ☞ 점 $(2,0)$
  • y절편($x=0$에 대응하는 y값) : $y=3\times0-6$ → (y절편)$=-6$ ☞ 점 $(0,-6)$

② 기울기가 -2이고 y절편이 $+4$인 일차함수 → $y=-2x+4$
  • x절편($y=0$에 대응하는 x값) : $0=-2x+4$ → (x절편)$=2$ ☞ 점 $(2,0)$
  • y절편($x=0$에 대응하는 y값) : $y=(-2)\times0+4$ → (y절편)$=4$ ☞ 점 $(0,4)$

두 점을 이어 그래프를 완성하면 다음과 같습니다.

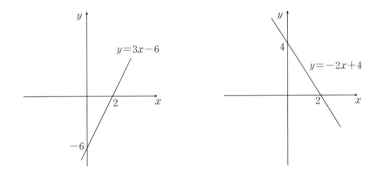

앞서 직선을 결정하는 두 번째 조건이 뭐라고 했죠? 그렇습니다. 바로 '한 점과 직선의 기울기'입니다. 여기서 퀴즈~ 다음에 주어진 조건(한 점과 기울기)으로부터 일차함수의 그래프를 그려 보시기 바랍니다.

① 점 $(-1,-2)$를 지나고 기울기가 $+3$인 일차함수
② 점 $(-1,0)$을 지나고 기울기가 -2인 일차함수

물론 주어진 조건으로부터 일차함수식을 도출한 후, x, y절편을 찾아 함수의 그래프를 그릴 수도 있습니다. 하지만 여기서는 일차함수식이 아닌 주어진 조건 '한 점과 기울기'만을 활용하여 함수의 그래프를 그려보는 연습을 해 보도록 하겠습니다. 이는 기울기의 정의를 논리적으로 적용하는 부분이기도 할뿐더러, 직선의 증가(또는 감소) 경향까지도 함께 설명하는 부분이

라서 내용이 상당히 난해합니다. 그러니 천천히 생각하면서 읽어나가시기 바랍니다.

일단 하나의 직선을 결정하기(그리기) 위해서는 두 개의 점이 필요합니다. 그렇죠? 즉, 우리는 주어진 한 점과 기울기로부터 또 하나의 점을 찾아내야 할 것입니다.

한 점과 기울기로부터 또 하나의 점을 찾는다고...?

무슨 말인지 도무지 모르겠다고요? 먼저 기울기의 정의를 다시 한 번 되새겨 보겠습니다.

직선의 기울기

직선 위의 임의의 서로 다른 두 점 (x_1, y_1)과 (x_2, y_2)에 대하여 직선의 기울기는 다음과 같이 정의됩니다.

$$(직선의 기울기) = \frac{(y_2 - y_1)}{(x_2 - x_1)} = \frac{(y의 증가량)}{(x의 증가량)}$$

보는 바와 같이 서로 다른 두 점 (x_1, y_1)과 (x_2, y_2)에 대하여, 뺄셈식 $(x_2 - x_1)$과 $(y_2 - y_1)$의 값을 각각 $(x$의 증가량$)$과 $(y$의 증가량$)$이라고 부릅니다.

$$(x_2 - x_1) = (x의 증가량), \quad (y_2 - y_1) = (y의 증가량)$$

이는 점 (x_1, y_1)이 점 (x_2, y_2)로 이동했을 때, x좌표와 y좌표의 값이 각각 $(x_2 - x_1)$과 $(y_2 - y_1)$만큼씩 증가했기 때문인데요. 일반적으로 좌표평면에서는 오른쪽과 위쪽 방향을 '증가하는 방향', 왼쪽과 아래쪽 방향을 '감소하는 방향'이라고 일컫습니다. 더불어 증가는 (＋)값으로, 감소는 (－)값으로 표현합니다. 여기까지 이해가 되시나요?

직선의 기울기가 ＋2라는 말은 $\frac{(y의 증가량)}{(x의 증가량)} = 2$라는 것을 뜻하며, 이는 직선 위의 어떤 점이 다른 점으로 이동할 때, 그 점의 x좌표가 1만큼 증가하면[$(x$의 증가량$)=1$], y좌표는 2만큼 증가하는 것[$(y$의 증가량$)=2$]을 의미하기도 합니다. 그렇죠?

- 기울기 2 : $\frac{(y의 증가량)}{(x의 증가량)} = \frac{2}{1} = 2$ → x좌표가 1만큼 증가하면 y좌표는 2만큼 증가

마찬가지로 기울기가 －2라는 말은 $\frac{(y의 증가량)}{(x의 증가량)} = -2$라는 것을 뜻하며, 직선 위의 어떤 점이 다른 점으로 이동할 때, 그 점의 x좌표가 1만큼 증가하면[$(x$의 증가량$)=1$], y좌표는 2만큼

감소하는 것[(y의 증가량)$=-2$]을 의미합니다. 그렇죠?

- 기울기 -2 : $\dfrac{(y\text{의 증가량})}{(x\text{의 증가량})}=\dfrac{-2}{1}=-2$ → x좌표가 1만큼 증가하면 y좌표는 2만큼 감소

이제 이 내용을 그림으로 표현해 보겠습니다. 여기서 우리는 점이 이동하는 화살표의 방향(위, 아래, 좌, 우)으로부터 좌표의 증가량(또는 감소량)을 확인해야 합니다.

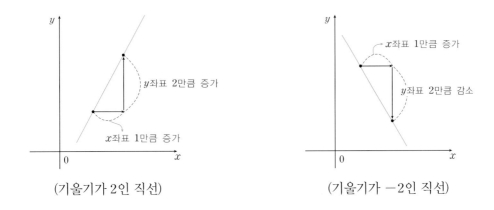

(기울기가 2인 직선)   (기울기가 -2인 직선)

조금 어렵나요? 만약 이해가 잘 가지 않는다면 다시 한 번 기울기의 정의를 되새기면서 천천히 읽어보시기 바랍니다. 사실 이 부분은 기울기의 정의를 제대로 알고 있어야 이해할 수 있는 내용입니다.

마찬가지 방식으로 다음에 주어진 일차함수의 그래프를 직접 그려보시기 바랍니다.

① 점 $(-1,-2)$를 지나고 기울기가 $+3$인 일차함수
② 점 $(-1,0)$을 지나고 기울기가 -2인 일차함수

 잠시 질문의 답을 스스로 찾아보는 시간을 가져보세요.

힌트를 드리자면, 주어진 한 점을 기울기값에 맞춰, 즉 x좌표를 1만큼, y좌표를 기울기의 값만큼 평행이동하면 쉽게 또 다른 한 점의 좌표를 도출할 수 있습니다.

- 기울기 3 : x좌표가 1만큼 증가하면 y좌표는 3만큼 증가
  주어진 점 $(-1,-2)$ → 또 다른 한 점 $(-1+1,-2+3)=(0,1)$

• 기울기 -2 : x좌표가 1만큼 증가하면 y좌표는 2만큼 감소

주어진 점 $(-1,0)$ → 또 다른 한 점 $(-1+1,0-2)=(0,-2)$

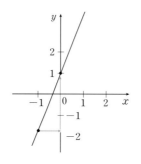 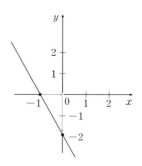

① 점 $(-1,-2)$를 지나고
기울기가 3인 일차함수

② 점 $(-1,0)$을 지나고
기울기가 -2인 일차함수

내친김에 함수식도 찾아볼까요? 일단 ①과 ②의 함수식을 각각 $y=ax+b$, $y=a'x+b'$라고 놓아봅시다. 문제에서 기울기가 각각 3, -2라고 했으므로, $a=3$, $a'=-2$입니다. 맞죠? 이제 직선이 지나는 점을 함수식에 대입하여 b와 b'의 값을 찾아보도록 하겠습니다.

① $y=ax+b$: 기울기 3 → $a=3$ → $y=3x+b$

점 $(-1,-2)$ 대입 → $(-2)=3\times(-1)+b$ → $b=1$

∴ 일차함수식 $y=3x+1$

② $y=a'x+b'$: 기울기 -2 → $a'=-2$ → $y=-2x+b'$

점 $(-1,0)$ 대입 → $0=(-2)\times(-1)+b'$ → $b'=-2$

∴ 일차함수식 $y=-2x-2$

어떠세요? 할 만한가요? 이렇게 일차함수와 관련된 문제는 무궁무진합니다. 그렇다고 너무 쫄지는 마세요~ 기본 개념(기울기, x, y절편, 그래프 등)만 확실히 알고 있으면 쉽게 해결할 수 있는 문제가 대부분이거든요. 다음 내용을 참고하여 각자 다양한 일차함수 문제를 만들어, 친구들과 함께 풀어보시기 바랍니다.

• 기울기와 한 점이 주어졌을 때 → 그래프를 그리는 문제, 함수식을 찾는 문제
• 함수식이 주어졌을 때 → 그래프를 그리는 문제, 기울기와 절편을 찾는 문제
• 두 점이 주어졌을 때 → 기울기, 함수식 또는 절편을 찾는 문제
• x, y절편이 주어졌을 때 → 그래프를 그리는 문제, 기울기 또는 함수식을 찾는 문제

일차함수의 성질에 대해 총제적으로 정리해 보는 시간을 갖도록 하겠습니다. 앞서 우리는 일차함수 $y=ax+b$의 그래프가 정비례함수 $y=ax$를 y축의 방향으로 b만큼 평행이동한 그래프라는 사실을 확인한 적이 있습니다. 그렇죠? 정비례함수 $y=ax(a\neq0)$의 성질을 떠올리면서 천천히 읽어보시기 바랍니다.

일차함수 $y=ax+b(a\neq0)$의 성질

① 기울기가 a이고 y절편이 b인 직선입니다.

② $a>0$일 때, 함수의 그래프는 우상향 직선입니다.
  이는 x값이 증가할 때, y값도 증가한다는 것을 의미합니다.
  $a<0$일 때, 함수의 그래프는 우하향 직선입니다.
  이는 x값이 증가할 때, y값은 감소한다는 것을 의미합니다.

③ $|a|$가 클수록 y축에 근접합니다. 이는 $|a|$가 클수록 함수의 그래프가 가파르게
  그려지며, $|a|$가 작을수록 함수의 그래프가 완만하게 그려진다는 것을 의미합니다.

이해되시죠? 특히 ②의 경우, 다음과 같이 일차함수 $y=ax+b$의 그래프를 $a>0$일 때와 $a<0$일 때로 구분하여 그려보면 이해하기가 한결 수월할 것입니다.

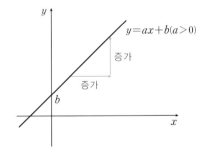 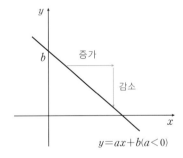

임의의 두 직선 $y=ax+b$와 $y=a'x+b'$가 서로 평행 또는 일치할 조건은 무엇일까요?

 잠시 질문의 답을 스스로 찾아보는 시간을 가져보세요.

조금 어렵나요? 일단 두 직선이 평행하는 경우와 일치하는 경우를 정확히 구분해 보면 다음과 같습니다.

- 평행 : 평면상에서 두 직선이 서로 만나지 않을 때 두 직선의 위치관계
- 일치 : 평면상에서 두 직선의 교점이 무수히 많을 때 두 직선의 위치관계

여러분~ 직선의 기울기가 같다는 것이 무엇일까요? 네, 맞아요. 두 직선이 평행하거나 일치한다는 뜻입니다. 즉, 두 직선 $y=ax+b$와 $y=a'x+b'$에 대하여 $a=a'$이면 두 직선은 평행 또는 일치합니다. 그렇다면 y절편 b와 b'가 서로 같을 때 또는 서로 다를 때 그래프가 어떻게 그려지는지 상상해 보시기 바랍니다. 어떠세요? 네, 맞아요. 두 직선의 기울기 a와 a'가 같고 y절편 b와 b'마저 같다면 두 직선은 일치하게 됩니다. 반면에 두 직선의 기울기 a와 a'는 같지만 y절편 b와 b'가 다르다면 두 직선은 평행하게 됩니다. 조금 어렵나요? 다음 그림을 살펴보면 이해하기가 한결 수월할 것입니다.

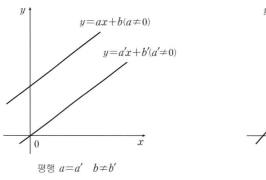

평행 $a=a'$ $b \neq b'$

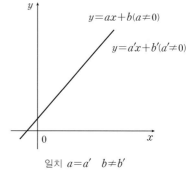

일치 $a=a'$ $b \neq b'$

여기서 우리는 두 직선에 대한 평행과 일치조건을 도출해 낼 수 있습니다.

[두 직선 $y=ax+b$와 $y=a'x+b'$의 평행과 일치]
i) $a=a'$이고 $b \neq b'$: 두 직선은 만나지 않는다. (평행)
ii) $a=a'$이고 $b=b'$: 두 직선은 무수히 많은 점에서 만난다. (일치)

가끔 학생들이 두 일차함수의 그래프의 기울기가 같다고 무조건 평행한 직선으로 생각하는 경향이 있는데, 절대 그렇지 않습니다. 일치할 수도 있거든요. 평행과 일치는 명백히 다른 용어라는 사실, 꼭 명심하시기 바랍니다.

더불어 평면상에서 두 직선이 한 점에서 만나는 경우도 있는데, 어떠한 조건에서 그럴까요? 음... 조금 어렵나요? 그럼 두 직선이 평행하지도 일치하지도 않을 조건을 떠올려 보십시오.

두 직선이 평행하지도 일치하지도 않을 조건이라...?

여러분~ 두 직선이 평행하거나 일치할 경우, 어떤 값이 같다고 했죠? 네, 맞아요. 바로 기울기의 값이 서로 같습니다. 역으로 설명하면, 평행하지도 일치하지도 않은 두 직선의 기울기는 서로 다릅니다. 이해되시나요?

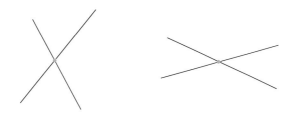

어라...? 두 직선이 한 점에서 만나네요. 그렇습니다. 기울기가 다를 경우, 두 직선은 한 점에서 만납니다. 이렇게 두 직선이 한 점에서 만나는 경우를 '교차한다'라고 부릅니다. 직선의 위치관계(교차, 평행, 일치)를 정리하면 다음과 같습니다.

두 직선 $y=ax+b$와 $y=a'x+b'$의 위치관계

① $a \neq a'$일 때, 두 직선은 한 점에서 만납니다. (교차)

② $a=a'$이고 $b \neq b'$일 때, 두 직선은 만나지 않습니다. (평행)

③ $a=a'$이고 $b=b'$일 때, 두 직선은 무수히 많은 점에서 만납니다. (일치)

다시 한 번 언급하지만, 평행한 두 직선의 기울기는 서로 같습니다. 하지만 기울기가 같다고 해서 두 직선이 반드시 평행한 것이 아닙니다. 일치하는 경우도 있거든요. 이 점 반드시 명심하시기 바랍니다. 직선의 위치관계를 포함하여 일차함수 $y=ax+b(a \neq 0)$의 성질을 총정리해보면 다음과 같습니다.

일차함수 $y=ax+b(a \neq 0)$의 성질

① 기울기가 a이고 y절편이 b인 직선입니다.

② $a>0$일 때, 함수의 그래프는 우상향 직선입니다.
   이는 x값이 증가할 때, y값도 증가한다는 것을 의미합니다.
   $a<0$일 때, 함수의 그래프는 우하향 직선입니다.
   이는 x값이 증가할 때, y값은 감소한다는 것을 의미합니다.

③ $|a|$가 클수록 y축에 근접합니다. 이는 $|a|$가 클수록 함수의 그래프가 가파르게 그려지며,
   $|a|$가 작을수록 함수의 그래프가 완만하게 그려진다는 것을 의미합니다.

④ 기울기가 다른 두 직선은 한 점에서 만나며, 기울기가 같은 두 직선은 평행하거나 일치합니다.

⑤ 기울기와 y절편이 모두 같을 경우 두 직선은 일치하며, 기울기는 같지만 y절편이 다를 경우
   두 직선은 평행합니다.

⑥ 기울기가 같다고 해서 두 직선이 반드시 평행한 것은 아닙니다.

일차함수 $y=ax+b(a\neq0)$의 성질이 갖는 숨은 의미는 무엇일까요? 그렇습니다. 바로 임의의 일차함수 $y=ax+b(a\neq0)$의 그래프를 손쉽게 그릴 수 있는 방법이 존재한다는 것입니다. 더불어 이는 두 직선의 위치관계 또한 명확히 파악할 수 있게 합니다. ($y=ax+b(a\neq0)$의 성질의 숨은 의미)

하나 더! 다음 그림을 잘 살펴보면, 두 직선의 기울기가 같다는 말이 왜 x의 증가량에 따른 y의 증가량이 같다는 말로 귀결되는지 쉽게 확인할 수 있을 것입니다.

$$(직선의\ 기울기)=\frac{(y_2-y_1)}{(x_2-x_1)}=\frac{(y의\ 증가량)}{(x의\ 증가량)}$$

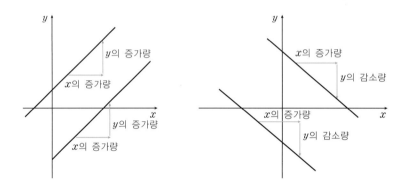

이제 일차함수와 관련된 문제를 풀어볼까요? 다음 일차함수 중 ① x값이 증가할 때, y값도 증가하는 함수, ② x값이 증가할 때, y값은 감소하는 함수, ③ 그래프가 가장 가파르게 그려지는 함수, ④ 그래프가 가장 완만하게 그려지는 함수를 고르고, ⑤ 그래프가 평행한 함수끼리 짝지어 보시기 바랍니다.

$$y=2x-5 \quad y=-\frac{x}{2}+1 \quad y=\frac{3x}{4}-6 \quad y=-\frac{11x}{3}-2 \quad y=\frac{3}{4}x+1$$

잠시 질문의 답을 스스로 찾아보는 시간을 가져보세요

조금 어렵나요? 일차함수 $y=ax+b(a\neq0)$의 성질을 하나씩 보면서 함께 풀어보도록 하겠습니다. ① x값이 증가할 때, y값도 증가하는 함수를 찾으라는 말은 무엇일까요? 그렇습니다. 바로 기울기가 양수인 일차함수(우상향 직선)를 찾으라는 것입니다. 따라서 ①에 해당하는 함수는 $y=2x-5$, $y=\frac{3x}{4}-6$, $y=\frac{3}{4}x+1$입니다. 마찬가지로 ② x값이 증가할 때, y값이 감소하는 함수는 기울기가 음수인 일차함수(우하향 직선)를 뜻합니다. 즉, ②에 해당하는 함수는 $y=$

$-\dfrac{x}{2}+1$과 $y=-\dfrac{11x}{3}-2$입니다. 어렵지 않죠?

③ 그래프가 가장 가파르게 그려지는 함수를 찾으라는 말은 무엇일까요? 그렇습니다. 기울기의 절댓값이 가장 큰 함수를 찾으라는 것입니다. 따라서 ③에 해당하는 함수는 $y=-\dfrac{11x}{3}-2$입니다. 마찬가지로 ④ 그래프가 가장 완만하게 그려지는 함수는 기울기의 절댓값이 가장 작은 함수를 뜻합니다. 즉, ④에 해당하는 함수는 $y=-\dfrac{x}{2}+1$입니다.

⑤ 그래프가 평행한 함수끼리 짝지어 보라는 말은 무엇일까요? 네, 맞아요~ 기울기가 서로 같은 함수를 찾으라는 것입니다. 더불어 y절편은 달라야 합니다. 잠깐! 일차함수에서 y절편이 상수항의 값과 같다는 사실, 다들 알고 계시죠? 따라서 서로 평행한 함수는 $y=\dfrac{3x}{4}-6$과 $y=\dfrac{3}{4}x+1$입니다. 어떠세요? 할 만한가요?

다음 일차함수의 그래프를 보고 보기에 해당 하는 함수를 찾아보시기 바랍니다.

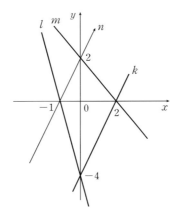

① x의 값이 증가할 때, y의 값도 증가하는 함수
② x의 값이 증가할 때, y의 값은 감소하는 함수
③ 기울기의 절댓값이 가장 큰 함수와 가장 작은 함수
④ 기울기의 값이 가장 작은 함수
⑤ 기울기의 부호와 y절편의 부호가 서로 같은 함수
⑥ x값이 증가한 만큼 y값이 감소하는 함수
⑦ 평행한 두 함수

너무 문제가 많다고요? 어려운 문제는 없으니, 일차함수 $y=ax+b(a \neq 0)$의 성질을 하나씩 살펴보면서 함께 풀어보도록 하겠습니다. ① x값이 증가할 때, y값도 증가하는 함수는 기울기가 양수인 함수를 말합니다. 더불어 기울기가 양수인 함수는 우상향(오른쪽 위로 향하는) 직선으로 그려집니다. 맞죠? ② x값이 증가할 때, y값이 감소하는 함수는 기울기가 음수인 함수로서, 우하향(오른쪽 아래로 향하는) 직선으로 그려집니다. 따라서 ①에 해당하는 직선은 n, k이며 ②에 해당하는 직선은 l, m입니다. 쉽죠?

③ 기울기의 절댓값이 가장 큰 함수는 보기 중 가장 가파르게 그려진 직선이며, 기울기의 절댓값이 가장 작은 함수는 보기 중 가장 완만하게 그려진 직선입니다. 따라서 기울기의 절댓값이 가장 큰 함수는 l이며 가장 작은 함수는 m입니다.

④의 경우는 ③과 조금 다릅니다. 즉, 기울기의 절댓값이 아닌 부호를 기준으로 기울기의 대소관계를 정확히 따져봐야 한다는 말입니다. 왜냐하면 기울기가 양수이고 그래프가 가파르게 그려질 경우 기울기의 값은 크겠지만, 기울기가 음수이고 그래프가 가파르게 그려질 경우에는 오히려 기울기의 값이 작기 때문입니다. 이해되시죠? 따라서 기울기의 값이 가장 작은 함수는 l입니다. 음... 잘 모르겠다고요? 그렇다면 주어진 직선의 기울기를 모두 찾아보도록 하겠습니다. 여러분~ 기울기의 정의, 다들 아시죠?

직선의 기울기

직선 위의 임의의 서로 다른 두 점 (x_1, y_1)과 (x_2, y_2)에 대하여 직선의 기울기는 다음과 같이 정의됩니다.

$$(\text{직선의 기울기}) = \frac{(y_2-y_1)}{(x_2-x_1)} = \frac{(y\text{의 증가량})}{(x\text{의 증가량})}$$

- 직선 l : 두 점 $(-1,0)$, $(0,-4)$를 지난다. → (l의 기울기)$=-4$
- 직선 m : 두 점 $(2,0)$, $(0,2)$를 지난다. → (m의 기울기)$=-1$
- 직선 n : 두 점 $(-1,0)$, $(0,2)$를 지난다. → (n의 기울기)$=2$
- 직선 k : 두 점 $(2,0)$, $(0,-4)$를 지난다. → (k의 기울기)$=2$

어렵지 않죠? 따라서 ④ 기울기의 값이 가장 작은 함수의 그래프는 l입니다.

⑤의 경우, 주어진 그래프를 보면서 기울기와 y절편의 부호를 하나씩 따져봐야 합니다. 다시 한 번 말하지만, 우상향 직선은 기울기가 양수이며 우하향 직선은 기울기가 음수입니다. 더불어 그래프가 y축의 양의 방향과 만날 경우 y절편은 양수가 되며, y축의 음의 방향과 만날 경우

y절편은 음수가 됩니다.

> • 직선 l : 기울기도 음수이며, y절편도 음수이다.
> • 직선 m : 기울기는 음수이며, y절편은 양수이다.
> • 직선 n : 기울기도 양수이며, y절편도 양수이다.
> • 직선 k : 기울기는 양수이며, y절편은 음수이다.

따라서 ⑤ 기울기와 y절편의 부호가 서로 같은 함수는 l, n입니다. 음... ⑥의 경우는 조금 어렵네요. 일단 x값이 증가할 경우, y값이 감소하는 함수는 우하향 직선인 l과 m입니다. 그렇죠? 하지만 문제에서는 x값이 증가한 만큼 y값이 감소하는 함수를 찾으라고 했습니다.

> x값이 증가한 만큼 y값이 감소하는 함수라...?

과연 이 말이 무엇을 의미할까요? 예를 들어보면서 차근차근 따져 보겠습니다.

> [x값이 증가한 만큼 y값이 감소하는 함수]
> • x값이 1만큼 증가한다면, y값은 1만큼 감소해야 한다.
> • x값이 2만큼 증가한다면, y값은 2만큼 감소해야 한다.
> • x값이 3만큼 증가한다면, y값은 3만큼 감소해야 한다.

아~ 바로 기울기가 -1인 함수를 찾으란 말이군요. (직선의 기울기)$=\dfrac{(y\text{의 증가량})}{(x\text{의 증가량})}=-1$일 경우, x값이 1만큼 증가한다면, y값은 1만큼 감소하잖아요. 그렇죠? 보기에서 기울기가 -1인 함수는 m뿐입니다. (앞서 네 직선의 기울기를 모두 구했던 거, 기억나시죠?)

⑦ 평행한 두 함수는 기울기가 같고 y절편이 다른 함수를 말합니다. 그렇죠? 즉, 기울기가 2로 같은 함수 n, k가 바로 평행한 두 함수입니다. 참고로 y절편이 같은 함수와 x절편이 같은 함수끼리 짝지어 보면 다음과 같습니다. 각자 그래프를 보면서 확인해 보시기 바랍니다.

> • y절편이 같은 함수 : l과 k, m과 n
> • x절편이 같은 함수 : l과 n, m과 k

함수의 증가와 감소가 잘 이해가 되지 않는다고요? 음... 그렇다면 다음 문제를 풀어보면서 그 개념을 정확히 확인해 보시기 바랍니다.

일차함수 $y=\dfrac{3}{4}x+6$에 대하여,

① x값이 8만큼 증가할 경우, y값의 증가량은 얼마일까?

② x값이 (-12)만큼 증가할 경우, y값의 증가량은 얼마일까?

 잠시 질문의 답을 스스로 찾아보는 시간을 가져보세요

일단 일차함수 $y=ax+b$에서 a는 직선의 기울기를, b는 y절편을 의미합니다. 맞죠? 이 중 함수의 증가 · 감소와 관련 있는 상수는 무엇일까요? 네~ 맞아요. 기울기 a입니다. 왜냐하면 기울기의 정의가 바로 $\dfrac{(y의\ 증가량)}{(x의\ 증가량)}$이거든요. 기울기의 정의로부터 우리는 x의 증가량에 따른 y의 증가량을 확인할 수 있습니다. 예를 들어 어떤 직선의 기울기가 3이라는 말은 x값이 1, 2, 3, ...만큼 증가할 때 y값이 3, 6, 9, ...만큼, 즉 기울기 값(3)의 배수만큼 증가함을 의미합니다. 이것을 일반화시키면, 기울기가 a라는 말은 x값이 m만큼 증가하면 y값이 $(m\times a)$만큼 증가한다는 것을 의미합니다. 이해되시죠?

$$y=\dfrac{3}{4}x+6 : x값이 1만큼 증가할 때, y값은 \dfrac{3}{4}만큼 증가한다.$$

① x값이 8만큼 증가할 경우, y값은 $6\left\{=\left(\dfrac{3}{4}\right)\times 8\right\}$만큼 증가한다.

② x값이 (-12)만큼 증가할 경우, y값은 $(-9)\left\{=\left(\dfrac{3}{4}\right)\times(-12)\right\}$만큼 증가한다.

참고로 '$-a(a>0)$만큼 증가한다'는 말은 'a만큼 감소한다'는 것을 의미한다는 사실, 반드시 기억하시기 바랍니다.

마지막으로 한 문제만 더 풀어보도록 하겠습니다. 일차함수 $y=(a-1)x+(b+2)$의 그래프는, 일차함수 $y=-\dfrac{5}{6}x-3$의 그래프와 평행하고 또 다른 일차함수 $y=3x-4$의 그래프와 y축 위의 한 점에서 만난다고 합니다. 이 경우 식 $a\times b$의 값은 얼마일까요?

 잠시 질문의 답을 스스로 찾아보는 시간을 가져보세요

일단 일차함수 $y=(a-1)x+(b+2)$의 그래프가 일차함수 $y=-\dfrac{5}{6}x-3$의 그래프와 평행하다고 했으므로, 두 직선의 기울기는 서로 같습니다. 그렇죠? 이는 일차함수 $y=(a-1)x+(b+2)$의 기울기 $(a-1)$이 일차함수 $y=-\dfrac{5}{6}x-3$의 기울기 $-\dfrac{5}{6}$와 같다는 것을 의미합니다.

$$a-1=-\frac{5}{6} \ \rightarrow\ a=\frac{1}{6}$$

더불어 일차함수 $y=(a-1)x+(b+2)$가 또 다른 일차함수 $y=3x-4$의 그래프와 y축 위의 한 점에서 만난다고 했으므로, 두 일차함수의 y절편은 서로 같습니다. 즉, 일차함수 $y=(a-1)x+(b+2)$의 y절편 $(b+2)$가 일차함수 $y=3x-4$의 y절편 -4와 같다는 말입니다.

$$(b+2)=-4 \ \rightarrow\ b=-6$$

따라서 식 $a\times b$의 값은 -1입니다. 휴~ 드디어 마지막 문제까지 해결했네요. 이젠 일차함수에 지친다고요? 우리가 너무 달렸나 봅니다. 잠시 쉬어가는 코너를 마련했습니다.

여러분 혹시 착시현상에 대해서 알고 계신가요? 착시현상이란 사물의 객관적인 성질과 눈으로 본 성질 사이에서 발생한 차이를 말합니다. 다음에 그려진 대각선들은 모두 평행선임에도 불구하고 착시현상 때문에 평행선이 아닌 것처럼 보입니다. 왜 그럴까요?

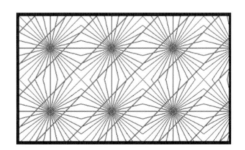

힌트를 드리도록 하겠습니다.

생체기능 중 항상성이란 것이 있는데, 항상성이란 외부환경의 변화에
대응하여 생물체 내의 환경을 일정하게 유지하려는 현상을 말합니다.

음... 무슨 말을 하는지 도무지 모르겠다고요? 예를 들어 보겠습니다. 우리의 몸은 얼음물을 먹는다고 해서 체온이 급격하게 떨어지지도 않으며, 뜨거운 물을 먹는다고 해서 체온이 급격하게 올라가지도 않습니다. 그렇죠? 즉, 외부 환경이 변해도 우리의 몸은 항상 현재 상태를 일정하게 유지하려는 성질을 가지고 있다는 것입니다. 이것이 바로 항상성입니다. 이를 시력에 적용하여 질문의 답을 찾아보면 다음과 같습니다.

우리 눈은 그림의 배경을 먼저 인지하여 그 정보를 계속 유지하려고 합니다.
즉, 눈의 항상성으로 인해 평행한 대각선이 평행하지 않게 보인다는 것이죠.

★ 개념을 정확히 이해했는지 확인하고 싶다면, 학교 교과서에 나오는 개념확인 문제를 풀어 보거나 스스로 개념 확인문제를 출제하여 풀어보면 큰 도움이 될 것입니다.

4 일차함수의 활용

다음 그림은 어느 지역의 해저지형을 조사하는 그림입니다. 해저지형은 도대체 어떻게 알 수 있을까요?

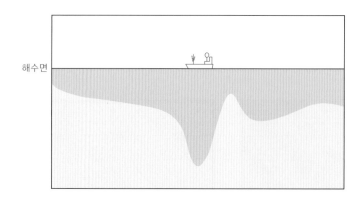

잠수함을 타고 해저지형을 직접 눈으로 관찰할 수도 있겠지만, 그 방법은 비용이 많이 들 뿐만 아니라, 심해의 경우 햇빛이 들지 않아 눈으로 확인할 수 없는 경우가 태반입니다. 일반적으로는 초음파를 이용하여 해저지형을 조사한다고 합니다. 도대체 초음파를 어떻게 활용해야 해저의 깊이를 정확히 알 수 있을까요? 그렇습니다. 선저(배밑)에서 초음파를 해저로 발사하여 반사되어 돌아올 때까지의 시간을 측정함으로써, 해저의 깊이를 계산할 수 있습니다. 당연히 반사되어 돌아오는 시간이 짧을수록 그 깊이가 얕을 것이며, 돌아오는 시간이 길수록 그 깊이가 깊을 것입니다. 이렇게 초음파를 활용하여 해저지형을 측정하는 방법을 음향측심법이라고 말합니다.

한국해양연구소에서는 어느 지역의 해저지형을 음향측심법으로 측정하고 있다고 합니다. 어떤 지점에서 발사된 초음파가 되돌아오는 데에 걸린 시간이 4초였다면, 이 지점의 깊이는 해저 몇 m일까요? 단, 물속에서 초음파의 전파속도는 초속 1500m라고 합니다.

 잠시 질문의 답을 스스로 찾아보는 시간을 가져보세요.

조금 어렵나요? 힌트를 드리자면 4초 동안 초음파가 이동한 거리를 속력공식에 대입해 보시기 바랍니다. 여기서 초음파가 이동한 거리의 절반이 바로 해저의 깊이가 되겠죠?

$$(속력) = \frac{(거리)}{(시간)}$$

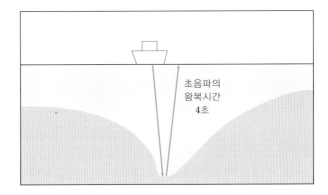

초음파의 전파속도가 초속 1500m라고 했으므로, 4초 동안 초음파가 이동한 거리는 6000m가 될 것입니다.

$$1500 = \frac{(초음파의 \ 이동거리)}{4} \ \rightarrow \ (초음파의 \ 이동거리) = 6000$$

초음파가 이동한 거리의 절반이 바로 그 지점의 깊이이므로, 해저의 깊이는 3000m가 됩니다. 어렵지 않죠? 그렇다면 음향측심법으로 해저의 깊이를 구하는 함수식을 작성해 보도록 하겠습니다.

일단 독립변수와 종속변수를 정해야겠죠? 독립변수 x를 초음파가 발사되어 되돌아오는 시간(초)으로 놓고, 종속변수 y를 해저의 깊이(m)로 놓아보겠습니다. 여기서 초음파가 이동한 시간(x초)의 절반$\left(\frac{x}{2}초\right)$을 속력공식에 대입하면 어렵지 않게 두 변수 x, y에 대한 함수식을 완성할 수 있습니다.

$$(속력) = \frac{(거리)}{(시간)} \;\rightarrow\; 1500 = \frac{y}{\frac{1}{2}x} \;\rightarrow\; y = 750x$$

일차함수의 활용법에 대해 자세히 알아보도록 하겠습니다. 다음 문장 속에서 두 변수 x, y에 대한 함수관계를 찾아, 함수식으로 표현해 보시기 바랍니다.

> 은설이는 기본요금이 월 10,000원이고 통화 1분당 80원씩 추가되는 휴대폰요금제를 사용하고 있습니다. 이번 달에 은설이가 지불해야 하는 휴대폰요금이 총 20,000원이라면, 은설이가 한 달 동안 통화한 시간은 몇 분일까요? (단, 휴대폰 요금은 기본요금과 통화요금뿐이라고 합니다)

일단 주어진 내용으로부터 변화하는 두 양을 찾아 변수 x, y로 대신해 봅시다. 여기서 독립 변수를 x, 종속변수를 y로 놓겠습니다. 즉, 먼저 결정되어지는 값을 x로, 그리고 x값에 따라 나중에 결정되어지는 값을 y로 놓아보자는 말이지요.

감이 오시나요? 그렇습니다. 문제에서 은설이가 한 달 동안 통화한 시간이 몇 분이냐고 물었으므로, 통화량(분)이 바로 우리가 찾는 '변화하는 양' 중 하나가 되겠네요. 그렇다면 월 통화량(분)에 따라 결정되어지는 값(종속변수)은 무엇일까요? 네~ 맞아요. 바로 휴대폰요금입니다. 이제 월 통화량(분)을 독립변수 x로, 월 휴대폰요금(원)을 종속변수 y로 놓은 후, 함수식을 작성해 보도록 하겠습니다. 즉, 두 변수 x, y 사이의 관계를 일차함수식 '$y = ax + b$꼴'로 표현해 보자는 말입니다.

문제에서 통화 1분당 80원의 요금이 추가된다고 했으므로, 은설이가 통화한 시간이 x분이라면 통화량에 따라 발생한 요금(통화요금)은 $80x$원이 될 것입니다. 맞죠? 여기에 기본요금 10,000원을 합하면 이번 달 은설이가 지불해야 하는 휴대폰요금이 나옵니다.

(이번 달 은설이의 휴대폰요금) = (기본요금) + (통화요금) = $(10000 + 80x)$원

이 값을 종속변수 y로 놓으면, 다음과 같이 x, y에 대한 일차함수식이 완성됩니다.

$$y = 80x + 10000$$

문제에서 은설이가 지불해야 하는 휴대폰요금이 총 20,000원이라고 했으므로, 함숫값 20000 ($=y$)에 대응하는 독립변수 x를 구하면, 즉 함수식 $y=80x+10000$에 $y=20000$을 대입하면 쉽게 질문의 답을 찾을 수 있습니다.

$$y=80x+10000 : y=20000 \rightarrow 20000=80x+10000 \rightarrow 80x=10000 \rightarrow x=250$$

따라서 은설이가 한 달 동안 통화한 시간은 250분입니다. 그렇다면 250분을 통화했을 때 휴대폰요금이 정말 20,000원이 나오는지 검산해 볼까요? 문제에서 1분당 80원의 통화요금이 발생된다고 했으므로, 250분을 통화했다면 추가되는 요금은 10,000원($=80×250$원)이 됩니다. 그렇죠? 여기에 기본요금 10,000원을 더하면 총 휴대폰요금은 20,000원이 되어, 은설이의 통화시간은 250분이 맞습니다. 어떠세요? 어렵지 않죠?

일차함수를 활용하여 문제를 해결하는 과정을 순서대로 정리해 보면 다음과 같습니다.

일차함수를 활용한 문제해결과정

① 문제내용으로부터 변화하는 두 양을 찾아, 변수 x, y로 놓습니다.
② 두 변수 x, y 사이의 관계를 파악하여 일차함수식 '$y=ax+b$꼴'로 표현합니다.
③ 함숫값(또는 독립변수)이나 그래프를 이용하여 구하고자 하는 값을 찾습니다.
④ 구한 값이 문제내용과 맞는지 확인합니다.

이로써 우리는 일차함수 응용문제 풀이에 대한 매뉴얼을 작성하였습니다. 즉, 일차함수를 활용한 문제가 나올 경우, 매뉴얼대로 차근차근 따라하기만 하면 된다는 뜻입니다. (일차함수를 활용한 문제해결과정의 숨은 의미)

여러 가지 일차함수 응용문제를 풀어보도록 하겠습니다.

외부의 힘에 의해 변형된 물체가 원래의 모양으로 되돌아가려는 힘을 탄성력(복원력)이라고 말합니다. 탄성력의 크기를 구하는 공식은 '훅(Hooke)의 법칙'으로 잘 알려져 있는데요, 여기서 탄성력의 크기는 탄성체의 변형된 정도에 비례한다고 합니다. 예를 들어, 용수철(탄성체)을 많이 늘어뜨릴수록, 용수철의 탄성력은 그(늘어뜨린 정도)에 비례하여 커진다는 말입니다. 그렇다면 여기서 퀴즈~ 다음 그림과 같이 길이가 15cm인 용수철이 있습니다. 이 용수철은 질량 10g의 물체가 매달릴 때마다 2cm씩 늘어난다고 합니다. 만약 용수철의 총 길이가 27cm가 되었다면, 매달린 구슬의 질량은 몇 g일까요? 단, 이 용수철의 탄성력에는 훅의 법칙이 적용됩니다. 참고로 질량이란 물체가 가지고 있는 고유의 양으로서 무게라고 생각하면 쉽습니다. 엄밀히 말하면, 이 둘(질량과 무게)은 다른 개념입니다.

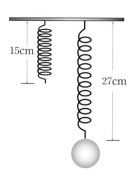

우선 ① 문제내용으로부터 변화하는 두 양을 찾아 변수 x, y로 놓아야겠죠? 혹시 변화하는 두 양을 찾으셨나요? 그렇습니다. 바로 '용수철의 길이'와 '매달린 물체의 질량'입니다. 그렇다면 어떤 것이 독립변수이고 어떤 것이 종속변수일까요? 네~ 맞아요. 매달린 물체의 질량이 결정되어야 용수철의 길이가 정해지므로, 매달린 물체의 질량이 바로 독립변수이며, 용수철의 길이가 바로 종속변수입니다. 그렇죠? 이제 ② 두 변수 x, y 사이의 관계를 파악하여 일차함수식 $y=ax+b$를 작성해 보시기 바랍니다.

잠시 질문의 답을 스스로 찾아보는 시간을 가져보세요.

일단 이 용수철은 질량 10g의 물체가 매달릴 때마다 2cm씩 늘어납니다. 이는 매달린 물체의 질량 1g당 0.2cm씩 용수철이 늘어난다는 것을 의미합니다. 즉, xg의 물체가 매달리게 되면, $0.2x$cm만큼 용수철이 늘어난다는 뜻이지요. 여기까지 이해가 되시죠? 더불어 문제에서 용수철의 처음 길이가 15cm라고 했으므로, xg의 물체가 매달려 있는 용수철의 총 길이는 $(0.2x+15)$cm가 될 것입니다. 맞죠? 이 값을 종속변수 y로 놓게 되면, 두 변수 x, y에 대한 일차함수식이 완성됩니다.

$$(x\text{g인 물체가 매달려 있는 용수철의 총 길이})=(0.2x+15) \;\rightarrow\; y=0.2x+15$$

그럼 ③ 함수식을 활용하여 구하고자 하는 값을 계산해 보도록 하겠습니다. 문제에서 용수철의 총 길이가 27cm라고 했으므로, 함숫값(y)은 27cm입니다. 어라...? 함숫값 27($=y$)에 대응하는 독립변수 x를 구하면 '게임 끝'이네요.

$$y=0.2x+15=27 \;\rightarrow\; 0.2x=12 \;\rightarrow\; x=60$$

따라서 용수철에 매달린 물체의 질량은 60g입니다. 마지막으로 ④ 구한 값이 문제내용과 맞는지 확인해 보겠습니다. 이 용수철은 매달린 물체의 질량 10g당 2cm씩 늘어난다고 했으므로, 60g인 구슬을 용수철에 매달면 용수철이 늘어난 길이는 12cm가 될 것입니다. 그렇죠? 여기에 처음 용수철의 길이 15cm를 더하면 용수철의 총 길이는 27cm가 되어, 용수철의 길이가 27cm일 때 매달린 구슬의 무게는 60g이 맞습니다. 어렵지 않죠?

지구를 둘러싸고 있는 대기의 층을 대기권이라고 말합니다. 대기권 중 가장 아래에 있는 층, 약 10km 구간을 대류권이라고 하는데, 대류권의 기온은 지면에서부터 1km 높아질 때마다 6.5℃씩 낮아진다고 합니다. 그렇다면 여기서 퀴즈입니다 ① 높이 $x$km$(x<10)$ 상공의 기온을 y℃라고 할 때, 두 변수 x, y에 대한 함수식을 작성해 보시기 바랍니다. 단, 지면의 기온은 20℃입니다. 더불어 ② 해발고도 6km 상공의 기온이 얼마인지, ③ 기온이 -32℃인 지점의 높이가 얼마인지도 함께 찾아보시기 바랍니다.

 잠시 질문의 답을 스스로 찾아보는 시간을 가져보세요

문제에서 높이 $x$km$(x<10)$ 상공의 기온을 y℃라고 했으므로, 어떤 값을 변수로 정해야할지 고민할 필요는 없겠네요. 그럼 바로 두 변수 x, y에 대한 함수식을 작성해 보도록 하겠습니다. 대류권의 기온이 지면에서부터 1km 높아질 때마다 6.5℃씩 낮아진다고 했으므로, $x$km 높아질 때마다 기온은 $6.5x$℃씩 낮아질 것입니다. 그렇죠? 지면의 온도가 20℃이므로 $x$km 상공의 온도는 $(20-6.5x)$℃가 될 것입니다. 문제에서 $x$km 상공의 기온을 y℃라고 했으므로 ① 두 변수 x, y에 대한 함수식을 완성하면 다음과 같습니다.

$$(x\text{km 상공의 기온})=(20-6.5x) \rightarrow y=20-6.5x$$

어렵지 않죠? 이제 ② 해발고도 6km 상공의 기온이 얼마인지 확인해 볼까요? 해발고도가 바로 독립변수 x의 값이므로, 함수식 $y=20-6.5x$에 $x=6$을 대입하면 '게임 끝'입니다.

$$y=20-6.5x : x=6 \rightarrow y=20-6.5\times6=20-39=-19$$

따라서 해발고도 6km 상공의 기온은 -19℃입니다. 더불어 ③ 기온이 -32℃인 지점의 높이를 구하라고 했으므로, 이번엔 함숫값 $-32(=y)$에 대응하는 독립변수 x의 값을 구하면 되겠네요. 즉, 함수식 $y=20-6.5x$에 $y=-32$를 대입하여 x의 값을 찾으면 쉽게 문제를 해결할 수 있다는 말입니다.

$$y=20-6.5x : y=-32 \quad \rightarrow \quad -32=20-6.5x \quad \rightarrow \quad 6.5x=52 \quad \rightarrow \quad x=8$$

따라서 기온이 $-32℃$인 지점의 높이는 해발 8km입니다. 어렵지 않죠?

다음은 어느 지역의 전기요금을 나타낸 그래프입니다. 보는 바와 같이 이 지역의 전기요금은 가정용과 산업용으로 구분되는데, 용도별 기본요금은 가정용 2,000원, 산업용 30,000원이라고 합니다.

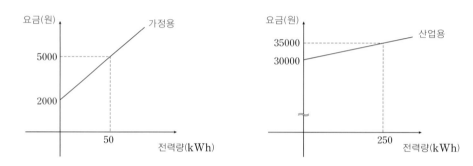

여기서 퀴즈입니다. ① 전력량을 독립변수 x로, 전기요금을 종속변수 y로 놓았을 때, 가정용 전기요금과 산업용 전기요금에 대한 함수식(두 변수 x, y에 대한 함수식)을 각각 작성해 보시기 바랍니다. ② 전력량이 100kWh, 700kWh, 3000kWh일 때, 가정용 전기요금과 산업용 전기요금이 각각 얼마인지, ③ 전력량 1kWh당 추가되는 전기요금이 얼마인지도 함께 산출해 보시기 바랍니다.

잠시 질문의 답을 스스로 찾아보는 시간을 가져보세요

너무 어렵나요? 일단 주어진 그래프를 살펴보니 모두 일차함수로 볼 수 있겠네요... 그렇죠? 편의상 가정용 전기요금에 대한 함수식을 $y=ax+b$로, 산업용 전기요금에 대한 함수식을 $y=a'x+b'$로 놓겠습니다. 보는 바와 같이 두 그래프의 y절편은 각각 2000과 30000입니다. 즉, $b=2000$, $b'=30000$이라고 말할 수 있습니다. 맞죠? 이를 함수식으로 정리하면 다음과 같습니다.

가정용 전기요금 : $y=ax+2000$ 산업용 전기요금 : $y=a'x+30000$

이제 그래프가 지나는 점의 좌표를 대입하여 두 직선의 기울기(a, a')를 계산해 보도록 하겠습니다. 미지수가 x의 계수뿐이므로 우리는 도출된 함수식으로부터 미지수(a, a')에 대한 방정식 1개만 세우면 됩니다. 그렇죠? 여러분~ 함수의 그래프가 지나는 점의 좌표를 함수식에 대입하면 등식이 성립한다는 거, 다들 알고 계시죠?

- 가정용 $y=ax+2000$: 점 $(50,5000)$ 대입 $\rightarrow$ $5000=a\times50+2000$ $\rightarrow$ $a=60$
- 산업용 $y=a'x+30000$: 점 $(250,35000)$ 대입 $\rightarrow$ $35000=a'\times250+30000$ $\rightarrow$ $a'=20$

따라서 가정용 전기요금에 대한 함수식은 $y=60x+2000$이며, 산업용 전기요금에 대한 함수식은 $y=20x+30000$이 됩니다. 어렵지 않죠? 그럼 ② 전력량이 100kWh, 700kWh, 3000 kWh일 때, 가정용 전기요금과 산업용 전기요금이 각각 얼마인지 확인해 보도록 하겠습니다. 각 함수식에 독립변수 $x=100$, 700, 3000을 대입하면 손쉽게 함숫값(전기요금)을 구할 수 있겠죠?

- 가정용 $y=60x+2000$: $x=100$ $\rightarrow$ $y=60\times100+2000$ $\rightarrow$ $y=8000$
$\quad\quad\quad y=60x+2000$: $x=700$ $\rightarrow$ $y=60\times700+2000$ $\rightarrow$ $y=44000$
$\quad\quad\quad y=60x+2000$: $x=3000$ $\rightarrow$ $y=60\times3000+2000$ $\rightarrow$ $y=182000$
- 산업용 $y=20x+30000$: $x=100$ $\rightarrow$ $y=20\times100+30000$ $\rightarrow$ $y=32000$
$\quad\quad\quad y=20x+30000$: $x=700$ $\rightarrow$ $y=20\times700+30000$ $\rightarrow$ $y=44000$
$\quad\quad\quad y=20x+30000$: $x=3000$ $\rightarrow$ $y=20\times3000+30000$ $\rightarrow$ $y=90000$

③ 전력량 1kWh당 추가되는 전기요금이 얼마인지도 계산해 볼까요?

 잠시 질문의 답을 스스로 찾아보는 시간을 가져보세요

전력량 1kWh당 추가되는 전기요금이라...? 음... 도무지 감이 오질 않는다고요? 쉽게 생각하세요~ 독립변수(전력량) $x=1$, 2, 3, ...을 함수식에 대입하여 이에 대응하는 전기요금(종속변수 y)의 변화량을 하나씩 비교해 보면 간단히 해결할 수 있는 문제입니다.

- 가정용 $y=60x+2000$: $x=1$ $\rightarrow$ $y=60\times1+2000$ $\rightarrow$ $y=2060$
$\quad\quad\quad y=60x+2000$: $x=2$ $\rightarrow$ $y=60\times2+2000$ $\rightarrow$ $y=2120$
$\quad\quad\quad y=60x+2000$: $x=3$ $\rightarrow$ $y=60\times3+2000$ $\rightarrow$ $y=2180$
- 산업용 $y=20x+30000$: $x=1$ $\rightarrow$ $y=20\times1+30000$ $\rightarrow$ $y=30020$
$\quad\quad\quad y=20x+30000$: $x=2$ $\rightarrow$ $y=20\times2+30000$ $\rightarrow$ $y=30040$
$\quad\quad\quad y=20x+30000$: $x=3$ $\rightarrow$ $y=20\times3+30000$ $\rightarrow$ $y=30060$

네, 그렇습니다. 전력량 1kWh당 추가되는 전기요금은 가정용이 60원, 산업용은 20원입니다. 맞죠? 그럼 여기서 퀴즈입니다. 전력량 1kWh당 추가되는 전기요금의 값은 과연 함수식의 어떤 값과 관련이 있을까요? 다시 한 번 함수식을 자세히 살펴보시기 바랍니다.

$$\text{가정용 전기요금 } y = 60x + 2000 \qquad \text{산업용 전기요금 } y = 20x + 30000$$

어라...? 기울기의 값과 같네요. 그렇습니다. 전력량 1kWh당 추가되는 전기요금은 바로 함수의 기울기입니다. 이는 기울기가 x의 증가량에 대한 y의 증가량의 비율로 정의되었기 때문입니다.

$$(\text{기울기}) = \frac{(y\text{의 증가량})}{(x\text{의 증가량})}$$

즉, 이 함수의 기울기는 전력량($=x$)의 증가량에 따른 전기요금($=y$)의 증가량인 '전력량 1kWh당 추가되는 전기요금'과 같다는 말이지요. 잘 이해가 되지 않는다면 기울기의 정의부터 다시 한 번 읽어보시기 바랍니다.

★ 개념을 정확히 이해했는지 확인하고 싶다면, 학교 교과서에 나오는 개념확인 문제를 풀어 보거나 스스로 개념 확인문제를 출제하여 풀어보면 큰 도움이 될 것입니다.

2 개념정리하기

■ 학습 방식

개념에 대한 예시를 스스로 찾아보면서, 개념을 정리하시기 바랍니다.

1 일차함수

일반적으로 $y=f(x)$에서 y가 x에 대한 일차식 '$y=ax+b(a\neq0)$꼴'로 표현되어질 때, y를 x의 일차함수라고 부릅니다. 단, a, b는 상수입니다. (숨은 의미 : 이렇게 일차함수를 수식으로 정의함으로써, 우리는 어느 것(함수식)이 일차함수인지 명확히 판별할 수 있습니다)

2 일차함수 $y=ax(a\neq0)$의 성질

일차함수 $y=ax(a\neq0)$의 성질은 다음과 같습니다. (정비례함수의 성질)

① 원점을 지나는 직선입니다.

② $a>0$일 때, 함수의 그래프는 제1사분면과 제3사분면을 지나는 우상향 직선입니다.

③ $a<0$일 때, 함수의 그래프는 제2사분면과 제4사분면을 지나는 우하향 직선입니다.

④ 점 $(1, a)$를 지납니다.

⑤ $|a|$가 클수록 y축에 근접합니다. 즉, $|a|$가 클수록 함수의 그래프는 가파르게 그려지며, $|a|$값이 작을수록 함수의 그래프는 완만하게 그려집니다.

(숨은 의미 : 임의의 정비례함수 $y=ax(a\neq0)$의 그래프의 개형을 손쉽게 그릴 수 있는 방법이 존재한다는 것입니다)

3 함수의 평행이동

함수의 평행이동이란 그래프의 모양은 그대로 둔 채 x축 또는 y축의 방향으로 평행하게 이동하는 것을 말합니다. (숨은 의미 : 일차함수식을 작성하거나 함수의 그래프를 그리는 데에

큰 도움을 줍니다)

4 $y=ax$와 $y=ax+b$의 위치관계

일차함수 $y=ax+b$의 그래프는 정비례함수 $y=ax$의 그래프를 y축의 방향으로 b만큼 평행이동한 그래프입니다. (숨은 의미 : 정비례함수 $y=ax$로부터 일차함수 $y=ax+b$의 그래프를 쉽게 그릴 수 있는 방법을 제시합니다)

5 $y=ax+b(a\neq0)$의 평행이동

일차함수 $y=ax+b$를 y축의 방향으로 c만큼 평행이동한 그래프의 함수식은 $y=ax+(b+c)$ 입니다. (숨은 의미 : 일차함수 $y=ax+b$로부터 y축의 방향으로 c만큼 평행이동한 그래프의 함수식을 쉽게 작성할 수 있는 방법을 제시합니다)

6 x절편과 y절편

좌표평면에서 어떤 도형의 그래프가 x축을 가로지르는(x축과 교차하는) 점의 x좌표를 x절편, y축을 가로지르는(y축과 교차하는) 점의 y좌표를 y절편이라고 부릅니다. 더불어 함수식에 $y=0$을 대입하여 얻은 x값을 x절편으로, $x=0$을 대입하여 얻은 y값을 y절편으로 정의하기도 합니다. (숨은 의미 : 일차함수 $y=ax+b$의 x, y절편을 찾으면, 즉 절편에 해당하는 두 점의 좌표를 확인하면 쉽게 함수의 그래프를 그릴 수 있습니다)

7 일차함수의 기울기와 y절편

일차함수 $y=ax+b$의 기울기는 a이며, y절편은 b입니다. 일차함수 $y=ax+b$의 그래프를 지나는 임의의 서로 다른 두 점 $(x_1,\ y_1)$과 $(x_2,\ y_2)$에 대하여 다음이 성립합니다.

$$(\text{일차함수의 기울기})=\frac{(y_2-y_1)}{(x_2-x_1)}=\frac{(y\text{의 증가량})}{(x\text{의 증가량})}=a,\quad (y\text{절편})=b$$

(숨은 의미 : 직선을 결정하는 조건으로 활용할 수 있으며, 일차함수식을 작성하거나 함수의 그래프를 그리는 데에 큰 도움을 줍니다)

8 두 직선 $y=ax+b$와 $y=a'x+b'$의 위치관계

두 직선 $y=ax+b$와 $y=a'x+b'$의 위치관계는 다음과 같습니다.

① $a \neq a'$일 때, 두 직선은 한 점에서 만납니다. (교차)

② $a=a'$이고 $b \neq b'$일 때, 두 직선은 만나지 않습니다. (평행)

③ $a=a'$이고 $b=b'$일 때, 두 직선은 무수히 많은 점에서 만납니다. (일치)

(숨은 의미 : 두 직선 사이의 관계를 명확히 규정할 수 있게 하며, 일차함수식을 작성하거나 함수의 그래프를 그리는 데에 큰 도움을 줍니다)

9 일차함수 $y=ax+b(a \neq 0)$의 성질

일차함수 $y=ax+b(a \neq 0)$의 성질은 다음과 같습니다.

① 기울기가 a이고 y절편이 b인 직선입니다.

② $a>0$일 때, 함수의 그래프는 우상향 직선입니다.

이는 x값이 증가할 때, y값도 증가한다는 것을 의미합니다.

$a<0$일 때, 함수의 그래프는 우하향 직선입니다.

이는 x값이 증가할 때, y값은 감소한다는 것을 의미합니다.

③ $|a|$가 클수록 y축에 근접합니다. 이는 $|a|$가 클수록 함수의 그래프가 가파르게 그려지며, $|a|$가 작을수록 함수의 그래프가 완만하게 그려진다는 것을 의미합니다.

④ 기울기가 다른 두 직선은 한 점에서 만나며, 기울기가 같은 두 직선은 평행하거나 일치합니다.

⑤ 두 직선의 기울기와 y절편이 모두 같을 경우 두 직선은 일치하며, 기울기는 같지만 y절편이 다를 경우 두 직선은 평행합니다.

⑥ 두 직선의 기울기가 같다고 해서 두 직선이 반드시 평행한 것은 아닙니다.

(숨은 의미 : 임의의 일차함수 $y=ax+b(a \neq 0)$의 그래프를 손쉽게 그릴 수 있는 방법이 존재한다는 것과 더불어 두 직선의 위치관계를 명확히 파악할 수 있게 합니다)

10 일차함수를 활용한 문제해결과정

일차함수를 활용하여 문제를 해결하는 과정은 다음과 같습니다.

① 문제내용으로부터 변화하는 두 양을 찾아, 변수 x, y로 놓습니다.

② 두 변수 x, y 사이의 관계를 파악하여 일차함수식 '$y=ax+b$꼴'로 표현합니다.

③ 함숫값(또는 독립변수)이나 그래프를 이용하여 구하고자 하는 값을 찾습니다.

④ 구한 값이 문제내용과 맞는지 확인합니다.

(숨은 의미 : 일차함수 응용문제를 쉽게 해결할 수 있는 가이드라인을 제시해 줍니다)

3 문제해결하기

■ 개념도출형 학습방식

개념도출형 학습방식이란 단순히 수학문제를 계산하여 푸는 것이 아니라, 문제로부터 필요한 개념을 도출한 후 그 개념을 떠올리면서 문제의 출제의도 및 문제해결방법을 찾는 학습방식을 말합니다. 문제를 통해 스스로 개념을 도출할 수 있으므로, 한 문제를 풀더라도 유사한 많은 문제를 풀 수 있는 능력을 기를 수 있으며, 더 나아가 스스로 개념을 변형하여 새로운 문제를 만들어 낼 수 있어, 좀 더 수학을 쉽고 재미있게 공부할 수 있도록 도와줍니다.

시간에 쫓기듯 답을 찾으려 하지 말고, 어떤 개념을 어떻게 적용해야 문제를 풀 수 있는지 천천히 생각한 후에 계산하시기 바랍니다. 문제를 해결하는 방법을 찾는다면 정답을 구하는 것은 단순한 계산과정일 뿐이라는 사실을 명심하시기 바랍니다. (생각을 많이 하면 할수록, 생각의 속도는 빨라집니다)

문제해결과정

① 이 문제를 풀기 위해 어떤 개념을 알아야 하는가?
② 그 개념을 간단히 설명해 보아라.
③ 문제의 출제의도를 말하고 어떻게 풀지 간단히 설명해 보아라.
④ 그럼 문제의 답을 찾아라.

※ 책 속에 있는 붉은색 카드를 사용하여 힌트 및 정답을 가린 후, ①~④까지 순서대로 질문의 답을 찾아보시기 바랍니다.

Q1. 다음 보기 중에서 일차함수인 것을 찾아라. 그리고 일차함수가 아닌 것에 대해서는 그 이유를 말하여라.

$$(1)\ y=x-\frac{3}{x} \qquad (2)\ 3x+5=8 \qquad (3)\ y=x(x-1) \qquad (4)\ y=3(x-1)-\frac{3}{5}$$

① 이 문제를 풀기 위해 어떤 개념을 알아야 하는가?
② 그 개념을 머릿속에 떠올려 보아라.
③ 문제의 출제의도를 말하고 어떻게 풀지 간단히 설명해 보아라.
④ 그럼 문제의 답을 찾아라.

A1.

① 일차함수의 정의

② 개념정리하기 참조

③ 이 문제는 일차함수의 정의를 정확히 알고 있는지 묻는 문제이다. 주어진 식을 '$y=ax+b$꼴'로 변형해 보면 쉽게 일차함수인지 아닌지 확인할 수 있다.

④ (4) $y=3(x-1)-\dfrac{3}{5}$

[정답풀이]

(1) $y=x-\dfrac{3}{x}$: 함수식에 분수식 $-\dfrac{3}{x}$이 존재하므로 일차함수가 아니다.

(2) $3x+5=8$: 종속변수 y가 없어 일차함수가 아니다.

(3) $y=x(x-1)=x^2-x$: 식을 전개하면 이차항이 도출되어 일차함수가 아니다.

(4) $y=3(x-1)-\dfrac{3}{5}=3x-3-\dfrac{3}{5}=3x-\dfrac{18}{5}$: 일차함수이다.

 스스로 유사한 문제를 여러 개 만들어(출제하여) 답을 찾아보시기 바랍니다.

Q2. 다음에 나열된 함수의 그래프가, 어떤 정비례함수($y=ax$)의 그래프를 y축의 방향으로 얼마만큼 평행이동한 것인지 말하여라.

(1) $y=x-6$　　(2) $y=-3(x+5)$　　(3) $y=-\dfrac{2}{3}(1-x)-\dfrac{1}{3}$

① 이 문제를 풀기 위해 어떤 개념을 알아야 하는가?

② 그 개념을 머릿속에 떠올려 보아라.

③ 문제의 출제의도를 말하고 어떻게 풀지 간단히 설명해 보아라. (잘 모를 경우, 아래 Hint를 보면서 질문의 답을 찾아본다)

　　Hint(1) 일차함수 $y=ax+b$의 그래프는 정비례함수 $y=ax$의 그래프를 y축의 방향으로 b만큼 평행이동한 것이다.

　　Hint(2) 주어진 함수식을 '$y=ax+b$꼴'로 변형해 본다.

④ 그럼 문제의 답을 찾아라.

A2.

① 일차함수의 평행이동

② 개념정리하기 참조

③ 이 문제는 일차함수의 평행이동(y축 방향)에 대한 개념을 정확히 알고 있는지 묻는 문제이다. 일차함수 $y=ax+b$의 그래프는 정비례함수 $y=ax$의 그래프를 y

축의 방향으로 b만큼 평행이동한 것이므로, 주어진 함수식을 '$y=ax+b$꼴'로 변형하면 쉽게 답을 찾을 수 있다.

④ (1) $y=x$를 y축의 방향으로 -6만큼 평행이동한 그래프

　(2) $y=-3x$를 y축의 방향으로 -15만큼 평행이동한 그래프

　(3) $y=\dfrac{2}{3}x$를 y축의 방향으로 -1만큼 평행이동한 그래프

[정답풀이]

(1) $y=x-6$: $y=x$를 y축의 방향으로 -6만큼 평행이동한 그래프

(2) $y=-3(x+5)=-3x-15$: $y=-3x$를 y축의 방향으로 -15만큼 평행이동한 그래프

(3) $y=-\dfrac{2}{3}(1-x)-\dfrac{1}{3}=\dfrac{2}{3}x-1$: $y=\dfrac{2}{3}x$를 y축의 방향으로 -1만큼 평행이동한 그래프

 스스로 유사한 문제를 여러 개 만들어(출제하여) 답을 찾아보시기 바랍니다.

Q3. 다음 일차함수의 x절편과 y절편 그리고 그래프(직선)의 기울기를 구하여라.

(1) $y=2x-5$　　(2) $y=-(6x-4)$　　(3) $y=-\dfrac{2}{3}(4-2x)-1$

① 이 문제를 풀기 위해 어떤 개념을 알아야 하는가?

② 그 개념을 머릿속에 떠올려 보아라.

③ 문제의 출제의도를 말하고 어떻게 풀지 간단히 설명해 보아라. (잘 모를 경우, 아래 Hint를 보면서 질문의 답을 찾아본다)

　Hint(1) 일차함수 $y=ax+b$의 기울기는 a이고 y절편은 b이다.

　Hint(2) 주어진 함수식을 '$y=ax+b$꼴'로 변형해 본다.

　Hint(3) 함수식에 $y=0$을 대입하여 이에 대응하는 x값(x절편)을 구해본다.

④ 그럼 문제의 답을 찾아라.

A3.

① x절편과 y절편, 일차함수 $y=ax+b$의 성질

② 개념정리하기 참조

③ 이 문제는 x절편과 y절편, 일차함수 $y=ax+b$의 성질에 대해 알고 있는지 묻는 문제이다. 주어진 함수식을 '$y=ax+b$꼴'로 변형하면 쉽게 기울기와 y절편을 찾을 수 있다. 참고로 일차함수 $y=ax+b$의 기울기는 a이고 y절편은 b이다. 더불어 함수식에 $y=0$을 대입하여 이에 대응하는 x값을 구하면 x절편도 쉽게 찾을

수 있을 것이다.

④ (1) x절편 $\dfrac{5}{2}$, y절편 -5, 기울기 2

　(2) x절편 $\dfrac{2}{3}$, y절편 4, 기울기 -6

　(3) x절편 $\dfrac{11}{4}$, y절편 $-\dfrac{11}{3}$, 기울기 $\dfrac{4}{3}$

[정답풀이]

주어진 함수식을 '$y=ax+b$꼴'로 변형하여 기울기와 y절편을 찾으면 다음과 같다.
(일차함수 $y=ax+b$의 기울기는 a이고 y절편은 b이다)

　(1) $y=2x-5$: y절편 -5, 기울기 2

　(2) $y=-(6x-4)$ → $y=-6x+4$: y절편 4, 기울기 -6

　(3) $y=-\dfrac{2}{3}(4-2x)-1$ → $y=\dfrac{4}{3}x-\dfrac{11}{3}$: y절편 $-\dfrac{11}{3}$, 기울기 $\dfrac{4}{3}$

함수식에 $y=0$을 대입하여 이에 대응하는 x값(x절편)을 찾으면 다음과 같다.

　(1) $y=0$: $y=2x-5$ → $0=2x-5$ → $x=\dfrac{5}{2}$

　(2) $y=0$: $y=-6x+4$ → $0=-6x+4$ → $x=\dfrac{2}{3}$

　(3) $y=0$: $y=\dfrac{4}{3}x-\dfrac{11}{3}$ → $0=\dfrac{4}{3}x-\dfrac{11}{3}$ → $x=\dfrac{11}{4}$

 스스로 유사한 문제를 여러 개 만들어(출제하여) 답을 찾아보시기 바랍니다.

Q4. 다음 함수의 그래프를 보고 x절편과 y절편, 직선의 기울기 그리고 함수식을 구하여라.

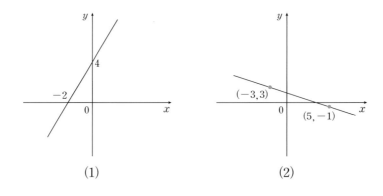

(1)　　　　　　　　　　(2)

① 이 문제를 풀기 위해 어떤 개념을 알아야 하는가?

② 그 개념을 머릿속에 떠올려 보아라.

③ 문제의 출제의도를 말하고 어떻게 풀지 간단히 설명해 보아라. (잘 모를 경우, 아래

Hint를 보면서 질문의 답을 찾아본다)

Hint(1) 그래프 (1)과 x, y축이 만나는 점의 좌표를 각각 찾아본다.

Hint(2) 그래프 (1), (2)가 지나는 두 점으로부터 직선의 기울기를 계산해 본다.

Hint(3) 일차함수 $y=ax+b$에서 a는 기울기, b는 y절편이라는 사실을 이용하여 그래프 (1)의 함수식을 완성해 본다.

Hint(4) 그래프 (2)의 함수식을 $y=ax+b$로 놓은 후, 그래프가 지나는 점의 좌표를 함수식에 대입하여 b의 값을 구해본다.

Hint(5) 그래프 (2)의 일차함수식을 찾아 x, y절편을 찾아본다.

④ 그럼 문제의 답을 찾아라.

A4.

> ① x절편과 y절편, 일차함수의 기울기
> ② 개념정리하기 참조
> ③ 이 문제는 x절편과 y절편, 일차함수의 기울기에 대해 정확히 알고 있는지 묻는 문제이다. 일단 그래프 (1)과 x, y축이 만나는 점의 좌표를 찾아 x, y절편을 구해 본다. 더불어 그래프 (1), (2)가 지나는 두 점으로부터 직선의 기울기를 계산해 본다. 일차함수 $y=ax+b$에서 a는 기울기, b는 y절편이라는 사실을 이용하면 어렵지 않게 두 그래프의 함수식을 완성할 수 있을 것이다. 참고로 직선이 지나는 점의 좌표를 함수식에 대입하면 등식이 성립한다.
> ④ (1) x절편 -2, y절편 4, 기울기 2, 함수식 $y=2x+4$
> (2) x절편 3, y절편 $\frac{3}{2}$, 기울기 $-\frac{1}{2}$, 함수식 $y=-\frac{1}{2}x+\frac{3}{2}$

[정답풀이]

(1) 그래프와 x축이 만나는 점의 x좌표는 -2이다. 즉, x절편은 -2가 된다. 더불어 그래프와 y축이 만나는 점의 y좌표는 4이므로, y절편은 4가 된다. x, y절편에 해당하는 두 점 $(-2,0)$, $(0,4)$를 가지고 기울기를 구해보면 다음과 같다.

$$(기울기)=\frac{4-0}{0-(-2)}=2$$

따라서 그래프 (1)의 함수식은 $y=2x+4$이다. ($y=ax+b$: 기울기 a, y절편 : b)

(2) 그래프 위의 두 점 $(-3,3)$, $(5,-1)$로부터 기울기를 구해보면 다음과 같다.

$$(기울기)=\frac{(-1)-3}{5-(-3)}=\frac{-4}{8}=-\frac{1}{2}$$

구하고자 하는 일차함수을 $y=ax+b$(기울기 a, y절편 b)로 놓으면, $y=-\frac{1}{2}x+b$가 된다. 그래프가 지나는 한 점을 대입하여 y절편 b의 값을 구하면 다음과 같다.

$$y=-\frac{1}{2}x+b : 점 (5,-1)을 대입 \rightarrow -1=-\frac{1}{2}\times5+b \rightarrow b=\frac{3}{2}$$

따라서 그래프 (2)의 함수식은 $y=-\frac{1}{2}x+\frac{3}{2}$이다. 여기에 $y=0$을 대입하여 x절편을 구하면 다음과 같다.

$$y=-\frac{1}{2}x+\frac{3}{2} \; : \; y=0 \; \rightarrow \; 0=-\frac{1}{2}x+\frac{3}{2} \; \rightarrow \; x=3(x\,절편)$$

 스스로 유사한 문제를 여러 개 만들어(출제하여) 답을 찾아보시기 바랍니다.

Q5. 다음 물음에 답하여라.

(가) $y=-2(x-1)+3$ (나) $y=-(1-3x)+2$ (다) $y=\frac{2}{3}(2x-1)-1$

(라) $y=(3x-3)+(-4x-1)+3$ (마) $y=3x-\frac{5}{2}$

(1) 우하향(오른쪽 아래를 향하는) 직선을 모두 고르시오.

(2) 서로 평행한 직선끼리 짝지어 보시오.

① 이 문제를 풀기 위해 어떤 개념을 알아야 하는가?

② 그 개념을 머릿속에 떠올려 보아라.

③ 문제의 출제의도를 말하고 어떻게 풀지 간단히 설명해 보아라. (잘 모를 경우, 아래 Hint를 보면서 질문의 답을 찾아본다)

  Hint(1) 주어진 일차함수식을 '$y=ax+b$꼴'로 변형해 본다.

  Hint(2) 일차함수 $y=ax+b$에서 a는 기울기를 b는 y절편을 의미한다.

  Hint(3) 기울기가 음수인 것을 찾아본다. (우하향 직선)

  Hint(4) 기울기는 같고 y절편이 다른 함수끼리 짝지어본다. (평행한 직선)

④ 그럼 문제의 답을 찾아라.

A5.

① 일차함수 $y=ax+b(a\neq0)$의 성질, 일차함수 그래프의 평행

② 개념정리하기 참조

③ 이 문제는 일차함수 $y=ax+b(a\neq0)$의 성질 및 일차함수 그래프의 평행과 관련된 개념을 알고 있는지 묻는 문제이다. 주어진 일차함수식을 '$y=ax+b$꼴'로 변형한 후, 기울기 a가 음수인 것을 찾으면 쉽게 우하향 직선을 골라낼 수 있다. 더불어 기울기는 같고 y절편이 다른 함수를 찾아보면 어렵지 않게 평행한 두 직선도 골라낼 수 있을 것이다.

④ 우하향(오른쪽 아래로 향하는) 직선 : (가), (라)

  서로 평행인 함수 : (나), (마)

[정답풀이]

주어진 일차함수식을 '$y=ax+b$꼴'로 변형해 보면 다음과 같다.

(가) $y=-2(x-1)+3 \;\rightarrow\; y=-2x+5$

(나) $y=-(1-3x)+2 \;\rightarrow\; y=3x+1$

(다) $y=\dfrac{2}{3}(2x-1)-1 \;\rightarrow\; y=\dfrac{4}{3}x-\dfrac{5}{3}$

(라) $y=(3x-3)+(-4x-1)+3 \;\rightarrow\; y=-x-1$

(마) $y=3x-\dfrac{5}{2}$

우하향(오른쪽 아래로 향하는) 직선은 기울기의 값이 음수인 함수이다.

　　→ (가)와 (라)

기울기는 같고, y절편이 다른 함수는 서로 평행하다.

　　→ (나)와 (마)

 스스로 유사한 문제를 여러 개 만들어(출제하여) 답을 찾아보시기 바랍니다.

Q6. 두 함수 $y=3x(1-mx)+(n-2)x+5$가 일차함수가 되기 위한 상수 m, n의 조건을 말하여라.

① 이 문제를 풀기 위해 어떤 개념을 알아야 하는가?

② 그 개념을 머릿속에 떠올려 보아라.

③ 문제의 출제의도를 말하고 어떻게 풀지 간단히 설명해 보아라. (잘 모를 경우, 아래 Hint를 보면서 질문의 답을 찾아본다)

　Hint(1) 함수식을 전개하여 내림차순으로 정렬해 본다. (변수 x에 대한 동류항끼리 묶어본다)

　　　☞ $y=3x(1-mx)+(n-2)x+5 \;\rightarrow\; y=-3mx^{2}+(n+1)x+5$

　Hint(2) 일반적인 일차함수식의 형태는 '$y=ax+b\,(a\neq0)$꼴'이다.

④ 그럼 문제의 답을 찾아라.

A6.

① 일차함수의 정의(조건)

② 개념정리하기 참조

③ 이 문제는 일차함수의 정의(조건)를 알고 있는지 묻는 문제이다. 주어진 함수식을 전개하여 내림차순으로 정렬한 후, 함수식이 '$y=ax+b\,(a\neq0)$꼴'이 되도록 m, n의 값을 결정하면 어렵지 않게 답을 찾을 수 있다.

④ $m=0,\ n\neq-1$

[정답풀이]

함수식을 전개하여 내림차순으로 정렬해 본다. (변수 x에 대한 동류항끼리 묶어본다)

　　$y=3x(1-mx)+(n-2)x+5 \;\rightarrow\; y=-3mx^{2}+(n+1)x+5$

함수식이 '$y=ax+b\,(a\neq0)$꼴'이 되도록 m, n의 값을 결정하면 다음과 같다.

$y = -3mx^2 + (n+1)x + 5 : y = ax + b(a \neq 0)$꼴

    → 이차항의 계수 : $-3m = 0$

    → 일차항의 계수 : $n+1 \neq 0$

따라서 정답은 $m = 0$, $n \neq -1$이다.

 스스로 유사한 문제를 여러 개 만들어(출제하여) 답을 찾아보시기 바랍니다.

Q7. 일차함수 $y = mx$를 y축의 방향으로 a만큼 평행이동 하였더니, 두 점 (3,2)와 (−1,4)를 지나는 직선이 되었다고 한다. 식 $(m+a)$의 값을 구하여라.

① 이 문제를 풀기 위해 어떤 개념을 알아야 하는가?

② 그 개념을 머릿속에 떠올려 보아라.

③ 문제의 출제의도를 말하고 어떻게 풀지 간단히 설명해 보아라. (잘 모를 경우, 아래 Hint를 보면서 질문의 답을 찾아본다)

    Hint(1) 일차함수 $y = mx$를 y축의 방향으로 a만큼 평행이동한 일차함수식을 찾아본다.

        ☞ $y = mx$ → y축의 방향으로 a만큼 평행이동 → $y = mx + a$

    Hint(2) 일차함수 $y = mx + a$에 두 점을 대입하여 m, a에 대한 방정식을 도출해 본다.

        ☞ 점 (3,2) 대입 : $2 = 3m + a$, 점 (−1,4) 대입 : $4 = -m + a$

④ 그럼 문제의 답을 찾아라.

A7.

① 평행이동, 두 점을 지나는 직선

② 개념정리하기 참조

③ 이 문제는 평행이동(y축 방향) 및 두 점을 지나는 직선에 대한 개념을 알고 있는지 묻는 문제이다. 일차함수 $y = mx$를 y축의 방향으로 a만큼 평행이동한 일차함수식은 $y = mx + a$이다. 여기에 두 점의 좌표를 대입하여 m, a에 대한 방정식을 도출하면 어렵지 않게 m, a의 값을 구할 수 있다.

④ $m + a = 3$

[정답풀이]

일차함수 $y = mx$를 y축의 방향으로 a만큼 평행이동한 일차함수식은 다음과 같다.

    $y = mx$ → y축의 방향으로 a만큼 평행이동 → $y = mx + a$

일차함수 $y = mx + a$에 두 점의 좌표를 대입하여 m, a에 대한 방정식을 도출해 보면 다음과 같다.

    $y = mx + a$

    점 (3,2) 대입 : $2 = 3m + a$, 점 (−1,4) 대입 : $4 = -m + a$

연립방정식 $2 = 3m + a$와 $4 = -m + a$를 풀면 $m = -\dfrac{1}{2}$, $a = \dfrac{7}{2}$이 된다. 따라서 $m + a = 3$이다.

스스로 유사한 문제를 여러 개 만들어(출제하여) 답을 찾아보시기 바랍니다.

Q8. 함수 $y=ax+b$의 그래프는 $y=2x-4$의 그래프와 x축 위에서 만나고 $y=-3x+4$의 그래프와 y축 위에서 만난다. 이때 식 $(a+b)$의 값을 구하여라.

① 이 문제를 풀기 위해 어떤 개념을 알아야 하는가?

② 그 개념을 머릿속에 떠올려 보아라. (잘 모를 경우, 아래 Hint를 보면서 질문의 답을 찾아본다)

    Hint 어떤 그래프가 x, y축과 만날 때, 그 교점의 좌표와 관련된 개념이 무엇인지 떠올려 본다.

③ 문제의 출제의도를 말하고 어떻게 풀지 간단히 설명해 보아라. (잘 모를 경우, 아래 Hint를 보면서 질문의 답을 찾아본다)

    Hint(1) 두 함수 $y=ax+b$와 $y=2x-4$의 x절편($y=0$에 대응하는 x값)을 각각 구해본다.

$$☞ \ y=0 : y=ax+b \ \rightarrow \ 0=ax+b \ \rightarrow \ x=-\frac{b}{a}$$
$$☞ \ y=0 : y=2x-4 \ \rightarrow \ 0=2x-4 \ \rightarrow \ x=2$$

    Hint(2) 두 함수 $y=ax+b$와 $y=2x-4$의 x절편은 서로 같다.

$$☞ -\frac{b}{a}=2 \ \rightarrow \ 2a=-b$$

    Hint(3) 두 함수 $y=ax+b$와 $y=-3x+4$의 y절편을 각각 구해본다.

$$☞ \ y=ax+b의 \ y절편은 \ b이고, \ y=-3x+4의 \ y절편은 \ 4이다.$$

    Hint(4) 두 함수 $y=ax+b$와 $y=-3x+4$의 y절편은 서로 같다.

$$☞ \ b=4$$

④ 그럼 문제의 답을 찾아라.

A8.

① x, y절편

② 개념정리하기 참조

③ 이 문제는 x, y절편의 개념을 정확히 알고 있는지 그리고 일차함수 $y=ax+b$에서 상수항 b가 y절편이라는 사실을 알고 있는지 묻는 문제이다. 두 함수 $y=ax+b$와 $y=2x-4$의 x절편을 각각 구한 후, 서로 같게 되도록 a, b에 대한 방정식을 도출해 본다. 더불어 두 함수 $y=ax+b$와 $y=-3x+4$의 y절편을 각각 구한 후, 서로 같게 되는 b의 값을 구하면 어렵지 않게 a, b의 값을 찾을 수 있을 것이다.

④ $a+b=2$

[정답풀이]

두 함수 $y=ax+b$와 $y=2x-4$의 그래프가 x축 위에서 만난다고 했으므로, 두 함수의 x절편은 서로 같다. 두 함수 $y=ax+b$와 $y=2x-4$의 x절편($y=0$에 대응하는 x값)을 구한 후, 서로 같게 되도록 a, b에 대한 방정식을 도출하면 다음과 같다.

$$y=0 : y=ax+b \ \rightarrow \ 0=ax+b \ \rightarrow \ x=-\frac{b}{a}$$

$$y=0 : y=2x-4 \ \rightarrow \ 0=2x-4 \ \rightarrow \ x=2$$

$$\therefore \ 2a=-b$$

두 함수 $y=ax+b$와 $y=-3x+4$의 그래프가 y축 위에서 만난다고 했으므로, 두 함수의 y절편은 서로 같다. 함수 $y=-3x+4$의 y절편은 4이므로 $b=4$가 된다. 더불어 $2a=-b$이므로 $a=-2$이다. 따라서 $a+b=2$이다.

 스스로 유사한 문제를 여러 개 만들어(출제하여) 답을 찾아보시기 바랍니다.

Q9. 일차함수 $y=(a-1)x+\dfrac{b}{3}$에 대한 설명으로 옳은 것을 모두 고르시오.

(1) y축과 만나는 점의 좌표는 $\left(0, \dfrac{b}{3}\right)$이다.

(2) $a<0$일 때, 우하향(오른쪽 아래로 향하는) 직선이다.

(3) x절편은 $\dfrac{b}{3}$이다.

(4) x값이 1만큼 증가할 경우, y값은 $\dfrac{b}{3}$만큼 증가한다.

(5) x값이 -1만큼 증가할 경우, y값은 $(1-a)$만큼 증가한다.

① 이 문제를 풀기 위해 어떤 개념을 알아야 하는가?

② 그 개념을 머릿속에 떠올려 보아라.

③ 문제의 출제의도를 말하고 어떻게 풀지 간단히 설명해 보아라. (잘 모를 경우, 아래 Hint를 보면서 질문의 답을 찾아본다)

Hint(1) 주어진 일차함수 $y=(a-1)x+\dfrac{b}{3}$의 y절편은 $\dfrac{b}{3}$이다.

Hint(2) 일차함수의 기울기가 양수이면 우상향 직선이, 음수이면 우하향 직선이 된다.

Hint(3) x절편이란 함수식에 $y=0$을 대입하여 도출된 x값을 말한다.

Hint(4) 기울기는 $\dfrac{(y\text{의 증가량})}{(x\text{의 증가량})}$으로 정의된다. 만약 직선의 기울기가 2일 경우, x값이 1만큼 증가할 때 y값은 기울기의 값(2)만큼 증가하고, x값이 -1만큼 증가할 때 y값은 기울기의 값(2)에 -1을 곱한 값인 -2만큼 증가한다. (2만큼 감소한다)

④ 그럼 문제의 답을 찾아라.

A9.

① x절편, y절편, 기울기, 일차함수 $y=ax+b(a\neq0)$의 성질

② 개념정리하기 참조

③ 이 문제는 x절편, y절편, 기울기, 일차함수 $y=ax+b(a\neq0)$의 성질 등을 정확히 알고 있는지 묻는 문제이다. 필요한 개념을 하나씩 살펴보면서 문제에 적용하면 어렵지 않게 답을 찾을 수 있다. 참고로 기울기는 $\dfrac{(y\text{의 증가량})}{(x\text{의 증가량})}$으로 정의된다. 만약 직선의 기울기가 2일 경우, x값이 1만큼 증가할 때 y값은 기울기의 값(2)만큼 증가하고, x값이 -1만큼 증가할 때 y값은 기울기의 값(2)에 -1을 곱한 값인 -2만큼 증가한다. (2만큼 감소한다)

④ (1), (5)

[정답풀이]

(1) 주어진 일차함수 $y=(a-1)x+\dfrac{b}{3}$의 y절편이 $\dfrac{b}{3}$이므로, y축과 만나는 점의 좌표는 $\left(0,\ \dfrac{b}{3}\right)$이다. → 참

(2) 일차함수의 그래프의 기울기가 양수일 경우 우상향 직선이, 음수일 경우 우하향 직선이 된다.

즉, 일차함수 $y=(a-1)x+\dfrac{b}{3}$에 대하여 $a>1$일 때 우상향 직선이, $a<1$일 때 우하향 직선이 된다. 따라서 $a<0$일 때, 우하향 직선이 된다고 말할 수 없다. → 거짓

(3) x절편이란 $y=0$을 대입하여 도출된 x값을 말한다. 일차함수 $y=(a-1)x+\dfrac{b}{3}$의 x절편을 구하면 다음과 같다.

$y=0 : 0=(a-1)x+\dfrac{b}{3} \rightarrow x=-\dfrac{b}{3(a-1)}$: 거짓

(4) 일차함수 $y=(a-1)x+\dfrac{b}{3}$의 기울기가 $(a-1)$이므로, x값이 1만큼 증가할 경우 y값은 기울기의 값 $(a-1)$만큼 증가하게 된다.

기울기 $=\dfrac{(y\text{의 증가량})}{(x\text{의 증가량})}=(a-1) \rightarrow \dfrac{(y\text{의 증가량})}{1}=(a-1) \rightarrow (y\text{의 증가량})=(a-1)$: 거짓

(5) 일차함수 $y=(a-1)x+\dfrac{b}{3}$의 기울기가 $(a-1)$이므로, x값이 -1만큼 증가할 경우 y값은 기울기의 값 $(a-1)$에 -1을 곱한 값 $(1-a)$만큼 증가한다.

기울기 $=\dfrac{(y\text{의 증가량})}{(x\text{의 증가량})}=(a-1) \rightarrow \dfrac{(y\text{의 증가량})}{-1}=(a-1) \rightarrow (y\text{의 증가량})=(1-a)$: 참

스스로 유사한 문제를 여러 개 만들어(출제하여) 답을 찾아보시기 바랍니다.

Q10. 두 일차함수 $y=mx-4$와 $y=\dfrac{3}{4}x-n$이 서로 평행할 때, $m=a$이며 $n\neq b$이다.
식 ab의 값을 구하여라.

① 이 문제를 풀기 위해 어떤 개념을 알아야 하는가?

② 그 개념을 머릿속에 떠올려 보아라.

③ 문제의 출제의도를 말하고 어떻게 풀지 간단히 설명해 보아라. (잘 모를 경우, 아래 Hint를 보면서 질문의 답을 찾아본다)

> Hint 두 직선이 평행하다는 말은, 기울기는 같고 y절편은 다르다는 것을 뜻한다.

④ 그럼 문제의 답을 찾아라.

A10.

> ① 일차함수의 위치관계(평행과 일치)
>
> ② 개념정리하기 참조
>
> ③ 이 문제는 일차함수의 위치관계 중 평행과 일치에 대한 개념을 정확히 알고 있는지 문제이다. 두 직선이 평행하다는 말은, 기울기는 같고 y절편은 다르다는 것을 뜻한다. 이를 수식화하면 어렵지 않게 답을 찾을 수 있다. 참고로 두 직선의 기울기가 같다고 해서 반드시 평행한 것은 아니다. 일치할 경우도 있기 때문이다. 그래서 y절편까지도 비교해 봐야한다.
>
> ④ 3

[정답풀이]

두 일차함수 $y=mx-4$와 $y=\dfrac{3}{4}x-n$이 서로 평행하다고 했으므로, 기울기의 값은 서로 같아야 한다. 즉, $m=\dfrac{3}{4}$이 되어야 한다. 하지만 y절편은 같지 않아야 하므로 $n\neq4$가 되어야 한다.

$$m=a=\frac{3}{4},\ n\neq b=4$$

따라서 식 ab의 값은 3이다.

 스스로 유사한 문제를 여러 개 만들어(출제하여) 답을 찾아보시기 바랍니다.

Q11. 다음은 일차함수 $y=ax+b$의 그래프이다. 두 일차함수 $y=bx+a$와 $y=\dfrac{b}{a}x+\dfrac{a}{b}$의 그래프가 지나는 사분면이 무엇인지 말하여라.

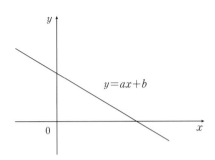

① 이 문제를 풀기 위해 어떤 개념을 알아야 하는가?

② 그 개념을 머릿속에 떠올려 보아라.

③ 문제의 출제의도를 말하고 어떻게 풀지 간단히 설명해 보아라. (잘 모를 경우, 아래 Hint를 보면서 질문의 답을 찾아본다)

    Hint(1) 일차함수 $y=ax+b$의 기울기는 a이고 y절편은 b이다.

    Hint(2) 일차함수의 기울기가 양수일 때는 우상향 직선이, 음수일 때는 우하향 직선이 된다.

    Hint(3) y절편은 함수의 그래프와 y축이 만나는 점의 y좌표를 말한다.

④ 그럼 문제의 답을 찾아라.

A11.

> ① 일차함수 $y=ax+b(a\neq0)$의 성질
>
> ② 개념정리하기 참조
>
> ③ 이 문제는 일차함수 $y=ax+b(a\neq0)$의 성질을 정확히 알고 있는지 묻는 문제이다. 주어진 일차함수 $y=ax+b$(기울기 a, y절편 b)의 그래프를 보면, $a<0$이고 $b>0$임을 쉽게 알 수 있다. 즉, 구하고자 하는 일차함수 $y=bx+a$의 기울기 b는 양수이며, y절편 a는 음수가 된다. 더불어 일차함수 $y=\dfrac{b}{a}x+\dfrac{a}{b}$의 기울기 $\dfrac{b}{a}$와 y절편 $\dfrac{a}{b}$는 모두 음수가 된다. 이를 토대로 두 일차함수의 그래프를 좌표평면에 표현하면 어렵지 않게 답을 찾을 수 있다.
>
> ④ 일차함수 $y=bx+a$의 그래프는 제1,3,4분면을, $y=\dfrac{b}{a}x+\dfrac{a}{b}$의 그래프는 제2,3,4분면을 지난다.

[정답풀이]

일차함수 $y=ax+b$의 기울기는 a이고 y절편은 b이다. 주어진 일차함수 $y=ax+b$(기울기 a, y절편 b)의 그래프를 살펴보면, $a<0$이고 $b>0$임을 쉽게 알 수 있다. 이를 토대로 구하고자 하는 두 일차함수 $y=bx+a$와 $y=\dfrac{b}{a}x+\dfrac{a}{b}$의 그래프의 개형을 좌표평면에 그려보면 다음과 같다.

$a<0,\ b>0$일 때,

• $y=bx+a$: 기울기 b는 양수, y절편 a는 음수이다.

• $y=\dfrac{b}{a}x+\dfrac{a}{b}$: 기울기 $\dfrac{b}{a}$와 y절편 $\dfrac{a}{b}$는 모두 음수이다.

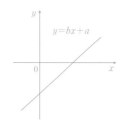
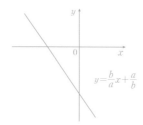

따라서 일차함수 $y=bx+a$의 그래프는 제1,3,4분면을, $y=\dfrac{b}{a}x+\dfrac{a}{b}$의 그래프는 제2,3,4분면을 지난다.

 스스로 유사한 문제를 여러 개 만들어(출제하여) 답을 찾아보시기 바랍니다.

Q12. 어느 주유소의 주유고에는 휘발유 1000L가 채워져 있다고 한다. 1시간마다 휘발유가 60L씩 판매(소진)된다고 할 때, 주유고에 남아있는 휘발유의 양이 220L가 되는 시각은 얼마일까? 단, 판매는 오전 9시 정각부터 시작한다. (변화하는 두 양에 대한 함수관계식을 찾아 풀이할 것)

① 이 문제를 풀기 위해 어떤 개념을 알아야 하는가?

② 그 개념을 머릿속에 떠올려 보아라.

③ 문제의 출제의도를 말하고 어떻게 풀지 간단히 설명해 보아라. (잘 모를 경우, 아래 Hint를 보면서 질문의 답을 찾아본다)

　　Hint(1) 변화하는 두 양을 찾아, 두 변수 x, y에 대응시켜 본다.
　　　　　　☞ 판매시간 : x(시간), 주유고에 남아있는 휘발유의 양 : y(L)

　　Hint(2) x시간 동안 판매된 휘발유의 양을 x에 대한 식으로 표현해 본다.
　　　　　　☞ 1시간마다 휘발유가 60L씩 판매된다고 했으므로, x시간 동안 판매된 휘발유의 양은 $60x$L가 된다.

　　Hint(3) 주유고의 남아있는 휘발유의 양은 처음 1000L에서 판매된 휘발유의 양을 뺀 값과 같다.
　　　　　　☞ x시간 후, 주유고에 남아있는 휘발유의 양은 $(1000-60x)$L이다.

　　Hint(4) 판매시간을 x(시간)로 주유고에 남아있는 휘발유의 양을 y(L)로 놓은 후, 두 변수 x, y에 대한 함수식을 작성해 본다.

④ 그럼 문제의 답을 찾아라.

A12.

① 일차함수 응용문제 풀이법

② 개념정리하기 참조

③ 이 문제는 주어진 내용으로부터 두 변수 x, y에 대한 함수식을 도출할 수 있는지 그리고 함수식을 활용하여 구하고자 하는 값을 찾을 수 있는지 묻는 문제이다. 먼저 변화하는 두 양을 찾아 두 변수 x, y에 대응시킨다. 판매시간을 x(시간)로, 주유고에 남아있는 휘발유의 양을 y(L)로 놓을 수 있다. x시간 후 판매된 휘발유의 양을 x에 대한 식으로 표현한 후, 처음 휘발유의 양 1000L에서 판매된 휘발유의 양을 빼 준 값을 y로 놓으면 어렵지 않게 함수식을 완성할 수 있을 것이다. 문제에서 주유고에 남아있는 휘발유의 양이 220L가 되는 시각이 얼마인지 물어봤으므로 도출된 함수식에 $y=220$을 대입하면 손쉽게 판매시간(x)을 계산할 수 있다.

④ 오후 10시

[정답풀이]

우선 변화하는 두 양을 찾아 두 변수 x, y에 대응시켜 보면 다음과 같다.

판매시간 : x(시간), 주유고에 남아있는 휘발유의 양 : y(L)

1시간마다 60L씩 휘발유가 판매(소진)된다고 했으므로, x시간 후 소진된 휘발유의 양은 $60x$L가 된다. 처음 주유고에 있는 휘발유의 양 1000L에서 x시간 후 소진된 휘발유의 양 $60x$L를 빼 준 값이 바로 x시간 후 주유고에 남아있는 휘발유의 양(y)이 된다. 이를 두 변수 x, y에 대한 함수식으로 표현하면 다음과 같다.

(x시간 후 주유고에 남아있는 휘발유의 양 y)

$=$(처음 주유고에 있는 휘발유의 양 1000L)$-$(x시간 후 소진된 휘발유의 양)

$\rightarrow y=1000-60x$

문제에서 주유고에 남아있는 휘발유의 양이 220L가 되는 시각을 구하라고 했으므로, 함수식에 $y=220$을 대입하여 x값(판매시간)을 구하면 다음과 같다.

$y=220 : y=1000-60x \rightarrow 220=1000-60x \rightarrow x=13$

따라서 주유고에 남아있는 휘발유의 양이 220L가 되는 시각은 판매를 시작(오전 9시)하고 나서 13시간 후인 오후 10시가 된다.

 스스로 유사한 문제를 여러 개 만들어(출제하여) 답을 찾아보시기 바랍니다.

Q13. 선분 $\overline{AB}$ 위에 있는 점 P는 분속 $x$cm의 속력으로 점 A에서 점 B로 움직인다.

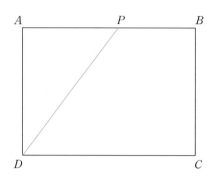

5분 후 사각형 $PBCD$의 넓이를 $y$cm²라고 할 때, 두 변수 x, y에 대한 함수식을 구하여라. (단, 직사각형 $ABCD$의 가로의 길이는 30cm, 세로의 길이는 20cm이다)

① 이 문제를 풀기 위해 어떤 개념을 알아야 하는가?

② 그 개념을 머릿속에 떠올려 보아라.

③ 문제의 출제의도를 말하고 어떻게 풀지 간단히 설명해 보아라. (잘 모를 경우, 아래 Hint를 보면서 질문의 답을 찾아본다)

Hint(1) 사각형 $PBCD$의 넓이는, 직사각형 $ABCD$의 넓이에서 삼각형 APD의 넓이를 뺀 값과 같다.

Hint(2) 5분 후, 선분 $\overline{AP}$의 길이는 $5x$cm이다. [속력공식 : (거리)＝(속력)×(시간)]

Hint(3) 5분 후, 삼각형 APD의 넓이를 x에 대한 식으로 표현해 본다.
   ☞ 5분 후, 삼각형 APD의 넓이는 $50x\left(=\dfrac{1}{2}\times20\times5x\right)$cm²이다.

④ 그럼 문제의 답을 찾아라.

A13.
① 함수식의 의미

② 개념정리하기 참조

③ 이 문제는 주어진 내용을 바탕으로 함수식을 작성할 수 있는지 묻는 문제이다. 사각형 $PBCD$의 넓이는, 직사각형 $ABCD$의 넓이에서 삼각형 APD의 넓이를 뺀 값과 같다. 5분 후, 선분 $\overline{AP}$의 길이가 $5x$cm가 된다는 내용을 바탕으로 5분 후 삼각형 APD의 넓이를 x에 대한 식으로 표현하면 손쉽게 구하고자 하는 사각형 $PBCD$의 넓이를 x에 대한 식으로 표현할 수 있다. 이 값을 y로 놓은 후 함수식을 작성하면 어렵지 않게 답을 구할 수 있다.

④ $y＝600-50x$

[정답풀이]

사각형 $PBCD$의 넓이는, 직사각형 $ABCD$의 넓이에서 삼각형 APD의 넓이를 뺀 값과 같다.

  (사각형 $PBCD$의 넓이)=(직사각형 $ABCD$의 넓이)−(삼각형 APD의 넓이)

점 P가 분속 $x$cm의 속력으로 점 A에서 점 B로 움직인다고 했으므로, 5분 후 선분 $\overline{AP}$의 길이는 $5x$cm가 된다. 이를 바탕으로 삼각형 APD의 넓이를 x에 대한 식으로 표현하면 다음과 같다. [속력 공식 : (거리)=(속력)×(시간)]

  (삼각형 APD의 넓이)=$\dfrac{1}{2}\times\overline{AP}\times\overline{AD}=\dfrac{1}{2}\times 5x\times 20=50x$

사각형 $PBCD$의 넓이는 직사각형 $ABCD$의 넓이 600cm²에서 삼각형 APD의 넓이 $50x$cm²를 뺀 값과 같으므로, $(600-50x)$cm²가 된다. 문제에서 사각형 $PBCD$의 넓이를 y라고 했으므로, 두 변수 x, y에 대한 함수식을 작성하면 다음과 같다.

  $y=600-50x$

 스스로 유사한 문제를 여러 개 만들어(출제하여) 답을 찾아보시기 바랍니다.

Q14. 어떤 사람 A가 급하게 돈이 필요하여 친구 B에게 1000만원을 빌렸다. 그리고 다음과 같이 차용증을 써 주었다고 한다.

> "A는 ○○○○년 ○월 ○일에 B로부터 1000만원을 빌렸으며,
> 매달 처음 빌린 돈의 0.3%의 이자를 계산하여 한꺼번에 갚도록 하겠습니다."

추후 A가 B에게 갚은 돈의 금액이 총 1288만원이었다면, A는 몇 년 후에 B에게 빌린 돈을 갚은 셈이 되는가? (변화하는 두 양에 대한 함수관계식을 찾아 풀이할 것)

① 이 문제를 풀기 위해 어떤 개념을 알아야 하는가?

② 그 개념을 머릿속에 떠올려 보아라.

③ 문제의 출제의도를 말하고 어떻게 풀지 간단히 설명해 보아라. (잘 모를 경우, 아래 Hint를 보면서 질문의 답을 찾아본다)

  Hint(1) 변화하는 두 양을 찾아, 두 변수 x, y에 대응시켜 본다.
    ☞ 빌린 개월 수 : x(개월), 갚은 돈의 총 금액 : y(만원)

  Hint(2) 1개월이 지날 때마다 갚아야 하는 이자가 얼마인지 생각해 본다.
    ☞ 1개월마다 처음 빌린 돈의 0.3%에 해당하는 이자를 주어야 하므로, 1000만원에 0.003을 곱한 값 3만원이 바로 매달 발생한 이자가 된다.

  Hint(3) x개월 후 발생한 이자를 x에 대한 식으로 표현해 본다.
    ☞ 1개월마다 3만원의 이자가 발생하므로 x개월 후 발생한 이자는 $3x$만원이 된다.

  Hint(4) 갚은 돈의 총 금액은 빌린 돈 1000만원과 x개월 후 발생한 이자 $3x$만원의 합과 같다.
    ☞ 갚은 돈의 총 금액은 $(1000+3x)$만원이다.

  Hint(5) x개월 후 갚은 돈의 총 금액을 y라고 놓고 두 변수 x, y에 대한 함수식을 작성해 본다.

④ 그럼 문제의 답을 찾아라.

A14.

① 일차함수 응용문제 풀이법

② 개념정리하기 참조

③ 이 문제는 주어진 내용으로부터 두 변수 x, y에 대한 함수식을 도출할 수 있는 지 그리고 함수식을 활용하여 구하고자 하는 값을 찾을 수 있는지 묻는 문제이 다. 먼저 변화하는 두 양을 찾아 두 변수 x, y에 대응시킨다. 빌린 개월 수를 x(개월)로, 갚은 돈의 총 금액을 y(만원)로 놓을 수 있다. x개월 후 발생한 이자 를 x에 대한 식으로 표현한 후, 처음 빌린 돈 1000만원을 합하면 A가 B에게 갚 은 돈의 총 금액이 나온다. 이로부터 두 변수 x, y에 대한 함수식을 도출한 다 음, 함수식을 활용하여 실제 갚은 돈의 총 금액 1288만원(y)에 대응하는 x값을 구하면 어렵지 않게 답을 찾을 수 있다.

④ 8년 후

[정답풀이]

우선 변화하는 두 양을 찾아 두 변수 x, y에 대응시켜 보면 다음과 같다.

　　빌린 개월 수 : x(개월), 갚아야 되는 총 금액 : y(만원)

1개월마다 처음 빌린 돈의 0.3%에 해당하는 이자를 주어야 하므로, 1000만원에 0.003을 곱한 값 3만 원이 바로 매달 발생한 이자가 된다. 즉, x개월 후 발생한 이자는 $3x$만원이 된다. $3x$만원과 처음 빌린 돈 1000만원을 합하면 A가 B에게 갚은 돈의 총 금액이 나온다. 이로부터 두 변수 x, y에 대한 함수 식을 도출하면 다음과 같다.

　　$y = 1000 + 3x$

문제에서 실제 갚은 금액이 1288만원이라고 했으므로, 함수식에 $y = 1288$을 대입하여 x값(빌린 개월 수)을 구하면 다음과 같다.

　　$y = 1288 : y = 1000 + 3x \ \rightarrow \ 1288 = 1000 + 3x \ \rightarrow \ x = 96 \ \rightarrow \ (96개월) = (8년)$

따라서 A가 B에게 돈을 갚았을 때는, 빌린 후 8년이 지나서이다.

 <u>스스로 유사한 문제를 여러 개 만들어(출제하여) 답을 찾아보시기 바랍니다.</u>

★ 개념의 이해도가 충분하지 않다면, 일단 PASS하시기 바랍니다. 그리고 개념정리가 마무리 되었을 때 심화학습 내용을 따로 읽어보는 것을 권장합니다.

Q1. 직선 l은 일차함수 $y=-2x+4$의 그래프이며, 직선 m은 일차함수 $y=2x+4$의 그래프이다. 직선 l과 m을 y축의 방향으로 -8만큼 평행이동시킨 직선을 각각 n과 k라고 할 때, l, m, n, k로 둘러싸인 도형의 넓이를 구하여라.

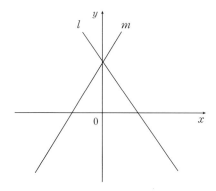

① 이 문제를 풀기 위해 어떤 개념을 알아야 하는가?

② 그 개념을 머릿속에 떠올려 보아라.

③ 문제의 출제의도를 말하고 어떻게 풀지 간단히 설명해 보아라. (잘 모를 경우, 아래 Hint를 보면서 질문의 답을 찾아본다)

Hint(1) 직선 l과 m의 x, y절편을 구해본다. (x절편은 함수식에 $y=0$을 대입한 값이며, y절편은 함수식에 $x=0$을 대입한 값이다)
 ☞ $y=-2x+4$: x절편 2이며, y절편 4이다.
 ☞ $y=2x+4$: x절편 -2이며, y절편 4이다.

Hint(2) 일차함수 $y=ax+b$를 y축의 방향으로 c만큼 평행이동한 일차함수는 $y=ax+b+c$이다.

Hint(3) 직선 l과 m을 y축의 방향으로 -8만큼 평행이동한 함수식을 찾아본다.
 ☞ $y=-2x+4 \rightarrow y=-2x-4$
 ☞ $y=2x+4 \rightarrow y=2x-4$

Hint(4) 직선 n과 k를 좌표평면에 그린 후, 직선 l, m, n, k로 둘러싸인 도형을 찾아본다.

④ 그럼 문제의 답을 찾아라.

A1.
① 일차함수 $y=ax+b(a \neq 0)$의 성질과 평행이동(y축 방향)

② 개념정리하기 참조

③ 이 문제는 일차함수 $y=ax+b(a\neq0)$의 성질과 평행이동에 대한 개념을 알고 있는지 묻는 문제이다. 일차함수 $y=ax+b$를 y축의 방향으로 c만큼 평행이동한 일차함수는 $y=ax+b+c$이므로, 직선 l과 m을 y축의 방향으로 -8만큼 평행이동한 함수식은 각각 $y=-2x-4$와 $y=2x-4$가 된다. 즉, 직선 n의 함수식은 $y=-2x-4$이며, 직선 k의 함수식은 $y=2x-4$라고 말할 수 있다. 직선 n과 k를 좌표평면에 그린 후, 직선 l, m, n, k로 둘러싸인 도형을 찾아 넓이를 구하면 쉽게 답을 찾을 수 있다.

④ 16

[정답풀이]

직선 l과 m의 x, y절편을 구해본다. (x절편은 함수식에 $y=0$을 대입한 값이며, y절편은 함수식에 $x=0$을 대입한 값이다)

$y=-2x+4$: x절편 2이며, y절편 4이다.

$y=2x+4$: x절편 -2이며, y절편 4이다.

일차함수 $y=ax+b$를 y축의 방향으로 c만큼 평행이동한 일차함수는 $y=ax+b+c$이므로, 직선 l과 m을 y축의 방향으로 -8만큼 평행이동한 함수식을 찾아보면 다음과 같다.

$y=-2x+4$ (직선 l) : y축의 방향으로 -8만큼 평행이동 → $y=-2x+4$ (직선 n)

$y=2x+4$ (직선 m) : y축의 방향으로 -8만큼 평행이동 → $y=2x+4$ (직선 k)

네 직선 l, m, n, k를 좌표평면에 함께 그린 후, 네 직선으로 둘러싸인 도형을 찾아보면 다음과 같다.

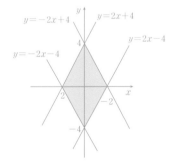

이제 색칠한 부분의 넓이를 구해보자. (색칠한 부분의 넓이는 밑변의 길이가 2이고 높이가 4인 4개의 직각삼각형의 넓이를 합한 값과 같다)

$$4\times(\text{1개의 직각삼각형 넓이})=4\times\left(\frac{1}{2}\times2\times4\right)=16$$

 스스로 유사한 문제를 여러 개 만들어(출제하여) 답을 찾아보시기 바랍니다.

Q2. 다음 그림에서 정사각형(색칠한 부분)의 넓이를 구하여라.

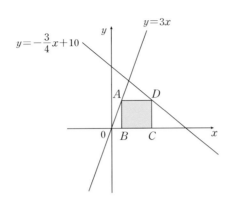

① 이 문제를 풀기 위해 어떤 개념을 알아야 하는가?

② 그 개념을 머릿속에 떠올려 보아라.

③ 문제의 출제의도를 말하고 어떻게 풀지 간단히 설명해 보아라. (잘 모를 경우, 아래 Hint를 보면서 질문의 답을 찾아본다)

　　Hint(1) 점 B의 좌표를 $(a,0)$으로 놓고, 점 A의 좌표를 a에 대한 식으로 표현해 본다.
　　　　☞ 점 A는 일차함수 $y=3x$의 그래프 위에 있는 점이므로 $(a,3a)$가 된다.

　　Hint(2) 점 D의 y좌표는 점 A의 y좌표$(3a)$와 같다. 이를 토대로 점 D의 좌표를 a에 대한 식으로 표현해 본다.
　　　　☞ 점 D는 일차함수 $y=-\dfrac{3}{4}x+10$의 그래프 위에 있는 점이므로, 함수식에 $y=3a$를 대입하여 점 D의 좌표를 구하면 $\left(-4a+\dfrac{40}{3},\ 3a\right)$가 된다.

　　Hint(3) 선분 $\overline{AB}$와 $\overline{AD}$의 길이를 a로 표현해 본다.
　　　　☞ (선분 $\overline{AB}$의 길이)$=3a$, (선분 $\overline{AD}$의 길이)$=\left(-4a+\dfrac{40}{3}\right)-a=-5a+\dfrac{40}{3}$

　　Hint(4) 선분 $\overline{AB}$와 $\overline{AD}$의 길이가 서로 같다는 것을 이용하여 a값을 구해본다.
　　　　☞ $\overline{AB}=\overline{AD}\ \to\ 3a=-5a+\dfrac{40}{3}\ \to\ a=\dfrac{5}{3}$

④ 그럼 문제의 답을 찾아라.

A2.

　① 일차함수의 그래프 위의 점

　② 개념정리하기 참조

　③ 이 문제는 일차함수의 그래프 위의 점에 대한 개념을 정확히 알고 있는지 그리고 그 개념을 바탕으로 색칠한 부분의 넓이를 구할 수 있는지 묻는 문제이다. 점 B의 좌표를 $(a,0)$으로 놓으면, 어렵지 않게 점 A의 좌표를 a에 대한 식으로 표현할 수 있다. 즉, 점 A는 일차함수 $y=3x$의 그래프 위에 있는 점이므로 $(a,3a)$가

된다. 또한 점 D의 y좌표는 점 A의 y좌표($3a$)와 같으므로 이를 이용하여 점 D의 좌표를 a에 대한 식으로 표현할 수 있다. 즉, 점 D는 일차함수 $y=\left(-\dfrac{3}{4}x+10\right)$ 의 그래프 위에 있는 점이므로 함수식에 $y=3a$를 대입하여 구할 수 있다. 선분 $\overline{AB}$와 $\overline{AD}$의 길이를 a로 표현한 후, 두 선분 $\overline{AB}$와 $\overline{AD}$의 길이가 서로 같다는 사실을 토대로 a값을 구하면 어렵지 않게 정사각형의 넓이를 계산할 수 있을 것이다.

④ 25

[정답풀이]

점 B의 좌표를 $(a,0)$으로 놓고, 점 A의 좌표를 a에 대한 식으로 표현해 보면 다음과 같다.

점 A는 일차함수 $y=3x$의 그래프 위에 있는 점이므로 $(a,3a)$가 된다.

점 D의 y좌표는 점 A의 y좌표($3a$)와 같다. 이를 토대로 점 D의 좌표를 a에 대한 식으로 표현해 보면 다음과 같다.

점 D는 일차함수 $y=-\dfrac{3}{4}x+10$의 그래프 위에 있는 점이므로 함수식에 $y=3a$를 대입하여 구한다.

$$y=-\frac{3}{4}x+10 : y=3a \;\rightarrow\; 3a=-\frac{3}{4}x+10 \;\rightarrow\; x=-4a+\frac{40}{3}$$

$$\therefore \text{점 } D\left(-4a+\frac{40}{3},\ 3a\right)$$

이제 선분 $\overline{AB}$와 $\overline{AD}$의 길이를 a로 표현해 보자.

(선분 $\overline{AB}$의 길이)$=3a$, (선분 $\overline{AD}$의 길이)$=\left(-4a+\dfrac{40}{3}\right)-a=-5a+\dfrac{40}{3}$

선분 $\overline{AB}$와 $\overline{AD}$의 길이가 서로 같다는 사실을 토대로 a값을 구하면 다음과 같다.

$$\overline{AB}=\overline{AD} \;\rightarrow\; -5a+\frac{40}{3}=3a \;\rightarrow\; a=\frac{5}{3}$$

정사각형의 한 변의 길이는 선분 $\overline{AB}$의 길이 $3a$와 같으므로, $5\left(=3a=3\times\dfrac{5}{3}\right)$가 된다. 따라서 정사각형의 넓이는 25이다.

 스스로 유사한 문제를 여러 개 만들어(출제하여) 답을 찾아보시기 바랍니다.

일차방정식과 일차함수

1 일차방정식과 일차함수

■ 학습 방식

본문의 내용을 '천천히', '생각하면서' 끝까지 읽어봅니다. (2~3회 읽기)

① 1차 목표 : 개념의 내용을 정확히 파악합니다. (일차방정식과 일차함수의 상관관계)

② 2차 목표 : 개념의 숨은 의미를 스스로 찾아가면서 읽습니다.

1 일차방정식의 해와 일차함수의 그래프

여러분~ 영화 좋아하세요? 여태까지 본 영화 중 가장 기억에 남는 영화는 무엇인가요? 은설이는 영화를 무척 좋아한다고 합니다. 매주 한 두 번씩은 꼭 영화를 보러 극장에 간다고 하는데요. 어느 날 단골 영화관에서 다음과 같이 연간 회원을 모집하는 광고를 보았습니다.

[연간 회원모집]

연회비 : 3만원 (① 조조영화 x편, ② 일반영화 y편 무료 관람)

회원에 가입하여 조조영화 x편과 일반영화 y편을 볼 경우, 비회원으로 영화를 보는 것보다 50% 더 저렴하다고 하네요. 단, 조조영화와 일반영화의 가격(1편당)은 각각 4,000원, 8,000원이라고 합니다. 여기서 퀴즈입니다. 이 **영화관의 영화관람료와 관련된 등식, 즉 미지수 x, y에 대한 등식은 무엇일까요?**

 잠시 질문의 답을 스스로 찾아보는 시간을 가져보세요.

좀 어려운가요? 그렇다면 하나씩 내용을 정리해 보도록 하겠습니다.

① 조조영화와 일반영화의 가격(1편당)은 각각 4,000원, 8,000원입니다.

② 회원에 가입하여 조조영화 x편과 일반영화 y편을 보는 비용은 비회원으로 영화를 보는 비용보다 50% 더 저렴합니다.

아직도 잘 모르겠다고요? 일단 회원에 가입하지 않고(비회원으로) 조조영화 x편과 일반영화

y편을 볼 경우, 은설이가 지불해야 하는 총 비용이 얼마인지 계산해 봅시다.

> [비회원 영화관람료]
> (조조영화 x편의 관람료)＋(일반영화 y편의 관람료)＝(총 영화관람료)
> → $4000x + 8000y$

이번엔 회원에 가입하여 조조영화 x편과 일반영화 y편을 볼 경우, 은설이가 지불해야 하는 총 비용이 얼마인지 생각해 봅시다. 음... 회원의 경우, 조조영화 x편과 일반영화 y편을 무료로 관람할 수 있으니까, 은설이가 지불해야 하는 총 비용은 바로 연회비 3만원과 같습니다. 그렇죠? 문제에서 회원에 가입하여 영화를 보는 가격(연회비 3만원)이 비회원으로 영화를 보는 가격보다 50% 더 저렴하다고 했으므로, '비회원 영화관람료'는 6만원이 될 것입니다. 여기서 질문의 답을 찾을 수 있겠네요.

> [비회원 영화관람료]
> (조조영화 x편의 관람료)＋(일반영화 y편의 관람료)＝(총 영화관람료)
> → $4000x + 8000y = 60000$

따라서 영화관람료와 관련된 x, y에 대한 등식은 $4000x + 8000y = 60000$입니다. 거 봐요~ 하나씩 풀어나가니까 그렇게 어렵지 않죠? 잠깐! 등식 $4000x + 8000y = 60000$을 x, y에 대한 일차방정식(2원1차방정식)이라고 말하는 거, 다들 아시죠? 참고로 일반적인 x, y에 대한 일차방정식은 '$ax + by + c = 0(a, b, c$는 상수, $a \neq 0$, $b \neq 0$)꼴'로 표현됩니다.

다음 문장을 x, y에 대한 일차방정식으로 표현해 보시기 바랍니다.

① 농구시합에서 3점숏 x개와 2점숏 y개를 넣었더니, 총 점수가 40점이 되었다.
② 친구들과 분식집에서 1인분에 1,500원짜리 떡볶이 x인분과 1인분에 2,000원짜리 순대 y인분을 시켰더니, 지불해야 할 총 비용은 8,000원이 되었다.

①의 경우, 일단 농구시합에서 3점숏 x개와 2점숏 y개를 넣어 획득한 점수를 x, y에 대한 식으로 표현해 보면 다음과 같습니다.

> 3점숏 x개, 2점숏 y개 → $3x + 2y$ (획득한 총 점수)

문제에서 총 점수가 40점이 되었다고 했으므로, 이를 등호로 연결하면 $3x+2y=40$이 됩니다. 그렇죠? ②의 경우도 마찬가지입니다. 그럼 분식집에서 1인분에 1,500원짜리 떡볶이 x인분과 1인분에 2,000원짜리 순대 y인분을 시켰을 때, 지불해야 할 총 비용을 x, y에 대한 식으로 표현해 보면 다음과 같습니다.

$$\text{떡볶이 } x\text{인분, 순대 } y\text{인분} \;\rightarrow\; 1500x+2000y \text{ (지불해야 할 총 비용)}$$

문제에서 친구들이 지불해야 할 총 비용이 8,000원이라고 했으므로, 이를 등호로 연결하면 $1500x+2000y=8000$이 됩니다. 쉽죠? 정답은 다음과 같습니다.

$$① \; 3x+2y=40 \qquad ② \; 1500x+2000y=8000$$

여러분~ '미지수가 2개인 일차방정식 $ax+by+c=0$'의 해를 구하는 방법에 대해 알고 계십니까? 물론 일차방정식 2개가 주어졌다면, 연립방정식의 풀이법(가감법, 대입법)을 활용하여 손쉽게 그 해를 찾을 수 있을 것입니다. 하지만 여기서는 미지수가 2개인 일차방정식이 '1개' 주어졌을 때, 그 해를 어떻게 구하는지 묻는 것입니다.

 잠시 질문의 답을 스스로 찾아보는 시간을 가져보세요.

네, 맞아요. 두 미지수 중 어느 하나의 미지수의 값을 확정한 후, 나머지 미지수의 값을 찾으면 됩니다. 무슨 말인지 잘 모르겠다고요? 다음 예시를 보면 이해하기가 한결 수월할 것입니다.

[일차방정식 $2x-y-1=0$의 풀이]
미지수 x의 값을 먼저 확정한 다음, 나머지 미지수 y의 값을 구합니다.
편의상 x, y를 자연수로 한정하겠습니다.

$x=1, 2, 3, 4, 5, 6, \ldots$으로 확정하고, 방정식을 만족하는 y값을 찾습니다.

x	1	2	3	4	5	...
y	1	3	5	7	9	...

$\therefore 2x-y-1=0$의 해 : $(1,1), (2,3), (3,5), (4,7), (5,9), \ldots$

그렇습니다. 일차방정식 $2x-y-1=0$의 해는 무수히 많습니다. 참고로 미지수가 2개인 일차방정식의 해는 'x, y의 표', '순서쌍 (x, y)' 또는 '$x=(\ \ \ )$, $y=(\ \ \ )$꼴'로 표현할 수 있습니다. 여기서 순서쌍의 경우, 순서가 바뀌면 틀린 답이 된다는 사실, 다들 알고 계시죠?

여러분~ '순서쌍'하면 생각나는 거, 뭐 없으신가요?

 잠시 질문의 답을 스스로 찾아보는 시간을 가져보세요.

음... 순서쌍 하니까, 좌표평면에서 점의 좌표 (x, y)가 생각나는군요. 앞서 우리는 일차함수의 그래프를 그리면서 수없이 많은 순서쌍을 다루어 봤습니다. 그렇다면 미지수가 2개인 일차방정식 $2x-y-1=0$의 해를 좌표평면에 점으로 표시해 보면 어떨까요?

$2x-y-1=0$의 해 : $(1,1)$, $(2,3)$, $(3,5)$, $(4,7)$, $(5,9)$, ...

x	1	2	3	4	5	...
y	1	3	5	7	9	...

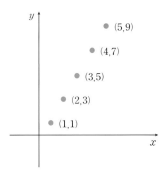

보아하니 점들이 일직선으로 나열되어 있군요. 이번엔 일차방정식 $2x-y-1=0$의 해의 범위를 자연수가 아닌 모든 수로 넓혀보도록 하겠습니다.

[일차방정식 $2x-y-1=0$의 해]

x	...	-1.2	...	1.4	...	0	...	1.1	...	5.2	...
y	...	-3.4	...	1.8	...	-1	...	1.2	...	9.4	...

다들 예상했겠지만, 일차방정식 $2x-y-1=0$의 모든 해를 좌표평면에 표시하면, 다음과 같이 하나의 직선으로 그려집니다.

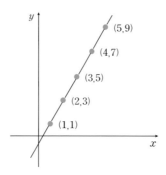

즉, 직선 위에 있는 모든 점들이 바로 일차방정식 $2x-y-1=0$의 해가 된다는 말이지요. 이처럼 우리는 미지수가 2개인 일차방정식의 해를 좌표평면의 그래프로 표현할 수 있습니다.

미지수가 2개인 일차방정식의 해

일차방정식 $ax+by+c=0(a\neq0,\ b\neq0)$의 해 (x, y)를 좌표평면에 표시하면 직선으로 그려집니다.

도대체 이것이 일차함수 $y=ax+b$의 그래프와 뭐가 다르냐고요? 너무 앞서가지 마세요~ 일차방정식과 일차함수의 상관관계에 대해서는 뒤쪽에서 좀 더 자세히 다루도록 하겠습니다. **다음 미지수가 2개인 일차방정식의 해를 좌표평면에 표시해 보시기 바랍니다.**

$$① \ 3x+y-2=0 \quad ② \ -x+y+1=0 \quad ③ \ x+3y-1=0 \quad ④ \ x-\frac{1}{2}y=0$$

일단 방정식을 만족하는 해를 순서쌍으로 표시해야겠죠? 모든 순서쌍을 일일이 구할 수 없으니, 편의상 몇몇 숫자에 한해서 순서쌍 (x, y)를 찾아보도록 하겠습니다.

$① \ 3x+y-2=0$의 해 : $(1,-1), (2,-4), (3,-7), (4,-10), (5,-13), \ldots$

x	1	2	3	4	5	…
y	-1	-4	-7	-10	-13	…

② $-x+y+1=0$의 해 : $(1,0)$, $(2,1)$, $(3,2)$, $(4,3)$, $(5,4)$, ...

x	1	2	3	4	5	...
y	0	1	2	3	4	...

③ $x+3y-1=0$의 해 : $(1,0)$, $\left(2,-\dfrac{1}{3}\right)$, $\left(3,-\dfrac{2}{3}\right)$, $\left(4,-1\right)$, $\left(5,-\dfrac{4}{3}\right)$, ...

x	1	2	3	4	5	...
y	0	$-\dfrac{1}{3}$	$-\dfrac{2}{3}$	-1	$-\dfrac{4}{3}$	...

④ $x-\dfrac{1}{2}y=0$의 해 : $(1,2)$, $(2,4)$, $(3,6)$, $(4,8)$, $(5,10)$, ...

x	1	2	3	4	5	...
y	2	4	6	8	10	...

이제 순서쌍을 좌표평면에 표시하여 자연스럽게 연결해 보겠습니다. ③과 ④의 경우는 여러 분들이 직접 그려보시기 바랍니다.

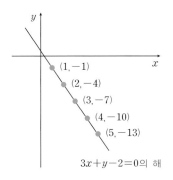 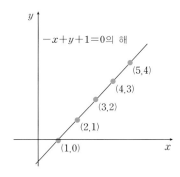

음... 뭔가 좀 불편합니다. 방정식의 해(순서쌍)를 일일이 찾아, 좌표평면에 표시하는 것이 상당히 귀찮거든요. 그렇죠? 좀 더 쉽게 일차방정식 $ax+by+c=0$의 해를 표시할 수 있는 방법, 어디 없을까요?

일차방정식(①~④)을 다음과 같이 변형해 보면 어떨까요?

① $3x+y-2=0 \ \rightarrow \ y=-3x+2$ ② $-x+y+1=0 \ \rightarrow \ y=x-1$

③ $x+3y-1=0 \ \rightarrow \ y=-\dfrac{1}{3}x+\dfrac{1}{3}$ ④ $x-\dfrac{1}{2}y=0 \ \rightarrow \ y=2x$

어라...? 일차방정식이 일차함수가 되었네요. 그렇습니다. 방정식을 함수식 '$y=f(x)$꼴'로 변형하면 손쉽게 방정식의 해를 그래프로 표현할 수 있습니다. 왜냐하면 우리는 임의의 일차함수 $y=ax+b$의 그래프를 그리는 방법을 잘~ 알고 있으니까요. 그래도 다시 한 번 일차함수의 그래프에 대해 짚고 넘어가도록 하겠습니다.

일차함수 $y=ax+b$의 그래프

① 일차함수 $y=ax+b$의 그래프는 직선입니다.

② 일차함수 $y=ax+b$의 기울기는 a이며, y절편은 b입니다.

③ $a>0$일 때 우상향(오른쪽 위로 향하는) 직선으로 그려지며, $a<0$일 때 우하향(오른쪽 아래로 향하는) 직선으로 그려집니다.

④ 일차함수 $y=ax+b$의 그래프를 쉽게 그리는 법

  i) 일차함수식을 만족하는 두 개의 점을 찾아 직선으로 잇습니다.

    (일반적으로 x, y절편에 해당하는 점을 찾으면 쉽습니다)

  ii) 일차함수식을 만족하는 한 개의 점과 기울기(x의 증가량에 따른 y의 증가량의 비율)를 이용하여 직선을 완성합니다.

이제 본격적으로 일차방정식과 일차함수의 관계를 확인해 보는 시간을 갖겠습니다. 먼저 이 둘의 차이점은 무엇일까요? 즉, **일차방정식 $ax+by+c=0$과 일차함수 $y=ax+b$는 뭐가 다를까요?**

 잠시 질문의 답을 스스로 찾아보는 시간을 가져보세요.

일단 일차방정식 $ax+by+c=0$을 일차함수 '$y=f(x)$꼴'로 변형해 보면 다음과 같습니다.

$$ax+by+c=0(a\neq0, \ b\neq0) \ \rightarrow \ y=-\frac{a}{b}x-\frac{c}{b}(a\neq0, \ b\neq0)$$

사실 x, y에 대한 등식은, 보는 관점에 따라 방정식으로도 볼 수 있으며, 함수식으로도 볼 수 있습니다. 하지만 방정식의 경우 문자 x, y를 미지수라고 칭하며, 두 변수의 관계는 서로 대등합니다. 반면에 함수의 경우 문자 x를 독립변수, 문자 y를 종속변수라고 칭하며, 두 변수의 관계는 종속적입니다. 독립변수 x값이 정해지면 그에 따라 종속변수 y값이 결정되거든요.

- 일차방정식 $ax+by+c=0(a\neq0,\ b\neq0)$: 미지수 $x,\ y$ (대등 관계)
- 일차함수 $y=-\dfrac{a}{b}x-\dfrac{c}{b}(a\neq0,\ b\neq0)$: 두 변수 $x,\ y$ (종속관계)

즉, 일차방정식과 일차함수는 서로 같은 등식을 사용하지만 그 숨은 의미는 완전히 다르다는 뜻입니다. 하지만 수식의 변형과정 및 그래프를 그리는 데에 있어서 특별히 다를 게 없으므로 동일하게 취급해도 된다는 사실, 반드시 기억하시기 바랍니다.

일차방정식의 해와 일차함수의 그래프를 비교해 보면 이 둘의 연관성을 좀 더 쉽게 파악할 수 있을 것입니다. 앞서 살펴본 바와 같이 일차방정식 $ax+by+c=0$의 해는 무수히 많습니다. 그렇죠? 더불어 그 해[순서쌍 $(x,\ y)$]를 좌표평면에 표시하면 직선으로 그려집니다. 이를 역으로 설명하면, 직선 위에 있는 모든 점의 좌표 $(x,\ y)$는 일차방정식 $ax+by+c=0$의 해가 된다는 말과 같습니다. 예를 들어볼까요?

① $3x+y-2=0$의 해 : $(1,-1),\ (2,-4),\ (3,-7),\ (4,-10),\ (5,-13),\ \dots$

x	1	2	3	4	5	...
y	-1	-4	-7	-10	-13	...

② $x-y-1=0$의 해 : $(1,0),\ (2,1),\ (3,2),\ (4,3),\ (5,4),\ \dots$

x	1	2	3	4	5	...
y	0	1	2	3	4	...

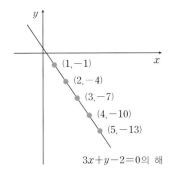

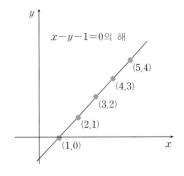

이렇게 그려진 직선을 '일차방정식 $ax+by+c=0$의 그래프'라고 말합니다. 더불어 모든 일차방정식 $ax+by+c=0$의 그래프는 직선으로 그려지므로, 일차방정식을 '직선의 방정식'이라고도 칭합니다. 두 말할 것 없이 일차방정식 $ax+by+c=0(a\neq0,\ b\neq0)$의 그래프는 일차함

수 $y=-\dfrac{a}{b}x-\dfrac{c}{b}(a\neq0,\ b\neq0)$의 그래프와 똑같습니다.

일차방정식 $ax+by+c=0$ $(a\neq0,\ b\neq0)$	그래프로 표현 → ← 방정식으로 표현	직선	그래프로 표현 → ← 함수식으로 표현	일차함수 $y=-\dfrac{a}{b}x-\dfrac{c}{b}$

여기서 우리는 일차방정식과 일차함수의 관계를 도출할 수 있습니다. 참고로 그래프란 등식을 만족하는 모든 점의 좌표를 의미한다는 사실, 명심하시기 바랍니다.

[일차방정식과 일차함수의 관계]

일차방정식 $ax+by+c=0$의 해는 일차함수 $y=-\dfrac{a}{b}x-\dfrac{c}{b}$의 그래프와 같다.

예상했던 거라서 별로 특별해 보이지는 않는다고요? 음... 그런 자세 정말 좋습니다. 그럼 일차함수의 개념을 기억하면서 일차방정식 $ax+by+c=0(a\neq0,\ b\neq0)$의 그래프에 대한 개념을 차근차근 정리해 보도록 하겠습니다.

일차방정식 $ax+by+c=0$의 그래프

$a\neq0$, $b\neq0$일 때, 일차방정식 $ax+by+c=0$의 해[순서쌍 $(x,\ y)$]를 좌표평면에 점으로 표시한 것을 일차방정식 $ax+by+c=0$의 그래프라고 말합니다. 물론 그래프(직선) 위에 있는 모든 점의 좌표 $(x,\ y)$는 일차방정식 $ax+by+c=0$의 해와 같습니다. 더불어 일차방정식 $ax+by+c=0$의 그래프가 직선으로 그려지기 때문에 일차방정식을 직선의 방정식이라고도 부릅니다. 또한 일차방정식 $ax+by+c=0$의 그래프는 일차함수 $y=-\dfrac{a}{b}x-\dfrac{c}{b}$의 그래프와 똑같습니다.

계속 비슷한 얘기(일차방정식의 해, 일차함수의 그래프)를 반복하고 있는 것 같은데, 혹시 무슨 말을 하고 있는지 이해가 잘 안 간다면, 처음부터 다시 한 번 천천히 읽어보시기 바랍니다. 참고로 직선의 방정식이란 일차방정식만 말하는 것이 아닌 좌표평면상에서 직선으로 표현할 수 있는 모든 방정식을 가리킨다는 사실, 명심하시기 바랍니다.

x축 또는 y축에 평행한 직선의 방정식은 무엇일까요? 이것 또한 좌표평면상에서 직선으로 그려지기 때문에, 직선의 방정식이라고 부릅니다.

 잠시 질문의 답을 스스로 찾아보는 시간을 가져보세요.

조금 막막한가요? 일단 점 $(a,0)$을 지나고 y축에 평행한 직선을 머릿속에 상상해 보시기 바랍니다. 단, $a \neq 0$입니다.

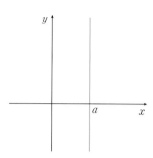

이제 직선이 지나는 점의 좌표를 하나씩 찾아볼까요?

$$..., (a,-3), (a,-2), (a,-1), (a,0), (a,1), (a,2), (a,3), ...$$

어라...? x의 좌표값이 항상 a군요. 네, 맞아요. 점 $(a,0)$을 지나고 y축에 평행한 직선의 방정식은 $x=a$입니다. 마찬가지로 점 $(0,a)$를 지나고 x축에 평행한 직선의 방정식은 $y=a$가 될 것입니다.

좌표축에 평행한 직선

점 $(a,0)$을 지나고 y축에 평행한 직선의 방정식은 $x=a$이며, 점 $(0,a)$를 지나고 x축에 평행한 직선의 방정식은 $y=a$입니다. (단, $a \neq 0$입니다)

이제 우리는 좌표축에 평행한 직선의 방정식을 구하는 방법을 알게 되었습니다. 참고로 좌표축에 평행한 직선의 경우, x, y에 대한 일차방정식이라고 볼 수 없다는 사실 명심하시기 바랍니다. 방정식에 x항 또는 y항 밖에 없거든요. (좌표축에 평행한 직선의 숨은 의미)

다음 조건을 만족하는 직선의 방정식을 구해보시기 바랍니다.

① 점 $(3,4)$를 지나고, y축에 평행한 직선
② 점 $(-1,-2)$를 지나고, x축에 평행한 직선

어렵지 않죠? 일단 ① 점 $(3,4)$를 지나고 y축에 평행한 직선과 ② 점 $(-1,-2)$를 지나고 x축에 평행한 직선을 떠올려 보면 다음과 같습니다.

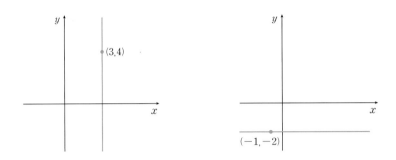

① 점 (3,4)를 지나고 y축에 평행한 직선은 점 (3,0), (3,1), (3,2), ... 등을 지납니다. 앞서 점 $(a,0)$을 지나고 y축에 평행한 직선의 방정식을 $x=a$라고 했던 거, 기억나시죠? 따라서 점 (3,4)를 지나고 y축에 평행한 직선의 방정식은 $x=3$입니다. 더불어 ② 점 (−1,−2)를 지나고 x축에 평행한 직선은 점 (0,−2), (1,−2), (2,−2), ... 등을 지나므로, 직선의 방정식은 $y=-2$가 됩니다. 가끔 x, y를 혼동하여 틀리는 학생들이 많은데, 반드시 머릿속으로 그래프를 상상하면서(직선이 지나는 점들을 확인하면서), 직선의 방정식을 작성하시기 바랍니다.

방정식 $x=0$과 $y=0$는 어떤 직선을 말할까요? 네, 맞아요. $x=0$은 y축을, $y=0$은 x축을 의미합니다. 다음 그림을 보면 이해하기가 한결 수월할 것입니다.

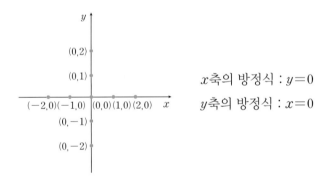

x축의 방정식 : $y=0$

y축의 방정식 : $x=0$

앞서 우리는 좌표축에 평행한 직선의 방정식을 정의할 때, $a \neq 0$라고 가정했습니다.

점 $(a,0)$을 지나고 y축에 평행한 직선의 방정식은 $x=a$이며,

점 $(0,a)$를 지나고 x축에 평행한 직선의 방정식은 $y=a$이다. (단, $a \neq 0$이다)

이는 $a=0$일 때, 두 직선 $y=a$, $x=a$가 각각 x축($y=0$)과 y축($x=0$)이 되기 때문입니다. 여러분~ 두 직선이 일치한다는 것과 평행하다는 것이 서로 다르다는 사실, 다들 알고 계시죠? 두 직선이 평행하다는 말은 두 직선이 만나지 않는다는 것을 의미하잖아요. 그래서 좌표축에

평행한 직선을 다룰 때, $a \neq 0$라는 조건이 붙은 것입니다.

모든 일차방정식은 직선의 방정식입니다. 그렇죠? 하지만 모든 직선의 방정식을 일차방정식이라고 말할 수는 없습니다. 과연 그 이유는 무엇일까요?

 잠시 질문의 답을 스스로 찾아보는 시간을 가져보세요

네, 맞아요. 바로 직선의 방정식에는 일차방정식뿐만 아니라 좌표축에 평행한 직선과 더불어 축의 방정식도 포함되기 때문입니다.

직선의 방정식 $\Big\{$

일차방정식

좌표축에 평행한 방정식
$x = a$(y축에 평행한 직선), $y = a$(x축에 평행한 직선)

축의 방정식 $x = 0$(y축), $y = 0$(x축)

모든 일차함수의 그래프는 직선입니다. 그렇다면 임의의 직선(직선의 방정식) 또한 일차함수가 될 수 있을까요? 음... 잘 모르겠다고요? 다음 예시를 통해 확인해 보도록 하겠습니다.

$$① \ 3x - 4y - 1 = 0 \quad ② \ y - 3 = 0 \quad ③ \ x + 1 = 0$$

일단 문자 x를 독립변수로, 문자 y를 종속변수로 놓아봅시다. 그 다음 방정식을 만족하는 두 변수 x, y의 순서쌍을 찾아, x값이 결정되면 그에 대응하는 y값이 단 하나로 결정되는지(함수의 정의)와 함께 함수식이 '$y = ax + b$($a \neq 0$)꼴'(일차함수식)로 표현되는지 확인해 보도록 하겠습니다.

$① \ 3x - 4y - 1 = 0 : \left(1, \dfrac{1}{2}\right), \left(2, \dfrac{5}{4}\right), (3, 2), \ \ldots$

$\quad \rightarrow$ x값이 결정되면 그에 대응하는 y값이 단 하나로 결정된다. $\rightarrow$ 함수(○)

$\quad \rightarrow$ '$y = f(x)$꼴'로 변형하면 $y = \dfrac{3}{4}x - \dfrac{1}{4}$이다. $\rightarrow$ 일차함수(○)

$② \ y - 3 = 0 : (1, 3), (2, 3), (3, 3), \ \ldots$

$\quad \rightarrow$ x값이 결정되면 그에 대응하는 y값이 단 하나로 결정된다. $\rightarrow$ 함수(○)

$\quad \rightarrow$ '$y = f(x)$꼴'로 변형하면 $y = 0 \times x + 3$이다. $\rightarrow$ 일차함수(×)

③ $x+1=0$: $(-1,0)$, $(-1,1)$, $(-1,2)$, ...

　　→ x값이 -1로 결정되면 그에 대응하는 y값은 무수히 많다. → 함수($\times$)

　　→ '$y=f(x)$꼴'로 변형할 수 없다. → 일차함수($\times$)

　보는 바와 같이 일차함수인 것은 바로 ① $3x-4y-1=0$입니다. 반면에 ② $y-3=0$과 ③ $x+1=0$은 일차함수가 아닙니다. 물론 ② $y-3=0$의 경우, 함수는 될 수 있습니다. 잠깐! ② $y-3=0$과 ③ $x+1=0$이 어떤 직선인가요? 그렇습니다. ② $y-3=0(y=3)$은 점 $(0,3)$을 지나고 x축에 평행한 직선이며, ③ $x+1=0(x=-1)$은 $(-1,0)$을 지나고 y축 평행한 직선입니다. 그렇죠? 여기서 우리는 중요한 사실 하나를 찾아낼 수 있습니다. 즉, x축에 평행한 직선은 함수가 될 수 있는 반면에 y축에 평행한 직선은 함수가 될 수 없다는 것입니다. 이 점 반드시 명심하시기 바랍니다.

　　　•x축에 평행한 직선 : 함수($\bigcirc$)　　•y축에 평행한 직선 : 함수($\times$)

　직선의 방정식과 일차함수의 관계를 정리하면 다음과 같습니다. 내용이 복잡하므로 가급적 수식과 그래프를 상상하면서 천천히 읽어보시기 바랍니다.

직선의 방정식과 함수

① 직선의 방정식 $ax+by+c=0$이 '일차함수'가 되기 위해서는 $a\neq0$, $b\neq0$이어야 합니다.

② $a=0$, $b\neq0$, $c\neq0$일 때, 직선의 방정식 $ax+by+c=0$은 x축에 평행한 직선이며, 함수입니다.

③ $a\neq0$, $b=0$, $c\neq0$일 때, 직선의 방정식 $ax+by+c=0$은 y축에 평행한 직선이며, 함수가 아닙니다.

④ $a=0$, $b\neq0$, $c=0$일 때, 직선의 방정식 $ax+by+c=0$은 x축의 방정식이며, 함수입니다.

⑤ $a\neq0$, $b=0$, $c=0$일 때, 직선의 방정식이 $ax+by+c=0$은 y축의 방정식이며, 함수가 아닙니다.

⑥ 임의의 직선의 방정식이 모두 함수가 되는 것은 아닙니다.

　이렇게 직선의 방정식과 함수의 관계를 살펴봄으로써, 어떤 일차방정식이 함수인지 아닌지 쉽게 판별할 수 있습니다. 더불어 임의의 직선의 방정식이 모두 함수가 되는 것은 아니라는 점, 반드시 명심하시기 바랍니다. (직선의 방정식과 함수의 숨은 의미)

다음 직선의 방정식이 함수(또는 일차함수)인지 판별하고 그 그래프를 좌표평면에 그려보시기 바랍니다.

　　① $x+2y-4=0$　　② $2x-3y+7=0$　　③ $-3x+6=0$　　④ $2y-5=0$

잠시 질문의 답을 스스로 찾아보는 시간을 가져보세요.

어렵지 않죠? 등식을 조금만 변형하면 쉽게 해결할 수 있는 문제입니다.

① $x+2y-4=0$ $\rightarrow$ $y=-\dfrac{1}{2}x+2$: 기울기 $-\dfrac{1}{2}$, y절편 2 ☞ 일차함수

② $2x-3y+7=0$ $\rightarrow$ $y=\dfrac{2}{3}x+\dfrac{7}{3}$: 기울기 $\dfrac{2}{3}$, y절편 $\dfrac{7}{3}$ ☞ 일차함수

③ $-3x+6=0$ $\rightarrow$ $x=2$: 점 $(2,0)$을 지나고 y축에 평행한 직선 ☞ 함수(×)

④ $2y-5=0$ $\rightarrow$ $y=\dfrac{5}{2}$: 점 $\left(0,\dfrac{5}{2}\right)$를 지나고 x축에 평행한 직선 ☞ 함수(○), 일차함수(×)

그래프의 개형은 다음과 같습니다.

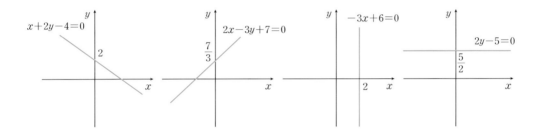

이제 직선의 방정식 $ax+by+c=0$의 그래프를 총정리해 보는 시간을 갖겠습니다. 내용이 복잡하므로 가급적 수식과 그래프를 상상하면서 천천히 읽어보시기 바랍니다. 잠깐! $a\ne0$일 때, $x=a$와 $y=a$는 각각 y축과 x축에 평행한 직선으로 그려집니다. 이 점 절대 혼동하지 않길 바랍니다. 학생들이 가장 많이 하는 실수 중 하나거든요.

$ax+by+c=0$의 그래프

① $a\ne0$, $b\ne0$일 때, 방정식 $ax+by+c=0$은 x, y에 대한 일차방정식이며,
그 해는 일차함수 $y=-\dfrac{a}{b}x-\dfrac{c}{b}$의 그래프와 같습니다.

② $a=0$, $b\ne0$, $c\ne0$일 때, 방정식 $ax+by+c=0$은 y에 대한 일차방정식 $by+c=0$이며,
그 해는 점 $\left(0,-\dfrac{c}{b}\right)$를 지나고 x축에 평행한 직선입니다. $\left(y=-\dfrac{c}{b}\right)$

③ $a\ne0$, $b=0$, $c\ne0$일 때, 방정식 $ax+by+c=0$은 x에 대한 일차방정식 $ax+c=0$이며,
그 해는 점 $\left(-\dfrac{c}{a},0\right)$을 지나고 y축에 평행한 직선입니다. $\left(x=-\dfrac{c}{a}\right)$

④ $a=0$, $b\ne0$, $c=0$일 때, 방정식 $ax+by+c=0$은 $y=0$이며, 그 해는 x축입니다.

---

⑤ $a \neq 0$, $b=0$, $c=0$일 때, 방정식 $ax+by+c=0$은 $x=0$이며, 그 해는 y축입니다.

⑥ $a=0$, $b=0$, $c=0$일 때, 방정식 $ax+by+c=0$의 그래프는 좌표평면이 됩니다.

⑥의 경우, 방정식이 $0 \times x + 0 \times y + 0 = 0$이 되어, 두 변수 x, y에 어떤 숫자를 대입해도 등식이 성립합니다. 즉, 좌표평면 위에 있는 모든 점이 방정식의 해가 된다는 뜻이지요. 다시 말해 방정식의 해를 그래프로 표현한 것이 바로 좌표평면이라는 말입니다. 참고로 여러 교재에서 두 용어 일차방정식과 직선의 방정식을 혼용하여 사용하는 경우가 많은데, 그렇다고 해서 모든 직선의 방정식을 일차방정식으로 간주해서는 안 됩니다. 왜냐하면 x, y축의 방정식, 좌표축에 평행한 방정식의 경우 직선의 방정식이긴 하지만 x, y에 대한 일차방정식은 아니기 때문입니다.

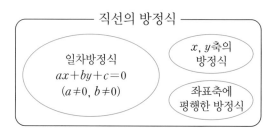

이제 우리는 임의의 직선의 방정식 $ax+by+c=0$의 그래프를 그리는 방법을 찾았습니다. 즉, 더 이상 우리가 못 그리는 직선의 방정식은 없다는 사실, 절대 잊지 마시기 바랍니다. ($ax+by+c=0$의 그래프의 숨은 의미)

다음에 주어진 조건에 대하여, 일차방정식 $ax+by+c=0$의 그래프가 지나는 사분면이 어디인지 말해보시기 바랍니다.

① $ab<0$, $bc<0$ ② $ab<0$, $bc>0$ ③ $ab>0$, $bc<0$ ④ $ab>0$, $bc>0$

잠시 질문의 답을 스스로 찾아보는 시간을 가져보세요

조금 어렵나요? 아마도 문자상수가 있어서 그럴 것입니다. 하지만 더 이상 우리가 그리지 못하는 일차방정식의 그래프는 없다는 것, 다들 아시죠? 일단 일차방정식 $ax+by+c=0$을 일차함수식으로 변형해 보면 다음과 같습니다.

$$\text{일차방정식 } ax+by+c=0 \ [f(x,\,y)=0\text{꼴}] \ \rightarrow \ \text{일차함수 } y=-\frac{a}{b}x-\frac{c}{b} \ [y=f(x)\text{꼴}]$$

이제 일차방정식 문제에서 일차함수 문제로 바뀌었습니다. 그렇죠? 먼저 일차함수의 기울기와 y절편을 찾아보겠습니다.

$$ax+by+c=0\Big(y=-\frac{a}{b}x-\frac{c}{b}\Big) : \text{기울기} -\frac{a}{b},\ y\text{절편} -\frac{c}{b}$$

문제에서 ab와 bc의 부호를 알려주었으니, 이는 기울기와 y절편의 부호를 알려준 것과 다름 없습니다. 이를 $ax+by+c=0\Big(y=-\frac{a}{b}x-\frac{c}{b}\Big)$의 그래프에 적용하면 다음과 같습니다.

일차방정식 $ax+by+c=0\Big(y=-\frac{a}{b}x-\frac{c}{b}\Big)$

① $ab<0,\ bc<0$: 기울기 양수, y절편 양수 ② $ab<0,\ bc>0$: 기울기 양수, y절편 음수
③ $ab>0,\ bc<0$: 기울기 음수, y절편 양수 ④ $ab>0,\ bc>0$: 기울기 음수, y절편 음수

일차방정식 $ax+by+c=0$의 그래프의 개형을 그려보면 다음과 같습니다.

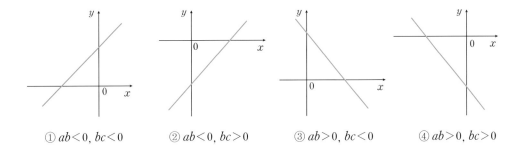

① $ab<0,\ bc<0$ ② $ab<0,\ bc>0$ ③ $ab>0,\ bc<0$ ④ $ab>0,\ bc>0$

다음 기사 내용을 읽고 물음에 답해 보시기 바랍니다.

2014년 5월 12일 오전 8시 7분께 충남 아산시 둔포면 석곡리에서 신축 중이던 오피스텔 건물이 한쪽으로 크게 기울어 붕괴가 우려되고 있다. 신축 중인 이 건물은 7층 높이로 골조가 완료된 상태에서 내부 마감 공사를 앞두고 이날 오전 갑자기 남쪽으로 20°가량 기울었다. 건물이 기울어질 당시 공사 현장에는 사람이 없어서 인명피해는 없는 것으로 확인됐다. 이 건물 바로 옆에는 비슷한 높이와 크기의 오피스텔이 함께 건축이 되고 있었으나 반대쪽으로 기울어 옆 건물에 피해를 주지는 않았다. 아산지역에는 일요일인 전날부터 이날 오전 7시까지

28.25mm의 비가 내렸다. 사고가 나자 경찰과 소방서, 시청, 한전 관계자 등이 현장에 출동해 긴급구조통제단을 설치하고 가스와 전기를 차단하는 등 사고 현장 주변을 통제하며 만약의 사태에 대비하는 한편 공사 현장 관계자 등을 상대로 정확한 경위를 조사하고 있다.

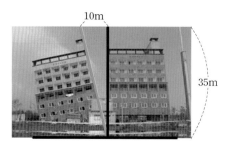

어떻게 건물을 지었길래, 저렇게 기울어졌을까요? 참 황당하죠? 분명 부실공사가 그 원인일 것입니다. 즉, 왼쪽 건물의 1층을 떠받치는 기둥을 부실하게 만든 것이지요. 아마도 철근콘크리트의 양을 법적 기준보다 적게 투입한 것 같습니다. 당연히 건축업자는 그 돈을 불법으로 빼먹었겠죠? 검찰의 엄정한 수사를 촉구합니다. 여하튼 기울어진 건물의 측면에 해당하는 직선(붉은색 직선), 보이시죠? 이 직선의 방정식은 무엇일까요? 단, 그림에서 보이는 가로축과 세로축을(검정색 직선) 각각 x축, y축이라고 가정하겠습니다.

 잠시 질문의 답을 스스로 찾아보는 시간을 가져보세요

실생활 응용문제라서 조금 어렵게 느껴질 수도 있겠지만, 일차함수식 $y=ax+b$를 구한다고 생각하면 쉽게 질문의 답을 찾을 수 있을 것입니다. 참~ 일차함수 $y=ax+b$에서 a가 기울기이고 b가 y절편이라는 거, 다들 알고 계시죠? 기울기와 y절편의 정의를 다시 한 번 되새겨보면 다음과 같습니다.

직선의 기울기와 y절편

직선 위의 임의의 서로 다른 두 점 (x_1, y_1)과 (x_2, y_2)에 대하여 직선의 기울기는 다음과 같이 정의됩니다.

$$(\text{직선의 기울기}) = \frac{(y_2 - y_1)}{(x_2 - x_1)} = \frac{(y\text{의 증가량})}{(x\text{의 증가량})}$$

직선이 y축과 만나는 점의 y좌표를 y절편이라고 부르며, 함수식(또는 방정식)에 $x=0$을 대입하여 구할 수 있습니다. 마찬가지로 x축과 만나는 점의 좌표를 x절편이라고 부르며, 함수식(또는 방정식)에 $y=0$을 대입하여 구할 수 있습니다.

이제 슬슬 질문의 답을 찾아볼까요? 먼저 직선의 기울기를 계산해 보면 다음과 같습니다.

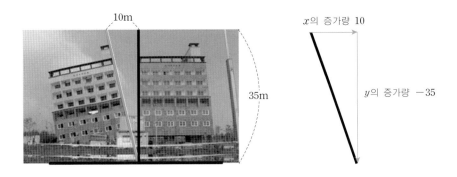

$$(직선의\ 기울기) = \frac{(y의\ 증가량)}{(x의\ 증가량)} = \frac{(-35)}{10} = -\frac{7}{2}$$

더불어 이 직선은 원점을 지나므로 y절편이 0입니다. 그렇죠? 따라서 구하고자 하는 직선의 방정식은 $y = -\frac{7}{2}x$가 될 것입니다. 맞나요? 여기서 직선의 방정식을 '$y = ax + b$꼴'로 표현하든 '$ax + by + c = 0$꼴'로 표현하든 상관 없습니다. 이 둘은 서로 같은 식이거든요. 내친김에 직선의 방정식을 구하는 요령에 대해서도 간략히 정리해 보도록 하겠습니다.

직선의 방정식을 구하는 요령

구하고자 하는 직선의 방정식을 $y = ax + b$로 놓고, 미정계수 a와 b를 하나씩 찾습니다.
(단, y축에 평행한 직선의 경우는 제외합니다)

① 기울기와 y절편이 주어졌을 때
　→ a, b의 값을 바로 구할 수 있습니다. (기울기는 a이고, y절편은 b입니다)

② 기울기와 한 점의 좌표가 주어졌을 때
　→ a의 값을 바로 구할 수 있습니다. 방정식에 주어진 점의 좌표를 대입하여 b의 값을 구합니다.

③ 두 점의 좌표가 주어졌을 때
　→ 기울기의 정의에 맞춰 a의 값을 구합니다. 더불어 방정식에 주어진 점의 좌표를 대입하여 b의 값을 구합니다.
　→ 주어진 두 점의 좌표를 방정식에 대입하여 a, b에 대한 연립방정식을 도출합니다.

④ 그 밖의 미정계수 a, b를 구할 수 있는 조건이 주어졌을 때
　→ 주어진 조건을 이용하여 a, b에 대한 연립방정식을 도출합니다.

음... 일차함수식을 구하는 것과 별반 차이가 없군요. 이제 더 이상 직선의 방정식을 찾는 문제를 두려워 할 필요가 없어졌습니다. 보는 바와 같이 그 매뉴얼이 존재하니까요. 단, y축에 평행한 직선의 경우, 별도로 구해야 한다는 사실, 명심하시기 바랍니다. 참고로 점 $(a, 0)$을 지나고 y축에 평행한 직선의 방정식은 $x = a$입니다. (직선의 방정식을 구하는 요령의 숨은 의미)

다음 조건에 맞는 직선의 방정식을 구해보시기 바랍니다.

① 기울기가 3이고 y절편이 -5인 직선

② 기울기가 -2이고 점 $(-1,3)$을 지나는 직선

③ 두 점 $(1,1)$, $(0,-4)$를 지나는 직선

④ 직선 $4x-3y+5=0$과 평행하고, 점 $(2,3)$을 지나는 직선

⑤ x절편이 -4이고 y절편이 6인 직선

⑥ y절편이 4이고, 점 $(-5,4)$를 지나는 직선

⑦ 두 점 $(4,7)$, $(4,-2)$를 지나는 직선

문제가 너무 많다고요? 주어진 문제의 양에 놀랄 수도 있겠지만, 질적으로 따져보면 단순 계산문제에 불과합니다. 앞서도 살펴본 바와 같이 직선의 방정식을 작성하는 매뉴얼이 존재하니까요. 일단 직선의 방정식을 $y=ax+b$로 놓고, a, b의 값을 하나씩 구해보도록 하겠습니다.

① 기울기가 3이고 y절편이 -5인 직선 → $a=3$, $b=-5$ ∴ $y=3x-5$

② 기울기가 -2이고 점 $(-1,3)$을 지나는 직선
   → $a=-2$: 직선의 방정식 $y=-2x+b$
   → $y=-2x+b$에 점 $(-1,3)$을 대입 → $3=(-2)\times(-1)+b$ → $b=1$
      ∴ $y=-2x+1$

③ 두 점 $(1,1)$, $(0,-4)$를 지나는 직선
   → (기울기)$=\dfrac{(y의\ 증가량)}{(x의\ 증가량)}=\dfrac{(-4)-1}{0-1}=5$
   → $y=5x+b$에 점 $(1,1)$을 대입 → $1=5\times1+b$ → $b=-4$ ∴ $y=5x-4$

④ 직선 $4x-3y+5=0$과 평행하고, 점 $(2,3)$을 지나는 직선
   → 직선 $4x-3y+5=0$의 기울기가 $\dfrac{4}{3}$이므로, 구하고자 하는 직선의 기울기도 $\dfrac{4}{3}$이다.
   → $y=\dfrac{4}{3}x+b$에 점 $(2,3)$을 대입 → $3=\dfrac{4}{3}\times2+b$ → $b=\dfrac{1}{3}$ ∴ $y=\dfrac{4}{3}x+\dfrac{1}{3}$

⑤ x절편이 -4이고 y절편이 6인 직선
   → $b=6$: $y=ax+6$

→ x절편이 -4이므로, 점 $(-4,0)$을 지난다.

→ $y=ax+6$에 점 $(-4,0)$을 대입 : $0=a\times(-4)+6$ → $a=\dfrac{3}{2}$ ∴ $y=\dfrac{3}{2}x+6$

⑥ y절편이 4이고, 점 $(-5,4)$를 지나는 직선

　　→ $b=4 : y=ax+4$

　　→ $y=ax+4$에 점 $(-5,4)$를 대입 → $4=a\times(-5)+4$ → $a=0$ ∴ $y=4$

⑥의 경우, 직선의 기울기가 0이네요. 과연 이것도 함수일까요? 네, 그렇습니다. x값이 정해지면 y값 또한 단 하나(숫자 4)로 결정되어지기 때문에 함수가 맞습니다.

함수식 $y=4$: $(1,4)$, $(2,4)$, $(3,4)$, $(4,4)$, ... → 함수(○)

아~ x축에 평행한 직선이군요. x축에 평행한 직선의 기울기가 0이라는 사실과 더불어 이 직선 또한 함수가 될 수 있다는 것, 반드시 기억하시기 바랍니다.

x축에 평행한 직선의 기울기 : 0 (함수이다)

드디어 마지막입니다. 주어진 두 점을 이용하여 기울기를 구해보면 다음과 같습니다.

⑦ 두 점 $(4,7)$, $(4,-2)$를 지나는 직선 → (기울기)$=\dfrac{(y\text{의 증가량})}{(x\text{의 증가량})}=\dfrac{(-2)-7}{4-4}=?$

어라...? 기울기의 분모가 0이네요. 수학에서는 0으로 나누는 것을 정의하지 않는다고 했는데..., 이게 어찌 된 일일까요? 일단 두 점 $(4,7)$, $(4,-2)$를 지나는 직선을 머릿속에 그려보시기 바랍니다.

 잠시 질문의 답을 스스로 찾아보는 시간을 가져보세요

네, 맞습니다. 두 점 $(4,7)$, $(4,-2)$를 지나는 직선은 바로 'y축에 평행한 직선'입니다. y축에 평행한 직선의 경우, y의 계수가 0이므로 $y=ax+b$로 놓을 수 없습니다. 여러분~ 점 $(a,0)$을 지나고 y축에 평행한 직선의 방정식이 $x=a$라는 거, 다들 알고 계시죠? 두 점 $(4,7)$, $(4,-2)$를 지나는 직선을 상상해 보니, 점 $(4,0)$도 지나겠네요. 즉, ⑦ 두 점 $(4,7)$, $(4,-2)$를 지나는 직선은 $x=4$가 된다는 말입니다. 어떠세요? 할 만하죠? 좀 더 연습하고 싶다면, 본인 스스로 여러 가지 문제를 만들어 풀어보시기 바랍니다.

- x축에 평행한 직선의 기울기 : 0 (함수이다)
- y축에 평행한 직선의 기울기 : 구할 수 없다. (함수가 아니다)

　　좀 더 발전된 문제를 풀어볼까요? 일차방정식 $-\dfrac{4}{m}x+\dfrac{n}{3}y-k=-1$의 그래프가 아래와 같을 때, 식 $(m+n+k)$의 값을 구해보시기 바랍니다.

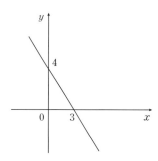

　　어렵지 않죠? 일단 그려진 직선을 $y=ax+b$로 놓겠습니다. 보아하니, 두 점 $(0,4)$, $(3,0)$을 지나는군요. 여기서 뭐 생각나는 거, 없으세요? 네, 맞아요. 두 점 $(0,4)$와 $(3,0)$을 지난다는 말은 y절편이 4이고 x절편이 3이라는 말과 같습니다. 그렇죠? y절편이 4이므로, 상수항 b 또한 4가 되겠네요. 이를 방정식에 적용하면 $y=ax+4$가 됩니다. 더불어 방정식 $y=ax+4$에 x절편에 해당하는 점 $(3,0)$을 대입하면 손쉽게 기울기 a의 값도 구할 수 있습니다.

$$y=ax+4 : \text{점 } (3,0) \text{ 대입} \rightarrow 0=3a+4 \rightarrow a=-\dfrac{4}{3}$$

　　따라서 그려진 직선의 방정식은 $y=-\dfrac{4}{3}x+4$입니다. 여기서 끝이 아닙니다. 문제에서 주어진 그래프가 일차방정식 $-\dfrac{4}{m}x+\dfrac{n}{3}y-k=-1$과 같다고 했으므로, 우리는 등식 $y=-\dfrac{4}{3}x+4$와 $-\dfrac{4}{m}x+\dfrac{n}{3}y-k=-1$을 비교하여 m, n, k의 값을 구해야 합니다. 그렇죠? 일단 등식 $y=-\dfrac{4}{3}x+4$의 양변에 3를 곱해보겠습니다.

$$y=-\dfrac{4}{3}x+4 \rightarrow 3y=-4x+12$$

　　다음으로 우변이 상수 -1이 되도록 등식을 변형하여 정리해 보면 다음과 같습니다.

$$3y = -4x + 12 \quad \rightarrow \quad 4x + 3y - 13 = -1$$

이제 $-\dfrac{4}{m}x + \dfrac{n}{3}y - k = -1$과 비교해 볼까요?

$$4x + 3y - 13 = -1과 \ -\dfrac{4}{m}x + \dfrac{n}{3}y - k = -1$$

네, 맞습니다. $m = -1$, $n = 9$, $k = 13$이 되어 구하고자 하는 식 $(m+n+k)$의 값은 20입니다.

한 문제 더 풀어볼까요? 두 점 $(2, 1-a)$와 $(3, 2)$를 지나는 직선과 일차방정식 $(a+2)x + 2y$ $-1 = 0$의 그래프가 서로 평행할 때, a의 값을 구해보시기 바랍니다.

 잠시 질문의 답을 스스로 찾아보는 시간을 가져보세요.

조금 어려워 보인다고요? 여러분~ 앞서 두 직선이 평행할 때, 어떤 값이 같다고 했죠? 네, 맞아요. 기울기가 같다고 했습니다. 그렇다면 주어진 두 직선의 기울기를 찾아 비교해 보도록 하겠습니다.

- 두 점 $(2, 1-a)$와 $(3, 2)$를 지나는 직선의 기울기 : $\dfrac{2-(1-a)}{3-2} = a+1$

- 직선 $(a+2)x + 2y - 1 = 0$의 기울기 : $(a+2)x + 2y - 1 = 0$

$$\rightarrow y = -\dfrac{a+2}{2}x + \dfrac{1}{2} \quad \therefore \ -\dfrac{a+2}{2}$$

두 직선의 기울기가 서로 같다는 사실로부터 쉽게 a에 대한 방정식을 도출할 수 있겠네요. 방정식을 풀어 a값을 구하면 다음과 같습니다.

$$a + 1 = -\dfrac{a+2}{2} \quad \rightarrow \quad -2a - 2 = a + 2 \quad \rightarrow \quad a = -\dfrac{4}{3}$$

★ 개념을 정확히 이해했는지 확인하고 싶다면, 학교 교과서에 나오는 개념확인 문제를 풀어 보거나 스스로 개념 확인문제를 출제하여 풀어보면 큰 도움이 될 것입니다.

2 연립일차방정식의 해와 일차함수의 그래프

일반적으로 '2개 이상의 미지수'를 공유하는 방정식을 연립방정식이라고 부릅니다. 다들 아시죠? 여기서 연립방정식을 동시에 만족시키는 미지수의 값을 연립방정식의 해라고 말하며, 연립방정식의 해를 구하는 것을 '연립방정식을 푼다'라고 정의합니다.

연립방정식

① 연립방정식 : 2개 이상의 미지수를 공유하는 방정식

② 연립방정식의 해 : 모든 방정식을 동시에 만족시키는 미지수의 값

③ 연립방정식을 푼다 : 연립방정식의 해를 구한다.

다음 짝지어진 방정식들은 모두 연립방정식입니다.

$$\begin{cases} x+y=3 \\ 2x-4y=1 \end{cases} \quad \begin{cases} a-2b=3 \\ 2b-a=5 \end{cases} \quad \begin{cases} x+y-z=1 \\ z+y=1 \\ -2x+y=-3 \end{cases}$$

연립방정식(2개)을 좌표평면에 표현하면 어떻게 될까요? 예를 들어, 연립방정식 $x+y-3=0$과 $2x-y-1=0$의 그래프를 좌표평면에 함께 그려보자는 말입니다. 참고로 방정식을 일차함수식 '$y=f(x)$꼴'로 변형하면 좀 더 쉽게 그래프를 그릴 수 있습니다.

$$x+y-3=0 \ \rightarrow \ y=-x+3, \quad 2x-y-1=0 \ \rightarrow \ y=2x-1$$

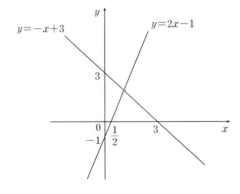

음... 두 직선의 교점에 눈이 가는군요. 그럼 교점의 좌표를 찾아보도록 하겠습니다. 잠깐! 두 직선이 만나는 점을 교점이라고 부르는 거, 다들 아시죠? 복습하는 차원에서 직선 위의 점의

좌표에 대한 의미를 되새겨보면 다음과 같습니다.

직선 위의 점의 좌표

임의의 직선의 방정식 $ax+by+c=0$의 그래프 위에 있는 점 (m, n)에 대하여 다음이 성립합니다.

$$ax+by+c=0\text{에 점 }(m, n)\text{을 대입} \rightarrow am+bn+c=0$$

이제 좀 감이 오시죠? 그렇습니다. 두 직선 $x+y-3=0$과 $2x-y-1=0$의 교점의 좌표를 (m, n)이라고 할 때, 다음 등식이 성립합니다.

$$x+y-3=0\text{과 }2x-y-1=0\text{에 각각 }(m, n)\text{을 대입} \rightarrow m+n-3=0\text{과 }2m-n-1=0$$

여러분~ 우리가 구하고자 하는 것이 무엇이었죠? 네, 맞아요. 바로 두 직선 $x+y-3=0$과 $2x-y-1=0$의 교점의 좌표입니다. 앞서 우리는 교점의 좌표를 (m, n)이라고 했으므로, 도출된 두 방정식(m, n에 대한 연립방정식) $m+n-3=0$과 $2m-n-1=0$을 연립하여 m과 n의 값을 구하면 손쉽게 교점의 좌표를 구할 수 있습니다. 연립방정식의 풀이법, 다들 기억하시죠?

$$
\begin{array}{l}
m+n-3=0 \\
\underline{+)\,2m-n-1=0} \\
3m-4=0 \rightarrow m=\dfrac{4}{3}
\end{array}
\qquad
\begin{array}{l}
m+n-3=0 \rightarrow \dfrac{4}{3}+n-3=0 \\
 \rightarrow n=\dfrac{5}{3}
\end{array}
$$

따라서 두 직선 $x+y-3=0$과 $2x-y-1=0$의 교점의 좌표는 $\left(\dfrac{4}{3}, \dfrac{5}{3}\right)$입니다. 사실 교점의 좌표를 (m, n)이 아닌 그냥 (x, y)라고 놓은 후 두 직선의 방정식을 연립해도 상관없습니다. 왜냐하면 x, y는 일정한 상수가 아니라 어떤 값도 될 수 있는 변수이기 때문이죠.

여기서 우리는 중요한 개념 하나를 도출해 볼 수 있습니다. 과연 그것이 뭘까요?

 잠시 질문의 답을 스스로 찾아보는 시간을 가져보세요

그렇습니다. 직선 위에 있는 모든 점들은 그 직선의 방정식의 해와 같습니다. 더불어 두 직선의 방정식(2개)을 모두 만족하는 x, y값은 두 직선의 교점(두 직선이 모두 지나는 점)의 좌표와 같습니다. 즉, 직선의 방정식 $ax+by+c=0$과 $a'x+b'y+c'=0$의 해(연립방정식)는 두 직선의 교점의 좌표와 같다는 말이지요.

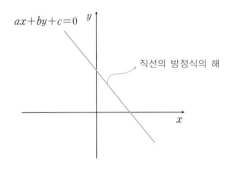
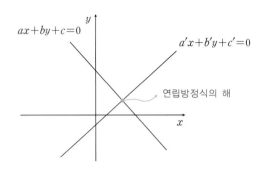

여러분~ 직선의 방정식 $ax+by+c=0$은 일차함수식 '$y=ax+b$꼴'로도 표현할 수 있다는 거, 다들 알고 계시죠? 연립방정식의 해와 일차함수의 관계를 정리해 보도록 하겠습니다.

연립방정식의 해와 일차함수

연립방정식 $ax+by+c=0$과 $a'x+b'y+c'=0$의 해는 두 일차함수 $y=-\dfrac{a}{b}x-\dfrac{c}{b}$와 $y=-\dfrac{a'}{b'}x-\dfrac{c'}{b'}$의 교점의 좌표와 같습니다. (단, $a\neq0$, $b\neq0$, $a'\neq0$, $b'\neq0$입니다)

이제 더 이상 방정식과 함수는 별개가 아닙니다. 두 개념의 차이는 단지 변수를 해석하는 방법일 뿐입니다.

다음 연립방정식의 해는 무엇일까요? 단, 함수의 개념(그래프)을 적용하여 문제를 풀어보시기 바랍니다.

$$① \begin{cases} x-y+3=0 \\ x+y-1=0 \end{cases} \qquad ② \begin{cases} x+y-1=0 \\ 3x-7y-13=0 \end{cases}$$

 잠시 질문의 답을 스스로 찾아보는 시간을 가져보세요.

일단 연립방정식의 해는 두 일차함수의 교점의 좌표와 같습니다. 그렇죠? 주어진 방정식을 일차함수식 '$y=f(x)$꼴'로 변형하여 함수의 그래프를 그려보면 다음과 같습니다.

$$① \begin{cases} x-y+3=0 \;\rightarrow\; y=x+3 \\ x+y-1=0 \;\rightarrow\; y=-x+1 \end{cases} \qquad ② \begin{cases} x+y-1=0 \;\rightarrow\; y=-x+1 \\ 3x-7y-13=0 \;\rightarrow\; y=\dfrac{3}{7}x-\dfrac{13}{7} \end{cases}$$

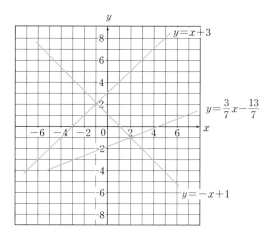

이제 짝지어진 두 일차함수의 교점의 좌표를 읽어볼까요?

① $\begin{cases} y=x+3 \\ y=-x+1 \end{cases}$ 의 교점의 좌표 : $(-1,2)$ ② $\begin{cases} y=-x+1 \\ y=\dfrac{3}{7}x-\dfrac{13}{7} \end{cases}$ 의 교점의 좌표 : $(2,-1)$

따라서 짝지어진 연립방정식의 해는 다음과 같습니다.

① $\begin{cases} x-y+3=0 \\ x+y-1=0 \end{cases}$ 의 해 : $(-1,2)$ ② $\begin{cases} x+y-1=0 \\ 3x-7y-13=0 \end{cases}$ 의 해 : $(2,-1)$

정말 해가 맞는지 주어진 연립방정식에 대입해 볼까요?

① $\begin{cases} x-y+3=0 \;\rightarrow\; (-1)-2+3=0 \\ x+y-1=0 \;\rightarrow\; (-1)+2-1=0 \end{cases}$

② $\begin{cases} x+y-1=0 \;\rightarrow\; 2+(-1)-1=0 \\ 3x-7y-13=0 \;\rightarrow\; 3\times2-7\times(-1)-13=0 \end{cases}$

역시 예상했던 대로 등식이 성립하는군요. 가끔 좌표평면상에서 두 직선의 교점의 좌표를 대충 읽은 후 연립방정식의 해를 찾는 학생들이 있는데, 이는 정확성이 보장되지 않으므로 반드시 원래의 방정식에 대입한 후 검산해야 합니다. 이 점 반드시 명심하시기 바랍니다. **함수의 그래프를 활용하여 다음 연립방정식의 해를 각각 구해보시기 바랍니다.**

① $\begin{cases} x-y+3=0 \\ x+y-1=0 \end{cases}$ ② $\begin{cases} 3x-y-1=0 \\ 6x-2y+8=0 \end{cases}$ ③ $\begin{cases} 2x-y-1=0 \\ 4x-2y-2=0 \end{cases}$

어렵지 않죠? 연립방정식의 해는 두 일차함수의 교점의 좌표와 같습니다. 그럼 주어진 방정식을 일차함수식 '$y=f(x)$꼴'로 변형하여 그래프를 그려보겠습니다.

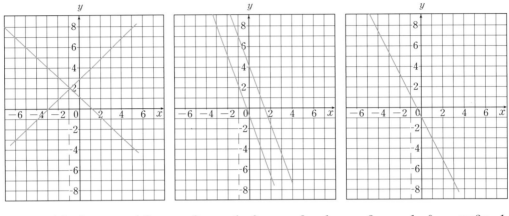

① $\begin{cases} x-y+3=0 & \rightarrow & y=x+3 \\ x+y-1=0 & \rightarrow & y=-x+1 \end{cases}$
② $\begin{cases} 3x-y-1=0 & \rightarrow & y=3x-1 \\ 6x-2y+8=0 & \rightarrow & y=3x+4 \end{cases}$
③ $\begin{cases} 2x-y-1=0 & \rightarrow & y=2x-1 \\ 4x-2y-2=0 & \rightarrow & y=2x-1 \end{cases}$

이제 그래프를 보면서 하나씩 연립방정식의 해를 찾아볼까요? 잠깐! ①의 경우, 교점의 좌표 $(-1,2)$를 방정식에 대입하여 확인해 봐야 한다는 사실, 다들 아시죠?

$$① \begin{cases} x-y+3=0 \\ x+y-1=0 \end{cases} \text{의 해} : (-1,2)$$

어라...? 그런데 ②와 ③은 조금 이상합니다. ②의 경우 두 직선은 만나지 않으며, ③의 경우 두 직선은 일치합니다. 도대체 이게 어떻게 된 일일까요? 네, 맞아요. ②의 경우에는 연립방정식을 만족하는 해가 존재하지 않습니다.

$$② \begin{cases} 3x-y-1=0 \\ 6x-2y+8=0 \end{cases} : \text{해가 없다.}$$

③의 경우에는 연립방정식을 만족하는 해가 무수히 많습니다. 그렇죠? 즉, 일차함수 $y=2x-1$의 그래프 위에 모든 점들이 바로 ③의 연립방정식의 해가 된다는 말입니다.

$$③ \begin{cases} 2x-y-1=0 \\ 4x-2y-2=0 \end{cases} : \text{해가 무수히 많다.}$$

여러분~ 세 종류의 그래프로부터 뭔가 떠오르는 거... 없으신가요?

①~③의 경우를 토대로 연립일차방정식의 해의 개수에 관한 개념을 도출해 보시기 바랍니다.

 잠시 질문의 답을 스스로 찾아보는 시간을 가져보세요.

음... 대충 감은 오는데, 정확히 어떻게 설명해야 할지 잘 모르겠다고요? 힌트를 드리겠습니다. 앞서 일차함수에서 배웠던 두 직선의 위치관계를 떠올려보시기 바랍니다.

두 직선 $y=ax+b$와 $y=a'x+b'$의 위치관계

① $a \neq a'$: 두 직선이 한 점에서 만난다. (교차)

② $a=a'$이고 $b \neq b'$: 두 직선이 만나지 않는다. (평행)

③ $a=a'$이고 $b=b'$: 두 직선이 무수히 많은 점에서 만난다. (일치)

한 점에서 만난다. (교차)　　　만나지 않는다. (평행)　　　무수히 많은 점에서 만난다. (일치)

평면상의 두 직선의 위치관계는 이 세 가지 밖에 없습니다. 이를 토대로 연립일차방정식의 해의 개수를 정리해 보면 다음과 같습니다.

연립일차방정식의 해의 개수

연립일차방정식을 각각 직선으로(함수의 그래프로) 표현할 경우,

① 두 직선이 한 점에서 만난다면(교차하면), 연립방정식의 해는 1개입니다.

② 두 직선이 만나지 않는다면(평행하면), 연립방정식의 해는 없습니다.

③ 두 직선이 무수히 많은 점에서 만난다면(일치하면), 연립방정식의 해는 무수히 많습니다.

이해되시죠? 이렇게 일차함수의 그래프를 활용하면, 연립방정식의 해의 개수를 한눈에 파악할 수 있습니다. (연립일차방정식의 해의 개수의 숨은 의미)

연립일차방정식의 해의 개수를 쉽게 확인하려면, 수식에서 가장 먼저 살펴봐야할 것이 있습니다. 과연 그것이 뭘까요?

잘 모르겠다고요? 힌트를 드리겠습니다.

- 두 직선의 기울기가 다르다. → 두 직선이 한 점에서 만난다.
- 두 직선의 기울기가 같다. → 두 직선은 평행하거나 일치한다.

 잠시 질문의 답을 스스로 찾아보는 시간을 가져보세요.

네, 맞아요. 어떤 연립일차방정식(2개)의 해의 개수를 확인하고자 할 때, 가장 먼저 살펴봐야 할 것은 바로 '직선의 기울기'입니다. 즉, 두 방정식을 일차함수식 '$y = ax + b$꼴'로 표현했을 때, 기울기 a의 값이 서로 같은지 그렇지 않은지에 따라, 연립일차방정식의 해의 개수를 쉽게 파악할 수 있다는 말입니다.

- 두 직선의 방정식(일차함수)의 기울기가 다를 경우 → 연립방정식의 해는 1개이다.
- 두 직선의 방정식(일차함수)의 기울기가 같을 경우 → 연립방정식의 해는 없거나, 무수히 많다.

더불어 일차함수 $y = ax + b$의 y절편 b의 값까지 확인할 경우, 좀 더 정확히 연립방정식의 해의 개수를 파악할 수 있습니다.

- 두 직선의 방정식(일차함수)의 기울기가 다를 경우 → 연립방정식의 해는 1개이다.
- 두 직선의 방정식(일차함수)의 기울기가 같을 경우
  i) y절편이 다를 경우 : 연립방정식의 해는 없다.
  ii) y절편이 같을 경우 : 연립방정식의 해는 무수히 많다.

이해가 되시는지요? 그렇다면 다음 연립방정식의 해의 개수를 말해보시기 바랍니다.

$$① \begin{cases} 3x - 2y - 1 = 0 \\ 3x - 2y - 3 = 0 \end{cases} \quad ② \begin{cases} 2x - y - 1 = 0 \\ 4x - 2y - 2 = 0 \end{cases} \quad ③ \begin{cases} 3x - y + 3 = 0 \\ 2x + 3y - 1 = 0 \end{cases}$$

 잠시 질문의 답을 스스로 찾아보는 시간을 가져보세요.

어렵지 않죠? 일단 주어진 방정식을 일차함수식 '$y = f(x)$꼴'로 변형한 후, 짝지어진 직선의 기울기를 비교해 보면 다음과 같습니다.

① $3x-2y-1=0 \rightarrow y=\dfrac{3}{2}x-\dfrac{1}{2}, \quad 3x-2y-3=0 \rightarrow y=\dfrac{3}{2}x-\dfrac{3}{2}$

② $2x-y-1=0 \rightarrow y=2x-1, \quad 4x-2y-2=0 \rightarrow y=2x-1$

③ $3x-2y+3=0 \rightarrow y=\dfrac{3}{2}x+\dfrac{3}{2}, \quad 2x+3y-1=0 \rightarrow y=-\dfrac{2}{3}x+\dfrac{1}{3}$

①의 경우, 기울기는 같으나 y절편이 다르군요. 즉, 두 직선이 평행하다는 뜻입니다. 따라서 연립방정식의 해는 없습니다. ②의 경우, 기울기와 y절편이 서로 같습니다. 음... 두 직선은 일치하겠군요. 따라서 연립방정식의 해는 무수히 많습니다. ③의 경우, 기울기가 서로 다릅니다. 즉, 두 직선은 한 점에서 만납니다. 따라서 연립방정식의 해는 1개입니다. 어떠세요? 쉽죠?

이번엔 난이도가 좀 높은 문제를 풀어볼까 합니다. 연립방정식 $\begin{cases} ax-y+b=0 \\ 3x+2y-5=0 \end{cases}$의 해가 없을 조건(①)과 해가 무수히 많을 조건(②)을 각각 찾아보시기 바랍니다.

 잠시 질문의 답을 스스로 찾아보는 시간을 가져보세요.

우선 주어진 방정식을 일차함수식 '$y=f(x)$꼴'로 표현해 보면 다음과 같습니다.

$$ax-y+b=0 \rightarrow y=ax+b, \quad 3x+2y-5=0 \rightarrow y=-\dfrac{3}{2}x+\dfrac{5}{2}$$

연립방정식의 해가 없다는 말은, 두 방정식의 그래프(직선)가 서로 만나지 않는다(평행하다)는 것을 의미합니다. 그렇죠? 두 직선이 평행하기 위해서는, 직선의 기울기는 같고 y절편은 달라야 합니다. 그리고 연립방정식의 해가 무수히 많다는 말은 두 방정식의 그래프(직선)가 일치한다는 것을 뜻하며, 두 직선의 기울기와 y절편이 모두 같아야 함을 의미합니다.

$$y=ax+b : \text{기울기 } a, \ y\text{절편 } b$$
$$y=-\dfrac{3}{2}x+\dfrac{5}{2} : \text{기울기 } -\dfrac{3}{2}, \ y\text{절편 } \dfrac{5}{2}$$

이제 질문의 답을 찾아볼까요? 연립방정식 $\begin{cases} ax-y+b=0 \\ 3x+2y-5=0 \end{cases}$의 해가 없을 조건(①)과 해가 무수히 많을 조건(②)은 다음과 같습니다.

① 해가 없을 조건 : $a=-\dfrac{3}{2}$이고 $b\neq\dfrac{5}{2}$

② 해가 무수히 많을 조건 : $a=-\dfrac{3}{2}$이고 $b=\dfrac{5}{2}$

조금 더 난이도를 키워볼까요? 연립방정식 $\begin{cases} mx-y+2=0 \\ x+y-5=0 \end{cases}$ 의 해가 두 점 $(-1,1)$, $(0,2)$를 지나는 직선 위에 있을 때, m의 값을 구해보시기 바랍니다.

잠시 질문의 답을 스스로 찾아보는 시간을 가져보세요

음... 많이 어려운가 보군요. 우선 연립방정식을 풀어 그 해를 찾아보도록 하겠습니다. 수식을 보아하니, 가감법을 활용하면 좋겠네요.

$$\begin{array}{r} mx-y+2=0 \\ +)\quad x+y-5=0 \\ \hline (m+1)x-3=0 \end{array} \rightarrow x=\frac{3}{m+1} \qquad \begin{array}{l} x+y-5=0 \\ \rightarrow \frac{3}{m+1}+y-5=0 \rightarrow y=5-\frac{3}{m+1} \end{array}$$

즉, 연립방정식의 해는 $\left(\dfrac{3}{m+1},\ 5-\dfrac{3}{m+1}\right)$입니다. 해의 값이 문자상수로 표현되어 있어 조금 복잡해 보이긴 하네요. 그래도 이 값 또한 어떤 하나의 숫자에 불과합니다. 그렇죠?

이번엔 두 점 $(-1,1)$, $(0,2)$를 지나는 직선의 방정식을 찾아보겠습니다. 직선의 방정식을 $y=ax+b$로 놓고 기울기 a와 y절편 b를 구하면 쉽게 해결할 수 있습니다. 잠깐! 두 점이 주어졌을 때, 직선의 기울기를 구하는 방법, 다들 아시죠?

$$(기울기)=\frac{(y의\ 증가량)}{(x의\ 증가량)}=\frac{2-1}{0-(-1)}=1,\quad (0,2)를\ 지나는\ 직선 \rightarrow y절편:2$$

보는 바와 같이 두 점 $(-1,1)$, $(0,2)$를 지나는 직선의 방정식은 $y=x+2$(기울기 1, y절편 2)입니다. 이제 질문의 답을 찾아볼까요? 문제에서 연립방정식의 해 $\left(\dfrac{3}{m+1},\ 5-\dfrac{3}{m+1}\right)$이 직선($y=x+2$) 위에 있다고 했으므로, 점 $\left(\dfrac{3}{m+1},\ 5-\dfrac{3}{m+1}\right)$을 $y=x+2$에 대입하면 쉽게 m에 대한 방정식을 도출할 수 있습니다.

m의 값을 구하면 다음과 같습니다.

$$y=x+2 : \left(\frac{3}{m+1}, 5-\frac{3}{m+1}\right)$$

$$\rightarrow 5-\frac{3}{m+1}=\frac{3}{m+1}+2 \rightarrow 3=\frac{6}{m+1} \rightarrow 3(m+1)=6 \rightarrow m=1$$

따라서 연립방정식 $\begin{cases} mx-y+2=0 \\ x+y-5=0 \end{cases}$ 의 해가 두 점 $(-1,1)$, $(0,2)$를 지나는 직선 위에 있을 때, m의 값은 1입니다. 할 만하죠?

두 직선 $x+y-5=0$, $2x-3y+3=0$과 y축으로 둘러싸인 삼각형의 넓이를 구해보시기 바랍니다.

잠시 질문의 답을 스스로 찾아보는 시간을 가져보세요.

우선 두 직선을 일차함수식 '$y=f(x)$꼴'로 변형하여 그래프의 개형을 그려보겠습니다. 더불어 두 직선과 y축으로 둘러싸인 부분을 색칠해 보면 다음과 같습니다.

$$x+y-5=0 \rightarrow y=-x+5 \text{ (기울기가 } -1, y\text{절편이 5인 우하향 직선)}$$
$$2x-3y+3=0 \rightarrow y=\frac{2}{3}x+1 \text{ (기울기가 } \frac{2}{3}, y\text{절편이 1인 우상향 직선)}$$

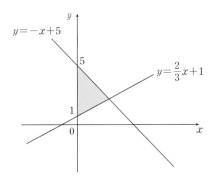

음... 좌표평면을 반시계방향으로 90° 회전하면, 손쉽게 삼각형의 밑변의 길이를 구할 수 있겠네요. 그렇죠? 또한 두 직선의 교점의 x좌표로부터 삼각형의 높이도 한눈에 확인할 수 있습니다.

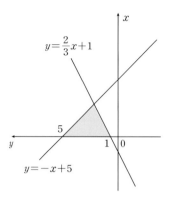

(삼각형의 밑변의 길이)$=5-1=4$ (삼각형의 높이의 길이)$=$(교점의 x좌표)

이해되시죠? 그럼 두 직선의 교점의 x좌표(삼각형의 높이)를 구해보겠습니다. 보아하니, 우변을 서로 같다고 놓은 후, y를 소거하면 손쉽게 교점의 x좌표를 찾을 수 있겠네요.

$$y=-x+5, \; y=\frac{2}{3}x+1 \; \rightarrow \; -x+5=\frac{2}{3}x+1 \; \rightarrow \; x=\frac{12}{5}$$

이제 삼각형의 넓이를 구해볼까요?

$$(삼각형의 넓이)=\frac{1}{2}\times(밑변)\times(높이) \; \rightarrow \; \frac{1}{2}\times4\times\frac{12}{5}=\frac{24}{5}=4.8$$

소민이는 도서관에 책을 빌리러 자전거를 타고 가고 있습니다. 그런데 이를 어쩝니까. 깜빡하고 도서관 회원증을 책상 위에 놓고 왔다네요. 얼른 오빠(규민)에게 전화해서, 회원증을 가져오라고 했습니다. 소민이가 출발한 지 10분 후, 규민이는 회원증을 갖고 소민이를 따라갔다고 합니다. 다음은 소민이와 규민이가 이동한 거리를 시간에 따라 그래프로 표현한 것입니다. 물음에 답해 보십시오. 단, 소민이와 규민이는 모두 일정한 속력으로 이동한다고 가정하겠습니다.

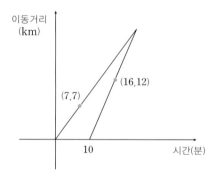

① 소민이와 규민이의 이동거리를 표현한 직선의 방정식은 각각 무엇일까요?

② 규민이는 소민이가 출발한지 몇 분 후에 소민이를 만났을까요?

　더불어 만난 지점은 집으로부터 몇 km 떨어진 곳일까요?

③ 소민이의 속력과 규민이의 속력은 각각 분속 몇 km일까요?

④ 속력값은 직선의 방정식의 어떤 값과 같을까요?

　아주 어려워 보이네요... 과연 우리가 이 문제를 해결할 수 있을지 의문이 듭니다. 하지만 우리가 못 푸는 문제를 출제할 리 없겠죠? 자신감을 갖고 도전해 보도록 하겠습니다. 일단 두 직선의 방정식을 찾아볼까요? 먼저 원점 $(0,0)$과 점 $(7,7)$을 지나는 직선의 방정식을 도출해 보겠습니다. 여기서 직선의 방정식을 $y=ax+b$로 놓아봅시다. 그림을 보아하니 y절편이 0이군요. 즉, $b=0$입니다. 이제 점 $(7,7)$을 대입하여, 직선의 방정식을 완성해 볼까요?

$$y=ax+b$$
- $(y절편)=0 \;\rightarrow\; b=0 \;\rightarrow\; y=ax$
- $y=ax$에 점 $(7,7)$ 대입 : $7=7x \;\rightarrow\; a=1 \quad \therefore y=x$

　따라서 원점 $(0,0)$과 점 $(7,7)$을 지나는 직선의 방정식은 $y=x$입니다. 다음으로 x절편이 10인 직선의 방정식을 구해보겠습니다. 이번엔 직선의 방정식을 $y=a'x+b'$로 놓아볼까요? 보아하니, 이 그래프는 두 점 $(10,0)$과 $(16,12)$를 지나는군요. 두 점으로부터 직선의 기울기 a'를 계산하면 다음과 같습니다.

$$(직선의 기울기)=\frac{12-0}{16-10}=\frac{12}{6}=2$$

　도출된 기울기의 값을 적용하여 직선의 방정식을 다시 써 보면, $y=2x+b'$가 됩니다. 이제 점 $(10,0)$을 $y=2x+b'$에 대입하여 b'의 값을 구해보겠습니다.

$$점 (10,0) 대입 : y=2x+b' \;\rightarrow\; 0=2\times10+b' \;\rightarrow\; b'=-20$$

　따라서 두 점 $(10,0)$과 $(16,12)$를 지나는 직선의 방정식은 $y=2x-20$입니다. 이 중 어느 것이 규민이의 그래프일까요? 네, 맞아요. 점 $(10,0)$을 지나는 그래프가 바로 규민이의 그래프입니다. 여기서 점 $(10,0)$을 지난다는 것은 출발할 때$(y=0)$ 시간이 10분이라는 말과 같거든요. 문제에서 규민이가 10분 뒤에 출발했다고 했잖아요. 그렇다면 원점 $(0,0)$과 점 $(7,7)$을 지나는 직선은 소민이의 그래프가 될 것입니다.

규민이의 그래프 : $y=2x-20$ 소민이의 그래프 : $y=x$

　겨우 질문 ①을 해결했네요. ② 규민이가 소민이를 만난 시간이 얼마인지 그리고 만난 지점이 집으로부터 몇 km 떨어진 곳인지 확인해 볼 차례입니다. 잠깐! 좌표평면에서 x축은 시간(분)을, y축은 이동거리(km)를 표현하고 있다는 거, 다들 아시죠? 두 그래프의 교점의 x좌표값이 바로 규민이와 소민이가 만난 시간이며, y좌표값이 바로 규민이와 소민이가 만난 지점의 위치(집으로부터 떨어진 거리)입니다. 맞나요? 그럼 두 방정식을 연립하여 교점의 좌표를 구해 보겠습니다.

[연립방정식 $y=x$, $y=2x-20$의 풀이]
- $y=2x-20$에 $y=x$를 대입 : $x=2x-20$ $\rightarrow$ $x=20$
- $y=x$이므로, $y=20$이 된다.

　두 그래프의 교점의 좌표는 $(20,20)$입니다. 즉, 규민이는 소민이가 집에서 출발한지 20분 후에 소민이를 만나며, 만난 지점은 집에서부터 20km 떨어진 곳입니다. 이해가 되시나요?

　이제 ③ 소민이와 규민이의 속력이 각각 얼마인지(분속 몇 km인지) 확인해 보도록 하겠습니다. 음... 일단 속력에 대한 개념을 정확히 알고 있어야겠네요. 그렇죠? 여러분 혹시 속력의 정의와 그 공식, 기억하시는지요?

- 속력 : 단위시간당(1분, 1초, 1시간) 이동한 거리
   (분속 $a$km : 1분당 $a$km를 이동하는 빠르기)
- 속력공식 : (속력)$=\dfrac{(거리)}{(시간)}$

　소민이와 규민이의 속력을 구해볼까요? 앞서 살펴본 바와 같이, 규민이는 소민이가 집에서 출발한지 20분 후에 소민이를 만났습니다. 그렇죠? 그리고 만난 지점은 집에서부터 20km 떨어진 곳입니다. 아하! 집에서부터 둘이 만난 지점까지 소민이와 규민이가 이동한 거리와 시간을 확인한 후, 속력값을 구하면 되겠네요. 잠깐! 여기서 규민이는 소민이 보다 10분 더 늦게 출발했다는 거, 절대 잊지 마십시오.

- 소민이의 속력 : (속력)$=\dfrac{(거리)}{(시간)}$ $\rightarrow$ (속력)$=\dfrac{20km}{20분}=$분속 1km

• 규민이의 속력 : (속력)$=\dfrac{(거리)}{(시간)}$ → (속력)$=\dfrac{20km}{10분}=$ 분속 2km

따라서 소민이와 규민이의 속력은 각각 분속 1km, 분속 2km입니다. 마지막 질문입니다. ④ 속력값은 직선의 방정식의 어떤 값과 같을까요? 다시 한 번 두 사람의 직선의 방정식을 써 보면 다음과 같습니다.

소민이의 그래프 : $y=x$ 규민이의 그래프 : $y=2x-20$

어떠세요? 답이 보이시나요? 네~ 그렇습니다. 속력값은 바로 직선의 기울기와 같습니다. 기울기의 정의를 되새겨 보면, 왜 기울기가 속력값과 같은지 쉽게 알 수 있을 것입니다.

$$(기울기)=\dfrac{(y의 \ 증가량)}{(x의 \ 증가량)}=\dfrac{(이동 \ 거리)}{(걸린 \ 시간)}$$

★ 개념을 정확히 이해했는지 확인하고 싶다면, 학교 교과서에 나오는 개념확인 문제를 풀어 보거나 스스로 개념 확인문제를 출제하여 풀어보면 큰 도움이 될 것입니다.

2 개념정리하기

1 미지수가 2개인 일차방정식의 해

일차방정식 $ax+by+c=0(a\neq0,\ b\neq0)$의 해[순서쌍 $(x,\ y)$]를 좌표평면에 표시하면 직선으로 그려집니다. (숨은 의미 : 미지수가 2개인 일차방정식의 해를 좌표평면에 표시할 수도 있다는 사실을 알려줍니다)

2 일차방정식 $ax+by+c=0$의 그래프

$a\neq0,\ b\neq0$일 때, 일차방정식 $ax+by+c=0$의 해[순서쌍 $(x,\ y)$]를 좌표평면에 점으로 표시한 것을 일차방정식 $ax+by+c=0$의 그래프라고 말합니다. 물론 그래프(직선) 위에 있는 모든 점의 좌표 $(x,\ y)$는 일차방정식 $ax+by+c=0$의 해와 같습니다. 더불어 일차방정식 $ax+by+c=0$의 그래프가 직선으로 그려지기 때문에 일차방정식을 직선의 방정식이라고도 부릅니다. 또한 일차방정식 $ax+by+c=0$의 그래프는 일차함수 $y=-\dfrac{a}{b}x-\dfrac{c}{b}$의 그래프와 똑같습니다. (숨은 의미 : 일차방정식 $ax+by+c=0$의 그래프를 알고 있으면, 일차방정식과 일차함수의 상관관계를 쉽게 파악할 수 있습니다)

3 좌표축에 평행한 직선

점 $(a,0)$을 지나고 y축에 평행한 직선의 방정식은 $x=a$이며, 점 $(0,a)$를 지나고 x축에 평행한 직선의 방정식은 $y=a$입니다. 단, $a\neq0$입니다. (숨은 의미 : 좌표축에 평행한 직선의 방정식을 구하는 방법을 제시합니다)

4 $ax+by+c=0$의 그래프

등식 $ax+by+c=0$의 그래프를 계수의 값에 따라 정리하면 다음과 같습니다.

    ① $a \neq 0$, $b \neq 0$일 때, 방정식 $ax+by+c=0$은 x, y에 대한 일차방정식이며,

       그 해는 일차함수 $y=-\dfrac{a}{b}x-\dfrac{c}{b}$의 그래프와 같습니다.

    ② $a=0$, $b \neq 0$, $c \neq 0$일 때, 방정식 $ax+by+c=0$은 y에 대한 일차방정식 $by+c=0$이며,

       그 해는 점 $\left(0, -\dfrac{c}{b}\right)$를 지나고 x축에 평행한 직선과 같습니다. $\left(y=-\dfrac{c}{b}\right)$

    ③ $a \neq 0$, $b=0$, $c \neq 0$일 때, 방정식 $ax+by+c=0$은 x에 대한 일차방정식 $ax+c=0$이며,

       그 해는 점 $\left(-\dfrac{c}{a}, 0\right)$을 지나고 y축에 평행한 직선과 같습니다. $\left(x=-\dfrac{c}{a}\right)$

    ④ $a=0$, $b \neq 0$, $c=0$일 때, 방정식 $ax+by+c=0$은 $y=0$이며, 그 해는 x축과 같습니다.

    ⑤ $a \neq 0$, $b=0$, $c=0$일 때, 방정식 $ax+by+c=0$은 $x=0$이며, 그 해는 y축과 같습니다.

    ⑥ $a=0$, $b=0$, $c=0$일 때, 방정식 $ax+by+c=0$의 그래프는 좌표평면이 됩니다.

(숨은 의미 : 직선의 방정식 $ax+by+c=0$의 그래프를 그리는 방법을 제시합니다. 더 이상 우리가 못 그리는 직선의 방정식은 없습니다)

5 직선의 방정식을 구하는 요령

구하고자 하는 직선의 방정식을 $y=ax+b$로 놓고, 미정계수 a와 b를 하나씩 찾습니다. 단, y축에 평행한 직선의 경우는 제외합니다.

    ① 기울기와 y절편이 주어졌을 때

       → a, b의 값을 바로 구할 수 있습니다. (기울기는 a이고, y절편은 b입니다)

    ② 기울기와 한 점의 좌표가 주었을 때

       → a의 값을 바로 구할 수 있습니다. 더불어 방정식에 주어진 점의 좌표를 대입하여

          b의 값을 구합니다.

    ③ 두 점의 좌표가 주어졌을 때

       → 기울기의 정의에 맞춰 a의 값을 구합니다. 더불어 방정식에 주어진 점의 좌표를

          대입하여 b의 값을 구합니다.

       → 주어진 두 점의 좌표를 방정식에 대입하여 a, b에 대한 연립방정식을 도출합니다.

    ④ 그 밖의 미정계수 a, b를 구할 수 있는 조건이 주어졌을 때

       → 주어진 조건을 이용하여 a, b에 대한 연립방정식을 도출합니다.

(숨은 의미 : 직선의 방정식을 찾는 매뉴얼이 존재한다는 것입니다)

6 연립방정식

연립방정식과 관련된 개념은 다음과 같습니다.

   ① 연립방정식 : 2개 이상의 미지수를 공유하는 방정식

   ② 연립방정식의 해 : 모든 방정식을 동시에 만족시키는 미지수의 값

   ③ 연립방정식을 푼다 : 연립방정식의 해를 구한다.

(숨은 의미 : 연립방정식에 대한 기초적인 개념을 설명해 줍니다)

7 연립방정식의 해와 일차함수

연립방정식 $ax+by+c=0$과 $a'x+b'y+c'=0$의 해는 두 일차함수 $y=-\dfrac{a}{b}x-\dfrac{c}{b}$와 $y=-\dfrac{a'}{b'}x-\dfrac{c'}{b'}$의 교점의 좌표와 같습니다. 단, $a\neq0$, $b\neq0$, $a'\neq0$, $b'\neq0$입니다. (숨은 의미 : 일차함수로부터 연립방정식의 해를 쉽게 확인할 수 있습니다)

8 연립일차방정식의 해의 개수

연립일차방정식을 각각 직선으로(함수의 그래프로) 표현할 경우,

   ① 두 직선이 한 점에서 만난다면(교차하면), 연립방정식의 해는 1개입니다.

   ② 두 직선이 만나지 않는다면(평행하면), 연립방정식의 해는 없습니다.

   ③ 두 직선이 무수히 많은 점에서 만난다면(일치하면), 연립방정식의 해는 무수히 많습니다.

(숨은 의미 : 일차함수의 그래프를 활용하면, 연립방정식의 해의 개수를 한눈에 파악할 수 있습니다)

3 문제해결하기

■ 개념도출형 학습방식

개념도출형 학습방식이란 단순히 수학문제를 계산하여 푸는 것이 아니라, 문제로부터 필요한 개념을 도출한 후 그 개념을 떠올리면서 문제의 출제의도 및 문제해결방법을 찾는 학습방식을 말합니다. 문제를 통해 스스로 개념을 도출할 수 있으므로, 한 문제를 풀더라도 유사한 많은 문제를 풀 수 있는 능력을 기를 수 있으며, 더 나아가 스스로 개념을 변형하여 새로운 문제를 만들어 낼 수 있어, 좀 더 수학을 쉽고 재미있게 공부할 수 있도록 도와줍니다.

시간에 쫓기듯 답을 찾으려 하지 말고, 어떤 개념을 어떻게 적용해야 문제를 풀 수 있는지 천천히 생각한 후에 계산하시기 바랍니다. 문제를 해결하는 방법을 찾는다면 정답을 구하는 것은 단순한 계산과정일 뿐이라는 사실을 명심하시기 바랍니다. (생각을 많이 하면 할수록, 생각의 속도는 빨라집니다)

문제해결과정

① 이 문제를 풀기 위해 어떤 개념을 알아야 하는가?
② 그 개념을 간단히 설명해 보아라.
③ 문제의 출제의도를 말하고 어떻게 풀지 간단히 설명해 보아라.
④ 그럼 문제의 답을 찾아라.

※ 책 속에 있는 붉은색 카드를 사용하여 힌트 및 정답을 가린 후, ①~④까지 순서대로 질문의 답을 찾아보시기 바랍니다.

Q1. 다음 일차방정식을 '$y=f(x)$꼴'로 표현하고, 그 그래프의 기울기와 y절편이 얼마인지 말하여라.

(1) $2x+3y+5=0$ (2) $x-2y-4=0$ (3) $5x-4y+3=0$

(4) $-3x+\dfrac{1}{2}y+1=0$

① 이 문제를 풀기 위해 어떤 개념을 알아야 하는가?
② 그 개념을 머릿속에 떠올려 보아라.
③ 문제의 출제의도를 말하고 어떻게 풀지 간단히 설명해 보아라. (잘 모를 경우, 아래 Hint를 보면서 질문의 답을 찾아본다)

   Hint(1) 일차방정식을 좌표평면에 표현하면, 직선(일차함수의 그래프)으로 그려진다.

   Hint(2) 등식의 성질을 이용하여 주어진 식을 일차함수식 '$y=f(x)$꼴'로 변형해 본다.

Hint(3) 직선의 방정식이 $y=ax+b$일 때, 기울기는 a이며 y절편은 b이다.

④ 그럼 문제의 답을 찾아라.

A1.

① 일차방정식과 일차함수의 관계, 기울기와 y절편

② 개념정리하기 참조

③ 이 문제는 일차방정식과 일차함수의 관계를 알고 있는지 그리고 그 그래프의 기울기와 y절편을 찾을 수 있는지 묻는 문제이다. 일단 등식의 성질을 이용하여 주어진 방정식을 일차함식 '$y=f(x)$꼴'로 변형해 본다. 도출된 함수식으로부터 일차항의 계수와 상수항을 확인하면 어렵지 않게 답을 구할 수 있다. 참고로 직선의 방정식이 $y=ax+b$일 때, 기울기는 a이며 y절편은 b이다.

④ (1) 기울기 $-\dfrac{2}{3}$, y절편 $-\dfrac{5}{3}$ (2) 기울기 $\dfrac{1}{2}$, y절편 -2 (3) 기울기 $\dfrac{5}{4}$, y절편 $\dfrac{3}{4}$
(4) 기울기 6, y절편 -2

[정답풀이]

등식의 성질을 이용하여 주어진 방정식을 일차함식 '$y=f(x)$꼴'로 변형한 후, 도출된 함수식으로부터 일차항의 계수와 상수항을 확인하여 그 그래프의 기울기와 y절편을 찾으면 다음과 같다. 참고로 직선의 방정식이 $y=ax+b$일 때, 기울기는 a이며 y절편은 b이다.

(1) $2x+3y+5=0$ $\rightarrow$ $3y=-2x-5$ $\rightarrow$ $y=-\dfrac{2}{3}x-\dfrac{5}{3}$: 기울기 $-\dfrac{2}{3}$, y절편 $-\dfrac{5}{3}$

(2) $x-2y-4=0$ $\rightarrow$ $-2y=-x+4$ $\rightarrow$ $y=\dfrac{1}{2}x-2$: 기울기 $\dfrac{1}{2}$, y절편 -2

(3) $5x-4y+3=0$ $\rightarrow$ $-4y=-5x-3$ $\rightarrow$ $y=\dfrac{5}{4}x+\dfrac{3}{4}$: 기울기 $\dfrac{5}{4}$, y절편 $\dfrac{3}{4}$

(4) $-3x+\dfrac{1}{2}y+1=0$ $\rightarrow$ $\dfrac{1}{2}y=3x-1$ $\rightarrow$ $y=6x-2$: 기울기 6, y절편 -2

 스스로 유사한 문제를 여러 개 만들어(출제하여) 답을 찾아보시기 바랍니다.

Q2. 다음 두 점을 지나는 직선의 방정식을 구하여라.

(1) 두 점 $(3, -1)$, $(5, 2)$ (2) 두 점 $(3, -2)$, $(-4, 5)$

① 이 문제를 풀기 위해 어떤 개념을 알아야 하는가?

② 그 개념을 머릿속에 떠올려 보아라.

③ 문제의 출제의도를 말하고 어떻게 풀지 간단히 설명해 보아라. (잘 모를 경우, 아래 Hint를 보면서 질문의 답을 찾아본다)

Hint(1) 직선의 방정식을 $y=ax+b$로 놓아본다. 참고로 직선의 방정식이 $y=ax+b$일 때, 기울기는 a이며 y절편은 b이다.

Hint(2) 두 점으로부터 직선의 기울기를 구해본다. 여기서 기울기란 x의 증가량에 대한 y의 증가량의 비율을 표현한 값을 의미한다.

☞ (기울기)$=\dfrac{(y\text{의 증가량})}{(x\text{의 증가량})}=\dfrac{(y_2-y_1)}{(x_2-x_1)}$

Hint(3) 주어진 점 중 하나를 직선의 방정식에 대입하여 b의 값을 구해본다.

④ 그럼 문제의 답을 찾아라.

A2.

> ① 두 점을 지나는 직선
>
> ② 개념정리하기 참조
>
> ③ 이 문제는 두 점을 지나는 직선의 방정식을 도출할 수 있는지 묻는 문제이다. 우선 구하고자 하는 직선의 방정식을 $y=ax+b$로 놓고, 주어진 두 점으로부터 기울기 a값을 구해본다. 참고로 직선의 방정식이 $y=ax+b$일 때, 기울기는 a이며 y절편은 b이다. 그리고 두 점 중 하나를 직선의 방정식에 대입하여 b의 값을 구하면 어렵지 않게 답을 찾을 수 있다.
>
> ④ (1) $y=\dfrac{3}{2}x-\dfrac{11}{2}$　　(2) $y=-x+1$

[정답풀이]

(1) 두 점 $(3,-1)$, $(5,2)$를 지나는 직선을 $y=ax+b$로 놓고 기울기 a값을 구해보면 다음과 같다. 참고로 직선의 방정식이 $y=ax+b$일 때, 기울기는 a이며 y절편은 b이다.

$$(\text{기울기})=\frac{(y\text{의 증가량})}{(x\text{의 증가량})}=\frac{(y_2-y_1)}{(x_2-x_1)}=\frac{2-(-1)}{5-3}=\frac{3}{2} \rightarrow y=\frac{3}{2}x+b$$

도출된 방정식 $y=\dfrac{3}{2}x+b$에 점 $(3,-1)$을 대입하여 b의 값을 구한 다음, 직선의 방정식을 완성하면 다음과 같다.

점 $(3,-1)$을 방정식에 대입 : $y=\dfrac{3}{2}x+b \rightarrow -1=\dfrac{3}{2}\times3+b \rightarrow b=-\dfrac{11}{2}$

따라서 두 점 $(3,-1)$, $(5,2)$를 지나는 직선의 방정식은 $y=\dfrac{3}{2}x-\dfrac{11}{2}$이다.

(2) 두 점 $(3,-2)$, $(-4,5)$를 지나는 직선을 $y=ax+b$로 놓고 기울기 a값을 구해보면 다음과 같다. 참고로 직선의 방정식이 $y=ax+b$일 때, 기울기는 a이며 y절편은 b이다.

$$(\text{기울기})=\frac{(y\text{의 증가량})}{(x\text{의 증가량})}=\frac{(y_2-y_1)}{(x_2-x_1)}=\frac{5-(-2)}{-4-3}=\frac{7}{-7}=-1 \rightarrow y=-x+b$$

도출된 방정식 $y=-x+b$에 점 $(3,-2)$를 대입하여 b의 값을 구한 다음, 직선의 방정식을 완성하면 다음과 같다.

점 $(3,-2)$를 방정식에 대입 : $y=-x+b \rightarrow -2=-3+b \rightarrow b=1$

따라서 두 점 $(3,-2)$, $(-4,5)$를 지나는 직선의 방정식은 $y=-x+1$이다.

 스스로 유사한 문제를 여러 개 만들어(출제하여) 답을 찾아보시기 바랍니다.

Q3. 다음 조건을 만족시키는 직선의 방정식을 찾아라.

(1) 점 $(3,2)$를 지나고 x축에 평행한 직선

(2) 점 $(-7,3)$을 지나고 y축에 평행한 직선

① 이 문제를 풀기 위해 어떤 개념을 알아야 하는가?

② 그 개념을 머릿속에 떠올려 보아라.

③ 문제의 출제의도를 말하고 어떻게 풀지 간단히 설명해 보아라. (잘 모를 경우, 아래 Hint를 보면서 질문의 답을 찾아본다)

Hint(1) 점 $(0,a)$를 지나고 x축에 평행한 직선의 방정식은 $y=a$이다.

Hint(2) 점 $(a,0)$을 지나고 y축에 평행한 직선의 방정식은 $x=a$이다.

④ 그럼 문제의 답을 찾아라.

A3.

> ① 좌표축에 평행한 직선
> ② 개념정리하기 참조
> ③ 이 문제는 좌표축에 평행한 직선의 방정식을 도출할 수 있는지 묻는 문제이다. 일단 점 $(0,a)$를 지나고 x축에 평행한 직선의 방정식은 $y=a$이며, 점 $(a,0)$를 지나고 y축에 평행한 직선의 방정식은 $x=a$이다. 주어진 내용으로부터 대략적인 직선의 그래프를 상상한 후, 그 그래프가 점 $(0,a)$와 $(a,0)$ 중 어느 점을 지나는지 확인하면 쉽게 답을 찾을 수 있다.
> ④ (1) $y=2$ (2) $x=-7$

[정답풀이]

(1) 점 $(3,2)$를 지나고 x축에 평행한 직선

주어진 직선의 그래프를 그려본 후, $(0,a)$와 $(a,0)$ 중 어느 점을 지나는지 확인해 보면 다음과 같다.

→ 점 $(0,2)$를 지난다.

점 $(0,a)$를 지나고 x축에 평행한 직선의 방정식은 $y=a$이므로, 구하고자 하는 직선의 방정식은 $y=2$이다.

(2) 점 $(-7,3)$을 지나고 y축에 평행한 직선

주어진 직선의 그래프를 그려본 후, $(0,a)$와 $(a,0)$ 중 어느 점을 지나는지 확인해 보면 다음과 같다.

→ 점 $(-7, 0)$을 지난다.

점 $(a, 0)$을 지나고 y축에 평행한 직선의 방정식은 $x=a$이므로, 구하고자 하는 직선의 방정식은 $x=$ -7이다.

 스스로 유사한 문제를 여러 개 만들어(출제하여) 답을 찾아보시기 바랍니다.

Q4. 다음에 그려진 두 그래프를 표현하는 직선의 방정식을 각각 찾아라.

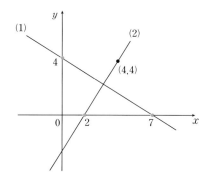

① 이 문제를 풀기 위해 어떤 개념을 알아야 하는가?

② 그 개념을 머릿속에 떠올려 보아라.

③ 문제의 출제의도를 말하고 어떻게 풀지 간단히 설명해 보아라. (잘 모를 경우, 아래 Hint를 보면서 질문의 답을 찾아본다)

> **Hint(1)** 그려진 두 직선의 방정식을 각각 $y=ax+b$, $y=a'x+b'$로 놓는다. 참고로 직선의 방정식이 $y=ax+b$일 때, 기울기는 a이며 y절편은 b이다.
>
> **Hint(2)** 두 점 (x_1, y_1), (x_2, y_2)를 지나는 직선의 기울기는 $\dfrac{(y\text{의 증가량})}{(x\text{의 증가량})} = \dfrac{(y_2 - y_1)}{(x_2 - x_1)}$이다.
>
> **Hint(3)** 도출된 방정식에 점의 좌표를 대입하거나 y절편의 개념을 활용하여 직선의 방정식을 완성해 본다.

④ 그럼 문제의 답을 찾아라.

A4.
┌───
│ ① 직선의 방정식 $y=ax+b$ (기울기, y절편)
└───

② 개념정리하기 참조

③ 이 문제는 두 점을 지나는 직선의 방정식을 찾을 수 있는지 묻는 문제이다. 일단 그려진 두 직선의 방정식을 각각 $y=ax+b$, $y=a'x+b'$로 놓는다. 직선이 지나는 두 점으로부터 기울기를 구한 후, 도출된 방정식에 점의 좌표를 대입하거나 y절편의 개념을 활용하면 어렵지 않게 직선의 방정식을 완성할 수 있다. 참고로 직선의 방정식이 $y=ax+b$일 때, 기울기는 a이며 y절편은 b이다.

④ (1) $y=-\dfrac{4}{7}x+4$ (2) $y=2x-4$

[정답풀이]

(1) 이 직선은 두 점 $(7,0)$과 $(0,4)$를 지난다. 직선의 방정식을 $y=ax+b$로 놓고, 직선이 지나는 두 점 $(7,0)$, $(0,4)$로부터 기울기 a값을 구하면 다음과 같다. 참고로 직선의 방정식이 $y=ax+b$일 때, 기울기는 a이며 y절편은 b이다.

$$(\text{기울기})=\frac{(y\text{의 증가량})}{(x\text{의 증가량})}=\frac{4-0}{0-7}=-\frac{4}{7}$$

그림에서 보는 바와 같이 y절편이 4이므로, $b=4$가 된다.

따라서 그려진 직선 (1)의 방정식은 $y=-\dfrac{4}{7}x+4$이다.

(2) 이 직선은 두 점 $(2,0)$과 $(4,4)$를 지난다. 직선의 방정식을 $y=a'x+b'$로 놓고, 직선이 지나는 두 점 $(2,0)$과 $(4,4)$로부터 기울기 a'값을 구하면 다음과 같다.

$$(\text{기울기})=\frac{(y\text{의 증가량})}{(x\text{의 증가량})}=\frac{4-0}{4-2}=\frac{4}{2}=2$$

직선의 방정식 $y=2x+b'$에 한 점 $(2,0)$을 대입하여 b'의 값을 구해보면 다음과 같다.

점 $(2,0)$ 대입 : $y=2x+b'$ → $0=2\times2+b'$ → $b'=-4$

구하고자 하는 직선의 방정식은 $y=2x-4$이다.

 스스로 유사한 문제를 여러 개 만들어(출제하여) 답을 찾아보시기 바랍니다.

Q5. 다음 조건을 만족하는 직선의 방정식을 구하여라.

(1) 기울기가 -3이고 점 $(-1,2)$를 지나는 직선

(2) 점 $(3,2)$를 지나고, 일차방정식 $3x-5y+1=0$의 그래프와 y축에서 만나는 직선

(3) 점 $(-1,4)$를 지나고, 일차방정식 $2x-y+3=0$과 평행한 직선

(4) 점 $(4,5)$에서 x축에 내린 수선

① 이 문제를 풀기 위해 어떤 개념을 알아야 하는가?

② 그 개념을 머릿속에 떠올려 보아라.

③ 문제의 출제의도를 말하고 어떻게 풀지 간단히 설명해 보아라. (잘 모를 경우, 아래

Hint를 보면서 질문의 답을 찾아본다)

Hint(1) 주어진 직선의 방정식을 $y=ax+b$로 놓는다. (기울기 a, y절편 b)

Hint(2) y절편이란 직선과 y축이 만나는 점의 y좌표를 말한다.

Hint(3) 두 직선이 평행하다면 두 직선의 기울기는 서로 같다.

Hint(4) 점 $(a,0)$을 지나고 y축에 평행한 직선은 $x=a$이고, 점 $(0,a)$를 지나고 x축에 평행한 직선은 $y=a$이다.

④ 그럼 문제의 답을 찾아라.

A5.

① 직선의 방정식 $y=ax+b$, 좌표축에 평행한 직선, 두 직선의 평행조건

② 개념정리하기 참조

③ 이 문제는 직선의 방정식 $y=ax+b$, 좌표축에 평행한 직선, 직선의 평행조건에 대한 개념을 알고 있는지 묻는 문제이다. 구하고자 하는 직선의 방정식을 $y=ax+b$로 놓은 후, y축과 만나는 점, 직선이 지나는 두 점, 직선의 평행조건 등을 적용하여 미정계수 a, b를 하나씩 찾으면 어렵지 않게 답을 구할 수 있다. 참고로 어떤 점에서 x축에 내린 수선은 y축에 평행한 직선이다. 더불어 점 $(a,0)$을 지나고 y축에 평행한 직선은 $x=a$이고, 점 $(0,a)$를 지나고 x축에 평행한 직선은 $y=a$이다.

④ (1) $y=-3x-1$ (2) $y=\dfrac{3}{5}x+\dfrac{1}{5}$ (3) $y=2x+6$ (4) $x=4$

[정답풀이]

(1) 구하고자 직선의 방정식을 $y=ax+b$로 놓아본다. 문제에서 기울기가 -3이라고 했으므로 $a=-3$이다. 더불어 직선이 점 $(-1,2)$를 지난다고 했으므로, 방정식 $y=-3x+b$에 점 $(-1,2)$를 대입하면 등식이 성립한다. 이로부터 b의 값을 구할 수 있다.

　　점 $(-1,2)$ 대입 : $y=-3x+b$ → $2=(-3)\times(-1)+b$ → $b=-1$

따라서 구하고자 하는 직선의 방정식은 $y=-3x-1$이다.

(2) 구하고자 직선의 방정식을 $y=ax+b$로 놓아본다. 문제에서 일차방정식 $y=ax+b$의 그래프가 일차방정식 $3x-5y+1=0$의 그래프와 y축에서 만난다고 했으므로, 두 직선의 y절편은 서로 같다. 직선 $3x-5y+1=0$의 y절편을 구하면 다음과 같다.

　　$3x-5y+1=0$: y절편($x=0$에 대응하는 y의 값) → $3\times0-5y+1=0$ → $y=\dfrac{1}{5}$

즉, 직선 $3x-5y+1=0$의 y절편이 $\dfrac{1}{5}$이므로, 구하고자 하는 직선 $y=ax+b$의 y절편 b의 값 또한 $\dfrac{1}{5}$이 된다. 더불어 직선이 점 $(3,2)$를 지난다고 했으므로, 방정식 $y=ax+\dfrac{1}{5}$에 점 $(3,2)$를 대입하여 a의 값을 구하면 다음과 같다.

　　점 $(3,2)$ 대입 : $y=ax+\dfrac{1}{5}$ → $2=3a+\dfrac{1}{5}$ → $a=\dfrac{3}{5}$

따라서 구하고자 하는 직선의 방정식은 $y=\dfrac{3}{5}x+\dfrac{1}{5}$이다.

(3) 구하고자 직선의 방정식을 $y=ax+b$로 놓아본다. 문제에서 일차방정식 $2x-y+3=0$과 평행하다고 했으므로, 두 직선의 기울기는 서로 같다.

　　$2x-y+3=0 \ \rightarrow \ y=2x+3$: 직선 $2x-y+3=0$의 기울기 2

즉, 직선 $y=ax+b$의 기울기 $a=2$가 된다. 더불어 점 $(-1,4)$를 지난다고 했으므로,

방정식 $y=2x+b$에 점 $(-1,4)$를 대입하여 b의 값을 구하면 다음과 같다.

　　점 $(-1,4)$ 대입 : $y=2x+b \ \rightarrow \ 4=2\times(-1)+b \ \rightarrow \ b=6$

따라서 구하고자 하는 직선의 방정식은 $y=2x+6$이다.

(4) 일단 점 $(4,5)$에서 x축에 내린 수선을 그려보면 다음과 같다.

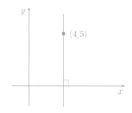

구하고자 하는 직선은 점 $(4,0)$을 지나고 y축에 평행한 직선이므로 $x=4$가 된다.

 스스로 유사한 문제를 여러 개 만들어(출제하여) 답을 찾아보시기 바랍니다.

Q6. 다음은 세 직선 $3x-y+2=0$, $x+y+2=0$, $2x-3y+9=0$의 그래프이다. 그래프를 활용하여 다음 연립방정식의 해를 구하여라.

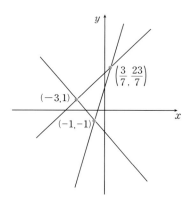

(1) $3x-y+2=0$, $x+y+2=0$

(2) $x+y+2=0$, $2x-3y+9=0$

① 이 문제를 풀기 위해 어떤 개념을 알아야 하는가?

② 그 개념을 머릿속에 떠올려 보아라.

③ 문제의 출제의도를 말하고 어떻게 풀지 간단히 설명해 보아라. (잘 모를 경우, 아래

Hint를 보면서 질문의 답을 찾아본다)

Hint(1) 세 직선의 방정식을 일차함수식 '$y=f(x)$꼴'로 변형해 본다.

Hint(2) 그려진 직선의 기울기와 y절편으로부터, 주어진 일차방정식에 해당하는 그래프를 각각 찾아본다.

Hint(3) 연립방정식의 해는 일차함수의 그래프(직선)의 교점의 좌표와 같다.

④ 그럼 문제의 답을 찾아라.

A6.

① 연립방정식의 해와 일차함수의 관계

② 개념정리하기 참조

③ 이 문제는 연립방정식의 해가 일차함수 그래프(직선)의 교점이라는 것을 알고 있는지 묻는 문제이다. 일단 세 직선의 방정식을 일차함수식 '$y=f(x)$꼴'로 변형한 후, 그려진 직선의 기울기와 y절편으로부터 주어진 일차방정식에 해당하는 그래프를 각각 찾아본다. 여기에 연립방정식의 해가 일차함수 그래프(직선)의 교점의 좌표와 같다는 원리를 적용하면 쉽게 답을 구할 수 있을 것이다. 참고로 교점의 좌표를 방정식에 대입하여 검산해 본다.

④ (1) 연립방정식 $3x-y+2=0$, $x+y+2=0$의 해 : $(-1,-1)$
　(2) 연립방정식 $x+y+2=0$, $2x-3y+9=0$의 해 : $(-3,1)$

[정답풀이]

세 직선의 방정식을 일차함수식 '$y=f(x)$꼴'로 변형해 본다.

$$3x-y+2=0 \ \rightarrow \ y=3x+2 \qquad x+y+2=0 \ \rightarrow \ y=-x-2$$

$$2x-3y+9=0 \ \rightarrow \ y=\frac{2}{3}x+3$$

그려진 세 직선의 기울기와 y절편으로부터, 주어진 일차방정식에 해당하는 그래프를 찾아보자.

우선 기울기가 양수일 경우 우상향 직선이 되며, 음수일 경우 우하향 직선이 된다. 즉, 두 점 $(-3,1)$과 $(-1,-1)$을 지나는 직선(우하향)의 방정식은 바로 $x+y+2=0[y=-x-2]$이다. 더불어 일차함수의 그래프는 기울기의 절댓값이 클수록 y축에 근접하기 때문에, 두 점 $\left(\frac{3}{7}, \frac{23}{7}\right)$과 $(-1,-1)$을 지나는 직선의 방정식은 $3x-y+2=0[y=3x+2]$임을 쉽게 알 수 있다. 마지막으로 두 점 $(-3,1)$과 $(-1,-1)$을 지나는직선의 방정식은 $2x-3y+9=0\left[y=\frac{2}{3}x+3\right]$이다. 이제 연립방정식의 해가 일차함수의 그래프(직선)의 교점의 좌표라는 사실을 이용하여 구하고자 하는 연립방정식의 해를 찾아보면 다음과 같다.

(1) 연립방정식 $3x-y+2=0$, $x+y+2=0$의 해 : $(-1,-1)$
(2) 연립방정식 $x+y+2=0$, $2x-3y+9=0$의 해 : $(-3,1)$

 스스로 유사한 문제를 여러 개 만들어(출제하여) 답을 찾아보시기 바랍니다.

Q7. 다음 연립방정식의 해의 개수를 구하여라.

(1) $x+y+4=0,\ 2x-y+3=0$

(2) $x-2y+\dfrac{1}{3}=0,\ -3x+6y-1=0$

(3) $-\dfrac{3x}{2}+y-1=0,\ 6x-4y-3=0$

① 이 문제를 풀기 위해 어떤 개념을 알아야 하는가?

② 그 개념을 머릿속에 떠올려 보아라.

③ 문제의 출제의도를 말하고 어떻게 풀지 간단히 설명해 보아라. (잘 모를 경우, 아래 Hint를 보면서 질문의 답을 찾아본다)

> **Hint** 짝지어진 두 방정식을 일차함수식 '$y=f(x)$꼴'로 표현한 후, 기울기와 y절편을 비교해 본다.
> ☞ 기울기가 다르면 두 직선은 교차한다. (연립방정식의 해 : 1개)
> ☞ 기울기는 같고 y절편이 다르면 두 직선은 평행하다. (연립방정식의 해는 없다)
> ☞ 기울기와 y절편이 모두 같다면 두 직선은 일치한다. (연립방정식의 해는 무수히 많다)

④ 그럼 문제의 답을 찾아라.

A7.

① 연립일차방정식의 해의 개수

② 개념정리하기 참조

③ 이 문제는 연립일차방정식의 해의 개수를 일차함수식의 그래프로 설명할 수 있는지 묻는 문제이다. 일단 짝지어진 두 방정식을 일차함수식 '$y=f(x)$꼴'로 표현한 후, 기울기와 y절편을 비교해 본다. 기울기가 다르면 두 직선은 교차하며, 연립방정식의 해는 1개이다. 그리고 기울기는 같고 y절편이 다르면 두 직선은 평행하며, 연립방정식의 해는 없다. 마지막으로 기울기와 y절편이 모두 같으면 두 직선은 일치하며, 연립방정식의 해는 무수히 많게 된다. 이 점을 활용하면 쉽게 답을 찾을 수 있다.

④ (1) 1개 (2) 무수히 많다. (3) 없다.

[정답풀이]

(1) $x+y+4=0,\ 2x-y+3=0$

$\quad x+y+4=0\ \rightarrow\ y=-x-4\qquad 2x-y+3=0\ \rightarrow\ y=2x+3$

$\quad$ 기울기가 다르므로, 연립방정식의 해는 1개이다.

(2) $x-2y+\dfrac{1}{3}=0,\ -3x+6y-1=0$

$\quad x-2y+\dfrac{1}{3}=0\ \rightarrow\ y=\dfrac{1}{2}x+\dfrac{1}{6}\qquad -3x+6y-1=0\ \rightarrow\ y=\dfrac{1}{2}x+\dfrac{1}{6}$

$\quad$ 기울기와 y절편이 같으므로, 연립방정식의 해는 무수히 많다.

(3) $-\dfrac{3x}{2}+y-1=0$, $6x-4y-3=0$

$-\dfrac{3x}{2}+y-1=0 \rightarrow y=\dfrac{3}{2}x+1$ $6x-4y-3=0 \rightarrow y=\dfrac{3}{2}x-\dfrac{3}{4}$

기울기는 같으나 y절편이 다르므로, 연립방정식의 해는 없다.

 스스로 유사한 문제를 여러 개 만들어(출제하여) 답을 찾아보시기 바랍니다.

Q8. 다음 일차방정식의 그래프가 모두 제1,3,4사분면을 지날 때, 식 $(a \times b \times c)$의 값의 부호를 말하여라. (단, a, b, c는 모두 0이 아니다)

(1) $ax+3y+5=0$ (2) $3x-by-2=0$ (3) $2x+4y-c=0$

① 이 문제를 풀기 위해 어떤 개념을 알아야 하는가?

② 그 개념을 머릿속에 떠올려 보아라.

③ 문제의 출제의도를 말하고 어떻게 풀지 간단히 설명해 보아라. (잘 모를 경우, 아래 Hint를 보면서 질문의 답을 찾아본다)

> **Hint(1)** 주어진 방정식을 모두 일차함수식 '$y=f(x)$꼴'로 변형해 본다.
>
> ☞ (1) $ax+3y+5=0 \rightarrow y=-\dfrac{a}{3}x-\dfrac{5}{3}$ (2) $3x-by-2=0 \rightarrow y=\dfrac{3}{b}x-\dfrac{2}{b}$
>
> (3) $2x+4y-c=0 \rightarrow y=-\dfrac{1}{2}x+\dfrac{c}{4}$
>
> **Hint(2)** 일차함수의 기울기가 양수이면 우상향 직선으로, 음수이면 우하향 직선으로 그려진다.
>
> **Hint(3)** 일차함수의 y절편이 양수이면 y축의 양의 부분을, 음수이면 y축의 음의 부분을 가로지르는 직선으로 그려진다.
>
> **Hint(4)** 제1,3,4분면을 지나는 직선을 상상한 후, 기울기와 y절편의 부호를 확인해 본다.
>
> ☞ 제1,3,4분면을 지나는 직선은 기울기가 양수이고, y절편이 음수인 직선이다.

④ 그럼 문제의 답을 찾아라.

A8.

① 직선 $y=ax+b$의 그래프, 기울기와 y절편

② 개념정리하기 참조

③ 이 문제는 주어진 조건에 맞는 직선 $y=ax+b$의 그래프를 그릴 수 있는지 그리고 기울기와 y절편에 대한 개념을 정확히 알고 있는지 묻는 문제이다. 일단 주어진 방정식을 모두 일차함수식 '$y=f(x)$꼴'로 변형해 본다. 그리고 제1,3,4분면을 지나는 직선을 상상한 후, 기울기와 y절편의 부호를 확인해 보면 어렵지 않게 답을 찾을 수 있다.

④ $a \times b \times c > 0$

[정답풀이]

주어진 방정식을 모두 일차함수식 '$y=f(x)$꼴'로 변형해 본다.

(1) $ax+3y+5=0$ $\rightarrow$ $y=-\dfrac{a}{3}x-\dfrac{5}{3}$ (2) $3x-by-2=0$ $\rightarrow$ $y=\dfrac{3}{b}x-\dfrac{2}{b}$

(3) $2x+4y-c=0$ $\rightarrow$ $y=-\dfrac{1}{2}x+\dfrac{c}{4}$

일차함수의 기울기가 양수이면 우상향 직선으로, 음수이면 우하향 직선으로 그려진다. 그리고 일차함수의 y절편이 양수이면 y축의 양의 부분을, 음수이면 y축의 음의 부분을 가로지르는 직선으로 그려진다. 문제에서 주어진 방정식의 그래프가 모두 제1,3,4분면을 지난다고 했으므로 그러한 직선을 상상한 후, 기울기와 y절편의 부호를 확인해 보면 다음과 같다. 참고로 제1,3,4분면을 지나는 직선은 기울기가 양수이고, y절편이 음수인 직선이다.

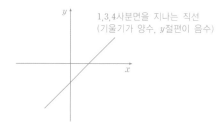

1,3,4사분면을 지나는 직선
(기울기가 양수, y절편이 음수)

(1) $ax+3y+5=0$ $\rightarrow$ $y=-\dfrac{a}{3}x-\dfrac{5}{3}$: 기울기가 양수가 되기 위해서는 $a<0$이어야 한다.

(2) $3x-by-2=0$ $\rightarrow$ $y=\dfrac{3}{b}x-\dfrac{2}{b}$: 기울기가 양수가 되기 위해서는 $b>0$이어야 한다.
                      ($b>0$이므로 y절편은 음수이다)

(3) $2x+4y-c=0$ $\rightarrow$ $y=-\dfrac{1}{2}x+\dfrac{c}{4}$: y절편이 음수가 되기 위해서는 $c<0$이어야 한다.

따라서 $a\times b\times c>0\,(a<0,\ b>0,\ c<0)$이다.

 스스로 유사한 문제를 여러 개 만들어(출제하여) 답을 찾아보시기 바랍니다.

Q9. 다음 일차방정식의 그래프로 둘러싸인 도형의 넓이를 구하여라.

(1) $x=3$ (2) $y=-2$ (3) $3x-y+4=0$ (4) $x+2y-8=0$

① 이 문제를 풀기 위해 어떤 개념을 알아야 하는가?

② 그 개념을 머릿속에 떠올려 보아라.

③ 문제의 출제의도를 말하고 어떻게 풀지 간단히 설명해 보아라. (잘 모를 경우, 아래 Hint를 보면서 질문의 답을 찾아본다)

　Hint(1) 주어진 일차방정식을 일차함수식 '$y=f(x)$꼴'로 변형한 후 그래프를 그려본다.

　☞ (1) $x=3$ (2) $y=-2$ (3) $y=3x+4$ (4) $y=-\dfrac{1}{2}x+4$

　Hint(2) 네 직선으로 둘러싸인 도형을 찾은 후, 적당한 도형으로 쪼개본다.

　Hint(3) 직선의 교점을 좌표를 찾아본다. 참고로 교점의 좌표는 해당 그래프를 표현하는 연립방정식의 해와 같다.

④ 그럼 문제의 답을 찾아라.

A9.

① 일차방정식의 그래프, 연립방정식의 해와 일차함수의 그래프
② 개념정리하기 참조
③ 이 문제는 일차방정식의 그래프를 그릴 수 있는지 그리고 연립방정식의 해가 일차함수의 그래프의 교점과 같다는 사실을 알고 있는지 묻는 문제이다. 일단 주어진 일차방정식을 일차함수식 $'y=f(x)$꼴'로 변형한 후 그래프를 그려본다. 그리고 그래프로 둘러싸인 도형을 적당한 도형으로 쪼갠 후, 교점의 좌표로부터 쪼개진 도형의 넓이를 구하면 쉽게 답을 찾을 수 있을 것이다. 참고로 교점의 좌표는 해당 그래프를 표현하는 연립방정식의 해와 같다.
④ $\dfrac{87}{4}$

[정답풀이]

일단 주어진 일차방정식을 일차함수식 $'y=f(x)$꼴'로 변형한 후 그래프를 그려보면 다음과 같다. 더불어 각 교점의 좌표를 찾아 표시해 본다. 참고로 교점의 좌표는 해당 그래프를 표현하는 연립방정식의 해와 같다.

(1) $x=3$　(2) $y=-2$　(3) $y=3x+4$　(4) $y=-\dfrac{1}{2}x+4$

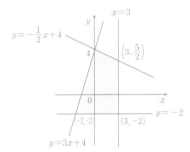

직선 $y=3x+4$와 $y=-2$ 그리고 y축으로 둘러싸인 직각삼각형의 밑변과 높이를 계산하여 넓이를 구해보자.

(밑변)$=2$, (높이)$=6$ → (직각삼각형의 넓이)$=\dfrac{1}{2}\times2\times6=6$

이번엔 직선 $y=-\dfrac{1}{2}x+4$, $x=3$, $y=-2$ 그리고 y축으로 둘러싸인 사다리꼴의 넓이를 계산해 보자.
(사다리꼴을 반시계방향으로 $90°$ 회전하면 좀 더 쉽게 넓이를 계산할 수 있다)

(아랫변)$=6$, (윗변)$=\dfrac{9}{2}$, (높이)$=3$ → (사다리꼴의 넓이)$=\dfrac{1}{2}\times\left(6+\dfrac{9}{2}\right)\times3=\dfrac{63}{4}$

두 도형의 넓이를 합하면 네 직선으로 둘러싸인 도형의 넓이를 쉽게 구할 수 있다. 그 값은 다음과 같다.

(네 직선으로 둘러쌓인 도형의 넓이)$=6+\dfrac{63}{4}=\dfrac{87}{4}$

스스로 유사한 문제를 여러 개 만들어(출제하여) 답을 찾아보시기 바랍니다.

Q10. 세 점 $(-1,2)$, $(2,m)$, $(-4,n)$이 한 직선 위에 있을 때, 식 $(m+n)$의 값을 구하여라.

① 이 문제를 풀기 위해 어떤 개념을 알아야 하는가? (잘 모를 경우, 아래 Hint를 보면서 질문의 답을 찾아본다)

Hint(1) 세 점이 한 직선에 있다는 말은, 두 점씩 연결한 직선들이 모두 일치한다는 말과 같다.

Hint(2) 두 점씩 연결한 직선들의 기울기는 모두 같다.

② 그 개념을 머릿속에 떠올려 보아라.

③ 문제의 출제의도를 말하고 어떻게 풀지 간단히 설명해 보아라. (잘 모를 경우, 아래 Hint를 보면서 질문의 답을 찾아본다)

Hint(1) 두 점 $(-1,2)$와 $(2,m)$, 두 점 $(-1,2)$와 $(-4,n)$을 지나는 두 직선의 기울기를 각각 구해본다.

☞ (두 점 $(-1,2)$와 $(2,m)$의 기울기)$=\dfrac{m-2}{2-(-1)}=\dfrac{m-2}{3}$

(두 점 $(-1,2)$와 $(-4,n)$의 기울기)$=\dfrac{n-2}{-4-(-1)}=\dfrac{n-2}{-3}$

Hint(2) 두 직선의 기울기가 같다는 사실로부터 m, n에 대한 등식을 도출해 본다.

☞ $\dfrac{m-2}{3}=\dfrac{n-2}{-3}$

④ 그럼 문제의 답을 찾아라.

A10.

① 두 점을 지나는 직선의 기울기

② 개념정리하기 참조

③ 이 문제는 세 점이 한 직선 위에 있다는 말의 의미를 알고 있는지 그리고 두 점을 지나는 직선의 기울기를 구하는 방법을 알고 있는지 묻는 문제이다. 세 점이 한 직선에 있다는 말은, 두 점을 연결한 직선들이 모두 일치한다는 말과 같다. 이는 두 점씩 연결한 직선들의 기울기는 모두 같다는 것을 뜻한다. 두 점 $(-1, 2)$와 $(2,m)$, 두 점 $(-1,2)$와 $(-4,n)$을 지나는 두 직선의 기울기를 각각 구한 후, 그 값이 서로 같다는 사실로부터 m, n에 대한 등식을 도출하면 쉽게 답을 구할 수 있다.

④ $m+n=4$

[정답풀이]

두 점 $(-1,2)$와 $(2,m)$, 두 점 $(-1,2)$와 $(-4,n)$을 지나는 두 직선의 기울기를 각각 구해본다.

(두 점 $(-1,2)$와 $(2,m)$의 기울기)$=\dfrac{m-2}{2-(-1)}=\dfrac{m-2}{3}$

(두 점 $(-1,2)$와 $(-4,n)$의 기울기)$=\dfrac{n-2}{-4-(-1)}=\dfrac{n-2}{-3}$

두 직선의 기울기가 같다는 사실로부터 m, n에 대한 등식을 도출한 후, 식 $(m+n)$의 값을 구하면 다음과 같다.

$$\frac{m-2}{3} = \frac{n-2}{-3} \;\rightarrow\; \frac{m-2}{1} = \frac{n-2}{-1} \;\rightarrow\; -(m-2)=n-2 \;\rightarrow\; m+n=4$$

 스스로 유사한 문제를 여러 개 만들어(출제하여) 답을 찾아보시기 바랍니다.

Q11. 두 일차방정식 $(a-1)x+by-3=0$과 $(1-b)x-ay-2=0$이 한 점 $(2,3)$에서 만날 때, 식 $(a+b)$의 값을 구하여라.

① 이 문제를 풀기 위해 어떤 개념을 알아야 하는가?

② 그 개념을 머릿속에 떠올려 보아라.

③ 문제의 출제의도를 말하고 어떻게 풀지 간단히 설명해 보아라. (잘 모를 경우, 아래 Hint를 보면서 질문의 답을 찾아본다)

　　Hint(1) 두 일차방정식 $(a-1)x+by-3=0$과 $(1-b)x-ay-2=0$은 점 $(2,3)$을 지난다.

　　Hint(2) 두 일차방정식 $(a-1)x+by-3=0$과 $(1-b)x-ay-2=0$에 점 $(2,3)$을 대입하여 a, b에 대한 두 개의 연립방정식을 도출해 본다.

　　　☞ 점 $(2,3)$ 대입 : $(a-1)x+by-3=0$ → $2(a-1)+3b-3=0$

　　　☞ 점 $(2,3)$ 대입 : $(1-b)x-ay-2=0$ → $2(1-b)-3a-2=0$

④ 그럼 문제의 답을 찾아라.

A11.

> ① 직선 위의 점
>
> ② 개념정리하기 참조
>
> ③ 이 문제는 직선이 어떤 한 점을 지날 때, 그 점의 좌표를 직선의 방정식에 대입하면 등식이 성립한다는 사실을 알고 있는지 묻는 문제이다. 일단 주어진 두 일차방정식 $(a-1)x+by-3=0$과 $(1-b)x-ay-2=0$은 모두 점 $(2,3)$을 지난다. 즉, 두 일차방정식 $(a-1)x+by-3=0$과 $(1-b)x-ay-2=0$에 점 $(2,3)$을 대입하면 등식이 성립한다. 도출된 등식(a, b에 대한 방정식)을 연립하여 a, b의 값을 찾으면 쉽게 식 $(a+b)$의 값을 구할 수 있다.
>
> ④ $a+b=1$

[정답풀이]

문제에서 두 일차방정식 $(a-1)x+by-3=0$과 $(1-b)x-ay-2=0$은 점 $(2,3)$을 지난다고 했으므로, 두 일차방정식 $(a-1)x+by-3=0$과 $(1-b)x-ay-2=0$에 점 $(2,3)$을 대입하면 등식이 성립한다.

　　점 $(2,3)$ 대입 : $(a-1)x+by-3=0$ → $2(a-1)+3b-3=0$ → $2a+3b-5=0$

점 (2,3) 대입 : $(1-b)x-ay-2=0 \rightarrow 2(1-b)-3a-2=0 \rightarrow 3a+2b=0$

도출된 a, b에 대한 연립방정식을 풀어 a, b의 값을 구하면 다음과 같다.

$\{(2a+3b-5=0)\times 3 - (3a+2b=0)\times 2\} \rightarrow 5b-15=0 \rightarrow b=3, a=-2$

따라서 $a+b=1$이다.

 스스로 유사한 문제를 여러 개 만들어(출제하여) 답을 찾아보시기 바랍니다.

Q12. 연립방정식 $(a-1)x+y-3=0$과 $x-y-(2+b)=0$의 해가 없을 때(1)와 해가 무수히 많을 때(2) 상수 a, b에 대한 조건을 각각 구하여라.

① 이 문제를 풀기 위해 어떤 개념을 알아야 하는가?

② 그 개념을 머릿속에 떠올려 보아라.

③ 문제의 출제의도를 말하고 어떻게 풀지 간단히 설명해 보아라. (잘 모를 경우, 아래 Hint를 보면서 질문의 답을 찾아본다)

    Hint(1) 주어진 일차방정식을 일차함수식 '$y=f(x)$꼴'로 변형해 본다.

        ☞ $(a-1)x+y-3=0 \rightarrow y=(1-a)x+3$

        ☞ $x-y-(2+b)=0 \rightarrow y=x-(2+b)$

    Hint(2) 연립방정식의 해의 개수는 일차함수 그래프의 교점의 개수와 같다.

    Hint(3) 두 일차함수의 기울기와 y절편이 모두 같을 때(두 직선이 일치하며, 교점은 무수히 많다), a, b값을 구해본다.

    Hint(4) 두 일차함수의 기울기는 같지만 y절편이 다를 때(두 직선이 평행하며, 교점은 없다), a, b의 값을 구해본다.

④ 그럼 문제의 답을 찾아라.

A12.

① 연립방정식의 해와 일차함수의 관계

② 개념정리하기 참조

③ 이 문제는 연립방정식의 해의 개수가 일차함수 그래프의 교점의 개수와 같다는 사실을 알고 있는지 묻는 문제이다. 주어진 두 일차방정식을 일차함수식 '$y=f(x)$꼴'로 변형한 후, 일차함수의 기울기와 y절편이 모두 같을 때(두 직선이 일치하며, 교점은 무수히 많다)와 일차함수의 기울기는 같지만 y절편이 다를 때(두 직선이 평행하며, 교점은 없다), 상수 a, b에 대한 조건(값)을 구하면 쉽게 답을 찾을 수 있다.

④ (1) 해가 없을 때 $a=0$, $b\neq -5$ (2) 해가 무수히 많을 때 $a=0$, $b=-5$

[정답풀이]

일단 주어진 두 일차방정식을 일차함수식 '$y=f(x)$꼴'로 변형해 보면 다음과 같다.

$(a-1)x+y-3=0 \ \rightarrow \ y=(1-a)x+3$

$x-y-(2+b)=0 \ \rightarrow \ y=x-(2+b)$

(1) 연립방정식의 해의 개수는 일차함수의 교점의 개수와 같으므로, 두 일차함수의 기울기는 같지만 y절편이 다를 때(두 직선이 평행하며, 교점은 없다), a, b에 대한 조건(값)을 구해보면 다음과 같다.

$y=(1-a)x+3$: 기울기 $1-a$, y절편 3, $\quad y=x-(2+b)$: 기울기 1, y절편 $-(2+b)$

$\rightarrow \ (1-a)=1,\ 3\neq-(2+b) \ \rightarrow \ a=0,\ b\neq-5$

(2) 두 일차함수의 기울기와 y절편이 모두 같을 때(두 직선이 일치하며, 교점은 무수히 많다), a, b에 대한 조건(값)을 구해보면 다음과 같다.

$y=(1-a)x+3$: 기울기 $1-a$, y절편 3, $\quad y=x-(2+b)$: 기울기 1, y절편 $-(2+b)$

$\rightarrow \ (1-a)=1,\ 3=-(2+b) \ \rightarrow \ a=0,\ b=-5$

따라서 두 연립방정식 $(a-1)x+by-3=0$과 $x-y-(2+b)=0$의 해가 없을 때(1)는 $a=0$, $b\neq-5$인 경우이며, 해가 무수히 많을 때(2)는 $a=0$, $b=-5$인 경우이다.

 스스로 유사한 문제를 여러 개 만들어(출제하여) 답을 찾아보시기 바랍니다.

Q13. 직선 $x=5$와 수직이면서 동시에 점 $(3,4)$를 지나는 직선의 방정식을 구하여라.

① 이 문제를 풀기 위해 어떤 개념을 알아야 하는가?

② 그 개념을 머릿속에 떠올려 보아라.

③ 문제의 출제의도를 말하고 어떻게 풀지 간단히 설명해 보아라. (잘 모를 경우, 아래 Hint를 보면서 질문의 답을 찾아본다)

Hint(1) 구하고자 하는 직선을 좌표평면에 그려본다.

Hint(2) x축에 평행하고 $(0,a)$를 지나는 직선의 방정식은 $y=a$이다.

④ 그럼 문제의 답을 찾아라.

A13.

① 좌표축에 평행한 직선의 방정식

② 개념정리하기 참조

③ 이 문제는 좌표축에 평행한 직선의 방정식을 도출할 수 있는지 묻는 문제이다. 일단 구하고자 하는 직선을 좌표평면에 그려본다. 여기에 x축에 평행하고 $(0,a)$를 지나는 직선의 방정식이 $y=a$라는 사실을 적용하면 쉽게 답을 구할 수 있다.

④ $y=4$

[정답풀이]

직선 $x=5$와 수직이면서 동시에 점 $(3,4)$를 지나는 직선을 그려보면 다음과 같다.

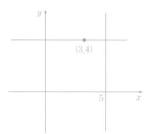

x축에 평행하고 $(0,a)$를 지나는 직선의 방정식은 $y=a$이므로, 구하고자 하는 직선의 방정식은 $y=4$ 가 된다.

 <u>스스로 유사한 문제를 여러 개 만들어(출제하여) 답을 찾아보시기 바랍니다.</u>

심화학습

★ 개념의 이해도가 충분하지 않다면, 일단 PASS하시기 바랍니다. 그리고 개념정리가 마무리 되었을 때 심화학습 내용을 따로 읽어보는 것을 권장합니다.

Q1. 규민이는 세 직선 $2x-y+3=0$, $x-y+1=0$, $(a-1)x-y+2=0$의 그래프를 좌표평면에 그려보았다. 세 직선으로부터 삼각형이 만들어지지 않았다면, 상수 a의 값은 얼마일까?

① 이 문제를 풀기 위해 어떤 개념을 알아야 하는가?

② 그 개념을 머릿속에 떠올려 보아라.

③ 문제의 출제의도를 말하고 어떻게 풀지 간단히 설명해 보아라. (잘 모를 경우, 아래 Hint를 보면서 질문의 답을 찾아본다)

   Hint(1) 주어진 직선의 방정식을 일차함수식 '$y=f(x)$꼴'로 변형해 본다.

   Hint(2) 좌표평면에 두 직선 $2x-y+3=0$, $x-y+1=0$을 그려본다.

   Hint(3) 직선 $(a-1)x-y+2=0$의 y절편은 2이다. 즉, $(0,2)$를 지난다.

   Hint(4) 세 직선을 어떻게 배치해야 삼각형이 만들어지지 않는지 생각해 본다.

   Hint(5) 세 직선 중 두 직선이 평행할 경우, 세 직선으로부터 삼각형은 만들어지지 않는다.

   Hint(6) 세 직선이 한 점에서 만날 경우, 세 직선으로부터 삼각형은 만들어지지 않는다.

④ 그럼 문제의 답을 찾아라.

A1.

① 연립방정식과 일차함수의 그래프의 관계

② 개념정리하기 참조

③ 이 문제는 연립방정식과 일차함수의 그래프의 관계를 알고 있는지 그리고 세 직선으로부터 삼각형이 만들어지지 않을 조건을 찾을 수 있는지 묻는 문제이다. 우선 주어진 직선의 방정식을 일차함수식 '$y=f(x)$꼴'로 변형한 후, 좌표평면에 그려본다. 직선 $(a-1)x-y+2=0$의 기울기가 두 직선 중 하나와 같을 때, 즉 어느 한 직선과 평행할 경우 세 직선으로부터 삼각형은 만들어지지 않는다. 그리고 세 직선이 한 점에서 만날 때, 세 직선으로부터 삼각형은 만들어지지 않는다. 이 사실을 적용하면 어렵지 않게 a의 값을 구할 수 있을 것이다.

④ $a=2$, 3, $\dfrac{5}{2}$

[정답풀이]

일단 주어진 직선의 방정식을 일차함수식 '$y=f(x)$꼴'로 변형한 후 기울기와 y절편을 구해본다.

- $2x-y+3=0 \;\rightarrow\; y=2x+3$ (기울기 2, y절편 3)
- $x-y+1=0 \;\rightarrow\; y=x+1$ (기울기 1, y절편 1)
- $(a-1)x-y+2=0 \;\rightarrow\; y=(a-1)x+2$ (기울기 $a-1$, y절편 2)

좌표평면 두 직선 $y=2x+3$, $y=x+1$을 그려본다.

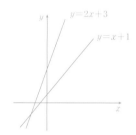

직선 $y=(a-1)x+2$의 기울기가 두 직선 중 하나와 같을 때, 즉 어느 한 직선과 평행할 경우 세 직선으로부터 삼각형은 만들어지지 않는다. 이에 맞는 a값을 찾으면 다음과 같다.

i) $y=(a-1)x+2$와 $y=2x+3$이 평행할 경우 : $a=3$

ii) $y=(a-1)x+2$와 $y=x+1$이 평행할 경우 : $a=2$

세 직선이 한 점에서 만날 때, 즉 $y=(a-1)x+2$가 나머지 두 직선의 교점을 지날 때 세 직선으로부터 삼각형은 만들어지지 않는다. 먼저 두 직선의 교점의 좌표를 구하면 다음과 같다.

$y=2x+3$과 $y=x+1$이 교점의 좌표 : $(-2,-1)$

직선 $y=(a-1)x+2$가 점 $(-2,-1)$을 지나도록 a값을 찾으면 다음과 같다.

점 $(-2,-1)$ 대입 : $y=(a-1)x+2 \;\rightarrow\; -1=(a-1)\times(-2)+2 \;\rightarrow\; a=\dfrac{5}{2}$

따라서 세 직선이 삼각형을 이루지 않기 위해서는 a는 2, 3, $\dfrac{5}{2}$ 중 하나가 되어야 한다.

 스스로 유사한 문제를 여러 개 만들어(출제하여) 답을 찾아보시기 바랍니다.

Q2. 은설이는 다음 두 휴대폰 요금제 중 하나를 선택하려고 한다.

(1) 기본요금 10,000원 + 통화요금 1초당 6원

(2) 기본요금 20,000원 + 통화요금 1초당 2원

만약 은설이가 (2)번 요금제를 선택했다면, 매월 은설이의 통화량이 얼마를 초과해야 (1)번 요금제를 선택한 것보다 유리할까? (일차방정식의 그래프를 이용하여 풀고, 정답은 ( )분( )초로 작성한다. 단, 두 조건 모두 기본요금에 따른 무료통화는 없다고 가정한다)

① 이 문제를 풀기 위해 어떤 개념을 알아야 하는가?

② 그 개념을 머릿속에 떠올려 보아라.

③ 문제의 출제의도를 말하고 어떻게 풀지 간단히 설명해 보아라. (잘 모를 경우, 아래 Hint를 보면서 질문의 답을 찾아본다)

> **Hint(1)** 독립변수 x를 통화량(초), 종속변수 y를 월 휴대폰요금(원)이라고 놓고, 요금제 (1)과 (2)에 대한 일차함수식을 작성해 본다.
>
> ☞ 요금제 (1) : $y = 6x + 10000$, 요금제 (2) : $y = 2x + 20000$

> **Hint(2)** 두 일차함수의 그래프를 그린 후, 교점의 의미가 무엇인지 생각해 본다.
>
> ☞ 두 일차함수의 그래프의 교점은 두 요금제의 통화량과 휴대폰요금이 각각 같게 되는 점을 말한다.

> **Hint(3)** 교점의 x좌표보다 큰 x값(통화량) 또는 작은 x값(통화량)을 비교해 보면서, 동일한 통화량에 대한 휴대폰요금이 어떠한지 따져 본다.

④ 그럼 문제의 답을 찾아라.

A2.
> ① 일차함수식의 작성, 두 직선의 교점의 의미
>
> ② 개념정리하기 참조
>
> ③ 이 문제는 주어진 조건으로부터 일차함수식을 도출할 수 있는지 그리고 일차함수의 교점의 좌표가 무엇을 의미하는지를 정확히 알고 있는지 묻는 문제이다. 일단 독립변수 x를 통화량(초), 종속변수 y를 월 휴대폰요금(원)이라고 놓은 후, 요금제 (1)과 (2)에 대한 일차함수식을 작성해 본다. 여기서 두 일차함수의 그래프의 교점은 두 요금제의 통화량과 휴대폰요금이 각각 같게 되는 점을 말한다. 교점의 x좌표보다 큰 x값(통화량) 또는 작은 x값(통화량)을 비교해 보면서 동일한 통화량에 대한 휴대폰요금이 어떠한지 따져 보면 어렵지 않게 답을 구할 수 있을 것이다.
>
> ④ 41분 40초

[정답풀이]

일단 독립변수 x를 통화량(초), 종속변수 y를 월 휴대폰요금(원)이라고 놓고, 요금제 (1)과 (2)에 대한 일차함수식을 작성해 보면 다음과 같다.

요금제 (1) : $y=6x+10000$, 요금제 (2) : $y=2x+20000$

두 일차함수의 그래프를 그려보면 다음과 같다.

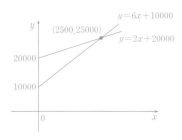

두 일차함수의 그래프의 교점은 두 요금제의 통화량과 휴대폰요금이 각각 같게 되는 점을 말한다. 즉, 통화량이 2,500초일 때, 두 요금제에 대한 휴대폰요금은 25,000원으로 서로 같다. 하지만 2,500초 미만일 경우 요금제 (2)를 사용하는 것이 요금제 (1)을 사용하는 것보다 휴대폰요금이 더 많이 나오며, 2,500초를 초과할 경우 요금제 (1)을 사용하는 것이 요금제 (2)를 사용하는 것보다 휴대폰요금이 더 많이 나온다. 은설이가 (2)번 요금제를 선택했다면, 매월 은설이의 통화량이 2,500초(41분 40초)을 초과해야 (1)번 요금제를 선택한 것보다 유리하다고 볼 수 있다.

 스스로 유사한 문제를 여러 개 만들어(출제하여) 답을 찾아보시기 바랍니다.

Q3. 일차방정식 $kx-y=0$의 그래프가 다음 색칠한 부분의 넓이를 이등분할 때, k값은 얼마인가?

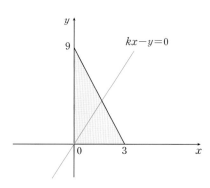

① 이 문제를 풀기 위해 어떤 개념을 알아야 하는가?

② 그 개념을 머릿속에 떠올려 보아라.

③ 문제의 출제의도를 말하고 어떻게 풀지 간단히 설명해 보아라. (잘 모를 경우, 아래 Hint를 보면서 질문의 답을 찾아본다)

Hint(1) 주어진 일차방정식 $kx-y=0$을 일차함수식 '$y=f(x)$꼴'로 변형해 본다.
☞ $kx-y=0$ → $y=kx$ (원점을 지나는 직선)

Hint(2) x, y절편이 각각 3과 9인 직선의 방정식을 구해본다.

☞ 해당 직선을 $y=ax+b$로 놓으면 $b=9$이다. 이 직선은 점 $(3,0)$을 지나므로 $0=3a+9$ 가 성립하여 $a=-3$이 된다. 따라서 $y=-3x+9$이다.

Hint(3) 두 직선 $y=-3x+9$와 $kx-y=0(y=kx)$의 교점의 좌표를 구해본다.

☞ $y=-3x+9$와 $kx-y=0$을 연립 → 교점의 좌표 $\left(\dfrac{9}{k+3}, \dfrac{9k}{k+3}\right)$

Hint(4) 색칠한 삼각형의 넓이는 $\dfrac{27}{2}$이므로, 직선 $y=-3x+9$, $y=kx$, x축과 둘러싸인 삼각형의 넓이는 $\dfrac{27}{4}$이 되어야 한다.

Hint(5) 직선 $y=-3x+9$, $y=kx$, x축으로 둘러싸인 삼각형의 넓이를 k에 대한 식으로 표현한 후, 그 넓이가 $\dfrac{27}{4}$이 되도록 k에 대한 방정식을 도출해 본다.

☞ (삼각형의 넓이)$=\dfrac{1}{2}\times$(밑변)$\times$(높이)$=\dfrac{1}{2}\times 3\times\dfrac{9k}{k+3}=\dfrac{27}{4}$

④ 그럼 문제의 답을 찾아라.

A3.

① 일차방정식과 일차함수의 관계

② 개념정리하기 참조

③ 이 문제는 일차방정식과 일차함수의 관계를 알고 있는지 그리고 주어진 조건에 맞도록 k에 대한 방정식을 도출할 수 있는지 묻는 문제이다. 일단 주어진 일차방정식 $kx-y=0$을 일차함수식 '$y=f(x)$꼴'로 변형하면 $y=kx$(원점을 지나는 직선)이다. 그리고 x, y절편이 각각 3과 9인 직선의 방정식을 구하면 $y=-3x+9$ 가 된다. 두 직선 $y=-3x+9$와 $kx-y=0(y=kx)$의 교점의 좌표를 구한 다음, 직선 $y=-3x+9$, $y=kx$, x축으로 둘러싸인 삼각형의 넓이가 색칠한 삼각형의 넓이의 $\dfrac{1}{2}$배가 되도록 k에 대한 방정식을 도출하면 어렵지 않게 답을 구할 수 있다.

④ $k=3$

[정답풀이]

일단 주어진 일차방정식 $kx-y=0$을 일차함수식 '$y=f(x)$꼴'로 변형하면 다음과 같다.

$kx-y=0$ → $y=kx$ (원점을 지나는 직선)

다음으로 x, y절편이 각각 3과 9인 직선의 방정식을 구해보면 다음과 같다.

직선의 방정식을 $y=ax+b$로 놓으면 $b=9$이다. 점 $(3,0)$을 지나므로 $0=3a+9$가 성립하여 $a=-3$이 된다. 즉, x, y절편이 각각 3과 9인 직선의 방정식은 $y=-3x+9$이다.

두 직선 $y=-3x+9$와 $kx-y=0(y=kx)$의 교점의 좌표를 구해보면 다음과 같다.

$y=-3x+9$와 $y=kx$를 연립 → 교점의 좌표 $\left(\dfrac{9}{k+3}, \dfrac{9k}{k+3}\right)$

색칠한 삼각형의 넓이는 $\dfrac{27}{2}$이므로, 직선 $y=-3x+9$, $y=kx$, x축으로 둘러싸인 삼각형의 넓이는 $\dfrac{27}{4}$

이 되어야 한다. 즉, 직선 $y=-3x+9$, $y=kx$, x축으로 둘러싸인 삼각형의 넓이를 k에 대한 식으로 표현한 후, 그 넓이가 $\dfrac{27}{4}$이 되도록 k에 대한 방정식을 도출해 보면 다음과 같다.

$$(삼각형의 \ 넓이)=\frac{1}{2}\times(밑변)\times(높이)=\frac{1}{2}\times3\times\frac{9k}{k+3}=\frac{27}{4}$$

k에 대한 방정식을 풀면 다음과 같다.

$$\frac{k}{k+3}=\frac{1}{2} \ \rightarrow \ 2k=k+3 \ \rightarrow \ k=3$$

따라서 일차방정식 $kx-y=0$의 그래프가 색칠한 부분의 넓이를 이등분할 때, k값은 3이 된다.

 스스로 유사한 문제를 여러 개 만들어(출제하여) 답을 찾아보시기 바랍니다.

VII

확률과 그 기본성질

1 확률과 그 기본성질

1 경우의 수

여러분은 신문이나 잡지를 통해 한 번쯤 미로게임을 접해본 경험이 있을 것입니다. 미로를 빠져나오기 위해 천천히 길을 찾아가다 막다른 골목이 나오면, 다시 왔던 길로 되돌아가곤 합니다. 그 누구도 미로를 쉽게 빠져나갈 수는 없습니다. 왜냐하면 미로는 바로 '우연성'에 의한 게임이기 때문입니다. 여기서 우연성이란 결과를 예측할 수 없는 성질을 의미합니다.

그 밖의 '우연성에 의한 게임'에는 뭐가 있을까요? 잘 모르겠다고요? 힌트를 드리겠습니다.

① 한 손으로 세 가지 모양을 만들어 차례나 승부를 결정하는 방법

② 각 면에 1~6개의 점이 새겨진 정육면체 모양의 게임도구

질문의 답을 찾으셨나요? 그렇습니다. 바로 ① 가위바위보과 ② 주사위입니다.

우연성과 관련하여 흔히 '확률'이라는 용어를 사용하는데요, 여러분~ 확률이 대충 무슨 뜻인지는 알고 계시죠? 확률에 대한 개념을 설명하기에 앞서, 그와 관련된 용어를 하나씩 배워보는 시간을 갖도록 하겠습니다.

시행과 사건

결과를 예측할 수 없는, 즉 우연에 의해 좌우되는 행위를 시행이라고 말합니다. 일반적으로 시행이란 동일한 조건에서 반복할 수 있는 실험이나 관찰 등으로 정의됩니다. 그리고 그 시행 중 우리가 관심을 갖고 있는 결과를 사건이라고 칭합니다.

사건이라고 하니까 강도·살인사건과 같이 무서운 일들만 생각난다고요? 사건의 사는 '일 사(事)', 건은 '물건 건(件)' 자를 쓰는데, 그 사전적인 의미로는 '사회적으로 문제를 일으키거나 주목을 받을 만한 뜻밖의 일'을 뜻합니다. 이는 수학적인 의미와 다소 차이가 있습니다. 시행이라는 말도 좀 생소하죠? 시행은 한자로 '시험 시(試)', '행할 행(行)' 자를 써서, '시범적으로 행함'을 뜻하는 용어입니다.

시행과 사건의 예시를 살펴보도록 하겠습니다. 다음 내용을 읽고 어느 것이 시행이고, 어느 것이 사건인지 말해보시기 바랍니다.

두 친구 A와 B가 가위바위보 게임을 3회 진행한다고 합니다. 여기서 친구 C는 A가 2번 이상 이길 것이라고 말하며, 친구 D는 B가 3번 모두 이길 것이라고 주장합니다.

과연 어느 것이 시행이고, 어느 것이 사건일까?

일단 시행과 사건의 정의를 다시 한 번 되새겨보면 다음과 같습니다.

- 시행 : 동일한 조건에서 반복할 수 있는 실험이나 관찰
- 사건 : 시행 중 우리가 관심을 갖고 있는 결과

네~ 맞습니다. 여기서 두 친구 A와 B가 가위바위보 게임을 하는 행위를 시행이라고 말하며, A가 2번 이상 이기는 경우 또는 B가 3번 모두 이기는 경우를 사건이라고 부릅니다.

- 시행 : 두 친구 A와 B가 가위바위보 게임을 하는 행위
- 사건 : A가 2번 이상 이기는 경우 또는 B가 3번 모두 이기는 경우

이해되시죠? 이번엔 주사위 게임을 예로 들어 보겠습니다. 은설이와 은찬이는 엄마가 사준 초콜릿 10개를 다음과 같이 나누어 먹기로 약속했습니다. 단, 여기에 사용된 주사위는 1부터 6까지 적혀있는 정육면체 주사위입니다.

① 주사위를 던져 짝수 또는 3의 약수가 나오면 은설이가 초콜릿 하나를 먹는다.
② 주사위를 던져 홀수 또는 2의 약수가 나오면 은찬이가 초콜릿 하나를 먹는다.

여기서 시행과 사건은 무엇일까요? 네~ 그렇습니다. 은설이와 은찬이가 주사위를 던지는 행위를 시행이라고 말하며, 주사위를 던져 '짝수 또는 3의 약수'가 나오는 경우와 '홀수 또는 2의 약수'가 나오는 경우를 사건이라고 부릅니다.

- 시행 : 은설이와 은찬이가 주사위를 던지는 행위
- 사건 : 주사위를 던져 '짝수 또는 3의 약수'가 나오는 경우와
  '홀수 또는 2의 약수'가 나오는 경우

여기서 퀴즈입니다. 확률적으로 봤을 때, 누가 더 초콜릿을 많이 먹을 수 있을까요?

잠시 질문의 답을 스스로 찾아보는 시간을 가져보세요

음... 너무 어렵나요? 힌트를 드리도록 하겠습니다. 사건 ①과 ②가 일어날 수 있는 경우(주사위 눈의 개수)를 하나씩 확인해 보시기 바랍니다.

① 주사위 눈이 짝수 또는 3의 약수가 나오는 경우 : 2, 4, 6(짝수), 1, 3(3의 약수)
② 주사위 눈이 홀수 또는 2의 약수가 나오는 경우 : 1, 3, 5(홀수), 1, 2(2의 약수)

이제 좀 감이 오시나요? 사건 ①이 일어나는 경우의 수는 5(주사위 눈이 1, 2, 3, 4, 6이 나오는 경우)이며, 사건 ②가 나오는 경우의 수는 4(주사위 눈이 1, 2, 3, 5가 나오는 경우)입니다. 그렇죠? 즉, 확률적으로 봤을 때 이 게임은 은설이에게 조금 더 유리한 게임입니다. 과연 은설이도 이 사실을 알고 있었을까요? 이처럼 실생활 속에는 다양한 시행과 사건이 존재합니다.

사건이 일어나는 가짓수를 경우의 수라고 말합니다. 혹시 처음 듣는 용어인가요? 흔히 사람들은 어처구니없는 일을 당했을 때, '뭐 이런 경우가 다 있어?'라는 말을 합니다. 경우의 사전적인 의미는 다음과 같습니다.

경우 : 놓여있는 조건이나 놓이게 되는 형편 또는 사정

다음 내용에 해당하는 경우의 수를 말해보시기 바랍니다. 단, 여기에 사용된 주사위는 1부터 6까지 적혀있는 정육면체 주사위입니다.

① 주사위를 한 번 던질 때, 6의 약수가 나오는 경우의 수는?
② 1부터 10까지 적혀있는 10장의 카드 중 한 장을 뽑았을 때,
   12의 약수가 적힌 카드가 나오는 경우의 수는?

 잠시 질문의 답을 스스로 찾아보는 시간을 가져보세요.

어렵지 않죠? ① 주사위를 한 번 던져 6의 약수가 나오는 경우는 바로 주사위 눈의 숫자가 1, 2, 3, 6이 나오는 경우입니다. 즉, 경우의 수는 4가 된다는 말이지요. ② 1부터 10까지 적혀있는 10장의 카드 중 한 장을 뽑아서 12의 약수가 적힌 카드가 나오는 경우는 바로 카드에 적혀있는 숫자가 1, 2, 3, 4, 6이 나오는 경우입니다. 즉, 경우의 수는 5가 된다는 말이지요. 가끔 학생들이 경우의 수를 구하는 과정에서 몇몇 상황을 빼 먹거나 중복된 경우를 따로따로 계산할 때가 있는데, 경우의 수를 계산할 때에는 사건이 일어나는 모든 경우를 '빠짐없이 그리고 중복되지 않게' 찾아야 한다는 사실, 반드시 명심하시기 바랍니다.

이번엔 조금 난이도가 높은 퀴즈를 풀어볼까 합니다.

은설이는 정십이면체 주사위를 던지고 있습니다. 약수와 관련하여 경우의 수가 2가 되는 사건을 찾아보시기 바랍니다. (주사위 눈의 숫자 : 1~12)

무슨 말인지 잘 모르겠다고요? 힌트를 드리겠습니다. 과연 (　) 안에 각각 들어갈 말은 무엇일까요?

정십이면체 주사위를 던질 때, (　　　)가 (　)개인 숫자가 나오는 경우

문제에서 약수와 관련된 경우의 수가 2가 되는 사건을 찾으라고 했으므로 괄호 안에 들어갈 말은 다음과 같겠네요.

정십이면체 주사위를 던질 때, (약수의 개수)가 (2)개인 숫자가 나오는 경우

과연 약수의 개수가 2개인 숫자가 나오는 경우는 무엇일까요? 즉, 정십이면체 주사위를 던져 경우의 수가 2가 되는 사건이 무엇인지 확인해 보자는 말입니다. 일단 약수의 개수가 2개인 숫자는 소수입니다. 그렇죠? 12 이하의 소수를 찾아보면 다음과 같습니다.

12 이하의 소수 : 2, 3, 5, 7, 11

이제 12 이하의 소수를 활용하여 경우의 수가 2가 되는 사건을 정리해 보겠습니다. 음... 총 5개의 사건이 도출되는군요.

- 사건 ① : 주사위를 한 번 던져 2의 약수가 나오는 경우 → 1, 2(경우의 수 : 2)
- 사건 ② : 주사위를 한 번 던져 3의 약수가 나오는 경우 → 1, 3(경우의 수 : 2)
- 사건 ③ : 주사위를 한 번 던져 5의 약수가 나오는 경우 → 1, 5(경우의 수 : 2)
- 사건 ④ : 주사위를 한 번 던져 7의 약수가 나오는 경우 → 1, 7(경우의 수 : 2)
- 사건 ⑤ : 주사위를 한 번 던져 11의 약수가 나오는 경우 → 1, 11(경우의 수 : 2)

이해되시죠? 지금부터 경우의 수를 계산하는 방법에 대해 배워보겠습니다. 그냥 해당하는 경우를 하나씩 세기만 하면 되는 거 아니냐고요? 물론 낱개의 사건에 대해서는 그렇습니다. 하지만 복잡한 사건, 즉 여러 개의 사건들이 유기적으로 결합되어 있는 경우에는, 구하고자 하는 사건을

낱개의 사건으로 정확히 분리한 후 하나씩 경우의 수를 계산해야 합니다. 다시 말해서, 분리된 낱개의 사건의 경우의 수를 찾아 모두 더하면 우리가 구하고자 하는 경우의 수를 구할 수 있다는 뜻입니다.

무슨 말인지 잘 모르겠다고요? 그럼 여러 예시를 통해 경우의 수를 계산하는 방법을 차근차근 살펴보도록 하겠습니다. 다음 물음에 답해 보시기 바랍니다. 단, 여기에 사용된 주사위는 1~6까지 적혀있는 정육면체 주사위입니다.

주사위를 한 번 던져 짝수가 나오거나 3의 약수가 나오는 경우의 수는?

일단 주어진 내용(사건)을 낱개의 사건으로 분리해 보면 다음과 같습니다.

주사위를 한 번 던져 짝수가 **나오거나** 3의 약수가 나오는 경우
→ i) 짝수가 나오는 경우   ii) 3의 약수가 나오는 경우

어렵지 않죠? 두 문장을 연결해주는 접속사가 무엇인지만 잘 확인하면, 손쉽게 주어진 상황을 낱개의 사건으로 분리할 수 있을 것입니다. 참고로 여기에 삽입된(숨어 있는) 접속사는 '또는'입니다. 그럼 낱개의 사건 i)과 ii)에 대한 경우의 수를 각각 찾아보겠습니다.

i) 주사위를 한 번 던져 짝수가 나오는 경우 → 2, 4, 6   ∴ 경우의 수 : 3
ii) 주사위를 한 번 던져 3의 약수가 나오는 경우 → 1, 3   ∴ 경우의 수 : 2

따라서 주사위를 한 번 던져 짝수가 나오거나 3의 약수가 나오는 경우의 수는, 낱개의 사건 i)과 ii)의 경우의 수 3과 2를 합한 값 5와 같습니다. 맞죠?

주사위를 한 번 던져 짝수가 나오거나 3의 약수가 나오는 경우의 수는 5이다.

음... 이 경우, 낱개의 사건에 대한 경우의 수를 단순히 더하기만 하면 되는군요. 다른 예시도 살펴볼까요?

주사위를 한 번 던져 홀수가 나오거나 2의 약수가 나오는 경우의 수는?

마찬가지로 주어진 내용(사건)을 낱개의 사건으로 분리하면 다음과 같습니다.

주사위를 한 번 던져 홀수가 **나오거나** 2의 약수가 나오는 경우
→ i) 홀수가 나오는 경우   ii) 2의 약수가 나오는 경우

어렵지 않죠? 두 문장을 연결해주는 접속사가 무엇인지만 잘 확인하면, 손쉽게 주어진 상황을 낱개의 사건으로 분리할 수 있을 것입니다. 마찬가지로 여기에 삽입된(숨어 있는) 접속사는 '또는'입니다. 그럼 낱개의 사건 i)과 ii)에 대한 경우의 수를 찾아보겠습니다.

i) 주사위를 한 번 던져 홀수가 나오는 경우 → 1, 3, 5   ∴ 경우의 수 : 3
ii) 주사위를 한 번 던져 2의 약수가 나오는 경우 → 1, 2   ∴ 경우의 수 : 2

과연 여기서도 낱개의 사건(i, ii)에 대한 경우의 수를 단순히 더하면 될까요?

 잠시 질문의 답을 스스로 찾아보는 시간을 가져보세요.

앞서 다루었던 사건에서는 중복된 경우가 없었지만, 이번에는 그렇지 않습니다. 그 이유는 바로 사건 i)과 ii)에 모두 주사위 눈이 1이 나오는 경우가 포함되어 있기 때문이죠. 이렇게 중복된 경우는 한 번만 계산해 주어야 합니다. 즉, 낱개로 분리된 사건 i)과 ii)의 경우의 수 3과 2를 합한 값 5에서 중복된 경우의 수 1를 뺀 값 4가 바로 전체 사건의 경우의 수가 된다는 말이지요.

주사위를 한 번 던져 홀수가 나오거나 2의 약수가 나오는 경우의 수는 4이다.

이해가 되시나요? 앞으로 우리는 낱개로 분리된 사건에서 중복된 경우가 포함되어 있느냐 없느냐를 정확히 따져 봐야 할 것입니다. 중복된 경우가 없다는 말은 두 사건이 동시에 일어나지 않는다는 것을 의미하며, 중복된 경우가 있다는 말은 두 사건이 동시에 일어날 수도 있다는 것을 의미합니다.

동시에 일어나지 않는 사건과 동시에 일어나는 사건이라...?

도통 무슨 말인지 모르겠다고요? 앞서 다루었던 두 사건을 천천히 비교해 보면, 좀 더 이해하기가 수월할 것입니다.

① 주사위를 한 번 던져 짝수가 나오거나 3의 약수가 나오는 경우

i) 짝수가 나오는 경우   ii) 3의 약수가 나오는 경우

  → 낱개의 사건 i)과 ii)는 동시에 일어나지 않는다.

   즉, 짝수이면서 3의 약수인 경우는 없다.

② 주사위를 한 번 던져 홀수가 나오거나 2의 약수가 나오는 경우

i) 홀수가 나오는 경우   ii) 2의 약수가 나오는 경우

  → 낱개의 사건 i)과 ii)는 동시에 일어날 수 있다.

   즉, 홀수이면서 2의 약수인 경우도 있다.

어렵지 않죠? 당연히 사건 ①보다 사건 ②에 대한 경우의 수를 계산하는 것이 훨씬 더 복잡하고 어렵습니다. 왜냐하면 사건 ①에서는 분리된 낱개의 사건의 경우의 수만 찾으면 되지만, 사건 ②에서는 중복된 경우까지 모두 찾아내야 하기 때문입니다. 즉, 동시에 일어나지 않는 사건과 동시에 일어나는 사건을 철저히 구분하면서 문제를 풀어야 한다는 뜻이죠.

먼저 두 사건이 '동시에 일어나지 않는 경우'부터 살펴보도록 하겠습니다. 앞서 예시를 통해 보았던 것처럼, 두 사건이 동시에 일어나지 않을 때에는 낱개로 분리된 사건의 경우의 수를 단순히 더하기만 하면 전체 사건에 대한 경우의 수를 쉽게 구할 수 있습니다.

(전체 사건에 대한 경우의 수)=[(낱개의 사건에 대한 경우의 수)의 합]

이를 수학 법칙으로 개념화하면 다음과 같습니다.

> **합의 법칙**
>
> 사건 A와 B가 동시에 일어나지 않을 때, 각 사건 A와 B의 경우의 수를 각각 m, n이라고 하면, 사건 A 또는 B가 일어날 경우의 수는 $(m+n)$입니다. 이것을 경우의 수에 대한 합의 법칙이라고 말합니다.

보아하니 동시에 일어나지 않는 사건의 경우, 전체 사건을 낱개의 사건으로 잘 분리하기만 하면 손쉽게 문제를 해결할 수 있겠네요. 즉, 합의 법칙을 활용하면, 동시에 일어나지 않는 사건에 대한 경우의 수를 찾는 것은 '식은 죽 먹기'에 불과합니다. 동시에 일어나지 않는 사건이 세 개 이상일 경우에도 합의 법칙이 성립한다는 사실도 함께 기억하시기 바랍니다. (합의 법칙에 대한 숨은 의미)

두 개의 주사위를 동시에 던져 주사위 눈의 합이 5의 배수가 되거나 9의 약수가 되는 경우의

수는 얼마일까요?

 잠시 질문의 답을 스스로 찾아보는 시간을 가져보세요.

먼저 주어진 내용을 낱개의 사건으로 분리해 보면 다음과 같습니다.

두 주사위 눈의 합이 5의 배수가 **되거나** 9의 약수가 되는 경우
- 사건 ① : 두 주사위 눈의 합이 5의 배수가 되는 경우
- 사건 ② : 두 주사위 눈의 합이 9의 약수가 되는 경우

과연 낱개로 분리된 사건 ①과 ②는 동시에 일어나는 사건일까요? 아니면 동시에 일어나지 않는 사건일까요?

두 주사위 눈의 합이 5의 배수이면서 9의 약수가 되는 경우라...?

일단 두 주사위 눈의 합은 2~12입니다. 그렇죠? 여기서 눈의 합이 5의 배수인 경우는 5, 10뿐이며, 9의 약수인 경우는 1, 3, 9뿐입니다. 공통된 숫자가 없으므로, 두 사건 ①과 ②는 동시에 일어나지 않습니다. 맞죠? 여기서 잠깐! 두 주사위 눈의 합이 5의 배수인 경우가 5, 10뿐이라고 했는데, 그렇다면 경우의 수는 2가 되는 것일까요?

주사위 눈의 합이 5의 배수인 경우 : 5, 10 → 경우의 수 2 ?

 잠시 질문의 답을 스스로 찾아보는 시간을 가져보세요.

그렇지 않습니다. 두 주사위를 던져 눈의 합이 5와 10이 나오는 경우를 각각 따져 봐야 합니다. 무턱대고 경우의 수를 2라고 생각하면 큰 오산입니다. 편의상 두 주사위를 a와 b로 놓은 후, 주사위 a, b의 눈의 숫자를 순서쌍 (x, y)로 표현해 보겠습니다.

- 사건 ① : 두 주사위 눈의 합이 5의 배수가 되는 경우
  i) 눈의 합이 5가 나오는 경우 : (1,4), (2,3), (3,2), (4,1)
  ii) 눈의 합이 10이 나오는 경우 : (4,6), (5,5), (6,4)

보는 바와 같이 두 주사위를 던져서 눈의 합이 5의 배수(5와 10)가 나오는 경우의 수는 7입

니다. 어라...? 주사위 눈의 숫자가 (1,4)와 (4,1)이 나오는 경우는 서로 같지 않느냐고요? 아닙니다. 문제에서 두 개의 주사위를 던졌다고 했으므로, 우리는 두 주사위를 구분하여 경우의 수를 따져야 합니다. 그래서 순서쌍의 개념을 활용한 것이지요. 여러분~ 순서쌍에서 두 수의 순서가 바뀌면 완전히 다른 값이 된다는 거, 다들 아시죠? 마찬가지로 두 주사위 눈의 합이 9의 약수가 되는 경우를 확인해 보겠습니다.

- 사건 ② : 두 주사위 눈의 합이 9의 약수가 되는 경우
  i) 눈의 합이 1이 나오는 경우 : 없음
  ii) 눈의 합이 3이 나오는 경우 : (1,2), (2,1)
  iii) 눈의 합이 9가 나오는 경우 : (3,6), (4,5), (5,4), (6,3)

보는 바와 같이 두 주사위를 던져서 눈의 합이 9의 약수(1,3,9)가 나오는 경우의 수는 6입니다. 그럼 합의 법칙을 활용하여 질문의 답을 찾아보겠습니다.

- 사건 ① : 두 주사위 눈의 합이 5의 배수가 나오는 경우의 수 → 7
- 사건 ② : 두 주사위 눈의 합이 9의 약수가 나오는 경우의 수 → 6
∴ (사건 ① 또는 ②가 일어날 경우의 수)＝①의 경우의 수＋②의 경우의 수)＝13

어렵지 않죠? 한 문제 더 풀어볼까요? 1부터 20까지 적혀있는 20장의 카드 중 2장을 동시에 뽑았을 때, 두 카드에 적혀있는 숫자의 곱이 12 또는 18이 되는 경우의 수는 얼마일까요?

 잠시 질문의 답을 스스로 찾아보는 시간을 가져보세요

일단 주어진 내용을 낱개의 사건으로 분리해 보면 다음과 같습니다.

두 카드에 적혀있는 숫자의 곱이 12 또는 18이 되는 경우
- 사건 ① : 두 카드에 적혀있는 숫자의 곱이 12가 되는 경우
- 사건 ② : 두 카드에 적혀있는 숫자의 곱이 18이 되는 경우

과연 낱개로 분리된 두 사건 ①과 ②는 동시에 일어나는 사건일까요? 아니면 동시에 일어나지 않는 사건일까요? 문제에서 카드를 '동시에' 뽑았다고 해서, 동시에 일어나는 사건이라고 단정 지으면 절대 안 됩니다. 동시에 카드를 뽑는 행위와 낱개의 사건이 동시에 일어나는 것은 전혀 다른 개념이거든요. 이 부분은 뒤쪽에서 좀 더 자세히 이야기하도록 하겠습니다.

두 카드에 적혀있는 숫자의 곱이 12이면서 18이 되는 경우라...?

세상에 12가 되면서 18이 되는 숫자는 없습니다. 그렇죠? 즉, 두 사건 ①과 ②는 동시에 일어나지 않는 사건입니다. 그럼 합의 법칙을 활용하여 질문의 답을 찾아보겠습니다.

- 사건 ① : 두 카드에 적혀있는 숫자의 곱이 12가 되는 경우
  → 1과 12, 2와 6, 3과 4   ∴ 경우의 수 : 3
- 사건 ② : 두 카드에 적혀있는 숫자의 곱이 18이 되는 경우
  → 1과 18, 2와 9, 3과 6   ∴ 경우의 수 : 3

따라서 사건 ① 또는 ②가 일어나는 경우의 수는 (사건 ①의 경우의 수)와 (사건 ②의 경우의 수)를 더한 값 6(=3+3)입니다. 어렵지 않죠? 가끔 두 카드에 적혀있는 숫자의 곱을 확인할 때, 순서쌍을 활용하는 학생들이 있습니다.

두 카드에 적혀있는 숫자의 곱이 12가 되는 경우
→ (1,12), (2,6), (3,4), (4,3), (6,2), (12,1)   ∴ 경우의 수 : 6

과연 3과 4의 카드를 뽑는 경우와 4와 3의 카드를 뽑는 경우가 서로 다를까요?

 잠시 질문의 답을 스스로 찾아보는 시간을 가져보세요.

여러분~ 문제에서 주어진 카드를 어떻게 뽑았다고 했죠? 네, 맞아요. 동시에 뽑았다고 했습니다. 이는 3과 4의 카드를 뽑는 경우와 4와 3의 카드를 뽑는 경우가 서로 다르지 않다는 것을 의미합니다. 즉, 하나의 상황으로 보는 것이 맞다는 뜻이지요. 이 경우 순서를 전제로 하는 값인 순서쌍을 활용하면 틀린 답을 도출하게 되니, 이 점 반드시 주의하시기 바랍니다.

만약 문제에서 카드를 순서대로 뽑았다고 했다면, 3을 먼저 뽑고 다음에 4를 뽑는 경우와 4를 먼저 뽑고 나중에 3을 뽑는 경우로 구분해야 할 것입니다. 즉, 여기에서는 순서쌍을 활용하여 경우의 수를 계산하는 것이 맞습니다. 다음 문제풀이과정을 천천히 읽어보시기 바랍니다.

1부터 20까지 적혀있는 20장의 카드 중 2장을 '순서대로' 뽑았을 때,
두 카드에 적혀있는 숫자의 곱이 12 또는 18이 되는 경우의 수는 얼마일까요?

- 사건 ① : 2장의 카드에 적혀있는 숫자의 곱이 12가 되는 경우

  → $(1,12), (2,6), (3,4), (4,3), (6,2), (12,1)$ ∴ 경우의 수 : 6

- 사건 ② : 2장의 카드에 적혀있는 숫자의 곱이 18이 되는 경우

  → $(1,18), (2,9), (3,6), (6,3), (9,2), (18,1)$ ∴ 경우의 수 : 6

(전체 사건의 경우의 수)=(①의 경우의 수)+(②의 경우의 수)=12

이렇게 말 한마디 차이로 그 결과값이 완전히 다를 수도 있다는 사실, 반드시 명심하시기 바랍니다. 앞으로 다음과 같은 용어가 나올 경우, 꼭 주의를 기울이시기 바랍니다.

동시에, 순서대로, 차례로, 서로 다른, 임의로, 연달아, 구분하여, 두 주사위, 두 카드, …

좀 더 난이도를 높여볼까요? 서로 다른 두 주사위를 던져 나오는 눈의 합이 9 이상이 되는 경우의 수는 얼마일까요? 단, 여기에 사용된 주사위는 1~6까지 적혀있는 정육면체 주사위입니다.

 잠시 질문의 답을 스스로 찾아보는 시간을 가져보세요.

어라…? 접속사 '또는'이 보이지 않는다고요? 네, 맞아요. 그래서 난이도가 높은 문제라고 말한 것입니다. 주어진 문장 속에 숨어 있는 접속사 '또는'을 찾는 것이 바로 이 문제의 핵심 포인트입니다. 과연 접속사 '또는'은 어디에 숨어 있을까요?

일단 두 주사위에서 나올 수 있는 눈의 합은 2~12입니다. 그렇죠? 이 중 9 이상인 수는 당연히 9, 10, 11, 12입니다. 즉, 두 주사위를 던져 눈의 합이 9 이상인 수가 되는 경우를 찾으라는 말은, 눈의 합이 '9인 경우', '10인 경우', '11인 경우', '12인 경우'를 모두 찾으라는 말과 같습니다. 그럼 접속사 '또는'을 활용하여 주어진 문장을 재구성해 보겠습니다.

서로 다른 두 주사위를 던져 나오는 눈의 합이 9 이상이 되는 경우

→ 서로 다른 두 주사위를 던져 나오는 눈의 합이 9, 10, 11 또는 12가 되는 경우

어떠세요? 문제가 훨씬 쉬워졌죠? 이제 주어진 내용을 낱개의 사건으로 분리해 보겠습니다.

두 주사위 눈의 합이 9, 10, 11 **또는** 12가 나오는 경우

- 사건 ① : 두 주사위 눈의 합이 9가 나오는 경우

- 사건 ② : 두 주사위 눈의 합이 10이 나오는 경우
- 사건 ③ : 두 주사위 눈의 합이 11이 나오는 경우
- 사건 ④ : 두 주사위 눈의 합이 12가 나오는 경우

　과연 분리된 네 개의 사건 ①, ②, ③, ④는 동시에 일어나는 사건일까요? 아니면 동시에 일어나지 않는 사건일까요? 세상에 9이면서 10, 11, 12가 되는 숫자는 없습니다. 그렇죠? 즉, 네 사건은 동시에 일어나지 않는 사건입니다. 이 경우 합의 법칙을 적용할 수 있겠네요. 잠깐! 여기서 많은 학생들이 범하는 실수가 하나 있습니다. 앞서도 언급했듯이 말 한마디에 그 결과값이 완전히 뒤바뀐다고 했던 거, 기억나시죠? 문제를 다시 한 번 읽고, 포인트가 되는 단어를 찾아보시기 바랍니다.

서로 다른 두 주사위를 던져 나오는 눈의 합이

9 이상이 되는 경우의 수는 얼마일까요?

 잠시 질문의 답을 스스로 찾아보는 시간을 가져보세요.

　찾으셨나요? 그렇습니다. '서로 다른'과 '두 주사위'라는 용어가 보이는군요. 이 말은 두 주사위를 구분해야 한다는 말과 같습니다. 편의상 두 주사위를 a, b로 구분한 후 각 사건에 대한 경우의 수를 따져보도록 하겠습니다. 다시 말해서, 두 주사위 a, b의 눈을 순서쌍 (x, y)로 표현하여 경우의 수를 살펴보자는 말입니다.

- 사건 ① : 두 주사위 a, b의 눈의 합이 9가 되는 경우
  → (3,6), (4,5), (5,4), (6,3) ∴ 경우의 수 : 4
- 사건 ② : 두 주사위 a, b의 눈의 합이 10이 되는 경우
  → (4,6), (5,5), (6,4)　　　∴ 경우의 수 : 3
- 사건 ③ : 두 주사위 a, b의 눈의 합이 11이 되는 경우
  → (5,6), (6,5)　　　　　∴ 경우의 수 : 2
- 사건 ④ : 두 주사위 a, b의 눈의 합이 12가 되는 경우
  → (6,6)　　　　　　∴ 경우의 수 : 1

　여기서 (3,6)과 (6,3)이 서로 다르다는 거, 다들 아시죠? 따라서 전체 사건의 경우의 수는 사건 ①, ②, ③, ④의 경우의 수를 모두 더한 값 10(=4+3+2+1)입니다. 여기서 주사위를 구분하는 경우에 대해 간략히 살펴보도록 하겠습니다. 다음 두 질문의 답이 서로 같은지 아니면

서로 다른지 판별해 보시기 바랍니다. 단, 여기에 사용된 주사위는 1부터 6까지 적혀있는 정육면체 주사위입니다.

① 서로 다른 두 주사위의 눈의 합이 11이
　　나오는 경우의 수는?
② 모양이 똑같은 두 주사위의 눈의 합이
　　11이 나오는 경우의 수는?

　서로 다른 두 주사위의 눈의 합이 11이 나오는 경우의 수는 다음과 같습니다. 편의상 두 주사위를 a, b로 놓은 후, 주사위 눈을 순서쌍 (x, y)로 표시하겠습니다.

서로 다른 두 주사위 눈의 합이 11이 나오는 경우 : $(5,6)$, $(6,5)$

　보는 바와 같이 경우의 수는 2입니다. 그렇다면 모양이 똑같은 두 주사위 눈의 합이 11이 나오는 경우의 수는 어떨까요?

 잠시 질문의 답을 스스로 찾아보는 시간을 가져보세요.

　얼핏 생각하면, 주사위 모양이 똑같이 생겼으니까 눈의 합이 11이 나오는 경우에서, 5와 6이 나오는 경우 $(5,6)$과 6과 5가 나오는 경우 $(6,5)$가 서로 같다고 착각할 수도 있습니다. 하지만 두 주사위를 던지는 모든 경우를 잘 따져 보면, 앞서 서로 다른 두 주사위를 던지는 경우에서처럼 모양이 똑같은 두 주사위를 던지는 경우에도 그 순서를 구분해야 한다는 사실을 쉽게 확인할 수 있을 것입니다. 왜냐하면 모양이 똑같은 두 주사위를 한 번 던질 때에도, 그 경우의 수는 다음과 같이 36가지가 나오기 때문입니다.

두 주사위를 한 번 던지는 모든 경우의 수 : 36가지
$(1,1)$, $(1,2)$, $(1,3)$, $(1,4)$, $(1,5)$, $(1,6)$
$(2,1)$, $(2,2)$, $(2,3)$, $(2,4)$, $(2,5)$, $(2,6)$
$(3,1)$, $(3,2)$, $(3,3)$, $(3,4)$, $(3,5)$, $(3,6)$
$(4,1)$, $(4,2)$, $(4,3)$, $(4,4)$, $(4,5)$, $(4,6)$
$(5,1)$, $(5,2)$, $(5,3)$, $(5,4)$, $(5,5)$, $(5,6)$
$(6,1)$, $(6,2)$, $(6,3)$, $(6,4)$, $(6,5)$, $(6,6)$

여하튼 모양이 같든 다르든지 간에 두 개의 주사위를 던지는 경우에는 반드시 주사위를 서로 구분해야 한다는 사실, 절대 잊지 마시기 바랍니다.

두 개의 주사위를 던지는 경우, 반드시 주사위를 서로 구분해야 한다.

조금 어렵나요? 그럼 100원짜리 동전을 예로 들어 보겠습니다. 100원짜리 동전의 모양이 모두 똑같이 생긴 거, 다들 아시죠? 100원짜리 동전 두 개를 한 번 던졌을 때 나오는 경우의 수는 얼마일까요? 일단 동전 1개를 던질 때 나오는 경우의 수는 앞면과 뒷면 2가지입니다. 그렇죠? 하나의 동전에서 나오는 경우의 수가 2이므로, 두 개의 동전을 던졌을 때 나오는 경우의 수는 4가 될 것입니다.

두 개의 동전을 한 번 던졌을 때 나오는 경우의 수

(앞,앞), (앞,뒤), (뒤,앞), (뒤,뒤) → 4가지 ∴ 경우의 수 : 4

즉, 모양이 똑같지만 두 동전을 구분하여 순서쌍으로 표시한 후, 경우의 수를 계산해야 한다는 뜻입니다. 만약 아직도 이해가 잘 되지 않는다면 그냥 넘어가시기 바랍니다. 여러 문제를 풀다보면 자연스럽게 터득할 수 있는 내용이거든요. 그럼 경우의 수와 관련하여 응용문제 풀이순서를 정리해 보도록 하겠습니다.

경우의 수와 관련된 응용문제 풀이순서

① 주어진 내용을 낱개의 사건으로 분리합니다.
② 낱개의 사건에 대한 경우의 수를 각각 찾아봅니다.
③ 동시에 일어나는 사건인지 그렇지 않은 사건인지 정확히 파악합니다.
  (동시에 일어나지 않는다면 합의 법칙을 적용하여 계산합니다)
④ 중복된 경우가 있다면, 중복된 경우의 수를 빼 줍니다.

이렇게 풀이순서를 천천히 따라하다 보면 웬만한 문제는 거뜬히 해결할 수 있을 것입니다. 더불어 주어진 내용을 낱개의 사건으로 잘~ 분리하기만 하면 '게임 끝'이라는 사실도 함께 기억하시기 바랍니다. 하지만 낱개의 사건으로 분리하기가 상당히 어려운 문제들도 많은데, 이때에는 일일이 모든 경우를 하나씩 따져본 후, 경우의 수를 구할 수밖에 없다는 사실, 명심하시기 바랍니다. (경우의 수와 관련된 응용문제 풀이순서의 숨은 의미)

이번엔 **동시에 일어나는 사건에 대한 경우의 수를 따져보도록** 하겠습니다. 여러분~ '또는'과 대비되는 접속사가 뭐죠? 그렇습니다. '그리고'입니다. 다음은 접속사 '그리고'와 관련된 문제입니다.

은설이와 규민이가 주사위를 각각 한 번씩 던졌을 때, 은설이는
6의 약수가 나오고 규민이는 짝수가 나오는 경우의 수는 얼마일까요?

우선 접속사 '그리고'를 기준으로 주어진 내용을 낱개의 사건으로 분리해 보겠습니다.

은설이가 던진 주사위 눈이 6의 약수가 **나오고**
규민이가 던진 주사위 눈이 짝수가 나오는 경우
- 사건 ① : 은설이가 던진 주사위 눈이 6의 약수가 나오는 경우
- 사건 ② : 규민이가 던진 주사위 눈이 짝수가 나오는 경우

이제 사건 ①과 ②가 동시에 일어나는지 아니면 동시에 일어나지 않는지 파악해 볼 차례입니다. 과연 은설이가 던진 주사위 눈이 6의 약수이면서 동시에 규민이가 던진 주사위 눈이 짝수가 될 수 있을까요? 네. 가능합니다. 즉, 두 사건 ①과 ②는 동시에(모두) 일어나는 사건입니다. 이제 각 사건의 경우의 수를 찾아볼까요?

- 사건 ① : 은설이가 던진 주사위 눈이 6의 약수가 나오는 경우
  → 1, 2, 3, 6 ∴ 경우의 수 : 4
- 사건 ② : 규민이가 던진 주사위 눈이 짝수가 나오는 경우
  → 2, 4, 6   ∴ 경우의 수 : 3

이제 질문의 답을 찾아보겠습니다. 앞서 문제에서는 은설이가 던진 주사위 눈이 6의 약수가 나오고 규민이가 던진 주사위 눈이 짝수가 나오는 경우의 수를 구하라고 했습니다. 그렇죠? 예를 들어, 은설이의 주사위가 1이 나오고 규민이의 주사위가 2가 나오면 됩니다. 또는 은설이의 주사위가 3이 나오고 규민이의 주사위가 6이 나오면 됩니다. 이렇게 두 사건이 동시에 일어나는 경우를 모두 찾아보면 다음과 같습니다.

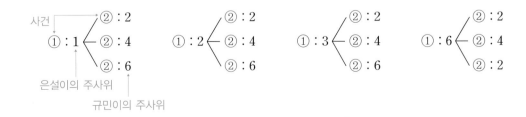

사건 ①과 ②가 동시에 일어나는 경우를 순서쌍으로 나타내면 다음과 같습니다. 참고로 순서 쌍 (x, y)에서 x는 은설이가 던진 주사위의 눈의 숫자를, y는 규민이가 던진 주사위의 눈의 숫자를 가리킵니다.

$$(1,2), (1,4), (1,6), (2,2), (2,4), (2,6), (3,2), (3,4), (3,6), (6,2), (6,4), (6,6)$$
$$\rightarrow 12가지$$

따라서 은설이와 규민이가 주사위를 각각 한 번씩 던졌을 때, 은설이는 6의 약수가 나오고 규민이는 짝수가 나오는 경우의 수는 12입니다. 어라...? 낱개의 사건 ①과 ②의 경우의 수를 서로 곱하면 되는군요.

$$(사건 ①의 경우의 수) \times (사건 ②의 경우의 수) = 3 \times 4 = 12$$

여기서 우리는 동시에 일어나는 사건, 즉 접속사 '그리고'로 연결된 사건에 대한 규칙성을 발견할 수 있습니다. 네, 맞아요. 동시에 일어나는 사건에서는 낱개로 분리된 사건의 경우의 수를 서로 곱하면 전체 사건의 경우의 수를 쉽게 구할 수 있습니다.

> **곱의 법칙**
>
> 사건 A와 B가 동시에(연달아) 일어날 때, 각 사건 A와 B의 경우의 수를 각각 m, n이라고 하면, 사건 A와 B가 동시에(모두) 일어날 경우의 수는 $(m \times n)$이 됩니다. 이것을 경우의 수에 대한 곱의 법칙이라고 말합니다.

보아하니 동시에 일어나는 사건의 경우에도, 전체 사건을 낱개의 사건으로 잘~ 분리하기만 하면 손쉽게 문제를 해결할 수 있겠네요. 즉, 곱의 법칙을 활용하면, 동시에 일어나는 사건에 대한 경우의 수를 찾는 것은 '식은 죽 먹기'에 불과합니다. 더불어 동시에 일어나는 사건이 세 개 이상일 경우에도 곱의 법칙이 성립한다는 사실도 함께 기억하시기 바랍니다. (곱의 법칙의 숨은 의미)

가끔 어떤 학생들은 '두 주사위를 동시에' 던졌다는 내용만 보고, 두 사건이 동시에 일어난다고 착각하는 경향이 있는데, 이는 잘못된 판단입니다. 곱의 법칙에서 말하는 '동시에' 일어나는 사건이란, 시간적으로 동시에 일어나는 것이 아니라 두 사건이 '모두' 일어날 수 있는 사건을 의미합니다. 음... 무슨 말인지 잘 모르겠다고요? 다음 문제를 풀어보면 이해하기가 조금 더 수월할 것입니다.

주사위 1개를 두 번 연달아 던졌을 때, 두 번 다 짝수가 나오는 경우의 수는?

우선 주어진 내용을 낱개의 사건으로 분리해 보면 다음과 같습니다.

- 사건 ① : 처음 주사위를 던졌을 때, 짝수(2, 4, 6)가 나오는 경우 (경우의 수 : 3)
- 사건 ② : 또 다시 주사위를 던졌을 때, 짝수(2, 4, 6)가 나오는 경우 (경우의 수 : 3)

여기서 사건 ①과 ②는 동시에 일어날까요? 즉, 처음 주사위를 던졌을 때 짝수가 나오고 또 다시 주사위를 던졌을 때에도 짝수가 나올 수 있는지 묻는 것입니다. 네, 맞아요. 두 사건은 '모두' 일어날 수 있는 사건입니다. 즉, 곱의 법칙에 따라 전체 사건의 경우의 수는 9(=3×3)가 된다는 말입니다. 앞으로 문제 속에 '그리고, 함께, 모두, 연달아, ...' 등의 용어를 보았다면, 동시에 일어날 가능성이 큰 사건임을 염두에 두시기 바랍니다. 다시 한 번 동시에 일어난다는 개념을 정리하고 넘어가도록 하겠습니다.

> 두 사건이 '동시에' 일어난다는 것은 시간적으로 동시에 일어나는
> 것이 아니라 두 사건이 '모두' 일어날 수 있다는 것을 의미합니다.

곱의 법칙과 관련된 여러 문제를 풀어보도록 하겠습니다. 은설이는 매일 방과후(학교 수업을 마친 후) 도서관에 들러 3시간씩 책을 읽고 집에 간다고 합니다. 다음 그림에서 보는 바와 같이 학교에서 도서관으로 가는 길은 3갈래(a, b, c)로 나누어져 있습니다. 그리고 도서관에서 집으로 가는 길은 2갈래(d, e)로 나누어져 있습니다. 그렇다면 학교에서 출발하여 도서관을 들러 집으로 가는 경우의 수는 총 몇 가지일까요?

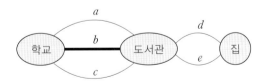

일단 주어진 내용을 낱개의 사건으로 분리해 보도록 하겠습니다.

학교에서 출발하여 도서관에 들러 집으로 가는 경우의 수
- 사건 ① : 학교에서 도서관으로 가는 경우 → a, b, c ∴ 경우의 수 : 3
- 사건 ② : 도서관에서 집으로 가는 경우 → d, e ∴ 경우의 수 : 2

이제 낱개의 사건이 동시에 일어나는지 판단할 차례입니다. 동시에 일어난다면 곱의 법칙을 적용할 수 있겠죠? 문제에서 학교에서 집까지 가는 경우의 수를 구하라고 했으므로, 두 사건 ①과 ②는 동시에, 즉 모두 일어나는 사건입니다. 예를 들어, 학교에서 출발하여 a길을 따라 도서관에 들렀다가 b길을 따라 집으로 갈 수 있잖아요. 그렇죠? 곱의 법칙을 적용하여 정답을 찾으면 다음과 같습니다.

학교에서 도서관을 들러 집으로 가는 경우의 수 : 6(＝3×2)

어렵지 않죠? **몇 문제 더 풀어볼까요?** 은설이는 다음과 같이 도화지에 그려진 태극무늬에 색을 칠하려고 합니다. 현재 은설이가 가지고 있는 물감의 색상은 빨강, 주황, 노랑, 초록, 파랑, 남색, 보라로 총 7가지라고 하네요. 이 중 2가지 색상을 차례로 골라 칠하는 경우의 수는 얼마일까요?

조금 어렵나요? 일단 주어진 내용을 낱개의 사건으로 분리해 보도록 하겠습니다.

7가지 색상 중 2개를 차례로 골라 색을 칠하는 경우의 수

- 사건 ① : 위쪽 무늬에 색을 칠하는 경우의 수 → 7
- 사건 ② : 아래쪽 무늬에 색을 칠하는 경우의 수 → 6

여기서 잠깐! 사건 ②에 대한 경우의 수가 왜 6일까요? 네, 그렇습니다. 문제에서 2가지 색상을 고르라고 했으므로, 사건 ①에서 선택한 색상은 사건 ②에서는 제외해야 합니다. 그렇죠? 이제 낱개의 사건 ①과 ②가 동시에 일어나는지 판단할 차례입니다. 동시에 일어난다면, 곱의 법칙을 적용할 수 있겠죠? 문제에서 2가지 색상을 골라 칠하는 경우의 수를 구하라고 했으므로, 두 사건 ①과 ②는 동시에, 즉 모두 일어나는 사건입니다. 예를 들어, 위쪽 무늬에 보라색을 칠하고, 아래쪽 무늬에 빨강색을 칠할 수 있잖아요. 그렇죠? 곱의 법칙을 적용하여 정답을 찾으면 다음과 같습니다.

은설이가 도화지에 그려진 태극무늬에 색을 차례로 칠하는 경우의 수 : 42(＝7×6)

어렵지 않죠? 더 나아가 다음과 같은 무늬에 색을 칠하는 경우도 상상해 볼 수 있습니다.

7가지 색상 중 3개를 골라 차례로 색을 칠하는 경우의 수는 다음과 같습니다.

7가지 색 중 3개를 골라 차례로 색을 칠하는 경우의 수 : 210($=7 \times 6 \times 5$)
- 사건 ① : 한 곳에 색을 칠하는 경우의 수 → 7
- 사건 ② : 또 다른 곳에 색을 칠하는 경우의 수 → 6
- 사건 ③ : 나머지 한 곳에 색을 칠하는 경우의 수 → 5

은설이는 친구 생일에 초대를 받아 옷을 예쁘게 차려입고 나가려고 합니다. 옷장에는 상의 4벌과 하의 5벌이 있습니다. 은설이가 입을 수 있는 옷차림(상의와 하의를 모두 착용)의 경우의 수는 얼마일까요?

 잠시 질문의 답을 스스로 찾아보는 시간을 가져보세요.

어렵지 않죠? 일단 주어진 내용을 낱개의 사건으로 분리한 후, 각 사건에 대한 경우의 수를 확인해 보면 다음과 같습니다.

은설이가 입을 수 있는 옷차림의 경우의 수
- 사건 ① : 상의를 선택하는 경우의 수 → 4
- 사건 ② : 하의를 선택하는 경우의 수 → 5

이제 낱개의 사건 ①과 ②가 동시에 일어나는지 판단할 차례입니다. 동시에 일어난다면 곱의 법칙을 적용할 수 있겠죠? 문제에서 상의와 하의를 모두 착용한다고 했으므로, 두 사건 ①과 ②는 동시에, 즉 모두 일어나는 사건입니다. 곱의 법칙을 적용하여 정답을 찾으면 다음과 같습니다.

은설이가 입을 수 있는 옷차림의 경우의 수 : 20($=4 \times 5$)

거 봐요~ 주어진 내용을 낱개의 사건으로 분리하기만 하면 '게임 끝'이라고 했잖아요. 주머니 속에 1부터 4까지 적혀있는 공 4개가 있습니다. 주머니 속에서 공 2개를 차례로 꺼내 두 자리 자연수를 만들 때, 나올 수 있는 자연수의 개수는 총 몇 개일까요? 일단 주어진 내용을 낱개의 사건으로 분리해 보겠습니다.

공 2개를 차례로 꺼내 두 자리 자연수를 만들 때, 나올 수 있는 자연수의 개수
- 사건 ① : 십의 자리에 해당하는 공을 꺼내는 경우의 수 → 4
- 사건 ② : 일의 자리에 해당하는 공을 꺼내는 경우의 수 → 3

사건 ②에서 경우의 수가 왜 3인지 아시죠? 네, 맞아요. 문제에서 주머니 속에 공이 4개 들어 있다고 했으므로, 사건 ①에서 이미 공 1개를 꺼냈다면 남아있는 공의 개수는 3개밖에 없기 때문입니다. 이제 낱개의 사건이 동시에 일어나는지 판단할 차례입니다. 동시에 일어난다면 곱의 법칙을 적용할 수 있겠죠? 주머니 속에서 2개의 공을 차례로 꺼내 두 자리 자연수를 만든다고 했으므로, 두 사건 ①과 ②는 동시에, 즉 모두 일어나는 사건입니다. 곱의 법칙을 적용하여 정답을 찾으면 다음과 같습니다.

2개의 공을 차례로 꺼내 두 자리 자연수를 만들 때,
나올 수 있는 자연수의 개수 : 12(=4×3)개

여기서 잠깐! 주머니 속에 들어있는 공의 숫자가 0부터 3이라면, 공 2개를 차례로 꺼내 두 자리 자연수를 만들 때, 나올 수 있는 자연수의 개수는 총 몇 개일까요?

잠시 질문의 답을 스스로 찾아보는 시간을 가져보세요.

네, 맞아요. 숫자 0은 십의 자리의 숫자가 될 수 없으므로, 사건 ①의 경우의 수는 3이 됩니다. 정리하면 다음과 같습니다.

공 2개를 차례로 꺼내 두 자리 자연수를 만들 때, 나올 수 있는 자연수의 개수
- 사건 ① : 십의 자리에 해당하는 공을 꺼내는 경우의 수 → 3
- 사건 ② : 일의 자리에 해당하는 공을 꺼내는 경우의 수 → 3

여기서 사건 ②의 경우의 수도 3이 될 것입니다. 문제에서 주머니 속에 공이 4개 들어있다고 했으므로, 사건 ①에서 이미 공 1개를 꺼냈다면 남아있는 공의 개수는 3개밖에 없기 때문이죠.

두 사건 ①과 ②가 동시에 일어나는 사건인 거, 다들 아시죠? 정답은 다음과 같습니다.

2개의 공을 꺼내 두 자리 자연수를 만들 때, 나올 수 있는 자연수의 개수 : 9(=3×3)개
(단, 주머니 속에 들어있는 공의 숫자는 0부터 3이다)

잠깐만! 사건 ①을 일의 자리에 해당하는 공을 꺼내는 경우로, 사건 ②를 십의 자리에 해당하는 공을 꺼내는 경우로 놓으면 어떻게 될까요?

 잠시 질문의 답을 스스로 찾아보는 시간을 가져보세요

일단 사건 ①의 경우의 수는 4가 되겠네요. 과연 사건 ②에서 십의 자리에 해당하는 공을 꺼내는 경우를 3이라고 말할 수 있을까요? 만약 0이 포함되어 있다면... 음... 조금씩 복잡해지는 군요. 이 경우 사건 ①에서 0을 뽑는 경우와 0을 뽑지 않는 경우로 구분해야 할 것입니다.

- 사건 ① : 일의 자리에 해당하는 공을 꺼내는 경우
  i) 일의 자리에 해당하는 공이 0인 경우의 수 : 1
  ii) 일의 자리에 해당하는 공이 0이 아닌 경우의 수 : 3

이제 사건 ①-i)과 사건 ①-ii)의 경우를 토대로 각각 사건 ② 십의 자리에 해당하는 공을 꺼내는 경우의 수를 따져 보겠습니다. 사건 ①-i)의 경우, 일의 자리 공으로 0을 뽑았으므로, 십의 자리에 해당하는 공은 3개가 될 것입니다. 반면에 사건 ①-ii)의 경우, 일의 자리 공으로 0이 아닌 공을 뽑았으므로, 남아있는 3개의 공 중에서 십의 자리에 해당하는 공은 2개가 될 것입니다.

- 사건 ①-i)의 경우의 수 : 1
  사건 ② 십의 자리에 해당하는 공을 꺼내는 경우의 수 : 3

- 사건 ①-ii)의 경우의 수 : 3
  사건 ② 십의 자리에 해당하는 공을 꺼내는 경우의 수 : 2

그럼 사건 ①-i)과 사건 ①-ii)의 경우를 토대로 각각에 해당하는 경우의 수를 계산하면 다음과 같습니다.

• 사건 ①-i)의 경우의 수 : 1

사건 ② 십의 자리에 해당하는 공을 꺼내는 경우의 수 : 3

∴ 두 자리 자연수를 만들 때, 나올 수 있는 자연수의 개수 : 3(＝1×3)개

• 사건 ①-ii)의 경우의 수 : 3

사건 ② 십의 자리에 해당하는 공을 꺼내는 경우의 수 : 2

∴ 두 자리 자연수를 만들 때, 나올 수 있는 자연수의 개수 : 6(＝3×2)개

여기서 사건 ①-i)과 사건 ①-ii)는 동시에 일어날 수 없는 사건입니다. 그렇죠? 즉, 사건 ①-i)과 사건 ①-ii)에 합의 법칙을 적용해야 구하고자 하는 경우의 수를 찾을 수 있다는 말입니다.

공 2개를 차례로 꺼내 두 자리 자연수를 만들 때,
나올 수 있는 자연수의 개수는 9(＝3＋6)이다.

어떠세요? 앞서 풀었던 것과 그 결과가 똑같죠? 이렇게 주어진 상황을 낱개의 사건으로 분리하는 방법에는 여러 가지가 있을 수 있습니다. 그 중에서 가장 간단한 방법을 찾는 것이 문제해결의 관건입니다. 이 점 반드시 명심하시기 바랍니다.

두 사건이 일부만 동시에 일어날 경우에는, 어떻게 경우의 수를 계산해야 할까요? 음... 전혀 감이 오지 않는다고요? 앞서 잠깐 다루었는데... 기억이 잘 나질 않나보네요. 다음 문제를 풀어보면 쉽게 질문의 답을 찾을 수 있을 것입니다.

주사위를 한 번 던져 홀수가 나오거나 2의 약수가 나오는 경우의 수는?

일단 주어진 내용(사건)을 낱개의 사건으로 분리하면 다음과 같습니다.

주사위를 한 번 던져 홀수가 **나오거나** 2의 약수가 나오는 경우
→ i) 홀수가 나오는 경우   ii) 2의 약수가 나오는 경우

이제 낱개의 사건 i)과 ii)에 대한 경우의 수를 확인해 보겠습니다.

i) 주사위를 한 번 던져 홀수가 나오는 경우 → 1, 3, 5 ∴ 경우의 수 : 3

ii) 주사위를 한 번 던져 2의 약수가 나오는 경우 → 1, 2 ∴ 경우의 수 : 2

어라...? 주사위 눈이 1이 나오는 경우가 두 사건(i, ii)에 모두 포함되어 있네요. 이렇게 중복된 경우에는 한 번만 계산해 주어야 합니다. 즉, 사건 i)과 ii)의 경우의 수 3과 2를 합한 값 5에서 중복된 경우의 수 1를 뺀 값 4가 바로 전체 사건의 경우의 수입니다.

주사위를 한 번 던져 홀수가 나오거나 2의 약수가 나오는 경우의 수는 4이다.

이렇게 일부의 경우에만 동시에 일어날 때, 즉 중복된 경우가 발생한다면 그 경우의 수를 빼 주어야 한다는 사실, 절대 잊지 마시기 바랍니다. 다음은 합의 법칙과 곱의 법칙을 포괄하는 '경우의 수와 관련된 응용문제 풀이순서' 입니다.

경우의 수와 관련된 응용문제 풀이순서

① 주어진 내용을 낱개의 사건으로 분리합니다.
② 낱개의 사건에 대한 경우의 수를 각각 찾아봅니다.
③ 동시에 일어나는 사건인지 그렇지 않은 사건인지 정확히 파악합니다.
　(동시에 일어나지 않는 사건이면 합의 법칙을, 동시에 일어나는 사건이면 곱의 법칙을 적용합니다)
④ 중복된 경우가 있다면, 중복된 경우의 수를 빼 줍니다.

이렇게 풀이순서를 천천히 따라하다 보면 웬만한 경우의 수와 관련된 문제는 거뜬히 해결할 수 있을 것입니다. 더불어 주어진 내용을 낱개의 사건으로 잘~ 분리하기만 하면 '게임 끝'이라는 사실, 반드시 명심하시기 바랍니다. 하나 더! 낱개의 사건으로 분리하는 방법에는 여러 가지가 있는데, 그 중 가장 간단한 방법을 선택해야 손쉽게 문제를 해결할 수 있다는 사실도 함께 기억하시기 바랍니다. 하지만 낱개의 사건으로 분리하기가 상당히 어려운 문제들도 많은데, 이때에는 일일이 모든 경우를 하나씩 따져본 후, 문제를 풀어야 한다는 것, 잊지 마시기 바랍니다. (경우의 수와 관련된 응용문제 풀이순서의 숨은 의미)

이번엔 난이도가 꽤 놓은 문제를 풀어보도록 하겠습니다. **주머니 속에 빨간 구슬 5개와 파란 구슬 6개가 들어있습니다. 규민이는 주머니에서 구슬을 하나씩 두 번을 꺼낸다고 합니다. 꺼낸 구슬이 모두 빨간 구슬이거나 모두 파란 구슬일 경우의 수는 얼마일까요? 단, 꺼낸 구슬은 다시 집어넣지 않습니다.**

 잠시 질문의 답을 스스로 찾아보는 시간을 가져보세요.

음... 역시 어렵군요. 일단 주어진 내용을 낱개의 사건으로 분리해 보겠습니다.

주머니에서 꺼낸 구슬이 모두 빨간 구슬이거나 모두 파란 구슬일 경우
- 사건 ① : 주머니에서 꺼낸 구슬이 모두 빨간 구슬일 경우
- 사건 ② : 주머니에서 꺼낸 구슬이 모두 파란 구슬일 경우

여기서 잠깐! 사건 ①과 ②는 동시에 일어날 수 있는 사건일까요? 그렇지 않습니다. 왜냐하면 주머니 속에서 꺼낸 구슬 2개가 모두 빨간 구슬이면서 모두 파란 구슬이 될 수는 없거든요. 더불어 접속사도 '또는(나오거나)'이 사용됐으니까, 사건 ①과 ②에는 합의 법칙을 적용해야 합니다. 그렇다면 천천히 사건 ①과 ②의 경우의 수를 구해보도록 하겠습니다.

- 사건 ① : 주머니에서 꺼낸 구슬이 모두 빨간 구슬일 경우의 수

문제에서 구슬을 하나씩 두 번을 꺼낸다고 했으므로, 사건 ①을 다음과 같이 또 다른 두 개의 사건으로 분리할 수 있겠네요. 분리된 사건별로 경우의 수를 따져보면 다음과 같습니다. 잠깐! 주머니 속에는 빨간 구슬이 5개 들어있다는 거, 잊지 않으셨죠?

- 사건 ① : 주머니에서 꺼낸 구슬이 모두 빨간 구슬일 경우의 수
  i) 처음 주머니 속에서 꺼낸 구슬이 빨간 구슬일 경우의 수 → 5
  ii) 또 다시 주머니 속에서 꺼낸 구슬이 빨간 구슬일 경우의 수 → 4

여러분~ 사건 ①-ii)에서 빨간 구슬을 꺼내는 경우의 수가 왜 4인지 아십니까? 네, 맞아요. 문제에서 꺼낸 구슬을 다시 넣지 않았다고 했잖아요. 여기서 질문입니다.

사건 ①에서 파생된 낱개의 사건 i)과 ii)는 동시에 일어나는 사건일까요?

그렇습니다. 파생된 낱개의 사건 i)과 ii)는 동시에(연달아) 일어나는 사건입니다. 왜냐하면 문제에서 구슬을 하나씩 두 번을 꺼낸다고 했잖아요. 즉, 규민이는 사건 i)과 ii)를 모두 수행해야 합니다. 그럼 곱의 법칙을 적용하여 사건 ①의 경우의 수를 구하면 다음과 같습니다.

- 사건 ① : 주머니 속에서 꺼낸 구슬이 모두 빨간 구슬일 경우의 수 → 20(=5×4)

사건 ②도 마찬가지입니다. 곱의 법칙을 적용하여 경우의 수를 구하면 다음과 같습니다. 잠

깐! 주머니 속에는 파란 구슬이 6개 들어있다는 거, 잊지 않으셨죠?

- 사건 ② : 주머니 속에서 꺼낸 구슬이 모두 파란 구슬일 경우의 수 : $30(=6 \times 5)$
  i) 처음 주머니 속에서 꺼낸 구슬이 파란 구슬일 경우의 수 → 6
  ii) 또 다시 주머니 속에서 꺼낸 구슬이 파란 구슬일 경우의 수 → 5

이제 전체 사건에 대한 경우의 수를 구해볼 차례입니다. 앞서 사건 ①과 ②가 동시에 일어날 수 없는 사건이라고 말했던 거, 기억나시죠? 즉, 전체 사건의 경우의 수를 구하기 위해서는 합의 법칙을 적용해야 합니다. 따라서 주머니 속에서 꺼낸 구슬이 모두 빨간 구슬이거나 모두 파란 구슬일 경우의 수는 $50(=20+30)$이 됩니다. 음... 합의 법칙과 곱의 법칙을 복합적으로 적용해야 하는 문제였군요. 이해가 잘 가지 않는다면 천천히 다시 한 번 읽어보시기 바랍니다.

경우의 수와 관련된 응용문제는 다음 사항만 잘 수행하면 쉽게 답을 찾을 수 있습니다.

첫째, 주어진 상황을 낱개의 사건으로 정확히 분리할 수 있는지...
둘째, 분리된 사건들이 동시에 일어나는지 그렇지 않은지...

가끔 낱개의 사건에 대한 모든 경우를 일일이 찾아 문제를 해결해야 하는 경우도 있을 것입니다. 그럴 땐 당황하지 말고 차분히 문제내용을 하나씩 분석한 후 천천히 경우의 수를 따져보시기 바랍니다. 그럼 어렵지 않게 문제를 해결할 수 있을 것입니다.

다음에 주어진 질문의 차이점을 말해보시기 바랍니다.

(1) 3명의 학생 중에서 반장 1명, 부반장 1명을 뽑는 경우의 수는?
(2) 3명의 학생 중에서 대표 2명을 뽑는 경우의 수는?

 잠시 질문의 답을 스스로 찾아보는 시간을 가져보세요.

찾으셨나요? 네, 맞아요. (1)의 경우 뽑는 학생을 반장과 부반장으로 구분하였습니다. 하지만 (2)의 경우는 그렇지 않습니다. 그럼 (1)과 (2)를 낱개의 사건으로 분리한 후, 각 사건에 대한 경우의 수를 확인해 보도록 하겠습니다.

(1) 3명의 학생 중에서 반장 1명, 부반장 1명을 뽑는 경우의 수

- 사건 ① : 3명의 학생 중 반장 1명을 뽑는 경우의 수 → 3
- 사건 ② : 2명의 학생 중 부반장 1명을 뽑는 경우의 수 → 2

(2) 3명의 학생 중에서 대표 2명을 뽑는 경우의 수
- 사건 ① : 3명의 학생 중 대표 1명을 뽑는 경우의 수 → 3
- 사건 ② : 2명의 학생 중 대표 1명을 뽑는 경우의 수 → 2

잠깐! 사건 ②에서 왜 2명의 학생 중 부반장(또는 대표)을 뽑을까요? 네, 맞아요. 사건 ①에서 벌써 1명을 뽑았기 때문에 남아있는 학생이 2명이기 때문입니다. 여기서 (1)과 (2)에 대한 낱개의 사건 ①과 ②는 동시에 일어나는 사건이므로, 곱의 법칙을 적용할 수 있습니다.

(1) 3명의 학생 중에서 반장 1명, 부반장 1명을 뽑는 경우의 수 : 6(=3×2)
(2) 3명의 학생 중에서 대표 2명을 뽑는 경우의 수 : 6(=3×2)

어라...? (1)과 (2)의 경우의 수가 모두 6이네요. 그럼 두 상황이 별로 다를 게 없잖아요. 어떻게 된 것일까요?

 잠시 질문의 답을 스스로 찾아보는 시간을 가져보세요.

일단 계산의 편의상 세 명의 학생을 a, b, c로 놓고, 경우의 수를 모두 나열해 보면 다음과 같습니다.

(1) 3명의 학생 중에서 반장 1명, 부반장 1명을 뽑는 경우
→ (반장 a, 부반장 b), (반장 a, 부반장 c), (반장 b, 부반장 a)
(반장 b, 부반장 c), (반장 c, 부반장 b), (반장 c, 부반장 a)

(2) 3명의 학생 중에서 대표 2명을 뽑는 경우
→ (대표 a와 b), (대표 a와 c), (대표 b와 c)

아~ 사건 (2)에 대한 경우의 수는 6이 아니라 그 절반인 3이군요. 왜 그럴까요? 그렇습니다. 중복된 부분을 제외했기 때문입니다. 예를 들어, (대표 a와 b)를 뽑는 경우와 (대표 b와 a)를 뽑는 경우는 서로 같은 경우에 해당하거든요. 여기서 잠깐~ 경우의 수와 관련된 응용문제 풀이 순서를 다시 한 번 되새겨보도록 하겠습니다.

경우의 수와 관련된 응용문제 풀이순서

① 주어진 내용을 낱개의 사건으로 분리합니다.

② 낱개의 사건에 대한 경우의 수를 각각 찾아봅니다.

③ 동시에 일어나는 사건인지 그렇지 않은 사건인지 정확히 파악합니다.

　(동시에 일어나지 않는 사건이면 합의 법칙을, 동시에 일어나는 사건이면 곱의 법칙을 적용합니다)

④ 중복된 경우가 있다면, 중복된 경우의 수를 빼 줍니다.

④와 같이 중복된 경우가 발생할 경우, 그 경우의 수를 빼 주어야 합니다. 즉, 사건 (2)의 경우 총 경우의 수 6에서 중복된 경우의 수 3을 빼 주어야 한다는 말이지요. 어떠세요? 이제 사건 (1)과 (2)의 차이점이 무엇인지 정확히 아셨죠? 이렇게 경우의 수와 관련된 문제는 그 내용을 꼼꼼하게 따져 봐야 정확한 답을 도출할 수 있다는 사실, 절대 잊지 마시기 바랍니다. 특히, 구분의 필요성이 있는 경우에는 순서쌍을 반드시 활용하시기 바랍니다.

유사한 다른 질문을 해 보도록 하겠습니다. 다음 두 질문의 차이점을 말해보시기 바랍니다.

　　(1) 3명의 학생 중에서 순서대로 2명을 임의로 뽑는 경우의 수는?

　　(2) 3명의 학생 중에서 임의로 2명을 뽑는 경우의 수는?

 잠시 질문의 답을 스스로 찾아보는 시간을 가져보세요.

찾으셨나요? 네, 맞아요. (1)의 경우는 순서대로 뽑는 경우이며, (2)의 경우는 그렇지 않습니다. 즉, (1)에서는 첫 번째 뽑는 경우와 두 번째 뽑는 경우를 구분해야 하지만 (2)에서는 그렇지 않습니다. 그럼 (1)과 (2)를 낱개의 사건으로 분리한 후, 각 사건에 대한 경우의 수를 확인해 보도록 하겠습니다. 여기서 세 학생을 각각 a, b, c로 놓겠습니다.

　　(1) 3명의 학생 중에서 순서대로 2명을 임의로 뽑는 경우의 수

　　　• 사건 ① : 3명 중 첫 번째 학생 1명을 뽑는 경우의 수 → 3

　　　• 사건 ② : 남은 2명 중 두 번째 학생 1명을 뽑는 경우의 수 → 2

　　　☞ 곱의 법칙 적용 : 6(=3×2) ← $(a, b), (a, c), (b, a), (b, c), (c, a), (c, b)$

　　(2) 3명의 학생 중에서 임의로 2명을 뽑는 경우의 수

　　　• 사건 ① : 3명의 학생 중 1명을 뽑는 경우의 수 → 3

　　　• 사건 ② : 2명의 학생 중 1명을 뽑는 경우의 수 → 2

☞ 곱의 법칙을 적용한 후, 중복된 경우의 수를 빼 줍니다. : 3(＝6－3)
※ 중복된 경우의 수 : 3
[a와 b를 뽑는 경우, b와 a를 뽑는 경우]
[b와 c를 뽑는 경우, c와 b를 뽑는 경우]
[a와 c를 뽑는 경우, c와 a를 뽑는 경우]

앞으로 어떤 상황에서 무언가를 선택할 때(뽑을 때), 순서대로 뽑는지 그렇지 않은지를 잘 따져보면서 경우의 수를 확인하시기 바랍니다.

★ 개념을 정확히 이해했는지 확인하고 싶다면, 학교 교과서에 나오는 개념확인 문제를 풀어 보거나 스스로 개념 확인문제를 출제하여 풀어보면 큰 도움이 될 것입니다.

2 확률의 기본성질

다음은 어느 마을 사람들(15명)에 대한 나이를 조사한 자료입니다. 이 자료를 도수분포표로 표현해 보시기 바랍니다.

32, 39, 40, 48, 47, 51, 52, 55, 55, 56, 58, 61, 62, 67, 75

어라...? 웬 도수분포표냐고요? 여러분~ 확률의 정의는 통계로부터 시작합니다. 우리가 배운 통계자료의 기본이 바로 도수분포표잖아요. 일단 도수분포표의 정의에 대해 다시 한 번 복습해 보면 다음과 같습니다. 참고로 도수분포표는 중학교 1학년 때 배운 내용입니다.

도수분포표

오른쪽 표에서 30이상 ~ 40미만, 40이상 ~ 50미만, ...과 같이 변량을 일정한 간격으로 나눈 구간을 계급이라고 말합니다. 그리고 구간의 너비(10세)를 계급의 크기라고 하며, 각 계급에 속하는 자료의 개수를 그 계급의 도수라고 정의합니다. 이렇게 계급과 도수로 자료를 정리한 표를 도수분포표라고 부릅니다. 끝으로 도수분포표에서 각 계급의 가운데 값을 그 계급의 계급값이라고 칭하는데, 계급값을 구하는 식은 (계급값)＝$\dfrac{(계급의\ 양\ 끝값의\ 합)}{2}$과 같습니다.

나이(세)	사람수(명)
30이상 ~ 40미만	2
40이상 ~ 50미만	3
50이상 ~ 60미만	6
60이상 ~ 70미만	3
70이상 ~ 80미만	1
계	15

도수분포표에서는 각 계급에 대한 도수를 한눈에 확인할 수 있지만, 그 계급이 전체에서 얼마만큼을 차지하는지는 쉽게 알 수 없습니다. 여기서 상대도수라는 개념이 등장하는데요, 도수분포표에서 전체도수에 대한 각 계급의 도수의 비율을 상대도수라고 정의합니다.

상대도수

도수분포표에서 전체도수에 대하여 각 계급의 도수가 차지하는 비율을 상대도수라고 부릅니다.

$$\text{(어떤 계급의 상대도수)} = \frac{\text{(그 계급의 도수)}}{\text{(도수의 총합)}}$$

상대도수의 값을 계산함으로써, 우리는 전체도수에 대한 각 계급이 차지하는 비율은 쉽게 확인할 수 있습니다. 예를 들어, 어떤 계급에 대한 상대도수가 0.5라면, 이 계급의 도수는 전체의 50%를 차지하게 되는 셈이지요. (상대도수의 숨은 의미)

다음은 ○○중학교 1학년 1반 학생들의 수학성적을 조사한 도수분포표입니다. 각 계급에 대한 상대도수를 찾아보시기 바랍니다.

계급(점)	도수(명)	상대도수
50이상 ~ 60미만 (5등급)	1	
60이상 ~ 70미만 (4등급)	4	
70이상 ~ 80미만 (3등급)	12	
80이상 ~ 90미만 (2등급)	18	
90이상 ~ 100미만 (1등급)	5	
계	40	

어렵지 않죠? 상대도수의 정의만 알고 있으면 쉽게 해결할 수 있는 문제입니다. (상대도수 : 도수분포표에서 전체도수에 대하여 각 계급의 도수가 차지하는 비율)

$$\text{(어떤 계급의 상대도수)} = \frac{\text{(그 계급의 도수)}}{\text{(도수의 총합)}}$$

빈 칸을 채워보면 다음과 같습니다.

계급(점)	도수(명)	상대도수
50이상 ~ 60미만 (5등급)	1	$\frac{1}{40}(0.025)$
60이상 ~ 70미만 (4등급)	4	$\frac{1}{10}(0.1)$
70이상 ~ 80미만 (3등급)	12	$\frac{3}{10}(0.3)$
80이상 ~ 90미만 (2등급)	18	$\frac{9}{20}(0.45)$
90이상 ~ 100미만 (1등급)	5	$\frac{1}{8}(0.125)$
계	40	1

이제 상대도수를 활용하여 1등급~5등급을 받은 학생들의 %비율을 분석해 보도록 하겠습니다. 참고로 각 계급에 대한 %비율을 구하는 식은 다음과 같습니다.

$$(\text{각 계급에 대한 \%비율}) = \frac{(\text{그 계급의 도수})}{(\text{도수의 총합})} \times 100$$

네, 맞아요. 그 계급에 대한 상대도수값에 100을 곱하면, 손쉽게 1등급~5등급을 받은 학생들의 %비율을 알아낼 수 있습니다. 그렇죠?

계급(점)	도수(명)	상대도수	%비율 (상대도수)×100
50이상 ~ 60미만 (5등급)	1	$\frac{1}{40}(0.025)$	2.5
60이상 ~ 70미만 (4등급)	4	$\frac{1}{10}(0.1)$	10
70이상 ~ 80미만 (3등급)	12	$\frac{3}{10}(0.3)$	30
80이상 ~ 90미만 (2등급)	18	$\frac{9}{20}(0.45)$	45
90이상 ~ 100미만 (1등급)	5	$\frac{1}{8}(0.125)$	12.5
계	40	1	100

여기서 잠깐! 상대도수분포표에서 상대도수의 총합은 얼마일까요? 그렇습니다. 바로 1입니다. 이제 본격적으로 확률의 개념을 살펴보도록 하겠습니다. **어느 특정한 사건이 일어날 수 있는 가능성을 숫자로 나타낸 것을 확률이라고 부릅니다.** 여기서 퀴즈입니다. ○○중학교 1학년 1반 학생 한 명을 임의로 지명했을 때, 이 학생의 수학성적이 3등급일 확률은 얼마일까요? 앞의 표를 보면서 질문의 답을 찾아보시기 바랍니다.

 잠시 질문의 답을 스스로 찾아보는 시간을 가져보세요.

여기서 우리는 어떤 값을 살펴봐야 할까요? 네, 그렇습니다. 상대도수 또는 %비율입니다.

- 3등급에 대한 상대도수 : $\dfrac{3}{10}$(0.3) - 3등급에 대한 %비율 : 30%

○○중학교 1학년 1반의 학생 한 명을 임의로 지명했을 때, 이 학생의 수학성적이 3등급일 확률은 $\dfrac{3}{10}$(0.3) 또는 30%입니다. 참고로 실생활 속에서는 확률을 %단위로 말하는 경우가 보통이지만, 수학에서는 0~1까지의 숫자로 확률을 표현한다는 사실, 반드시 명심하시기 바랍니다. 즉, 상대도수의 값이 바로 그 계급이 일어날 확률이라는 뜻이죠.

확률의 정의

전체 경우의 수가 n이고 사건 A가 일어나는 경우의 수가 a라면, 사건 A가 일어날 확률은 다음과 같습니다. (단, 각각의 경우의 수에 대한 가능성은 모두 같아야 합니다)

$$\text{확률}(p) = \frac{(\text{사건 } A \text{가 일어날 경우의 수})}{(\text{일어나는 모든 경우의 수})} = \frac{a}{n}$$

다음 질문의 답을 찾아보면서 확률의 정의를 이해해 보시기 바랍니다.

주사위를 한 번 던져 3이 나올 확률은 얼마일까요?
(단, 여기에 사용된 주사위는 1~6까지 적힌 정육면체입니다)

 잠시 질문의 답을 스스로 찾아보는 시간을 가져보세요.

일단 주사위를 한 번 던져 나올 수 있는 경우의 수가 얼마인지 확인해 볼까요? 주사위 눈의 숫자가 1~6까지이므로, 주사위를 한 번 던져 나올 수 있는 경우의 수는 6입니다. 그렇죠? 더불어 주사위 눈의 숫자가 3이 나올 경우의 수는 1입니다. 따라서 주사위를 한 번 던져 3이 나올 확률을 계산하면 다음과 같습니다.

$$(\text{주사위를 한 번 던져 3이 나올 확률}) : p = \frac{(\text{주사위 눈이 3이 나오는 경우의 수})}{(\text{주사위를 던져 일어나는 모든 경우의 수})} = \frac{1}{6}$$

어렵지 않죠? 여기서 주사위를 한 번 던져 3이 나올 확률이 $\frac{1}{6}$이라는 말은, 주사위를 여섯 번 던졌을때 주사위 눈의 숫자가 3이 되는 경우가 한 번이라는 뜻입니다. 과연 실제로도 그럴까요? 몇 번 시도해 보면 알겠지만, 거의 그렇지 않을 것입니다.

그런데 왜 확률을 $\frac{1}{6}$로 단정할 수 있냐고요?

여러분~ 확률이란 단지 가능성을 표현한 숫자일 뿐입니다. 음... 이 확률에 대한 부연 설명이 필요하겠네요. 동일한 조건에서 반복적인 실험이나 관찰을 할 때, 그 횟수가 무한히 많아질수록 사건 A가 일어나는 상대도수는 어떤 일정한 값에 가까워집니다. 이 값을 사건 A가 일어날 확률이라고 정의합니다. 즉, 주사위를 한 번 던져 3이 나올 확률이 $\frac{1}{6}$이라는 말은, 주사위를 무수히 많이 던질 경우 '6번 중 1번' 꼴로 주사위 눈이 3이 나온다는 말입니다. 이제 좀 이해가 되시는지요? 참고로 확률을 문자 p로 표현하는데, 이는 확률의 영단어가 바로 probability이기 때문입니다.

간단한 확률 문제를 풀어볼까요? 어렵지 않으므로 바로바로 정답을 말해보시기 바랍니다. 단, 동전이 세워지거나 주사위가 모서리로 서는 경우 등 일반적이지 않은 상황은 생각하지 않기로 합시다.

    ① 동전 하나를 던졌을 때, 앞면이 나올 확률은 얼마인가?
    ② 주사위 하나를 던졌을 때, 주사위 눈이 6의 약수가 나올 확률은 얼마인가?
    ③ 휴대폰에 있는 음악 50곡(가요 20곡, 팝송 30곡)을 랜덤으로 틀었을 때,
       팝송이 나올 확률은 얼마인가?

 잠시 질문의 답을 스스로 찾아보는 시간을 가져보세요.

확률의 정의만 정확히 알고 있으면 쉽게 해결할 수 있는 문제입니다. 다시 한 번 확률의 정의를 떠올려볼까요?

전체 경우의 수가 n이고 사건 A가 일어나는 경우의 수가 a라면, 사건 A가 일어날 확률은 다음과 같습니다. (단, 각각의 경우의 수에 대한 가능성은 모두 같아야 합니다)

$$확률(p) = \frac{(사건\ A가\ 일어날\ 경우의\ 수)}{(일어나는\ 모든\ 경우의\ 수)} = \frac{a}{n}$$

정답은 다음과 같습니다.

① $\dfrac{(앞면이\ 나올\ 경우의\ 수)}{(동전을\ 던져\ 일어나는\ 모든\ 경우의\ 수)} = \dfrac{1}{2}$

② $\dfrac{(주사위\ 눈이\ 6의\ 약수가\ 나올\ 경우의\ 수)}{(주사위를\ 던져\ 일어나는\ 모든\ 경우의\ 수)} = \dfrac{4}{6} = \dfrac{2}{3}$

③ $\dfrac{(팝송이\ 나올\ 경우의\ 수)}{(음악을\ 고를\ 때\ 일어나는\ 모든\ 경우의\ 수)} = \dfrac{30}{50} = \dfrac{3}{5}$

① 하나의 동전을 던져 일어나는 모든 경우의 수는 2(앞면과 뒷면)입니다. 앞면이 나올 경우의 수는 1이므로 동전 하나를 던졌을 때 앞면이 나올 확률은 $\dfrac{1}{2}$이 됩니다. 그렇죠? ② 한 개의 주사위를 던져 일어나는 모든 경우의 수는 6(주사위 눈 : 1~6)입니다. 주사위 눈이 6의 약수가 나올 경우의 수는 4(주사위 눈 : 1, 2, 3, 6)이므로, 주사위 하나를 던졌을 때 주사위 눈이 6의 약수가 나올 확률은 $\dfrac{2}{3}$가 됩니다. ③ 휴대폰에서 음악을 고를 때 일어나는 모든 경우의 수는 50(내장된 음악의 총 수)입니다. 팝송이 나올 경우의 수는 30(팝송의 수)이므로, 휴대폰에 있는 음악 50곡(가요 20곡, 팝송 30곡)을 랜덤으로 틀었을 때 팝송이 나올 확률은 $\dfrac{3}{5}$이 됩니다. 어렵지 않죠? 참고로 확률은 '확실할 확(確)', '비율 률(率)'자를 써서, '확실한 비율'을 의미하는 한자어입니다.

한 문제 더 풀어볼까요? 두 주사위를 동시에 던져 주사위 눈의 합이 5의 배수가 될 확률은 얼마일까요?

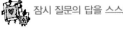 잠시 질문의 답을 스스로 찾아보는 시간을 가져보세요.

조금 어렵나요? 전체 경우의 수가 n이고 사건 A가 일어나는 경우의 수가 a라면, 사건 A가 일어날 확률(p)은 $p = \dfrac{(사건\ A가\ 일어날\ 경우의\ 수)}{(일어나는\ 모든\ 경우의\ 수)} = \dfrac{a}{n}$입니다. 맞죠? 일단 두 개의 주사위를

던져 일어날 수 있는 모든 경우의 수를 구해보겠습니다. 잠깐! 경우의 수를 구할 때, 주어진 내용을 낱개의 사건으로 분리했던 거, 기억나시죠?

두 주사위를 동시에 던졌을 때 나오는 모든 경우의 수
- 사건 ① : 주사위 하나를 던졌을 때 나오는 경우의 수 → 6
- 사건 ② : 또 다른 주사위 하나를 던졌을 때 나오는 경우의 수 → 6

이제 뭘 해야 할까요? 그렇습니다. 사건 ①과 ②가 동시에 일어나는지 확인해야 합니다. 여러분! 두 사건이 동시에 일어난다는 말은, 시간적으로 동시에 일어나는 것이 아닌 모두 일어나는 것을 의미한다는 사실, 잊지 않으셨죠? 과연 사건 ①과 ②는 동시에 일어나는 사건일까요? 네, 맞아요. 두 사건은 모두 일어날 수 있습니다. 왜냐하면 우리가 던지는 주사위는 두 개니까요. 여기에 곱의 법칙을 적용하면, 주사위 2개를 동시에 던졌을 때 나오는 모든 경우의 수가 36(=6×6)임을 쉽게 알 수 있습니다. 이번엔 사건 A(주사위 눈의 합이 5의 배수가 되는 경우)가 일어나는 경우의 수를 구해봅시다. 과연 주사위 눈의 합이 5의 배수가 되는 경우는 어떤 경우일까요?

 잠시 질문의 답을 스스로 찾아보는 시간을 가져보세요.

일단 두 주사위 눈의 합은 2~12까지입니다. 맞죠? 즉, 주사위 눈의 합이 5의 배수가 된다는 말은, 주사위 눈의 합이 5가 되거나 10이 되는 경우뿐입니다. 이것도 낱개의 사건으로 분리한 후, 사건별로 경우의 수를 찾아보겠습니다. 여기서 두 주사위의 눈을 반드시 구분한 후, 경우의 수를 따져야 한다는 것, 잊지 마시기 바랍니다. 편의상 두 주사위에 대한 눈의 값을 순서쌍 (x, y)로 표시하겠습니다.

주사위 눈의 합이 5의 배수가 되는 경우의 수
- 사건 ① : 주사위 눈의 합이 5가 되는 경우의 수 → 4 [(1,4), (4,1), (2,3), (3,2)]
- 사건 ② : 주사위 눈의 합이 10이 되는 경우의 수 → 3 [(4,6), (6,4), (5,5)]

이제 뭘 해야 할까요? 그렇습니다. 사건 ①과 ②가 동시에 일어나는지 확인해야 합니다. 과연 두 사건 ①과 ②는 동시에 일어나는 사건일까요? 아닙니다. 주사위 눈의 합이 5가 되면서 10이 되는 경우는 없기 때문입니다. 여기에 합의 법칙을 적용하면, 주사위 눈의 합이 5의 배수가 되는 경우의 수가 7(=4+3)임을 쉽게 알 수 있습니다. 그럼 질문의 답을 구해볼까요? 두 개의 주사위를 동시에 던져 주사위 눈의 합이 5의 배수가 될 확률은 다음과 같습니다.

$$\frac{(주사위\ 눈의\ 합이\ 5의\ 배가\ 되는\ 경우의\ 수)}{(두\ 주사위를\ 던져\ 일어나는\ 모든\ 경우의\ 수)} = \frac{7}{36}$$

가끔 계산 실수로 인해 $\frac{7}{6}$, $\frac{15}{12}$, ... 등 1보다 큰 숫자를 확률값으로 적는 학생들이 있는데, 여러분~ 앞서 도수분포표에서 확률이 무엇과 같다고 했죠? 그렇습니다. 상대도수와 같다고 했습니다. 즉, 확률값은 항상 0 이상 1 이하의 값을 갖는다는 사실, 반드시 기억하시기 바랍니다. 말인즉슨, 1보다 큰 값이 나올 경우 계산이 틀렸다는 뜻입니다.

확률값으로부터 거꾸로 경우의 수를 계산할 수도 있습니다. 어떤 시행에 있어서 사건 A가 일어날 확률이 $\frac{1}{2}$이라면, 이 시행을 10번 진행했을 때 사건 A가 일어날 경우의 수는 몇 번으로 추정할 수 있을까요?

 잠시 질문의 답을 스스로 찾아보는 시간을 가져보세요

어렵지 않죠? 사건 A가 일어날 확률이 $\frac{1}{2}$이란 말은, 2번의 시행 중 1번은 사건 A가 일어난다는 것을 의미합니다. 즉, 10번 시행했을 때 사건 A가 일어날 경우의 수는 5번이 된다는 말입니다. 마찬가지로 시행 횟수가 50번이면 사건 A가 일어날 경우의 수는 25번이 될 것이며, 시행횟수가 100번이면 사건 A가 일어날 경우의 수는 50번이 된다는 말이지요. 이해가 되시나요? 이것을 일반화하면 다음과 같습니다.

확률에 의한 경우의 수의 계산

사건 A의 확률이 p일 때, 전체 시행 n번 중 사건 A가 일어날 경우의 수는 pn번입니다.

이처럼 우리는 확률을 활용하여 어떤 사건에 대한 경우의 수를 손쉽게 계산할 수 있습니다. (확률에 의한 경우의 수의 계산에 대한 숨은 의미)

여러분~ 확률을 계산할 때, 경우의 수를 일일이 구하는 것이 참 귀찮지 않으세요? 특히 낱개의 사건이 많으면 많을수록 더욱 손이 많이 가는 것이 사실입니다. **확률을 좀 더 쉽게 계산할 수 있는 좋은 방법, 어디 없을까요?** 앞서 경우의 수를 계산할 때, 합의 법칙과 곱의 법칙을 활용하여 그 값을 쉽게 구했던 것, 기억나시죠? 음... 확률의 계산에 있어서도 이와 유사한 성질(법칙)을 도출할 수 있지 않을까 싶네요. 지금부터 여러 예시를 통해 확률의 기본성질을 하나씩 찾아보는 시간을 갖도록 하겠습니다. 다음 질문의 답을 찾아보시기 바랍니다. 단, 여기에 사용된 주사위는 1~6까지 적힌 정육면체입니다.

① 주사위 1개를 던져 나오는 눈의 숫자가 7 이상일 확률은 얼마인가?
② 주사위 1개를 던져 나오는 눈의 숫자가 7 미만일 확률은 얼마인가?

 잠시 질문의 답을 스스로 찾아보는 시간을 가져보세요

어렵지 않죠? 확률의 정의에 따라 전체 경우의 수와 주어진 사건이 일어나는 경우의 수를 구하면, 쉽게 질문의 답을 찾을 수 있을 것입니다.

① 주사위 1개를 던져 나오는 눈의 숫자가 7 이상일 확률은 얼마인가?

$$확률(p)=\frac{(주사위\ 눈의\ 숫자가\ 7\ 이상인\ 경우의\ 수)}{(주사위를\ 던져\ 일어나는\ 모든\ 경우의\ 수)}=\frac{0}{6}=0$$

어라...? 여러분~ 주사위 1개를 던져 나오는 눈의 숫자가 7 이상일 리 없잖아요. 그렇죠? 이 경우, 확률은 0입니다. 즉, 사건이 일어나는 것은 불가능하다는 뜻합니다.

② 주사위 1개를 던져 나오는 눈의 숫자가 7 미만일 확률은 얼마인가?

$$확률(p)=\frac{(주사위\ 눈의\ 숫자가\ 7\ 미만인\ 경우의\ 수)}{(주사위를\ 던져\ 일어나는\ 모든\ 경우의\ 수)}=\frac{6}{6}=1$$

어라...? 여러분~ 주사위 1개를 던지면 주사위 눈의 숫자는 모두 7 미만이잖아요. 그렇죠? 이 경우, 확률은 1입니다. 즉, 사건이 무조건 일어날 수밖에 없다는 뜻이지요. 여기서 우리는 확률 p의 범위를 유추해 볼 수 있습니다.

확률 p의 범위 : $0 \le p \le 1$

그럼 확률 p의 범위가 왜 $0 \le p \le 1$인지 수학적으로 증명해 보도록 하겠습니다. 일단 일어날 수 있는 모든 경우의 수를 n, 사건 A가 일어나는 경우의 수를 a로 놓겠습니다. 일반적으로 사건 A가 일어나는 경우의 수 a는 0보다 크거나 같으며($a \ge 0$), 모든 경우의 수 n보다 작거나 같습니다. ($a \le n$)

$$0 \le a \le n$$
(사건 A가 일어나는 경우의 수 : a, 모든 경우의 수 : n)

사건 A가 일어날 확률이 $p=\dfrac{a}{n}$이므로, 확률 p의 범위는 다음과 같습니다. 여기에는 부등식의 성질(부등식 양변을 양수로 나누어도 부등식은 성립한다)이 적용되었습니다.

$$0 \leq a \leq n\,(n > 0) \;\rightarrow\; \frac{0}{n} \leq \frac{a}{n} \leq \frac{n}{n} \;\rightarrow\; 0 \leq p \leq 1$$

이해되시죠? 확률값의 범위와 관련하여 확률의 기본성질을 정리하면 다음과 같습니다.

확률의 기본성질(1)

① 임의의 사건 A가 일어날 확률을 p라고 할 때, $0 \leq p \leq 1$입니다.

② 절대로 일어나지 않는 사건의 확률은 0입니다.

③ 반드시 일어나는 사건의 확률은 1입니다.

예를 들면, 빨간 구슬 5개와 파란 구슬 6개가 들어있는 주머니 속에서 임의로 구슬 하나를 꺼냈을 때, 꺼낸 구슬이 빨간 구슬일 확률(p_1)은 $\dfrac{5}{11}$이며 파란 구슬(p_2)일 확률은 $\dfrac{6}{11}$입니다.

$$0 \leq p_1 \leq 1, \quad 0 \leq p_2 \leq 1$$

검은 구슬이 나오는 경우는 절대로 일어나지 않는 사건이므로, 주머니 속에서 검은 구슬을 꺼낼 확률은 0입니다.

$$\text{검은 구슬이 나오는 확률 : } 0$$

더불어 꺼낸 구슬의 색깔이 빨간색이거나 파란색일 경우는 반드시 일어나는 사건이므로 그 확률은 1이 될 것입니다.

$$\text{빨간 구슬이 나오거나 파란 구슬이 나오는 확률 : } 1$$

어렵지 않죠? 역으로 생각해 보겠습니다. 검은 구슬을 꺼낼 확률이 0이 되기 위해서는 어떻게 해야 할까요? 그렇습니다. 주머니 속에 검은 구슬을 하나도 넣지 말아야 합니다. 또한 꺼낸 구슬의 색깔이 빨간색 또는 파란색일 확률이 1이 되게 하려면, 주머니 속에는 빨간 구슬과 파란 구슬만 넣어야 합니다. 이해되시죠?

주사위 1개를 한 번 던졌을 때, 주사위 눈의 숫자가 6의 약수가 아닐 확률은 얼마일까요? 즉, 어떤 사건 A가 일어나지 '않을' 확률을 구해보라는 것입니다. 조금 어렵나요? 하나씩 따져 보겠습니다. 일단 주사위 1개를 한 번 던졌을 때 주사위 눈의 숫자가 6의 약수(1, 2, 3, 6)인 경우를 사건 A라고 놓겠습니다. 여기서 사건 A가 일어날 확률은 다음과 같습니다.

$$\text{확률}(p_1) = \frac{\text{(주사위 눈의 숫자가 6의 약수인 경우의 수)}}{\text{(주사위 1개를 던져 일어나는 모든 경우의 수)}} = \frac{4}{6} = \frac{2}{3}$$

주사위를 던졌을 때 주사위 눈의 숫자가 6의 약수가 아닐 경우(4, 5), 즉 사건 A가 일어나지 않을 경우의 수는 2입니다. 맞죠? 즉, 사건 A가 일어나지 않을 확률은 다음과 같습니다.

$$\text{확률}(p_2) = \frac{\text{(주사위 눈의 숫자가 6의 약수가 아닐 경우의 수)}}{\text{(주사위 1개를 던져 일어나는 모든 경우의 수)}} = \frac{2}{6} = \frac{1}{3}$$

뭔가 느낌이 오시나요? 두 확률값 $\frac{2}{3}$와 $\frac{1}{3}$을 잘 살펴보시기 바랍니다.

 잠시 질문의 답을 스스로 찾아보는 시간을 가져보세요.

네, 맞아요. 사건 A가 일어날 확률을 p라고 할 때, 사건 A가 일어나지 않을 확률은 $(1-p)$가 됩니다. 여기서 우리는 확률의 기본성질(2)를 도출해 낼 수 있습니다.

확률의 기본성질(2)

> 사건 A가 일어날 확률이 p일 때, 사건 A가 일어나지 않을 확률은 $(1-p)$입니다.

확률의 기본성질(2)를 수학적으로 증명해 볼까요? 일단 일어날 수 있는 모든 경우의 수를 n, 사건 A가 일어나는 경우의 수를 a라고 놓겠습니다. 여기서 사건 A가 일어나지 않을 경우의 수는 $(n-a)$가 되겠죠? 이제 사건 A가 일어나지 않을 확률을 계산해 보겠습니다. 잠깐! 사건 A가 일어날 확률이 $\frac{a}{n}(=p)$라는 거, 다들 아시죠?

$$\frac{\text{(사건 }A\text{가 일어나지 않을 경우의 수)}}{\text{(모든 경우의 수)}} = \frac{n-a}{n} = 1 - \frac{a}{n} = 1 - p$$

1부터 20까지의 숫자가 적힌 카드가 있습니다. 임의로 한 장의 카드를 선택할 때, 카드의 숫자가 6의 배수가 아닐 확률은 얼마일까요?

일단 사건 A를 카드의 숫자가 6의 배수(6, 12, 18)가 되는 경우라고 놓은 후, 사건 A가 일어날 확률(p)을 계산해 보면 다음과 같습니다.

$$p = \frac{(\text{사건 } A \text{가 일어날 경우의 수})}{(\text{일어나는 모든 경우의 수})} = \frac{3}{20}$$

 잠시 질문의 답을 스스로 찾아보는 시간을 가져보세요.

어떠세요? 답을 찾은 것 같죠? 사건 A가 일어날 확률이 p일 때, 사건 A가 일어나지 않을 확률은 $(1-p)$입니다. 이를 바탕으로 임의로 한 장의 카드를 선택할 때, 카드의 숫자가 6의 배수가 아닐 확률은 다음과 같습니다.

$$(\text{카드의 숫자가 6의 배수가 아닐 확률}) = 1 - p = 1 - \frac{3}{20} = \frac{17}{20}$$

와우~ 확률의 기본성질(2)를 활용하니까 정말 쉽게 해결되는군요. **한 문제 더 풀어볼까요?** 1부터 20까지의 숫자가 적힌 카드에서 임의로 한 장의 카드를 고를 때, 선택된 카드의 숫자가 6 이상일 확률은 얼마일까요? 확률의 기본성질(2)를 활용하여 풀이해 보시기 바랍니다.

 잠시 질문의 답을 스스로 찾아보는 시간을 가져보세요.

음... 아무리 살펴봐도, 어떤 사건이 일어나지 '않을' 확률을 구하라는 말이 없네요. 도대체 확률의 기본성질(2)를 어디에 어떻게 적용하라는 것인지 잘 모르겠습니다. 힌트를 받아볼까요? 사건 A를 다음과 같이 정의해 보십시오.

사건 A : 선택된 카드의 숫자가 6 미만(1, 2, 3, 4, 5)일 경우

어떠세요? 이제 좀 감이 오시나요? 그렇습니다. 사건 A가 일어나지 않을 경우는 바로 선택된 카드의 숫자가 6 이상일 경우입니다.

사건 A가 일어나지 않을 경우 : 선택된 카드의 숫자가 6 이상일 경우

그럼 사건 A가 일어날 확률 p를 구해보겠습니다.

$$p = \frac{(\text{사건 } A \text{가 일어날 경우의 수})}{(\text{일어나는 모든 경우의 수})} = \frac{5}{20} = \frac{1}{4}$$

잠깐! 우리가 구하고자 하는 것이 뭐였죠? 네, 맞아요. 바로 선택된 카드의 숫자가 6 이상일, 즉 사건 A가 일어나지 않을 확률입니다. 확률의 기본성질(2)에 따르면, 사건 A가 일어날 확률이 p일 때, 사건 A가 일어나지 않을 확률은 $(1-p)$가 된다고 했으므로, 임의로 한 장의 카드를 고를 때, 선택된 카드의 숫자가 6 이상일 확률은 $\frac{3}{4}\left(=1-\frac{1}{4}\right)$입니다. 이해되시죠?

은찬이는 서로 다른 2개의 주사위를 던지려고 합니다. 적어도 하나의 주사위 눈의 숫자가 짝수일 확률은 얼마일까요? 마찬가지로 확률의 기본성질(2)를 활용하여 질문의 답을 찾아보시기 바랍니다.

 잠시 질문의 답을 스스로 찾아보는 시간을 가져보세요.

조금 어렵나요? 여기서 우리는 '적어도'라는 말의 의미를 정확히 해석해야 합니다.

적어도 주사위 하나의 눈의 숫자는 짝수이다.
→ 두 주사위 눈의 숫자는 모두 홀수가 아니다.

여러분~ 두 문장의 의미가 서로 같다는 것, 이해되시나요? 아직도 잘 모르겠다고요? 그렇다면 '적어도 주사위 하나의 눈의 숫자가 짝수인 경우'를 모두 찾아보겠습니다. 편의상 두 주사위 눈의 숫자를 순서쌍 (x, y)로 표현하겠습니다.

$(1,1), (1,2), (1,3), (1,4), (1,5), (1,6)$

$(2,1), (2,2), (2,3), (2,4), (2,5), (2,6)$

$(3,1), (3,2), (3,3), (3,4), (3,5), (3,6)$

$(4,1), (4,2), (4,3), (4,4), (4,5), (4,6)$

$(5,1), (5,2), (5,3), (5,4), (5,5), (5,6)$

$(6,1), (6,2), (6,3), (6,4), (6,5), (6,6)$

그림에서 ○표시가 없는 순서쌍은 다음과 같습니다.

$$(1,1),\ (1,3),\ (1,5),\ (3,1),\ (3,3),\ (3,5),\ (5,1),\ (5,3),\ (5,5)$$

어떠세요? 두 주사위 눈의 숫자가 모두 홀수죠? 즉, 적어도 하나의 주사위 눈의 숫자가 짝수가 된다는 말은, 두 주사위 눈의 숫자 모두 홀수가 아니라는 말과 꼭 같습니다. 여기서 핵심 포인트는, 적어도 하나의 주사위 눈의 숫자가 짝수가 되는 경우를 찾는 것보다, 두 주사위 눈의 숫자 모두 홀수가 되는 경우를 찾는 것이 훨씬 더 쉽다는 것입니다. 왜냐하면 경우의 수가 훨씬 더 적기 때문이죠. 즉, 주어진 문제를 다음과 같이 변형할 수도 있다는 뜻입니다.

적어도 하나의 주사위 눈의 숫자가 짝수일 확률은 얼마일까요?
→ 두 주사위 눈의 숫자 모두 홀수가 아닐 확률은 얼마일까요?

이제 확률의 기본성질(2)를 적용할 수 있을 듯합니다. 일단 사건 A를 두 주사위 눈의 숫자가 모두 홀수일 경우로 놓아보겠습니다.

사건 A : 두 주사위 눈의 숫자 모두 홀수일 경우

사건 A가 일어날 확률을 p로 놓으면, 두 주사위 눈의 숫자 모두 홀수가 아닐 확률, 즉 적어도 주사위 하나의 눈의 숫자가 짝수일 확률은 $(1-p)$가 됩니다. 그렇죠? 이제 질문의 답을 찾아볼까요? 다들 아시다시피 두 개의 주사위를 던져서 일어날 수 있는 모든 경우의 수는 36입니다. 왜냐하면 하나의 주사위에서 나올 수 있는 경우의 수가 6이며, 두 개의 주사위를 던지는 경우의 수(동시에 일어나는 사건)는 곱의 법칙에 따라 (6×6)이 되니까요. 더불어 사건 A가 일어날 경우의 수(두 주사위 눈의 숫자 모두 홀수일 경우의 수)는 앞서 살펴본 바와 같이 9가지입니다.

사건 A가 일어날 경우 : $(1,1),\ (1,3),\ (1,5),\ (3,1),\ (3,3),\ (3,5),\ (5,1),\ (5,3),\ (5,5)$

잠깐! 우리가 구하고자 했던 것이 무엇이었죠? 네, 맞습니다. 적어도 하나의 주사위 눈의 숫자가 짝수일 확률입니다. 즉, 사건 A가 일어나지 않을 확률을 구해야 합니다. 따라서 정답은 $\frac{3}{4}\left(=1-p\right)$입니다. 가끔 정답을 $\frac{1}{4}$이라고 적는 학생이 있는데, 절대로 이런 초보적인 실수를 하지 않도록 주의하시기 바랍니다. 더불어 앞으로 문제 속에 '적어도'라는 단어가 포함되어 있다면 이렇게 확률의 기본성질(2)를 활용하며 푸시기 바랍니다. 훨씬 쉽게 질문의 답을 찾을 수 있을 것입니다. 또한 '적어도'라는 단어가 없다하더라도, 주어진 사건이 일어나지 않을 경우의 수가 더 적다면, 즉 주어진 사건이 일어나는 경우를 찾는 것보다 일어나지 않는 경우를 찾는 것

이 더 쉽다면, 확률의 기본성질(2)를 활용할 수 있다는 사실도 함께 기억하고 넘어가시기 바랍니다.

확률의 기본성질(2)와 관련하여 **마지막으로 한 문제만 더 풀어보도록 하겠습니다.** 1부터 100까지의 숫자 중에서 임의로 숫자 하나를 선택했을 때, 그 수가 소수이거나 합성수일 확률은 얼마일까요?

 잠시 질문의 답을 스스로 찾아보는 시간을 가져보세요.

일단 우리는 1부터 100까지의 숫자 중 소수인 숫자와 합성수인 숫자를 모두 찾아야 합니다. 그렇죠? 음... 엄청 많을 것 같네요. 이렇게 경우의 수가 아주 많을 때에는 어떻게 하라고 했죠? 그렇습니다. 확률의 기본성질(2)를 활용하여, 주어진 사건이 일어나지 않을 경우의 수를 찾아보라고 했습니다. 그럼 사건 A를 다음과 같이 정의해 보겠습니다.

사건 A : 임의로 숫자 하나를 선택했을 때, 그 수는 소수이거나 합성수이다.

우리가 구하고자 하는 값은 사건 A가 일어날 확률입니다. 맞죠? 더불어 사건 A가 일어날 확률이 p라면 사건 A가 일어나지 않을 확률은 $(1-p)$입니다. 이제 사건 A가 일어나지 않을 경우를 따져보도록 하겠습니다.

사건 A가 일어나지 않을 경우
→ 임의로 숫자 하나를 선택했을 때 그 수가 소수도 합성수도 아닌 경우

여기까지 이해되시죠? 과연 1부터 100까지의 숫자 중 임의로 숫자 하나를 선택했을 때 그 수가 소수도 합성수도 아닌 경우는 무엇일까요? 사실 이 문제를 풀기 위해서는 자연수의 분류에 대한 개념을 정확히 알고 있어야 합니다. 자연수의 분류? 중학교 1학년 때 배운 내용인데... 혹시 기억나시나요?

 잠시 질문의 답을 스스로 찾아보는 시간을 가져보세요.

네, 그렇습니다. 자연수는 약수의 개수에 따라 다음과 같이 분류됩니다.

① 약수의 개수가 1개인 숫자 : 1

② 약수의 개수가 2개인 숫자 : 소수 (2, 3, 5, 7, …)

③ 약수의 개수가 3개 이상인 숫자 : 합성수 (4, 6, 8, 9, …)

즉, 1부터 100까지의 숫자 중 소수도 합성수도 아닌 숫자는 1뿐입니다. 따라서 사건 A가 일어나지 않을 확률은 $\dfrac{1}{100}$이 됩니다. 확률의 기본성질(2)에 따라 사건 A가 일어날 확률(임의로 숫자 하나를 선택했을 때 그 수가 소수이거나 합성수일 확률)을 구하면 다음과 같습니다.

$$1-p=\frac{1}{100} \ \rightarrow \ p=\frac{99}{100}$$

어떠세요? 소수와 합성수를 모두 찾지 않고도 간단히 문제를 해결했죠? 이렇게 수학에서는 거꾸로 생각하면 아주 쉽게 답을 찾을 수 있는 문제가 상당히 많습니다. 이 점 반드시 기억하시기 바랍니다.

★ 개념을 정확히 이해했는지 확인하고 싶다면, 학교 교과서에 나오는 개념확인 문제를 풀어 보거나 스스로 개념 확인문제를 출제하여 풀어보면 큰 도움이 될 것입니다.

3 확률의 계산

어떤 형사가 범인이 있다는 첩보를 듣고 ○○영화관에 왔다고 합니다. 이 영화관에서는 코믹 영화 3편, 액션 영화 4편, 공포 영화 2편을 상영한다고 하네요. 다음 물음에 답해 보시기 바랍니다. 단, 첩보에 따르면 범인은 반드시 영화 1편을 보고 있다고 합니다.

① 범인이 코믹 영화를 볼 확률은 얼마일까요?

② 범인이 액션 영화를 볼 확률은 얼마일까요?

③ 범인이 공포 영화를 볼 확률은 얼마일까요?

④ 범인이 코믹 영화 또는 액션 영화를 볼 확률은 얼마일까요?

⑤ 범인이 코믹 영화 또는 공포 영화를 볼 확률은 얼마일까요?

⑥ 범인이 액션 영화 또는 공포 영화를 볼 확률은 얼마일까요?

⑦ 범인이 코믹 영화 또는 액션 영화 또는 공포 영화를 볼 확률은 얼마일까요?

 잠시 질문의 답을 스스로 찾아보는 시간을 가져보세요.

뭐 이렇게 질문이 많냐고요? 너무 쫄지 마세요. 단순 계산문제에 불과합니다. 그럼 하나씩 질문의 답을 찾아볼까요? 참고로 이 영화관에서는 코믹 영화 3편, 액션 영화 4편, 공포 영화 2편을 상영한다고 했으므로, 전체 경우의 수는 9이며 코믹 영화를 보는 경우의 수는 3, 액션 영화를 보는 경우의 수는 4, 공포 영화를 보는 경우의 수는 2입니다.

① 범인이 코믹 영화를 볼 확률 : $p_1 = \dfrac{(코믹\ 영화를\ 보는\ 경우의\ 수)}{(일어나는\ 모든\ 경우의\ 수)} = \dfrac{3}{9} = \dfrac{1}{3}$

② 범인이 액션 영화를 볼 확률 : $p_2 = \dfrac{(액션\ 영화를\ 보는\ 경우의\ 수)}{(일어나는\ 모든\ 경우의\ 수)} = \dfrac{4}{9}$

③ 범인이 공포 영화를 볼 확률 : $p_3 = \dfrac{(공포\ 영화를\ 보는\ 경우의\ 수)}{(일어나는\ 모든\ 경우의\ 수)} = \dfrac{2}{9}$

어렵지 않죠? 하지만 ④~⑦까지는 조금 생각하면서 답을 구해야 합니다. 먼저 사건 A를 다음과 같이 정의해 보겠습니다.

사건 A : 범인이 코믹 영화 또는 액션 영화를 보는 경우

사건 A가 일어날 경우의 수는 얼마일까요? 잠깐! 문장 속에 접속사 '또는'이 보이는군요. 즉, 접속사 '또는'을 기준으로 사건 A를 낱개의 사건(2개)으로 분리해 볼 수 있겠네요.

i) 범인이 코믹 영화를 보는 경우   ii) 범인이 액션 영화를 보는 경우

이제 어떻게 해야 할까요? 그렇습니다. 두 사건 i)과 ii)가 동시에 일어나는지 그렇지 않은지를 판단해야 합니다. 즉, 합의 법칙과 곱의 법칙 중 어느 것을 적용해야 할지 고민해 봐야 한다는 뜻이지요. 과연 사건 i)과 ii)는 동시에 일어나는 사건일까요? 아닙니다. 문제에서 범인이 영화 1편을 보고 있다고 했습니다. 즉, 범인은 코믹 영화를 보면서 동시에 액션 영화를 볼 수는 없다는 뜻입니다. 따라서 두 사건은 동시에 일어나지 않는 사건입니다. 맞죠? 정리하자면, 사건 A의 경우의 수를 찾을 때에는 합의 법칙을 적용해야 한다는 말입니다. 아마 눈치가 빠른 학생의 경우, 접속사 '또는'을 보고 곧바로 합의 법칙을 생각해 냈을 것입니다. 사건 A의 경우의 수를 찾아보면 다음과 같습니다.

(사건 A의 경우의 수)=[사건 i)의 경우의 수]+[사건 ii)의 경우의 수] → 3+4=7

이제 ④ 범인이 코믹 영화 또는 액션 영화를 볼 확률을 구해보겠습니다.

$$\frac{(\text{사건 } A \text{가 일어나는 경우의 수})}{(\text{일어나는 모든 경우의 수})} = \frac{(\text{코믹 영화 또는 액션 영화를 보는 경우의 수})}{(\text{일어나는 모든 경우의 수})} = \frac{7}{9}$$

잠깐! 앞서 ① 범인이 코믹 영화를 볼 확률을 p_1, ② 범인이 액션 영화를 볼 확률을 p_2라고 했습니다. ④ 범인이 코믹 영화 또는 액션 영화를 볼 확률을 p_1과 p_2로 표현해 보면 다음과 같습니다. 계산의 편의상 범인이 코믹 영화를 보는 경우의 수를 a, 범인이 액션 영화를 보는 경우의 수를 b로 놓겠습니다.

$$(\text{코믹 영화 또는 액션 영화를 보는 경우의 수})$$
$$= (\text{코믹 영화를 보는 경우의 수}) + (\text{액션 영화를 보는 경우의 수}) = a+b$$
$$\frac{(\text{코믹 영화 또는 액션 영화를 보는 경우의 수})}{(\text{일어나는 모든 경우의 수})} = \frac{a}{9} + \frac{b}{9} = p_1 + p_2 = \frac{3}{9} + \frac{4}{9} = \frac{7}{9}$$

① 범인이 코믹 영화를 볼 확률 : $p_1 = \dfrac{(\text{코믹 영화를 보는 경우의 수})}{(\text{일어나는 모든 경우의 수})} = \dfrac{3}{9}$

② 범인이 액션 영화를 볼 확률 : $p_2 = \dfrac{(\text{액션 영화를 보는 경우의 수})}{(\text{일어나는 모든 경우의 수})} = \dfrac{4}{9}$

음... ④ 범인이 코믹 영화 또는 액션 영화를 볼 확률은 바로 p_1과 p_2의 합과 같군요. 이게 우연일까요? 그렇지 않습니다. 마찬가지 방식으로 질문 ⑤와 ⑥의 답을 찾으면 다음과 같습니다.

⑤ 범인이 코믹 영화 또는 공포 영화를 볼 확률 : $p_1 + p_3 = \dfrac{3}{9} + \dfrac{2}{9} = \dfrac{5}{9}$

⑥ 범인이 액션 영화 또는 공포 영화를 볼 확률 : $p_2 + p_3 = \dfrac{4}{9} + \dfrac{2}{9} = \dfrac{6}{9} = \dfrac{2}{3}$

여기서 우리는 접속사 '또는'과 관련하여 확률을 계산하는 법칙(규칙성)을 도출할 수 있습니다. 마지막 질문인 ⑦의 경우까지 확인한 후, 그 계산법칙을 정리하도록 하겠습니다. 범인은 반드시 영화관에서 1편의 영화를 본다고 했으므로, 코믹 영화, 액션 영화, 공포 영화 중 하나를 볼 것입니다. 따라서 ⑦ 범인이 코믹 영화 또는 액션 영화 또는 공포 영화를 볼 확률은 1입니다. 즉, ⑦은 반드시 일어날 사건이라는 뜻입니다. 이제 ⑦의 확률을 p_1, p_2, p_3으로 표현해 보면 다음과 같습니다.

⑦ 범인이 코믹 영화 또는 액션 영화 또는 공포 영화를 볼 확률

$$\rightarrow p_1 + p_2 + p_3 = \frac{3}{9} + \frac{4}{9} + \frac{2}{9} = \frac{9}{9} = 1$$

그럼 접속사 '또는'과 관련하여 확률의 계산법칙을 도출해 보시기 바랍니다.

잠시 질문의 답을 스스로 찾아보는 시간을 가져보세요.

음... 대충 감은 오는데, 정확히 뭐라고 말해야 할지 잘 모르겠다고요? 힌트를 드리도록 하겠습니다. 다음 질문의 답을 p와 q의 연산식으로 표현해 보시기 바랍니다. 여기서 p는 사건 A가 일어날 확률을, q는 사건 B가 일어날 확률을 가리킵니다.

사건 A와 B가 동시에 일어나지 않을 때,
사건 A 또는 사건 B가 일어날 확률은 무엇일까요?

네~ 그렇습니다. 사건 A 또는 사건 B가 일어날 확률은 각 사건이 일어날 확률의 합 $(p+q)$와 같습니다.

확률의 덧셈정리

사건 A와 B가 동시에 일어나지 않을 때, 사건 A가 일어날 확률을 p, 사건 B가 일어날 확률을 q라고 하면 사건 A 또는 사건 B가 일어날 확률은 $(p+q)$입니다.

부연 설명을 하자면, 모든 경우의 수를 n, 사건 A가 일어나는 경우의 수를 a, 사건 B가 일어나는 경우의 수를 b라고 할 때, 사건 A가 일어날 확률 p는 $\dfrac{a}{n}$이고 사건 B가 일어날 확률 q는 $\dfrac{b}{n}$입니다.

- 사건 A가 일어날 확률 p : $\dfrac{a}{n}$ • 사건 B가 일어날 확률 q : $\dfrac{b}{n}$

이때 사건 A 또는 B가 일어나는 경우의 수는 $(a+b)$이므로, 사건 A 또는 사건 B가 일어날 확률은 $\left(\dfrac{a+b}{n}\right)$가 될 것입니다. (단, 사건 A와 B가 동시에 일어나지 않습니다)

$$(\text{사건 } A \text{ 또는 사건 } B \text{가 일어날 확률}) = \frac{a+b}{n} = \frac{a}{n} + \frac{b}{n} = p+q$$

사건이 3개 이상일 경우에도 마찬가지입니다. 즉, 사건 A, B, C, ...가 동시에 일어나지 않을 때, 사건 A, B, C, ...가 일어날 확률을 각각 p, q, r, ...이라고 하면, 사건 A 또는 B 또는

C, ...가 일어날 확률은 $(p+q+r+ ...)$이 됩니다.

$$(\text{사건} A \text{ 또는 } B \text{ 또는 } C, \text{...가 일어날 확률}) = (p+q+r+ ...)$$

여기서 잠깐! 아무리 많은 사건의 확률값을 더한다 하더라도, 그 합계는 최대 1을 넘을 수 없다는 사실 반드시 기억하고 넘어가시기 바랍니다.

주사위 2개를 동시에 던져, 두 주사위 눈의 합이 3의 배수가 될 확률은 얼마일까요?

 잠시 질문의 답을 스스로 찾아보는 시간을 가져보세요.

일단 주어진 상황을 낱개의 사건으로 분리해 보면 다음과 같습니다. 여기서 두 주사위를 구분하여 경우의 수를 따져야 한다는 사실, 다들 아시죠? 편의상 두 주사위 눈을 순서쌍 (x, y)로 표시하겠습니다.

두 주사위 눈의 합이 3의 배수가 되는 경우
- 사건 A : 주사위 눈의 합이 3이 되는 경우 → $(1,2)$, $(2,1)$
- 사건 B : 주사위 눈의 합이 6이 되는 경우 → $(1,5)$, $(5,1)$, $(2,4)$, $(4,2)$, $(3,3)$
- 사건 C : 주사위 눈의 합이 9가 되는 경우 → $(3,6)$, $(6,3)$, $(4,5)$, $(5,4)$
- 사건 D : 주사위 눈의 합이 12가 되는 경우 → $(6,6)$

이제 각 사건이 일어날 확률을 하나씩 계산해 봅시다. 잠깐! 두 주사위를 동시에 던져 일어나는 모든 경우의 수가 36이라는 사실, 다들 아시죠?

- 사건 A가 일어나는 확률 : $p_1 = \dfrac{(\text{주사위 눈의 합이 3이 되는 경우})}{(\text{일어나는 모든 경우의 수})} = \dfrac{2}{36}$

- 사건 B가 일어나는 확률 : $p_2 = \dfrac{(\text{주사위 눈의 합이 6이 되는 경우})}{(\text{일어나는 모든 경우의 수})} = \dfrac{5}{36}$

- 사건 C가 일어나는 확률 : $p_3 = \dfrac{(\text{주사위 눈의 합이 9가 되는 경우})}{(\text{일어나는 모든 경우의 수})} = \dfrac{4}{36}$

- 사건 D가 일어나는 확률 : $p_4 = \dfrac{(\text{주사위 눈의 합이 12가 되는 경우})}{(\text{일어나는 모든 경우의 수})} = \dfrac{1}{36}$

이제 정답을 구해볼까요? 사건 A, B, C, D는 동시에 일어나지 않는 사건이므로, 확률의 덧셈정리에 따라 사건 A, B, C, D가 일어날 확률을 모두 더하면, 두 주사위 눈의 합이 3의 배수가 될 확률을 손쉽게 구할 수 있습니다.

$$\text{두 주사위 눈의 합이 3의 배수가 될 확률} : \frac{12}{36}(=p_1+p_2+p_3+p_4)$$

어렵지 않죠? 만약 사건 A와 B가 동시에 일어난다면 어떨까요? 즉, 사건 A와 B가 동시에 일어나는 사건일 때, 사건 A 그리고 사건 B가 일어날 확률이 얼마인지 묻는 것입니다. 편의상 사건 A가 일어날 확률을 p, 사건 B가 일어날 확률을 q라고 놓겠습니다.

 잠시 질문의 답을 스스로 찾아보는 시간을 가져보세요.

다들 짐작했겠지만, 사건 A와 B가 동시에 일어날 확률은 $(p \times q)$입니다. 다시 말해, 각 사건의 확률값을 서로 곱하기만 하면 됩니다.

$$(\text{사건 } A\text{와 } B\text{가 동시에 일어날 확률})=p \times q$$

두 형사 a와 b가 범인 c와 d를 검거하기 위해서 ○○영화관에 왔다고 합니다. 이 영화관에서는 액션 영화 5편, 공포 영화 4편을 상영하고 있습니다. 첩보에 의하면 범인 c는 액션 영화를 보러 갔으며, 범인 d는 공포 영화를 보러 갔다고 합니다. 두 형사 a, b는 각각 액션 영화관, 공포 영화관에 들어가서 범인을 찾으려고 합니다. 다음 물음에 답해 보시기 바랍니다. 단, 형사가 범인이 들어간 영화관으로 들어갔다면 범인을 검거한 것으로 가정하겠습니다.

① 형사 a가 범인 c를 검거할 확률은 얼마일까요?
② 형사 b가 범인 d를 검거할 확률은 얼마일까요?
③ 형사 a가 범인 c를 검거하고, 형사 b가 범인 d를 검거할 확률은 얼마일까요?

 잠시 질문의 답을 스스로 찾아보는 시간을 가져보세요.

그렇게 어렵진 않죠? 하나씩 경우의 수를 따져 질문의 답을 찾아보도록 하겠습니다. 참고로 이 영화관에서는 액션 영화 5편, 공포 영화 4편을 상영한다고 했으므로, 범인 c가 액션 영화를 보는 모든 경우의 수는 5, 범인 d가 공포 영화를 보는 모든 경우의 수는 4입니다. 더불어 형사가 범인을 검거했다는 말은 범인이 들어간 영화관에 형사가 들어갔다는 것을 의미하므로, 형사가 범인을 검거하는 경우에 수는 1이 될 것입니다. 이해되시죠?

① 형사 a가 범인 c를 검거할 확률

$$p_1 : \frac{(\text{형사 } a\text{가 범인 } c\text{를 검거하는 경우의 수})}{(\text{범인 } c\text{가 액션 영화관으로 들어가는 경우의 수})} = \frac{1}{5}$$

② 형사 b가 범인 d를 검거할 확률

$$p_2 : \frac{(\text{형사 } b\text{가 범인 } d\text{를 검거하는 경우의 수})}{(\text{범인 } d\text{가 공포 영화관으로 들어가는 경우의 수})} = \frac{1}{4}$$

어떠세요? 할 만하죠? ③의 경우는 조금 생각하면서 풀어야 합니다. 먼저 사건 A를 다음과 같이 정의해 보도록 하겠습니다.

사건 A : 형사 a가 범인 c를 검거하고, 형사 b가 범인 d를 검거하는 경우

여러분~ 낱개의 사건으로 분리하면 쉽게 경우의 수를 계산할 수 있다는 사실, 다들 아시죠?

i) 형사 a가 범인 c를 검거할 경우   ii) 형사 b가 범인 d를 검거할 경우

이제 어떻게 해야 할까요? 그렇습니다. 두 사건 i)과 ii)가 동시에 일어나는지 그렇지 않은지를 판단해야 합니다. 즉, 곱의 법칙과 합의 법칙 중 어느 것을 적용해야 할지 고민해 봐야 한다는 말이지요. 과연 사건 i)과 ii)는 동시에 일어나는 사건일까요? 네, 그렇습니다. 문제에서 두 형사 a와 b가 각각 따로따로 영화관에 들어가 범인 c와 d를 찾고 있다고 했으므로 두 사건은 동시에(모두) 일어나는 사건입니다. 다시 말해서, 곱의 법칙을 활용하여 사건 A의 경우의 수를 계산할 수 있다는 말이지요. 어떤 학생들은 접속사 '그리고'를 보고 곧바로 곱의 법칙을 생각해 냈을 것입니다. 그럼 사건 A의 경우의 수를 찾아보도록 하겠습니다.

(사건 A의 경우의 수)=[사건 i)의 경우의 수]×[사건 ii)의 경우의 수] → $1 \times 1 = 1$

사건 i)과 관련하여 일어날 수 있는 모든 경우의 수는 5이며, 사건 ii)와 관련하여 일어날 수 있는 모든 경우의 수는 4입니다. 여기에도 곱의 법칙을 적용할 수 있겠죠? 즉, 사건 i)과 사건 ii)가 동시에 일어나는 모든 경우의 수는 20($=4 \times 5$)입니다. 따라서 ③ 형사 a가 범인 c를 검거하고, 형사 b가 범인 d를 검거할 확률은 다음과 같습니다.

$$(\text{사건 } A\text{가 일어날 확률}) = \frac{(\text{사건 } A\text{가 일어나는 경우의 수})}{(\text{일어나는 모든 경우의 수})} = \frac{1}{20}$$

여기서 잠깐! 형사 a가 범인 c를 검거하고 형사 b가 범인 d를 검거할 확률 $\frac{1}{20}$이라는 숫자가, ① 형사 a가 범인 c를 검거할 확률 $\frac{1}{5}$과 ② 형사 b가 범인 d를 검거할 확률 $\frac{1}{4}$을 곱한 값이라는 거, 다들 눈치 채셨나요? 그렇다면 **곱의 법칙과 관련된 확률의 계산법칙을 도출해 보시기 바랍니다.**

 잠시 질문의 답을 스스로 찾아보는 시간을 가져보세요.

잘 모르겠다고요? 힌트를 드리도록 하겠습니다. 다음 질문의 답을 p와 q의 연산식으로 표현해 보시기 바랍니다. 여기서 p는 사건 A가 일어날 확률을, q는 사건 B가 일어날 확률을 가리킵니다.

사건 A와 B가 동시에 일어날 때,
사건 A 그리고 사건 B가 일어날 확률은 무엇일까요?

네~ 그렇습니다. 사건 A 그리고 사건 B가 일어날 확률은 각 사건이 일어날 확률을 곱한 값 $(p \times q)$와 같습니다.

> **확률의 곱셈정리**
>
> 사건 A가 일어날 확률을 p, 사건 B가 일어날 확률을 q라고 하면 사건 A 그리고 사건 B가 모두 일어날 확률(사건 A와 B가 동시에 일어날 확률)은 $(p \times q)$입니다. (단, 두 사건은 서로 영향을 끼치지 않는다고 가정하며, 두 사건 A와 B는 동시에 일어날 수 있습니다)

부연 설명을 하자면, 사건 A와 관련된 상황에서 나올 수 있는 모든 경우의 수를 m, 사건 A가 일어나는 경우의 수를 a라고 할 때, 사건 A가 일어날 확률 p는 $\frac{a}{m}$입니다. 또한 사건 B와 관련된 상황에서 나올 수 있는 모든 경우의 수를 n, 사건 B가 일어나는 경우의 수를 n이라고 하면 사건 B가 일어날 확률 q는 $\frac{b}{n}$입니다.

- 사건 A가 일어날 확률 p : $\frac{a}{m}$ - 사건 B가 일어날 확률 q : $\frac{b}{n}$

여기서 모든 경우의 수가 $(m \times n)$이 된다는 사실, 다들 아시죠? 더불어 사건 A와 사건 B가 동시에 일어나는 경우의 수가 $(a \times b)$이므로, 사건 A와 사건 B가 동시에 일어날 확률은 $\dfrac{a \times b}{m \times n}$가 될 것입니다.

$$\text{사건 } A \text{와 사건 } B \text{가 동시에 일어날 확률} : \frac{a \times b}{m \times n} = \frac{a}{m} \times \frac{b}{n} = p \times q$$

사건이 3개 이상일 경우에도 마찬가지로 확률의 곱셈정리를 적용할 수 있습니다. 즉, 사건 A, B, C, ...가 일어날 확률을 각각 p, q, r, ...이라고 하면, 사건 A 그리고 B 그리고 C, ...가 모두 일어날(사건 A, B, C, ...가 동시에 일어날) 확률은 $(p \times q \times r \times \ ...)$이 됩니다.

$$\text{(사건 } A \text{ 그리고 } B \text{ 그리고 } C, ... \text{가 모두 일어날 확률)} = p \times q \times r \times \ ...$$

아무리 많은 사건의 확률을 곱한다 하더라도 확률값은 최대 1을 넘을 수 없다는 사실, 반드시 명심하시기 바랍니다.

이제부터 우리는 다양한 확률 문제를 풀어보려 합니다. 확률의 덧셈정리를 이용해야 할지, 곱셈정리를 이용해야 할지 아니면 둘 다 이용해야 할지 차근차근 따져보면서 문제를 풀어보시기 바랍니다. 여기서 중요한 것은 구하고자 하는 사건을 낱개의 사건으로 잘 분리할 수만 있다면 손쉽게 문제를 해결할 수 있다는 것입니다. 이 점 반드시 명심하시기 바랍니다.

1부터 30까지의 숫자가 각각 적힌 30장의 카드가 있습니다. 임의로 한 장을 꺼냈을 때, 카드에 적힌 숫자가 5의 배수이거나 7의 배수가 될 확률은 얼마일까요?

 잠시 질문의 답을 스스로 찾아보는 시간을 가져보세요.

우선 구하고자 하는 사건을 낱개의 사건으로 분리하면 다음과 같습니다.

꺼낸 카드의 숫자가 5의 배수이거나 7의 배수인 경우
- 사건 A : 꺼낸 카드의 숫자가 5의 배수인 경우
- 사건 B : 꺼낸 카드의 숫자가 7의 배수인 경우

보아하니, 두 사건은 동시에 일어날 수 없는 사건입니다. 왜냐하면 5와 7의 최소공배수가 35이므로, 즉 30이 넘으므로 꺼낸 카드의 숫자가 5의 배수이면서 동시에 7의 배수일 수는 없습니

다. 그렇죠? 네, 맞아요. 이 경우 확률의 덧셈정리를 적용해야 합니다. 여러분~ 동시에 일어날 수 없는 두 사건 A, B에 대하여, 사건 A 또는 B가 일어날 확률은 각 사건의 확률을 합한 값과 같다는 거, 다들 아시죠?

- 사건 A의 확률 : $\dfrac{6}{30}$ (5의 배수 : 5, 10, 15, 20, 25, 30)

- 사건 B의 확률 : $\dfrac{4}{30}$ (7의 배수 : 7, 14, 21, 28)

(사건 A 또는 B가 일어날 확률)
$=$(사건 A가 일어날 확률)$+$(사건 B가 일어날 확률)$=\dfrac{6}{30}+\dfrac{4}{30}=\dfrac{10}{30}=\dfrac{1}{3}$

따라서 1부터 30까지의 숫자가 각각 적힌 30장의 카드가 있을 때, 임의로 한 장을 꺼내 카드에 적힌 숫자가 5의 배수이거나 7의 배수가 될 확률은 $\dfrac{1}{3}$입니다. 어렵지 않죠?

은설이는 두 개의 주사위를 연속하여 세 번 던지려고 합니다. 세 번 모두 두 주사위 눈의 합이 6의 배수가 될 확률은 얼마일까요?

 잠시 질문의 답을 스스로 찾아보는 시간을 가져보세요.

우선 두 개의 주사위를 3번 던지는 시행을 3개의 사건으로 분리하면 다음과 같습니다.

두 주사위를 세 번 던져서, 세 번 모두 주사위 눈의 합이 6의 배수가 되는 경우
- 사건 A : 첫 번째 던질 때, 두 주사위 눈의 합이 6의 배수가 되는 경우
- 사건 B : 두 번째 던질 때, 두 주사위 눈의 합이 6의 배수가 되는 경우
- 사건 C : 세 번째 던질 때, 두 주사위 눈의 합이 6의 배수가 되는 경우

세 사건은 동시에 일어날 수 있는 사건입니다. 그렇죠? 다시 한 번 말하지만, 사건이 '동시에 일어난다'는 말은 시간적으로 동시에 일어난다는 것이 아니라 연달아(연속해서) 또는 모두 일어날 수 있는 사건을 의미합니다. 음... 확률의 곱셈정리를 적용해야겠네요. 여러분~ 세 사건 A, B, C가 동시에 일어날 확률은 사건 A, B, C가 각각 일어날 확률을 곱한 값과 같다는 거, 다들 아시죠? 먼저 두 주사위를 던지는 모든 경우의 수를 따져 보면 다음과 같습니다. 편의상 두 주사위 눈을 순서쌍 (x, y)로 표시하겠습니다.

두 주사위를 한 번 던질 때 나오는 모든 경우의 수 : 36가지

- • (1,1), (1,2), (1,3), (1,4), (1,5), (1,6) • (2,1), (2,2), (2,3), (2,4), (2,5), (2,6)
- • (3,1), (3,2), (3,3), (3,4), (3,5), (3,6) • (4,1), (4,2), (4,3), (4,4), (4,5), (4,6)
- • (5,1), (5,2), (5,3), (5,4), (5,5), (5,6) • (6,1), (6,2), (6,3), (6,4), (6,5), (6,6)

굳이 모든 순서쌍을 찾지 않아도 경우의 수에 대한 곱의 법칙을 활용한다면, 두 주사위를 던질 때 나오는 경우의 수가 36이라는 사실을 쉽게 계산해 낼 수 있습니다. 주사위 1개를 던지는 경우의 수가 바로 6이거든요.

- • 두 주사위를 한 번 던질 때 나오는 모든 경우의 수 : $6 \times 6 = 36$

이번엔 사건 A, B, C가 일어날 확률을 구해보도록 하겠습니다. 아시다시피 주사위 눈의 합이 6의 배수가 되는 경우(6 또는 12가 되는 경우)는 (1,5), (5,1), (2,4), (4,2), (3,3), (6,6)으로 6가지뿐입니다.

- • 사건 A의 확률 : $\dfrac{6}{36} = \dfrac{1}{6}$ • 사건 B의 확률 : $\dfrac{6}{36} = \dfrac{1}{6}$ • 사건 C의 확률 : $\dfrac{6}{36} = \dfrac{1}{6}$

(세 사건 A, B, C가 동시에 일어날 확률)

$=$(사건 A가 일어날 확률)$\times$(사건 B가 일어날 확률)$\times$(사건 C가 일어날 확률)

$=\dfrac{1}{6} \times \dfrac{1}{6} \times \dfrac{1}{6} = \dfrac{1}{216}$

은설이는 어떤 RPG 게임(인터넷 게임)을 하고 있습니다. 은설이가 조정하고 있는 캐릭터(아바타)가 산 속을 여행하다 보물상자 2개(a, b)를 발견하였습니다. 보물상자 a에는 5개의 물약이 들어있는데, 3개는 공격용 마법을 쓸 수 있는 물약이며 2개는 방어용 마법을 쓸 수 있는 물약이라고 합니다. 그리고 보물상자 b에는 7장의 카드가 들어있는데, 3장의 카드는 공격레벨을 높여주는 카드이며 4장의 카드는 방어레벨을 높여주는 카드입니다.

여기서 퀴즈입니다. 두 보물상자를 열었을 때 모두 공격과 관련된 물건을 취득할 확률은 얼마일까요? 단, 보물상자를 열면 상자 안에 들어있는 물건은 동일한 확률에 따라 임의로(랜덤으로) 선택된다고 합니다.

 잠시 질문의 답을 스스로 찾아보는 시간을 가져보세요.

문제내용은 길지만 그렇게 어렵지만은 않아 보이죠? 일단 구하고자 하는 사건을 낱개의 사건으로 구분해 보면 다음과 같습니다.

두 보물상자 a, b를 열었을 때 모두 공격과 관련된 물건을 취득할 경우
- 사건 A : 보물상자 a를 열었을 때 공격과 관련된 물건이 나오는 경우
- 사건 B : 보물상자 b를 열었을 때 공격과 관련된 물건이 나오는 경우

보다시피 사건 A와 B는 동시에 일어나는 사건입니다. 그렇죠? 확률의 곱셈정리를 활용하면 쉽게 문제를 해결할 수 있을 듯합니다. 즉, 사건 A와 B에 대한 확률을 각각 구하여 서로 곱해주면 '게임 끝'이라는 말이죠. 정답은 다음과 같습니다.

- 사건 A가 일어날 확률 : $\dfrac{(\text{사건 } A\text{가 일어나는 경우의 수})}{(\text{보물상자 } a\text{와 관련된 모든 경우의 수})} = \dfrac{3}{5}$

- 사건 B가 일어날 확률 : $\dfrac{(\text{사건 } B\text{가 일어나는 경우의 수})}{(\text{보물상자 } b\text{와 관련된 모든 경우의 수})} = \dfrac{3}{7}$

☞ 사건 A와 B가 모두 일어나는 확률 : $\dfrac{9}{35}\left(=\dfrac{3}{5}\times\dfrac{3}{7}\right)$

규민이는 지금 중간고사 수학 시험을 치르고 있습니다. 마지막 2문제(29번과 30번)가 남았는데, 종이 울려버렸네요. 마지막 2문제 모두 정답을 1개만 고르는 5지선다형 객관식 문제라고 합니다. 규민이는 임의로 정답을 찍은 다음 답안지를 제출했는데, 규민이가 찍은 답이 ① 모두 정답일 확률과 ② 모두 오답일 확률 그리고 ③ 적어도 하나는 정답일 확률은 각각 얼마일까요?

 잠시 질문의 답을 스스로 찾아보는 시간을 가져보세요.

여러분도 이러한 경우가 종종 있으시죠? 보통 3번을 많이 찍지 않나요? 여하튼 주어진 문제 ①과 ②부터 차근차근 풀어보도록 하겠습니다. 일단 구하고자 하는 사건을 낱개의 사건으로 분리하면 다음과 같습니다.

① 규민이가 찍은 답이 모두 정답일 확률
- 사건 A : 29번의 5개 보기 중 하나를 선택하여 정답을 맞출 경우
- 사건 B : 30번의 5개 보기 중 하나를 선택하여 정답을 맞출 경우

② 규민이가 찍은 답이 모두 오답일 확률

　　• 사건 A' : 29번의 5개 보기 중 하나를 선택하여 정답을 못 맞출 경우
　　• 사건 B' : 30번의 5개 보기 중 하나를 선택하여 정답을 못 맞출 경우

①과 ②의 사건 A, B와 A', B'는 각각 동시에 일어나는 사건입니다. 그렇죠? 즉, 각 사건에 대한 확률을 구하여 서로 곱하면 쉽게 답을 찾을 수 있습니다.

① 규민이가 찍은 답이 모두 정답일 확률

　　• 사건 A가 일어날 확률 : $\dfrac{1}{5}$　　• 사건 B가 일어날 확률 : $\dfrac{1}{5}$

　　☞ 사건 A와 B가 모두 일어나는 확률 : $\dfrac{1}{25}\left(=\dfrac{1}{5}\times\dfrac{1}{5}\right)$

② 규민이가 찍은 답이 모두 오답일 확률

　　• 사건 A'가 일어날 확률 : $\dfrac{4}{5}$　　• 사건 B'가 일어날 확률 : $\dfrac{4}{5}$

　　☞ 사건 A'와 B'가 모두 일어나는 확률 : $\dfrac{16}{25}\left(=\dfrac{4}{5}\times\dfrac{4}{5}\right)$

와우~ 두 문제 모두 맞출 확률보다 모두 틀릴 확률이 16배나 되는군요... 이제 ③번 문제를 풀어보도록 하겠습니다. ③의 경우는 푸는 방식이 조금 다릅니다. 왜 그럴까요?

 잠시 질문의 답을 스스로 찾아보는 시간을 가져보세요.

여러분~ 혹시 문제 속에 들어 있는 '적어도'라는 단어, 보셨나요? 앞서 '적어도'라는 말이 있을 경우 어떻게 풀면 좋다고 했죠? 그렇습니다. 확률의 기본성질(2)를 활용하면 쉽다고 했습니다. 다시 한 번 그 개념을 되새겨보겠습니다.

확률의 기본성질(2)

사건 A가 일어날 확률을 p이라고 할 때, 사건 A가 일어나지 않을 확률은 $(1-p)$입니다.

이제 ③에 해당하는 사건을 다음과 같이 변형해 보겠습니다.

③ 규민이가 찍은 답이 적어도 하나는 정답이다.
　→ 규민이가 찍은 답이 모두 다 오답은 아니다.

대충 감이 오시죠? 앞서 우리는 규민이가 찍은 답이 모두 오답일 확률을 $\frac{16}{25}$이라고 했습니다. 여기서 규민이가 찍은 답이 모두 오답이 되지 않을 확률, 즉 규민이가 찍은 답이 적어도 하나는 정답일 확률은 $\left(1-\frac{16}{25}\right)$이라는 것을 쉽게 알 수 있습니다.

③ 규민이가 찍은 답이 적어도 하나는 정답일 확률 : $\frac{9}{25}\left(=1-\frac{16}{25}\right)$

주사위 2개를 동시에 던져 하나는 홀수의 눈이, 다른 하나는 짝수의 눈이 나올 확률은 얼마일까요?

잠시 질문의 답을 스스로 찾아보는 시간을 가져보세요.

일단 주어진 상황을 낱개의 사건으로 분리해 보면 다음과 같습니다. 편의상 두 주사위를 각각 a, b로 놓겠습니다.

사건 ① : 주사위 a는 홀수의 눈이, 주사위 b는 짝수의 눈이 나오는 경우
- 사건 A : 주사위 a의 눈이 홀수가 되는 경우 → 1, 3, 5
- 사건 B : 주사위 b의 눈이 짝수가 되는 경우 → 2, 4, 6

사건 ② : 주사위 b는 홀수의 눈이, 주사위 a는 짝수의 눈이 나오는 경우
- 사건 C : 주사위 b의 눈이 홀수가 되는 경우 → 1, 3, 5
- 사건 D : 주사위 a의 눈이 짝수가 되는 경우 → 2, 4, 6

이해가 되시나요? 사건 ①과 ②는 동시에 일어나는 사건일까요? 아닙니다. 주사위 a와 b가 홀수의 눈이 나오면서 짝수의 눈이 나올 수는 없으니까요. 즉, 우리는 사건 ①과 ②에 확률의 덧셈정리를 적용해야 합니다.

(주어진 상황이 일어날 확률)＝(사건 ①의 확률)＋(사건 ②의 확률)

이제 사건 ①과 ②의 하위 사건 A, B와 C, D가 동시에 일어나는 사건인지 아닌지 각각 판별해 보도록 하겠습니다. 네, 맞아요. 문제에서 두 개의 주사위를 던진다고 했으므로, 사건 A, B와 C, D는 모두 일어나는 사건입니다. 즉, 사건 ①과 ②의 확률을 구하기 위해서는, 그로부터 분리된 사건 A, B와 C, D의 확률을 각각 곱해주면 된다는 말입니다. (확률의 곱셈정리 활용)

사건 A, B, C, D가 일어날 확률을 구한 후, 사건 ①과 ②의 확률을 구해보면 다음과 같습니다.

$$(\text{사건 ①의 확률})=(\text{사건 } A \text{의 확률})\times(\text{사건 } B \text{의 확률})=p_1\times p_2=\frac{1}{2}\times\frac{1}{2}=\frac{1}{4}$$

- 사건 A가 일어나는 확률 : $p_1=\dfrac{(\text{주사위 } a \text{의 눈이 홀수가 되는 경우의 수})}{(\text{주사위 1개를 던져 나오는 경우의 수})}=\dfrac{3}{6}=\dfrac{1}{2}$

- 사건 B가 일어나는 확률 : $p_2=\dfrac{(\text{주사위 } b \text{의 눈이 짝수가 되는 경우의 수})}{(\text{주사위 1개를 던져 나오는 경우의 수})}=\dfrac{3}{6}=\dfrac{1}{2}$

$$(\text{사건 ②의 확률})=(\text{사건 } C \text{의 확률})\times(\text{사건 } D \text{의 확률})=p_3\times p_4=\frac{1}{2}\times\frac{1}{2}=\frac{1}{4}$$

- 사건 C가 일어나는 확률 : $p_3=\dfrac{(\text{주사위 } b \text{의 눈이 홀수가 되는 경우의 수})}{(\text{주사위 1개를 던져 나오는 경우의 수})}=\dfrac{3}{6}=\dfrac{1}{2}$

- 사건 D가 일어나는 확률 : $p_4=\dfrac{(\text{주사위 } a \text{의 눈이 짝수가 되는 경우의 수})}{(\text{주사위 1개를 던져 나오는 경우의 수})}=\dfrac{3}{6}=\dfrac{1}{2}$

이제 정답을 찾아볼까요? 잠깐! 사건 ①과 ②는 동시에 일어나지 않는 사건이란 거, 다들 아시죠? 즉, 사건 ①과 ②에는 확률의 덧셈정리를 적용해야 합니다.

$$(\text{주어진 상황이 일어날 확률})=(\text{사건 ①의 확률})+(\text{사건 ②의 확률})=\frac{1}{4}+\frac{1}{4}=\frac{1}{2}$$

휴~ 드디어 답을 찾았네요. 할 만하죠? **다음에 주어진 질문의 차이점을 말해보시기 바랍니다.**

(1) 3명의 학생 a, b, c 중 순서대로 2명을 임의로 뽑았을 때 a, b가 뽑힐 확률은 얼마인가?

(2) 3명의 학생 a, b, c 중 2명을 임의로 뽑았을 때 a, b가 뽑힐 확률은 얼마인가?

 잠시 질문의 답을 스스로 찾아보는 시간을 가져보세요.

찾으셨나요? 네, 맞아요. (1)의 경우는 순서대로 뽑는 경우이며, (2)의 경우는 순서없이 뽑는 경우입니다. 즉, (1)에서는 첫 번째 뽑는 경우와 두 번째 뽑는 경우를 구분해야 한다는 뜻입니다. 하지만 (2)에서는 그렇지 않습니다. 먼저 (1)를 낱개의 사건으로 분리한 후, 각 사건에 대한 확률을 계산해 보도록 하겠습니다.

(1) 3명의 학생 a, b, c 중 순서대로 2명을 임의로 뽑았을 때 a, b가 뽑힐 확률

- 사건 ①

  i) 첫 번째 뽑을 때, 학생 a가 뽑힐 확률 → $\dfrac{1}{3}$(3명 중 1명 선택)

  ii) 두 번째 뽑을 때, 학생 b가 뽑힐 확률 → $\dfrac{1}{2}$(2명 중 1명 선택)

  ☞ 확률의 곱셈정리 활용 ※ 사건 i)과 ii)는 동시에 일어난다.

  (사건 ①의 확률)=[사건 i)의 확률]×[사건 ii)의 확률]

  $$=\dfrac{1}{3} \times \dfrac{1}{2} = \dfrac{1}{6}$$

- 사건 ②

  i) 첫 번째 뽑을 때, 학생 b가 뽑힐 확률 → $\dfrac{1}{3}$(3명 중 1명 선택)

  ii) 두 번째 뽑을 때, 학생 a가 뽑힐 확률 → $\dfrac{1}{2}$(2명 중 1명 선택)

  ☞ 확률의 곱셈정리 활용 ※ 사건 i)과 ii)는 동시에 일어난다.

  (사건 ②의 확률)=[사건 i)의 확률]×[사건 ii)의 확률]

  $$=\dfrac{1}{3} \times \dfrac{1}{2} = \dfrac{1}{6}$$

사건 ①과 ②는 동시에 일어나지 않으므로, 여기서 우리는 확률의 덧셈정리를 적용할 수 있습니다. 즉, 3명의 학생 a, b, c 중 순서대로 2명을 임의로 뽑았을 때 a, b가 뽑힐 확률은 $\dfrac{1}{3}\left(=\dfrac{1}{6}+\dfrac{1}{6}\right)$이 된다는 뜻입니다. 다음으로 (2)를 낱개의 사건으로 분리한 후, 각 사건에 대한 확률을 계산해 보도록 하겠습니다. 여기에는 순서가 없으므로, 곧바로 전체 경우의 수와 해당되는 사건의 경우의 수를 따진 후 확률을 계산해야 할 것입니다.

(2) 3명의 학생 a, b, c 중 2명을 임의로 뽑았을 때 a, b가 뽑힐 확률
  (사건 A : 3명의 학생 a, b, c 중 2명을 임의로 뽑았을 때 a, b가 뽑히는 경우)

- 전체 경우의 수 : a, b, c 중 2명을 뽑는 경우의 수
  사건 i) 세 명 중 1명을 뽑는 경우의 수 : 3
  사건 ii) 남은 2명 중 1명을 뽑는 경우의 수 : 2
  ☞ 전체 경우의 수(곱의 법칙 활용) : 6(=3×2)

- 사건 A의 경우의 수 : 1
  (사건 A가 일어날 확률)$=\dfrac{(\text{사건 } A \text{가 일어나는 경우의 수})}{(\text{일어날 수 있는 모든 경우의 수})}=\dfrac{1}{6}$

어떠세요? 대충 감이 오시나요? 앞으로 어떤 상황에서 무언가를 선택할 때(뽑을 때), 순서대로 뽑는지 그렇지 않은지를 잘 따져 보면서 경우의 수 및 확률을 계산하시기 바랍니다. 참고로 '연달아(연속해서)' 두 명을 뽑았다는 말은 '순서대로(차례로)' 두 명을 뽑았다는 말과 거의 유사합니다. 왜냐하면 '연달아'의 뜻이 동시에 두 명을 뽑은 것이 아닌 한 명을 뽑고 난 후, 바로 다시 또 다른 한 명을 뽑았다는 뜻이거든요. 이해를 돕기 위해 '연달아'에 해당하는 영단어를 찾아보았습니다.

연달아 : one after another (차례로, 하나 그 뒤에 또 하나)

여러분~ 확률이 어렵나요? 음... 쉬운 문제도 있고 어려운 문제도 있다고요? 확률 계산이 어려운 이유 중 하나는 바로 각각의 경우의 수를 빠짐없이 꼼꼼하게 따져봐야 하기 때문입니다. 어느 하나의 경우라도 빼 먹게 되면 틀린 답이 도출되거든요. 이는 실생활에서도 마찬가지입니다. 우리가 어떤 중요한 결정을 내릴 때, 가능한 모든 경우의 수를 따져 봐야 그 결정에 대한 실수가 없을 것입니다. 시간 날 때, 다음 이야기를 천천히 읽어보시기 바랍니다.

어느 구청에서 청소년 마을축제를 기획하고 있다고 합니다. 구청 광장 중앙에 학교 동아리 공연을 위한 무대를 설치하고, 무대 주위로 문화체험 부스를 운영하려고 합니다. 축제 기획자는 다음 두 가지 상황을 가정하여 미리미리 대비를 하고 있습니다.

① 첫째, 학교동아리 공연팀이 섭외되지 않을 경우
② 둘째, 축제에 참여하는 청소년들이 많이 오지 않을 경우

이러한 상황을 막기 위해, 축제기획자는 해당 지역내 학교를 일일이 찾아가 동아리 회장과 만나고 있습니다. 그리고 많은 청소년들이 축제에 참여할 수 있도록 홍보 활동을 강화함과 더불어 다양한 상품을 준비하여 청소년들의 참여를 유도하고 있습니다. 드디어 축제날~ 어라...? 이를 어쩝니까. 아침부터 비가 내리기 시작하는군요. 축제기획자는 차마 비가 올 경우의 수를 생각하지 못했다고 합니다. 결국 동아리 공연도 체험부스도 운영하지 못한 채, 청소년 축제는 막을 내리고 말았다고 하네요.

★ 개념을 정확히 이해했는지 확인하고 싶다면, 학교 교과서에 나오는 개념확인 문제를 풀어 보거나 스스로 개념 확인문제를 출제하여 풀어보면 큰 도움이 될 것입니다.

★ 개념의 이해도가 충분하지 않다면, 일단 PASS하시기 바랍니다. 그리고 개념정리가 마무리 되었을 때 심화학습 내용을 따로 읽어보는 것을 권장합니다.

【합의 법칙의 확장】

어떤 두 사건 A와 B가 동시에 일어날 수도, 동시에 일어나지 않을 수도 있다고 합니다. 그런 경우가 어디 있냐고요? 다음 질문의 답을 찾아보시기 바랍니다.

두 주사위를 한 번 던졌을 때, 주사위 눈의 합이
3의 배수이거나 4의 배수인 경우의 수는 얼마일까요?

 잠시 질문의 답을 스스로 찾아보는 시간을 가져보세요.

편의상 두 주사위 눈을 순서쌍 (x, y)로 표시하겠습니다.

- 사건 A : 두 주사위 눈의 합이 3의 배수인 경우의 수 → 12
  i) 주사위 눈의 합이 3일 경우 : (1,2), (2,1)
  ii) 주사위 눈의 합이 6일 경우 : (1,5), (5,1), (2,4), (4,2), (3,3)
  iii) 주사위 눈의 합이 9일 경우 : (3,6), (6,3), (4,5), (5,4)
  iv) 주사위 눈의 합이 12일 경우 : (6,6)

- 사건 B : 두 주사위 눈의 합이 4의 배수인 경우의 수 → 9
  i) 주사위 눈의 합이 4일 경우 : (1,3), (3,1), (2,2)
  ii) 주사위 눈의 합이 8일 경우 : (2,6), (6,2), (3,5), (5,3), (4,4)
  iii) 주사위 눈의 합이 12일 경우: (6,6)

두 주사위를 던졌을 때, 눈의 합이 3의 배수이거나 4의 배수인 경우는 사건 A 또는 B가 일어나는 경우입니다. 그렇죠?

사건 A 또는 B가 일어나는 경우라...?

여기서 접속사 '또는'을 보고, 단순하게 '아~ 합의 법칙을 적용하면 되겠구나'라고 생각하면 큰 오산입니다. 음... 무슨 말을 하는지 잘 모르겠다고요? 일단 합의 법칙을 다시 한 번 되새겨

보도록 하겠습니다.

합의 법칙

사건 A와 B가 동시에 일어나지 않을 때, 각 사건 A와 B의 경우의 수를 각각 m, n이라고 하면, 사건 A 또는 B가 일어날 경우의 수는 $(m+n)$입니다. 이것을 경우의 수에 대한 합의 법칙이라고 말합니다.

보는 바와 같이 사건 A와 B가 '동시에 일어나지 않을 때'에만 합의 법칙을 적용할 수 있습니다. 과연 주어진 사건 A와 B는 동시에 일어나지 않는 사건일까요?

 잠시 질문의 답을 스스로 찾아보는 시간을 가져보세요.

보아 하니, 사건 A, B가 동시에 일어나는 경우가 존재하는군요. 주사위 눈의 합이 12일 경우가 그러합니다.

사건 A와 B가 동시에 일어나는 경우 → 주사위 눈의 합이 12일 경우 : (6,6)

이제 중복된 것은 한 번만 세어 사건 A 또는 B가 일어날 경우의 수를 확인해 보겠습니다.

두 주사위 눈의 합이 3의 배수이거나 4의 배수인 경우의 수 : 20
(1,2), (2,1), (1,5), (5,1), (2,4), (4,2), (3,3), (3,6), (6,3), (4,5)
(5,4), (6,6), (1,3), (3,1), (2,2), (2,6), (6,2), (3,5), (5,3), (4,4)

따라서 두 주사위의 눈의 합이 3의 배수이거나 4의 배수인 경우는 총 20입니다. 여기서 정답 20이라는 숫자는 사건 A와 B의 경우의 수를 합한 값 21($=12+9$)에서 중복된 즉, 동시에 일어나는 경우의 수 1을 뺀 값과 같습니다. 이제 감이 오시나요? 동시에 일어날 수도 있는 두 사건의 경우의 수를 개념화하면 다음과 같습니다.

합의 법칙의 확장

각 사건 A와 B의 경우의 수를 각각 m, n이라고 하고, 두 사건 A와 B가 동시에 일어나는 경우의 수를 k라고 할 때, 사건 A 또는 B가 일어날 경우의 수는 $(m+n-k)$입니다.

이렇게 접속사 '또는'으로 연결된 경우에도, 두 사건이 동시에 일어날 수 있다는 사실, 명심하시기 바랍니다. 가급적 나올 수 있는 모든 상황을 꼼꼼하게 따져 본 후에 경우의 수를 계산하시기 바랍니다. 이와 관련하여 확률의 덧셈정리도 다음과 같이 확장할 수 있습니다.

확률의 덧셈정리의 확장

각 사건 A와 B가 일어날 확률을 각각 p와 q라고 하고, 두 사건 A와 B가 동시에 일어나는 확률을 k라고 할 때, 사건 A 또는 B가 일어날 확률은 $(p+q-k)$입니다.

2 개념정리하기

■ 학습 방식

개념에 대한 예시를 스스로 찾아보면서, 개념을 정리하시기 바랍니다.

1 시행과 사건

결과를 예측할 수 없는, 즉 우연에 의해 좌우되는 행위를 시행이라고 부릅니다. 일반적으로 시행이란 동일한 조건에서 반복할 수 있는 실험이나 관찰 등으로 정의됩니다. 그리고 그 시행 중 우리가 관심을 갖고 있는 결과를 사건이라고 칭합니다. (숨은 의미 : 확률의 개념에 대한 기본 토대를 마련합니다)

2 합의 법칙

사건 A와 B가 동시에 일어나지 않을 때, 각 사건 A와 B의 경우의 수를 각각 m, n이라고 하면, 사건 A 또는 B가 일어날 경우의 수는 $(m+n)$입니다. 이것을 경우의 수에 대한 합의 법칙이라고 부릅니다. (숨은 의미 : 모든 경우의 수를 일일이 따져 보지 않아도 쉽게 사건의 경우의 수를 확인할 수 있게 합니다)

3 곱의 법칙

사건 A와 B가 동시에(연달아) 일어날 때, 각 사건 A와 B의 경우의 수를 각각 m, n이라고 하면, 사건 A와 B가 동시에(모두) 일어날 경우의 수는 $(m \times n)$입니다. 이것을 경우의 수에 대한 곱의 법칙이라고 부릅니다. (숨은 의미 : 모든 경우의 수를 일일이 따져 보지 않아도 쉽게 사건의 경우의 수를 확인할 수 있게 합니다)

4 **경우의 수와 관련된 응용문제 풀이순서**

경우의 수와 관련된 응용문제 풀이순서를 정리하면 다음과 같습니다.

① 주어진 내용을 낱개의 사건으로 분리합니다.

② 낱개의 사건에 대한 경우의 수를 각각 찾아봅니다.

③ 동시에 일어나는 사건인지 그렇지 않은 사건인지 정확히 파악합니다.

(동시에 일어나지 않는다면 합의 법칙을, 동시에 일어나면 곱의 법칙을 적용)

④ 중복된 경우가 있다면, 중복된 경우의 수를 빼 줍니다.

(숨은 의미 : 경우의 수와 관련하여 응용문제를 어떻게 풀이하는지 그 가이드라인을 제시해 줍니다)

5 **확률의 정의**

전체 경우의 수가 n이고 사건 A가 일어나는 경우의 수가 a라면, 사건 A가 일어날 확률은 다음과 같습니다. (단, 각각의 경우의 수에 대한 가능성은 모두 같아야 합니다)

$$확률(p) = \frac{(사건\ A가\ 일어날\ 경우의\ 수)}{(일어나는\ 모든\ 경우의\ 수)} = \frac{a}{n}$$

(숨은 의미 : 확률의 개념을 명확히 정의합니다)

6 **확률에 의한 경우의 수의 계산**

사건 A의 확률이 p일 때, 전체 시행 n번 중 사건 A가 일어날 경우의 수는 pn번입니다.

(숨은 의미 : 확률을 활용하여 어떤 사건에 대한 경우의 수를 계산할 수 있게 합니다)

7 **확률의 기본성질**

확률의 기본성질을 정리하면 다음과 같습니다.

① 임의의 사건 A가 일어날 확률을 p라고 할 때, $0 \leq p \leq 1$입니다.

② 절대로 일어나지 않는 사건의 확률은 0입니다.

③ 반드시 일어나는 사건의 확률은 1입니다.

④ 사건 A가 일어날 확률을 p일 때, 사건 A가 일어나지 않을 확률은 $(1-p)$입니다.

(숨은 의미 : 다양한 상황에 대한 확률값을 쉽게 계산할 수 있도록 도와줍니다)

8 확률의 덧셈정리

사건 A와 B가 동시에 일어나지 않을 때, 사건 A가 일어날 확률을 p, 사건 B가 일어날 확률을 q라고 하면 사건 A 또는 사건 B가 일어날 확률은 $(p+q)$입니다. (숨은 의미 : 동시에 일어나지 않는 사건에 대한 확률값을 쉽게 계산할 수 있도록 도와줍니다)

9 확률의 곱셈정리

사건 A가 일어날 확률을 p, 사건 B가 일어날 확률을 q라고 하면 사건 A 그리고 사건 B가 모두 일어날 확률(사건 A와 B가 동시에 일어날 확률)은 $(p \times q)$입니다. 단, 두 사건은 서로 영향을 끼치지 않는다고 가정하며, 두 사건 A와 B는 동시에 일어날 수 있습니다. (숨은 의미 : 동시에 일어나는 사건에 대한 확률값을 쉽게 계산할 수 있도록 도와줍니다)

■ **개념도출형 학습방식**

개념도출형 학습방식이란 단순히 수학문제를 계산하여 푸는 것이 아니라, 문제로부터 필요한 개념을 도출한 후 그 개념을 떠올리면서 문제의 출제의도 및 문제해결방법을 찾는 학습방식을 말합니다. 문제를 통해 스스로 개념을 도출할 수 있으므로, 한 문제를 풀더라도 유사한 많은 문제를 풀 수 있는 능력을 기를 수 있으며, 더 나아가 스스로 개념을 변형하여 새로운 문제를 만들어 낼 수 있어, 좀 더 수학을 쉽고 재미있게 공부할 수 있도록 도와줍니다.

시간에 쫓기듯 답을 찾으려 하지 말고, 어떤 개념을 어떻게 적용해야 문제를 풀 수 있는지 천천히 생각한 후에 계산하시기 바랍니다. 문제를 해결하는 방법을 찾는다면 정답을 구하는 것은 단순한 계산과정일 뿐이라는 사실을 명심하시기 바랍니다. (생각을 많이 하면 할수록, 생각의 속도는 빨라집니다)

문제해결과정

① 이 문제를 풀기 위해 어떤 개념을 알아야 하는가?
② 그 개념을 간단히 설명해 보아라.
③ 문제의 출제의도를 말하고 어떻게 풀지 간단히 설명해 보아라.
④ 그럼 문제의 답을 찾아라.

※ 책 속에 있는 붉은색 카드를 사용하여 힌트 및 정답을 가린 후, ①~④까지 순서대로 질문의 답을 찾아보시기 바랍니다.

Q1. 남학생 세 명과 여학생 네 명이 있다. 남녀 1명씩 짝을 이루어 2인 3각 경기를 하려고 한다. 짝을 이룰 수 있는 경우의 수를 구하여라.

① 이 문제를 풀기 위해 어떤 개념을 알아야 하는가?

② 그 개념을 머릿속에 떠올려 보아라.

③ 문제의 출제의도를 말하고 어떻게 풀지 간단히 설명해 보아라. (잘 모를 경우, 아래 Hint를 보면서 질문의 답을 찾아본다)

Hint(1) 남학생 세 명을 a, b, c로 여학생 네 명을 1,2,3,4번으로 지정해 본다.

Hint(2) 남학생 a가 여학생 한 명과 짝을 이루는 경우를 사건 A, 남학생 b가 여학생 한 명과 짝을 이루는 경우를 사건 B, 남학생 c가 여학생 한 명과 짝을 이루는 경우를 사건 C로 분리해 본다.

Hint(3) 사건 A, B, C에 대한 경우의 수를 따져본다.
☞ 사건 A : 남학생 a가 여학생 4명 중 한 명과 짝을 이루는 경우의 수 → 4

사건 B : 남학생 b가 나머지 여학생 3명 중 한 명과 짝을 이루는 경우의 수 → 3

사건 C : 남학생 c가 나머지 여학생 2명 중 한 명과 짝을 이루는 경우의 수 → 2

Hint(4) 사건 A, B, C가 동시에(연달아) 일어나는지 생각해 본다.

☞ 사건 A, B, C가 동시에(연달아) 일어나므로, 곱의 법칙을 적용할 수 있다.

④ 그럼 문제의 답을 찾아라.

A1.

① 경우의 수 응용문제 풀이법, 곱의 법칙

② 개념정리하기 참조

③ 이 문제는 주어진 내용으로부터 사건을 하나씩 분리하여 경우의 수를 구할 수 있는지 묻는 문제이다. 남학생 3명을 a, b, c로 여학생 4명을 1,2,3,4번으로 지정한 후, 남학생 a가 여학생 한 명과 짝을 이루는 경우를 사건 A, 남학생 b가 여학생 한 명과 짝을 이루는 경우를 사건 B, 남학생 c가 여학생 한 명과 짝을 이루는 경우를 사건 C로 분리해 본다. 사건 A, B, C가 동시에 일어나는지 확인한 후, 사건 A, B, C에 대한 경우의 수를 따져보면 어렵지 않게 답을 구할 수 있다.

④ 24

[정답풀이]

남학생 3명을 a, b, c로 여학생 4명을 1,2,3,4번으로 지정한 후, 남학생 a가 여학생 한 명과 짝을 이루는 경우를 사건 A, 남학생 b가 여학생 한 명과 짝을 이루는 경우를 사건 B, 남학생 c가 여학생 한 명과 짝을 이루는 경우를 사건 C로 분리하여, 각각의 경우의 수를 따져보면 다음과 같다.

• 사건 A : 남학생 a가 여학생 4명 중 한 명과 짝을 이루는 경우의 수 → 4
• 사건 B : 남학생 b가 나머지 여학생 3명 중 한 명과 짝을 이루는 경우의 수 → 3
• 사건 C : 남학생 c가 나머지 여학생 2명 중 한 명과 짝을 이루는 경우의 수 → 2

사건 A, B, C는 동시에(연달아) 일어나므로 곱의 법칙을 적용할 수 있다. 따라서 남학생 3명과 여학생 4명이 1대 1로 짝을 이룰 수 있는 경우의 수는 24(=4×3×2)이다.

 스스로 유사한 문제를 여러 개 만들어(출제하여) 답을 찾아보시기 바랍니다.

Q2. 국회의원 K씨는 어느 지역 유권자 2만 명 중 1만 5천 명에게 지지를 받았다. 만약 이 지역에서 한 사람을 임의로 선택했을 때, 그 사람이 국회의원 K씨를 지지한 사람이 아닐 확률은 얼마일까?

① 이 문제를 풀기 위해 어떤 개념을 알아야 하는가?

② 그 개념을 머릿속에 떠올려 보아라.

③ 문제의 출제의도를 말하고 어떻게 풀지 간단히 설명해 보아라. (잘 모를 경우, 아래 Hint를 보면서 질문의 답을 찾아본다)

Hint(1) 이 지역에서 한 사람을 임의로 선택하는 경우의 수는 20,000이다.

Hint(2) 이 지역에서 한 사람을 임의로 선택했을 때, 그 사람이 국회의원 K씨를 지지한 사람일 경우의 수는 15,000이다.

Hint(3) 이 지역에서 한 사람을 임의로 선택했을 때, 그 사람이 국회의원 K씨를 지지한 사람일 경우를 사건 A로 정의해 본다.

Hint(4) 사건 A가 일어날 확률이 p라면 사건 A가 일어나지 않을 확률은 $(1-p)$이다.

④ 그럼 문제의 답을 찾아라.

A2.

① 경우의 수 응용문제 풀이법, 확률의 기본성질

② 개념정리하기 참조

③ 이 문제는 확률의 기본성질을 활용하여, 구하고자 하는 확률값을 계산할 수 있는지 묻는 문제이다. 일단 이 지역에서 한 사람을 임의로 선택하는 경우의 수는 20,000이다. 그리고 이 지역에서 한 사람을 임의로 선택했을 때, 그 사람이 국회의원 K씨를 지지하는 경우의 수는 15,000이다. 이 지역에서 한 사람을 임의로 선택했을 때, 그 사람이 국회의원 K씨를 지지하는 경우를 사건 A로 정의한 후, 여기에 확률의 기본성질을 적용하면 어렵지 않게 답을 찾을 수 있을 것이다. 참고로 사건 A가 일어날 확률을 p라고 놓으면, 사건 A가 일어나지 않을 확률은 $(1-p)$이다.

④ $\dfrac{1}{4}$

[정답풀이]

일단 이 지역에서 한 사람을 임의로 선택하는 경우의 수는 20000이다. 그리고 이 지역에서 한 사람을 임의로 선택했을 때, 그 사람이 국회의원 K씨를 지지하는 경우의 수는 15000이다. 사건 A를 다음과 같이 정의해보자.

- 사건 A : 이 지역에서 한 사람을 임의로 선택했을 때 그 사람이 국회의원 A씨를 지지하는 경우

사건 A가 일어날 확률은 다음과 같다.

- 사건 A가 일어날 확률(p) : $\dfrac{3}{4}\left(=\dfrac{15000}{20000}\right)$

우리가 구하고자 하는 것은 사건 A가 일어나지 않을 확률이므로, 정답은 다음과 같다.

- 사건 A가 일어나지 않을 확률 : $(1-p)$ → $1-p=1-\dfrac{3}{4}=\dfrac{1}{4}$

 스스로 유사한 문제를 여러 개 만들어(출제하여) 답을 찾아보시기 바랍니다.

Q3. 어떤 사건 A가 일어날 확률을 p, 사건 A가 일어나지 않을 확률을 q라고 할 때, 다음 p와 q에 대한 설명 중 틀린 것을 찾아라.

(1) $(p+q)$의 값은 1이다.

(2) p는 0보다 크거나 같고 1보다 작거나 같다.

(3) q는 0보다 크거나 같고 1보다 작거나 같다.

(4) 사건 A가 반드시 일어난다면 $p=q$이다.

(5) 사건 A가 절대 일어나지 않는다면 $q=1$이다.

① 이 문제를 풀기 위해 어떤 개념을 알아야 하는가?

② 그 개념을 머릿속에 떠올려 보아라.

③ 문제의 출제의도를 말하고 어떻게 풀지 간단히 설명해 보아라. (잘 모를 경우, 아래 Hint를 보면서 질문의 답을 찾아본다)

> **Hint(1)** 사건 A가 일어날 확률이 p일 때, 사건 A가 일어나지 않을 확률은 $(1-p)$이다.
> ☞ $q=1-p$
>
> **Hint(2)** 임의의 확률 p는 항상 $0 \leq p \leq 1$이다.
>
> **Hint(3)** 사건 A가 반드시 일어난다는 말은 사건 A가 일어날 확률이 1이라는 뜻이다.
>
> **Hint(4)** 사건 A가 절대 일어나지 않는다는 말은 사건 A가 일어날 확률이 0이라는 뜻이다.

④ 그럼 문제의 답을 찾아라.

A3.

> ① 확률의 정의, 확률의 기본성질
>
> ② 개념정리하기 참조
>
> ③ 이 문제는 확률의 정의와 기본성질을 알고 있는지 묻는 문제이다. 일단 사건 A가 일어날 확률이 p일 때, 사건 A가 일어나지 않을 확률은 $(1-p)$가 된다. 즉 $q=1-p$이다. 더불어 임의의 확률 p는 항상 $0 \leq p \leq 1$이다. 주어진 보기에 확률의 정의와 기본성질을 하나씩 적용하면 어렵지 않게 답을 찾을 수 있을 것이다. 참고로 사건 A가 반드시 일어난다는 말은 사건 A가 일어날 확률이 $1(p=1)$이라는 뜻이며, 사건 A가 절대 일어나지 않는다는 말은 사건 A가 일어날 확률이 $0(p=0)$이라는 뜻이다.
>
> ④ (4)

[정답풀이]

(1) $(p+q)$의 값은 1이다.

사건 A가 일어날 확률이 p일 때, 사건 A가 일어나지 않을 확률은 $(1-p)$이다. 문제에서 사건 A가 일어나지 않을 확률을 q라고 놓았기 때문에 $q=1-p$가 된다. 따라서 $(p+q)$의 값은 1이다.

$[1-p=q \ \rightarrow \ p+q=1] \ \rightarrow \ (참)$

(2) p는 0보다 크거나 같고 1보다 작거나 같다.

임의의 확률 p는 항상 $0 \leq p \leq 1$이다. $\rightarrow$ (참)

(3) q는 0보다 크거나 같고 1보다 작거나 같다.

임의의 확률 q는 항상 $0 \leq q \leq 1$이다. $\rightarrow$ (참)

(4) 사건 A가 반드시 일어난다면 $p=q$이다.

사건 A가 반드시 일어난다는 말은 사건 A가 일어날 확률이 1($p=1$)이라는 뜻이다.

$$\left[p=\frac{(사건 \ A가 \ 일어나는 \ 경우의 \ 수)}{(전체 \ 일어나는 \ 경우의 \ 수)}=1 \ \rightarrow \ q=1-p=0 \ \therefore \ p \neq q \right]$$

(5) 사건 A가 절대 일어나지 않는다면 $q=1$이다.

사건 A가 절대 일어나지 않는다는 말은 사건 A가 일어날 확률이 0($p=0$)이라는 뜻이다.

$$\left[p=\frac{(사건 \ A가 \ 일어나는 \ 경우의 \ 수)}{(전체 \ 일어나는 \ 경우의 \ 수)}=0 \ \rightarrow \ q=1-p=1 \ \therefore \ q=1 \right] \ \rightarrow \ (참)$$

 스스로 유사한 문제를 여러 개 만들어(출제하여) 답을 찾아보시기 바랍니다.

Q4. 재벌 3세인 규민이는 주말(토요일 또는 일요일)에 놀이동산을 통째로 빌려, 여자친구 은설이를 위한 생일파티를 열어주려고 한다. 은설이의 생일이 주말일 확률은 얼마일까? (단, 아직 규민이는 은설이의 생일 날짜를 모르고 있다)

① 이 문제를 풀기 위해 어떤 개념을 알아야 하는가?

② 그 개념을 머릿속에 떠올려 보아라.

③ 문제의 출제의도를 말하고 어떻게 풀지 간단히 설명해 보아라. (잘 모를 경우, 아래 Hint를 보면서 질문의 답을 찾아본다)

> **Hint(1)** 주어진 내용을 접속사 '또는'을 기준으로 두 사건 A와 B로 분리해 본다.
> ☞ 은설이의 생일이 주말(토요일 또는 일요일)일 경우
> • 사건 A : 은설이의 생일이 토요일인 경우
> • 사건 B : 은설이의 생일이 일요일인 경우

> **Hint(2)** 사건 A, B에 대한 확률을 각각 구해본다.
> ☞ 사건 A가 일어날 확률 : $\frac{1}{7}$, 사건 B가 일어날 확률 : $\frac{1}{7}$

> **Hint(3)** 사건 A, B가 동시에 일어나는지 생각해 본 후, 알맞은 계산법칙을 적용해 본다.
> ☞ 사건 A, B는 동시에 일어날 수 없는 사건이므로, 확률의 덧셈정리를 적용할 수 있다.

④ 그럼 문제의 답을 찾아라.

A4.

① 경우의 수 응용문제 풀이법, 확률의 계산법칙(덧셈정리, 곱셈정리)

② 개념정리하기 참조

③ 이 문제는 주어진 내용을 낱개의 사건으로 분리한 후, 확률의 계산법칙을 활용하여 구하고자 하는 확률을 계산할 수 있는지 묻는 문제이다. 우선 주어진 내용을 접속사 '또는'을 기준으로 낱개의 두 사건 A, B로 분리해 본다. 그리고 분리된 두 사건이 동시에 일어나는지 그렇지 않은지를 확인한 후, 알맞은 확률의 계산법칙(덧셈정리, 곱셈정리)을 적용하면 쉽게 답을 구할 수 있다.

④ $\dfrac{2}{7}$

[정답풀이]

주어진 내용을 접속사 '또는'을 기준으로 두 사건 A와 B로 분리해 보면 다음과 같다.

은설이의 생일이 주말(토요일 또는 일요일)일 경우
- 사건 A : 은설이의 생일이 토요일인 경우
- 사건 B : 은설이의 생일이 일요일인 경우

사건 A, B에 대한 확률을 각각 구해보면 다음과 같다.
- 사건 A가 일어날 확률 : $\dfrac{1}{7}$ • 사건 B가 일어날 확률 : $\dfrac{1}{7}$

사건 A, B는 동시에 일어날 수 없으므로, 확률의 덧셈정리에 의해 사건 A 또는 B가 일어날 확률을 계산하면 $\dfrac{2}{7}\left(=\dfrac{1}{7}+\dfrac{1}{7}\right)$가 된다.

 스스로 유사한 문제를 여러 개 만들어(출제하여) 답을 찾아보시기 바랍니다.

Q5. 숫자 0~4까지 적힌 5장의 카드가 있다. 임의로 한 장씩 두 번을 뽑아 두 자리 자연수를 만들려고 할 때, 짝수가 나올 수 있는 확률은 얼마일까? (단, 처음 뽑은 숫자는 십의 자리이며 나중에 뽑은 숫자는 일의 자리이다. 그리고 뽑은 숫자카드는 다시 제자리에 넣는다)

① 이 문제를 풀기 위해 어떤 개념을 알아야 하는가?

② 그 개념을 머릿속에 떠올려 보아라.

③ 문제의 출제의도를 말하고 어떻게 풀지 간단히 설명해 보아라.

Hint(1) 두 자리 자연수가 되기 위해서는 십의 자리 숫자가 0이 되어서는 안 된다. 이것을 사건 A로 지정한 후, 사건 A가 일어날 확률을 구해본다.
☞ 사건 A가 일어날 확률 (십의 자리 숫자가 0이 아닐 확률) : $\dfrac{4}{5}$
(전체 숫자카드는 5개이며, 0이 아닌 숫자카드는 4개이다)

Hint(2) 두 자리 자연수가 짝수가 되기 위해서는 일의 자리 숫자가 0, 2, 4 중 하나이어야 하므로, 이것을 사건 B로 지정한 후, 사건 B가 일어날 확률을 구해본다.
☞ 사건 B가 일어날 확률 (일의 자리 숫자가 0, 2, 4 중 하나일 확률) : $\dfrac{3}{5}$
(전체 숫자카드는 5개이며, 0, 2, 4의 숫자카드는 3개이다)

Hint(3) 두 사건 A, B가 동시에 일어나는 사건인지 그렇지 않은지 확인한 후 알맞은 계산법칙을 적용해 본다.

☞ 사건 A, B는 동시에, 즉 모두 일어나는 사건이므로 확률의 곱셈정리를 적용할 수 있다.

④ 그럼 문제의 답을 찾아라.

A5.

① 경우의 수 응용문제 풀이법, 확률의 계산법칙(덧셈정리, 곱셈정리)

② 개념정리하기 참조

③ 이 문제는 주어진 내용을 낱개의 사건으로 분리한 후, 확률의 계산법칙을 활용하여 구하고자 하는 확률값을 계산할 수 있는지 묻는 문제이다. 우선 두 자리 자연수가 되기 위해서는 십의 자리 숫자가 0이 되어서는 안 된다. 이것을 사건 A로 지정한 후, 사건 A가 일어날 확률을 구해본다. 그리고 두 자리 자연수가 짝수가 되기 위해서는 일의 자리 숫자가 0, 2, 4 중 하나가 되어야 하므로 이것을 사건 B로 지정한 후, 사건 B가 일어날 확률을 구해본다. 마지막으로 두 사건이 동시에 일어나는지 그렇지 않은지를 확인하면 어렵지 않게 답을 구할 수 있다.

④ $\dfrac{12}{25}$

[정답풀이]

두 자리 자연수가 되기 위해서는 십의 자리 숫자가 0이 되어서는 안 된다. 이것을 사건 A로 지정한 후, 사건 A가 일어날 확률을 구해보면 다음과 같다.

- 사건 A가 일어날 확률(십의 자리 숫자가 0이 아닐 확률) : $\dfrac{4}{5}$

  (전체 숫자카드는 5개이며, 0이 아닌 숫자카드는 4개이다)

두 자리 자연수가 짝수가 되기 위해서는 일의 자리 숫자가 0, 2, 4 중 하나가 되어야 한다.

이것을 사건 B로 지정한 후, 사건 B가 일어날 확률을 구해보면 다음과 같다.

- 사건 B가 일어날 확률(일의 자리 숫자가 0, 2, 4 중 하나일 확률) : $\dfrac{3}{5}$

  (전체 숫자카드는 5개이며, 0, 2, 4의 숫자카드는 3개이다)

두 사건 A, B는 동시에, 즉 모두 일어나는 사건이므로 확률의 곱셈정리를 적용할 수 있다.

- (사건 A와 B가 일어날 확률)$= \dfrac{4}{5} \times \dfrac{3}{5} = \dfrac{12}{25}$가 된다.

 스스로 유사한 문제를 여러 개 만들어(출제하여) 답을 찾아보시기 바랍니다.

Q6. 다음과 같이 생긴 꽃모양(5칸)에 빨강, 주황, 노랑, 초록, 파랑, 남색, 보라를 한 칸에 하나씩 순서대로 칠하려고 한다. 빨강 또는 주황이 포함되는 경우의 수를 구하여라. (단, 같은 색은 중복하여 칠하지 않기로 한다)

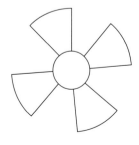

① 이 문제를 풀기 위해 어떤 개념을 알아야 하는가?

② 그 개념을 머릿속에 떠올려 보아라.

③ 문제의 출제의도를 말하고 어떻게 풀지 간단히 설명해 보아라. (잘 모를 경우, 아래 Hint를 보면서 질문의 답을 찾아본다)

> **Hint(1)** 빨강 또는 주황이 포함되는 경우를 사건 A라고 한다면, 사건 A가 일어나지 않는 경우는 바로 빨강과 주황 모두 포함되지 않는 경우가 된다.

> **Hint(2)** 어떤 사건이 일어날 확률이 p일 때, 그 사건이 일어나지 않을 확률은 $(1-p)$이다.

> **Hint(3)** 빨강과 주황 모두 포함되지 않는 경우를 낱개의 사건으로 순서대로 분리한 후, 그 확률을 구해본다.

> **Hint(4)** 도출된 사건이 동시에 일어나는지 그렇지 않은지 확인한 후 알맞은 계산법칙을 적용해 본다.

④ 그럼 문제의 답을 찾아라.

A6.

> ① 경우의 수 응용문제 풀이법, 확률의 계산법칙(덧셈정리, 곱셈정리), 확률의 기본성질
>
> ② 개념정리하기 참조
>
> ③ 이 문제는 주어진 내용을 낱개의 사건으로 순서대로 분리할 수 있는지 그리고 확률의 기본성질 및 확률의 계산법칙을 활용하여 구하고자 하는 확률값을 계산할 수 있는지 묻는 문제이다. 빨강 또는 주황이 포함되는 경우를 사건 A라고 한다면, 사건 A가 일어나지 않는 경우는 바로 빨강과 주황 모두 포함되지 않는 경우이다. 어떤 사건이 일어날 확률이 p일 때, 그 사건이 일어나지 않을 확률은 $(1-p)$이다. 이를 바탕으로 빨강과 주황 모두 포함되지 않는 확률을 구한 다음 여기에 확률의 기본성질을 적용하면 쉽게 답을 찾을 수 있다.
>
> ④ $\dfrac{20}{21}$

[정답풀이]

빨강 또는 주황이 포함되는 경우를 사건 A라고 한다면, 사건 A가 일어나지 않는 경우는 바로 빨강과 주황 모두 포함되지 않는 경우이다. 어떤 사건이 일어날 확률이 p일 때, 그 사건이 일어나지 않을 확률은 $(1-p)$이다. 그렇다면 먼저 빨강과 주황 모두 포함되지 않는 경우를 낱개의 사건으로 분리한 후, 그 확률을 구해보면 다음과 같다.

- 사건 ① : 한 칸에 7가지의 색 중 빨강과 주황이 아닌 색을 칠하는 경우

  사건 ①이 일어날 확률 : $\dfrac{5}{7}$ (전체 7가지의 색 중 5가지를 선택할 수 있다)

- 사건 ② : 한 칸에 6가지의 색 중 빨강과 주황이 아닌 색을 칠하는 경우

  사건 ②가 일어날 확률 : $\dfrac{4}{6}$ (남은 6가지의 색 중 4가지를 선택할 수 있다)

- 사건 ③ : 한 칸에 5가지의 색 중 빨강과 주황이 아닌 색을 칠하는 경우

사건 ③이 일어날 확률 : $\frac{3}{5}$ (남은 5가지의 색 중 3가지를 선택할 수 있다)

- 사건 ④ : 한 칸에 4가지의 색 중 빨강과 주황이 아닌 색을 칠하는 경우

  사건 ④가 일어날 확률 : $\frac{2}{4}$ (남은 4가지의 색 중 2가지를 선택할 수 있다)

- 사건 ⑤ : 한 칸에 3가지의 색 중 빨강과 주황이 아닌 색을 칠하는 경우

  사건 ⑤가 일어날 확률 : $\frac{1}{3}$ (남은 3가지의 색 중 1가지를 선택할 수 있다)

사건 ①, ②, ③, ④, ⑤는 동시에, 즉 모두 일어나는 사건이다. 여기에 확률의 곱셈정리를 적용하여 사건 ①, ②, ③, ④, ⑤가 동시에(연달아) 일어날 확률을 구하면 $\frac{1}{21}\left(=\frac{5}{7}\times\frac{4}{6}\times\frac{3}{5}\times\frac{2}{4}\times\frac{1}{3}\right)$이 된다. 따라서 빨강 또는 주황이 포함될 확률은 $\frac{20}{21}\left(=1-\frac{1}{21}\right)$이다.

 스스로 유사한 문제를 여러 개 만들어(출제하여) 답을 찾아보시기 바랍니다.

Q7. 규민이는 은설이와 텔레파시 실험을 하고 있다. 서로 머릿속으로 1부터 5까지의 숫자 중 하나를 생각한 다음 동시에 손가락으로 표현하여 서로 같은지 확인하고 있다. 만약 규민이와 은설이가 텔레파시 실험을 두 번을 연달아 시행했을 때,

(1) 두 번 모두 같은 숫자를 표시할 확률은 얼마일까?

(2) 한 번은 같고 다른 한 번은 다른 숫자를 표시할 확률은 얼마일까?

① 이 문제를 풀기 위해 어떤 개념을 알아야 하는가?

② 그 개념을 머릿속에 떠올려 보아라.

③ 문제의 출제의도를 말하고 어떻게 풀지 간단히 설명해 보아라. (잘 모를 경우, 아래 Hint를 보면서 질문의 답을 찾아본다)

> **Hint(1)** 은설이가 손가락으로 1~5까지의 숫자를 표시할 경우의 수는 5이며, 규민이가 손가락으로 1~5까지의 숫자를 표시할 경우의 수 또한 5이다. 따라서 은설이와 규민이가 동시에 1~5까지의 숫자를 표시할 모든 경우의 수는 25(=5×5)가 된다. (곱의 법칙 적용)
>
> **Hint(2)** 은설이와 규민이가 표시하는 숫자를 순서쌍 (x, y)로 놓으면, 서로 같은 숫자를 표시하는 경우는 (1,1), (2,2), (3,3), (4,4), (5,5)가 되어, 그 경우의 수는 5이다.
>
> **Hint(3)** 두 번 모두 같은 숫자를 표시할 경우를 낱개의 사건으로 분리한 후, 그 확률을 구해본다.
> ☞ 사건 A : 첫 번째 시행에서 은설이와 규민이가 서로 같은 숫자를 표시할 경우
> - 사건 A가 일어날 확률 : $\frac{1}{5}\left(=\frac{5}{25}\right)$
> ☞ 사건 B : 두 번째 시행에서 은설이와 규민이가 서로 같은 숫자를 표시할 경우
> - 사건 B가 일어날 확률 : $\frac{1}{5}\left(=\frac{5}{25}\right)$
>
> **Hint(4)** 사건 A, B가 동시에 일어나는 사건인지 그렇지 않은지 확인한 후 알맞은 계산법칙을 적용해 본다.
> ☞ 사건 A, B는 동시에, 즉 모두 일어나는 사건이므로 확률의 곱셈정리를 적용할 수 있다.

Hint(5) 한 번은 같고 다른 한 번은 다른 숫자를 표시할 경우를 낱개의 사건으로 분리한 후, 확률을 구해본다. 참고로 첫 번째 시행에서 같은 숫자를 표시할 경우와 두 번째 시행에서 같은 숫자를 표시할 경우로 구분해야 한다.

Hint(6) 두 사건이 동시에 일어나는 사건인지 그렇지 않은지 확인한 후 알맞은 계산법칙을 적용해 본다.

④ 그럼 문제의 답을 찾아라.

A7.

① 경우의 수 응용문제 풀이법, 확률의 계산법칙(덧셈정리, 곱셈정리)

② 개념정리하기 참조

③ 이 문제는 주어진 내용을 낱개의 사건으로 분리할 수 있는지 그리고 확률의 계산법칙을 적용하여 구하고자 하는 확률값을 계산할 수 있는지 묻는 문제이다. 은설이가 손가락으로 1~5까지의 숫자를 표시할 경우의 수는 5이며, 규민이가 손가락으로 1~5까지의 숫자를 표시할 경우의 수 또한 5이다. 곱의 법칙에 따라 은설이와 규민이가 동시에 1~5까지의 숫자를 표시할 모든 경우의 수는 25(=5×5)가 된다. 여기서 은설이와 규민이가 표시하는 숫자를 순서쌍 (x, y)로 놓으면, 서로 같은 숫자를 표시할 경우는 (1,1), (2,2), (3,3), (4,4), (5,5)가 되어, 그 경우의 수가 5라는 사실을 쉽게 확인할 수 있다. 주어진 (1)과 (2)의 사건을 각각 낱개의 사건으로 분리한 후, 확률의 계산법칙을 적용하면 어렵지 않게 답을 찾을 수 있을 것이다.

④ (1) $\dfrac{1}{25}$ (2) $\dfrac{8}{25}$

[정답풀이]

은설이가 손가락으로 1~5까지의 숫자를 표시할 경우의 수는 5이며, 규민이가 손가락으로 1~5까지의 숫자를 표시할 경우의 수 또한 5이다. 곱의 법칙에 따라 은설이와 규민이가 두 번 연달아 1~5까지의 숫자를 표시할 모든 경우의 수는 25(=5×5)가 된다. 은설이와 규민이가 표시하는 숫자를 순서쌍 (x, y)로 놓으면, 서로 같은 숫자를 표시할 경우는 다음과 같다.

　(1,1), (2,2), (3,3), (4,4), (5,5) → 경우의 수 5

(1) 두 번 모두 같은 숫자를 표시할 경우를 낱개의 사건으로 분리한 후, 확률을 구해보면 다음과 같다.

　• 사건 A : 첫 번째 시행에서 은설이와 규민이가 서로 같은 숫자를 표시할 경우

　　　→ 사건 A가 일어날 확률 : $\dfrac{1}{5}\left(=\dfrac{5}{25}\right)$

　• 사건 B : 두 번째 시행에서 은설이와 규민이가 서로 같은 숫자를 표시할 경우

　　　→ 사건 B가 일어날 확률 : $\dfrac{1}{5}\left(=\dfrac{5}{25}\right)$

사건 A, B는 동시에, 즉 모두 일어나는 사건이므로 확률의 곱셈정리를 적용할 수 있다. 따라서 (1)의 정답은 $\dfrac{1}{25}\left(=\dfrac{1}{5}\times\dfrac{1}{5}\right)$이다.

(2) 한 번은 같고 다른 한 번은 다른 숫자를 표시할 경우를 낱개의 사건으로 분리한 후, 확률을 구해보면

다음과 같다. 참고로 첫 번째 시행에서 같은 숫자를 표시할 경우와 두 번째 시행에서 같은 숫자를 표시할 경우로 구분해야 한다.

- 사건 C : 첫 번째 시행에서 같은 숫자를 표시하고 두 번째 시행에서 다른 숫자를 표시할 경우

  i) 첫 번째 시행에서 같은 숫자를 표시할 확률 : $\dfrac{1}{5}$

  ii) 두 번째 시행에서 다른 숫자를 표시할 확률 : $\dfrac{4}{5}$

  → 사건 i)과 ii)는 동시에 일어나는 사건이므로 사건 C가 일어날 확률은 $\dfrac{4}{25}\left(=\dfrac{1}{5}\times\dfrac{4}{5}\right)$ 이다.

- 사건 D : 첫 번째 시행에서 다른 숫자를 표시하고 두 번째 시행에서 같은 숫자를 표시할 경우

  i) 첫 번째 시행에서 다른 숫자를 표시할 확률 : $\dfrac{4}{5}$

  ii) 두 번째 시행에서 같은 숫자를 표시할 확률 : $\dfrac{1}{5}$

  → 사건 i)과 ii)는 동시에 일어나는 사건이므로 사건 D가 일어날 확률은 $\dfrac{4}{25}\left(=\dfrac{1}{5}\times\dfrac{4}{5}\right)$

사건 C, D는 동시에 일어나지 않는 사건이므로 확률의 덧셈정리를 적용할 수 있다. 따라서 (2)의 정답은 $\dfrac{8}{25}\left(=\dfrac{4}{25}+\dfrac{4}{25}\right)$이다.

 스스로 유사한 문제를 여러 개 만들어(출제하여) 답을 찾아보시기 바랍니다.

Q8. 어느 동아리에는 1학년 10명, 2학년 13명, 3학년 9명이 소속되어 있다. 동아리원 중 순서대로 (연달아) 3명을 임의로 선택했을 때 다음 경우에 대한 확률을 각각 구하여라.

(1) 모두 1학년일 경우

(2) 1학년이 한 명도 뽑히지 않을 경우

(3) 2학년 또는 3학년 학생일 경우

(4) 적어도 1명은 1학년일 경우

① 이 문제를 풀기 위해 어떤 개념을 알아야 하는가?

② 그 개념을 머릿속에 떠올려 보아라.

③ 문제의 출제의도를 말하고 어떻게 풀지 간단히 설명해 보아라. (잘 모를 경우, 아래 Hint를 보면서 질문의 답을 찾아본다)

　Hint(1) 주어진 내용 (1)을 낱개의 사건으로 분리해 본다.
　　　☞ 사건 A : 첫 번째 학생이 1학년일 경우
　　　사건 B : 두 번째 학생이 1학년일 경우
　　　사건 C : 세 번째 학생이 1학년일 경우

　Hint(2) 분리된 사건 A, B, C에 대한 확률을 구해본다. 여기서 1학년 학생을 뽑을 때마다, 선택할 수 있는 1학년 학생수가 1명씩 줄어든다는 사실에 주의한다.

　Hint(3) 선택된 학생 3명 모두 1학년일 경우, 분리된 사건 A, B, C가 동시에 일어나는지 그렇지 않

은지 확인한 후 알맞은 계산법칙을 적용해 본다.

☞ 사건 A, B, C는 동시에, 즉 모두 일어나는 사건이므로 확률의 곱셈정리를 적용할 수 있다.

Hint(4) (2)의 경우도 (1)과 마찬가지로 낱개의 사건으로 분리한 후, 확률의 곱셈정리를 활용해 본다.

Hint(5) (3)과 (4)처럼 사건의 가짓수가 많을 경우, 확률의 기본성질을 활용하면 쉽게 답을 찾을 수 있다. 참고로 사건 A가 일어날 확률이 p일 때, 사건 A가 일어나지 않을 확률은 $(1-p)$이다.

④ 그럼 문제의 답을 찾아라.

A8.

① 경우의 수 응용문제 풀이법, 확률의 기본성질, 확률의 계산법칙(곱셈정리, 덧셈정리)

② 개념정리하기 참조

③ 이 문제는 주어진 내용을 낱개의 사건으로 분리할 수 있는지 그리고 확률의 기본성질과 계산법칙을 활용하여 구하고자 하는 확률값을 계산할 수 있는지 묻는 문제이다. 먼저 주어진 내용 (1)을 첫 번째 학생을 선택할 경우(사건 A), 두 번째 학생을 선택을 선택할 경우(사건 B), 세 번째 학생을 선택할 경우(사건 C)로 분리해 본다. 분리된 사건 A, B, C가 동시에 일어나는지 그렇지 않은지 확인하여 알맞은 계산법칙을 적용하면 쉽게 답을 찾을 수 있을 것이다. (2)의 경우도 (1)과 마찬가지로 낱개의 사건으로 분리한 후, 확률의 곱셈정리를 활용할 수 있다. 하지만 (3), (4)처럼 사건의 가짓수가 많을 경우, 확률의 기본성질을 활용하여 풀이하는 것이 좋다. 참고로 사건 A가 일어날 확률이 p일 때, 사건 A가 일어나지 않을 확률은 $(1-p)$이다.

④ (1) $\dfrac{3}{124}$ (2) $\dfrac{77}{248}$ (3) $\dfrac{77}{248}$ (4) $\dfrac{171}{248}$

[정답풀이]

(1) 주어진 내용을 낱개의 사건으로 분리한 후, 그 확률을 구해보면 다음과 같다.

• 사건 A : 첫 번째 학생이 1학년일 경우 → 확률 $\dfrac{10}{32}$ (32명 중 1학년이 10명)

• 사건 B : 두 번째 학생이 1학년일 경우 → 확률 $\dfrac{9}{31}$ (31명 중 1학년이 9명)

• 사건 C : 세 번째 학생이 1학년일 경우 → 확률 $\dfrac{8}{30}$ (30명 중 1학년이 8명)

사건 A, B, C는 동시에, 즉 모두 일어나는 사건이므로 확률의 곱셈정리를 적용할 수 있다. 따라서 선택된 학생 3명 모두 1학년일 확률은 $\dfrac{3}{124}\left(=\dfrac{10}{32}\times\dfrac{9}{31}\times\dfrac{8}{30}\right)$이다.

(2) 1학년 학생이 한 명도 뽑히지 않을 경우를 다음과 같이 낱개의 사건으로 분리한 후, 그 확률을 구해 본다.

• 사건 A : 첫 번째 학생이 1학년이 아닐 경우 → 확률 $\dfrac{22}{32}$ (32명 중 2, 3학년이 22명)

- 사건 B : 두 번째 학생이 1학년이 아닐 경우 → 확률 $\frac{21}{31}$ (31명 중 2,3학년이 21명)

- 사건 C : 세 번째 학생이 1학년이 아닐 경우 → 확률 $\frac{20}{30}$ (30명 중 2,3학년이 20명)

∴ 1학년이 한 명도 뽑히지 않을 확률 : $\frac{77}{248}\left(=\frac{22}{32}\times\frac{21}{31}\times\frac{20}{30}\right)$

(3) 선택된 학생 3명이 2학년 또는 3학년 학생인 경우는 1학년 학생이 한 명도 뽑히지 않는 경우와 같으므로, (2)에서 구한 확률값과 같다.

(선택된 학생 3명이 2학년 또는 3학년 학생일 경우)$=\frac{77}{248}$

(4) 선택된 학생 중 적어도 1명은 1학년일 경우를 사건 A라고 놓으면, 사건 A가 일어나지 않을 확률은 1학년이 한 명도 뽑히지 않는 확률과 같다. 앞서 (2)의 결과 $\frac{77}{248}$ 을 활용하여 정답을 구하면 다음과 같다. 참고로 사건 A가 일어날 확률이 p일 때, 사건 A가 일어나지 않을 확률은 $(1-p)$이다.

(사건 A가 일어날 확률)$=1-$(사건 A가 일어나지 않을 확률)$=1-\frac{77}{248}=\frac{171}{248}$

 스스로 유사한 문제를 여러 개 만들어(출제하여) 답을 찾아보시기 바랍니다.

Q9. 어느 동아리에는 1학년 10명, 2학년 13명, 3학년 9명이 소속되어 있다. 동아리원 중 3명을 순서없이 임의로 선택했을 때 다음 경우에 대한 확률을 각각 구하여라. [Q8과 비교]

(1) 모두 1학년일 경우

(2) 1학년이 한 명도 뽑히지 않을 경우

(3) 2학년 또는 3학년 학생일 경우

(4) 적어도 1명은 1학년일 경우

① 이 문제를 풀기 위해 어떤 개념을 알아야 하는가?

② 그 개념을 머릿속에 떠올려 보아라.

③ 문제의 출제의도를 말하고 어떻게 풀지 간단히 설명해 보아라. (잘 모를 경우, 아래 Hint를 보면서 질문의 답을 찾아본다)

Hint(1) 동아리 학생 중 3명을 순서없이 임의로 선택하는 모든 경우의 수를 찾아본다. (낱개의 사건으로 분리한 후, 계산해 본다)
☞ 사건 A : 32명 중 1명을 선택하는 경우의 수 → 32
사건 B : 남은 31명 중 1명을 선택하는 경우의 수 → 31
사건 C : 남은 30명 중 1명을 선택하는 경우의 수 → 30
(모든 경우의 수)$=32\times31\times30=29760$ [곱의 법칙 활용]

Hint(2) 3명 모두 1학년일 경우를 낱개의 사건으로 분리한 후, 경우의 수를 계산하면 다음과 같다.
☞ 사건 (i) : 1학년 학생 10명 중 1명을 뽑는 경우의 수 → 10
사건 (ii) : 남은 1학년 학생 9명 중 1명을 뽑는 경우의 수 → 9
사건 (iii) : 남은 1학년 학생 8명 중 1명을 뽑는 경우의 수 → 8
(10명 중 1학년 학생 3명을 뽑을 경우의 수)$=10\times9\times8=720$ [곱의 법칙 활용]

Hint(3) 앞서 도출된 경우의 수로부터 선택된 3명 모두 1학년일 확률을 계산해 본다.

☞ (선택된 3명 모두 1학년일 확률)= $\dfrac{(\text{해당 사건이 일어나는 경우의 수})}{(\text{모든 사건이 일어나는 경우의 수})}$

Hint(4) (2)의 경우, 1학년을 한 명도 뽑지 않을 경우와 (3) 선택된 학생이 2학년 또는 3학년 학생일 경우는 서로 동일한 사건으로 볼 수 있으므로 (3)의 경우에 대해서만 낱개의 사건으로 분리한 후, 경우의 수를 따져 그 확률을 구해본다.

Hint(5) (4)처럼 사건의 가짓수가 많을 경우, 확률의 기본성질을 활용하면 쉽게 답을 찾을 수 있다. 참고로 사건 A가 일어날 확률이 p일 때, 사건 A가 일어나지 않을 확률은 $(1-p)$이다.

④ 그럼 문제의 답을 찾아라.

A9.

① 경우의 수 응용문제 풀이법, 확률의 기본성질, 확률의 계산법칙(덧셈정리, 곱셈정리)

② 개념정리하기 참조

③ 이 문제는 주어진 내용을 낱개의 사건으로 분리할 수 있는지 그리고 확률의 기본성질과 계산법칙을 활용하여 구하고자 하는 확률값을 계산할 수 있는지 묻는 문제이다. 먼저 동아리 학생 중 3명을 선택하는 모든 경우의 수를 찾아본다. (1)의 경우, 3명 모두 1학년일 경우를 낱개의 사건으로 분리한 후, 경우의 수를 계산하면 어렵지 않게 (1)에 대한 확률값을 구할 수 있다. (2)의 경우, 1학년을 한 명도 뽑지 않을 경우와 (3) 선택된 학생이 2학년 또는 3학년 학생일 경우는 서로 동일한 사건으로 볼 수 있으므로 (3)의 경우를 낱개의 사건으로 분리한 후, 경우의 수를 따져 그 확률을 구할 수 있다. (4)처럼 사건의 가짓수가 많을 경우, 확률의 기본성질을 활용하면 쉽게 답을 찾을 수 있다. 참고로 사건 A가 일어날 확률이 p일 때, 사건 A가 일어나지 않을 확률은 $(1-p)$ 이다.

④ (1) $\dfrac{3}{124}$ (2) $\dfrac{77}{248}$ (3) $\dfrac{77}{248}$ (4) $\dfrac{171}{248}$

[정답풀이]

먼저 동아리 학생 중 3명을 선택하는 모든 경우의 수를 찾아보면 다음과 같다. 낱개의 사건으로 분리한 후 계산한다. (동아리 학생수는 모두 32명이다)

• 사건 A : 32명 중 1명을 선택하는 경우의 수 → 32
• 사건 B : 남은 31명 중 1명을 선택하는 경우의 수 → 31
• 사건 C : 남은 30명 중 1명을 선택하는 경우의 수 → 30
   ∴ (모든 경우의 수)=32×31×30=29760 [곱의 법칙 활용]

선택된 3명 모두 1학년일 경우를 낱개의 사건으로 분리한 후, 경우의 수를 계산하면 다음과 같다.

• 사건 (i) : 1학년 학생 10명 중 1명을 뽑는 경우의 수 → 10
• 사건 (ii) : 남은 1학년 학생 9명 중 1명을 뽑는 경우의 수 → 9
• 사건 (iii) : 남은 1학년 학생 8명 중 1명을 뽑는 경우의 수 → 8
   ∴ (10명 중 1학년 학생 3명을 뽑는 경우의 수)=10×9×8=720 [곱의 법칙 활용]

도출된 경우의 수로부터 선택된 3명 모두 1학년일 확률을 계산하면 다음과 같다.

$$\text{(선택된 3명 모두 1학년일 확률)} = \frac{\text{(해당 사건이 일어나는 경우의 수)}}{\text{(모든 사건이 일어나는 경우의 수)}} = \frac{720}{29760} = \frac{3}{124}$$

(2)의 경우, 1학년을 한 명도 뽑지 않을 경우와 (3) 선택된 학생이 2학년 또는 3학년 학생일 경우는 서로 동일한 사건으로 볼 수 있으므로, (3)에 대한 경우의 수를 계산하면 된다.

선택된 학생 3명이 2학년 또는 3학년일 경우를 낱개의 사건으로 분리한 후, 그 경우의 수를 계산하면 다음과 같다.

- 사건 (i) : 2, 3학년 학생 22명 중 1명을 뽑는 경우의 수 → 22
- 사건 (ii) : 2, 3학년 학생 21명 중 1명을 뽑는 경우의 수 → 21
- 사건 (iii) : 2, 3학년 학생 20명 중 1명을 뽑는 경우의 수 → 20

∴ (22명 중 3명을 뽑는 경우의 수) = 22 × 21 × 20 = 9240 [곱의 법칙]

도출된 경우의 수로부터 선택된 3명이 2, 3학년일 확률을 계산하면 다음과 같다. 여기서 모든 사건이 일어나는 경우의 수는 앞서 구한 것과 같이 29760이다.

$$\text{(선택된 3명이 2, 3학년일 확률)} = \frac{\text{(해당 사건이 일어나는 경우의 수)}}{\text{(모든 사건이 일어나는 경우의 수)}} = \frac{9240}{29760} = \frac{77}{248}$$

(4) 선택된 학생 중 적어도 1명은 1학년일 경우를 사건 A라고 놓으면, 사건 A가 일어나지 않을 확률은 1학년이 한 명도 뽑히지 않는 경우와 같다. 앞서 (2)의 결과 $\frac{77}{248}$을 활용하여 정답을 구하면 다음과 같다. 참고로 사건 A가 일어날 확률이 p일 때, 사건 A가 일어나지 않을 확률은 $(1-p)$이다.

$$\text{(사건 } A \text{가 일어날 확률)} = 1 - \text{(사건 } A \text{가 일어나지 않을 확률)} = 1 - \frac{77}{248} = \frac{171}{248}$$

 스스로 유사한 문제를 여러 개 만들어(출제하여) 답을 찾아보시기 바랍니다.

Q10. 은설이와 규민이가 가위바위보 게임을 하고 있다.

(1) 단 한 번 게임을 하여 승부가 가려질 확률은 얼마일까?

(2) 두 번 연달아 게임을 해도 승부가 가려지지 않을 확률은 얼마일까?

(3) 5번 해서 적어도 1번 이상 승부가 가려질 확률은 얼마일까?

① 이 문제를 풀기 위해 어떤 개념을 알아야 하는가?

② 그 개념을 머릿속에 떠올려 보아라.

③ 문제의 출제의도를 말하고 어떻게 풀지 간단히 설명해 보아라. (잘 모를 경우, 아래 Hint를 보면서 질문의 답을 찾아본다)

Hint(1) 한 명이 한 번의 가위바위보 게임을 할 때, 내는 손가락 모양에 대한 경우의 수는 3이다. (가위, 바위, 보)

Hint(2) 은설이와 규민이가 가위바위보를 한 번 하는 모든 경우의 수는 9(=3×3)이다.

Hint(3) 은설이와 규민이가 가위바위보를 하여 승부를 가린다는 말은, 같은 모양의 손가락 모양을 내지 않을 경우, 즉 무승부가 아닐 경우를 말한다.

Hint(4) 확률의 기본성질을 활용하여 은설이와 규민이가 가위바위보를 하여 무승부가 아닐 확률을 계산해 본다.

Hint(5) 두 번 연달아 승부가 가려지지 않을 확률은 두 번 모두 무승부일 확률과 같다.

Hint(6) 5번을 해서 적어도 1번 이상 승부가 가려진다는 말은 5번 모두 무승부가 되는 상황이 발생하지 않는다는 말과 같다.

Hint(7) 5번 모두 무승부가 되는 확률을 계산한 후, 여기에 확률의 기본성질을 적용하면 쉽게 (3)에 대한 확률을 계산할 수 있다.

④ 그럼 문제의 답을 찾아라.

A10.

① 경우의 수 응용문제 풀이법, 확률의 계산법칙(덧셈정리, 곱셈정리), 확률의 기본성질

② 개념정리하기 참조

③ 이 문제는 주어진 내용을 낱개의 사건으로 분리할 수 있는지 그리고 확률의 기본성질과 계산법칙을 활용하여 문제를 해결할 수 있는지 묻는 문제이다. 일단 한 명이 한 번의 가위바위보 게임을 할 때, 내는 손가락 모양에 대한 경우의 수는 3(가위, 바위, 보)이다. 즉, 은설이와 규민이가 가위바위보를 한 번 하는 모든 경우의 수는 9($=3 \times 3$)라는 말이다. 더불어 은설이와 규민이가 가위바위보를 하여 승부를 낸다는 말은, 같은 모양의 손가락 모양을 내지 않을 경우, 즉 무승부가 아닐 경우를 말한다. 다시 말해 확률의 기본성질을 활용하여 은설이와 규민이가 가위바위보를 하여 무승부가 아닐 경우의 수를 구하면 쉽게 (1)에 대한 확률을 구할 수 있다는 뜻이다. 그리고 두 번 연달아 승부가 가려지지 않을 확률은 두 번 모두 무승부일 확률과 같으므로, 낱개의 사건으로 분리한 후 알맞은 계산법칙을 적용하면 어렵지 않게 답을 찾을 수 있다. (3)의 경우, 게임을 5번 해서 적어도 1번 이상 승부가 가려진다는 말은 5번 모두 무승부가 되는 상황이 발생하지 않는다는 말과 같다. 즉, 5번 모두 무승부가 되는 확률을 계산한 후, 여기에 확률의 기본성질을 적용하면 쉽게 (3)에 대한 확률을 계산할 수 있다.

④ (1) $\dfrac{2}{3}$ (2) $\dfrac{1}{9}$ (3) $\dfrac{242}{243}$

[정답풀이]

한 명이 한 번의 가위바위보 게임을 할 때, 내는 손가락 모양에 대한 경우의 수는 3(가위, 바위, 보)이다. 즉, 은설이와 규민이가 가위바위보를 한 번 하는 모든 경우의 수는 9($=3 \times 3$)라는 말이다. 더불어 은설이와 규민이가 가위바위보를 하여 승부를 낸다는 말은, 같은 모양의 손가락 모양을 내지 않을 경우, 즉 무승부가 아닐 경우를 말하므로, 확률의 기본성질을 적용하여 은설이와 규민이가 가위바위보를 하여 무승부가 아닐 확률을 구하면 다음과 같다. 무승부일 경우는 가위와 가위, 바위와 바위, 보와 보를 내는 3가지 경우뿐이므로, 가위바위보 게임을 한 번하여 무승부가 될 확률은 $\dfrac{1}{3}\left(=\dfrac{3}{9}\right)$이다. (전체 경우의 수 : 9, 무승부일 경우의 수 : 3)

• 무승부가 아닐 확률 : $\dfrac{2}{3}\left(=1-\dfrac{1}{3}\right)$

따라서 (1) 한 번 게임을 하여 승부가 가려질 확률(무승부가 아닐 확률)은 $\dfrac{2}{3}$ 이다.

(2) 두 번 연달아 승부가 가려지지 않을 확률은 두 번 모두 무승부일 확률과 같다. 낱개의 사건으로 정리하면 다음과 같다.

• 사건 A : 처음 가위바위보 게임이 무승부일 경우 → (사건 A의 확률)$=\dfrac{1}{3}$

• 사건 B : 두 번째 가위바위보 게임이 무승부일 경우 → (사건 B의 확률)$=\dfrac{1}{3}$

사건 A와 B는 동시에(모두) 일어나는 사건이므로, 두 번 연달아 승부가 가려지지 않을 확률은 $\dfrac{1}{9}$ $\left(=\dfrac{1}{3}\times\dfrac{1}{3}\right)$이 된다. (확률의 곱셈정리 적용)

(3) 게임을 5번 해서 적어도 1번 이상 승부가 가려진다는 말은 5번 모두 무승부가 되는 상황은 발생하지 않는다는 말과 같다. 즉, 5번 모두 무승부가 되는 확률을 계산한 후, 확률의 기본성질을 적용하여 그 확률을 구하면 다음과 같다.

• 5번 모두 무승부가 되는 확률 : $\dfrac{1}{243}\left(\dfrac{1}{3}\times\dfrac{1}{3}\times\dfrac{1}{3}\times\dfrac{1}{3}\times\dfrac{1}{3}\right)$ [확률의 곱셈정리 적용]

• 5번을 하여 적어도 1번 이상 승부가 가려질 확률 : $\dfrac{242}{243}\left(=1-\dfrac{1}{243}\right)$

 스스로 유사한 문제를 여러 개 만들어(출제하여) 답을 찾아보시기 바랍니다.

Q11. 다음은 학교, 도서관, 집 사이를 잇는 길을 도식화 한 것이다. 학교에서 집까지 가는 경우의 수가 얼마인지 구하여라. (단, 한 번 지나갔던 길은 다시 되돌아가지 않는다)

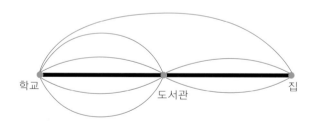

① 이 문제를 풀기 위해 어떤 개념을 알아야 하는가?

② 그 개념을 머릿속에 떠올려 보아라.

③ 문제의 출제의도를 말하고 어떻게 풀지 간단히 설명해 보아라. (잘 모를 경우, 아래 Hint를 보면서 질문의 답을 찾아본다)

Hint(1) 학교에서 집으로 가는 경우를 낱개의 사건으로 분리해 본다.
☞ 사건 A : 학교에서 도서관을 지나 집으로 가는 경우
　사건 B : 학교에서 도서관을 지나지 않고 집으로 가는 경우

Hint(2) 사건 A를 다시 낱개의 사건으로 분리해 본다.
☞ 사건 A : 학교에서 도서관을 지나 집으로 가는 경우

i) 학교에서 도서관으로 가는 경우

ii) 도서관에서 집으로 가는 경우

Hint(3) 사건 A, B가 동시에 일어나는지 그리고 사건 A의 하위사건 i)과 ii)가 동시에 일어나는지 확인한 후, 알맞은 계산법칙을 적용해 본다.

④ 그럼 문제의 답을 찾아라.

A11.

① 경우의 수 응용문제 풀이법, 곱의 법칙과 합의 법칙

② 개념정리하기 참조

③ 이 문제는 주어진 내용을 낱개의 사건으로 분리할 수 있는지 그리고 곱의 법칙 또는 합의 법칙을 활용하여 구하고자 하는 경우의 수를 계산할 수 있는지 묻는 문제이다. 일단 학교에서 집으로 가는 경우를 낱개의 사건으로 분리해 본다. 그리고 학교에서 도서관을 지나 집으로 가는 경우를 다시 두 개의 낱개의 사건으로 분리해 본다. 도출된 사건이 동시에 일어나는지 그렇지 않은지 확인한 후, 알맞은 계산법칙을 적용하면 쉽게 답을 찾을 수 있다.

④ 16

[정답풀이]

학교에서 집으로 가는 경우를 낱개의 사건으로 분리해 보면 다음과 같다.

• 사건 A : 학교에서 도서관을 지나 집으로 가는 경우
• 사건 B : 학교에서 도서관을 지나지 않고 집으로 가는 경우

여기서 사건 B의 경우의 수는 1이다. 그리고 사건 A를 다시 낱개의 사건으로 분리한 후, 경우의 수를 따져보면 다음과 같다.

• 사건 A : 학교에서 도서관을 지나 집으로 가는 경우

i) 학교에서 도서관으로 가는 경우 → 경우의 수 5

ii) 도서관에서 집으로 가는 경우 → 경우의 수 3

사건 A의 하위사건 i)과 ii)는 동시에 일어나는 사건이므로, 각 경우의 수를 곱하면 사건 A가 일어나는 경우의 수를 구할 수 있다. (곱의 법칙 적용)

• 사건 A의 경우의 수 : 15($=5 \times 3$)

사건 A, B는 동시에 일어나지 않는 사건이므로, 사건 A, B의 경우의 수를 더하면 학교에서 집으로 가는 모든 경우의 수를 구할 수 있다. (합의 법칙 적용)

• 학교에서 집으로 가는 경우의 수 : 16($=15+1$)

스스로 유사한 문제를 여러 개 만들어(출제하여) 답을 찾아보시기 바랍니다.

Q12. 서로 다른 두 개의 주사위를 던져 나오는 눈의 숫자를 각각 a, b라고 할 때, a와 b가 일차방정식 $3x-2y=1$의 해가 될 확률을 구하여라. (단, $x=a$, $y=b$이다)

① 이 문제를 풀기 위해 어떤 개념을 알아야 하는가?

② 그 개념을 머릿속에 떠올려 보아라.

③ 문제의 출제의도를 말하고 어떻게 풀지 간단히 설명해 보아라. (잘 모를 경우, 아래 Hint를 보면서 질문의 답을 찾아본다)

    Hint(1) 서로 다른 두 개의 주사위를 던졌을 때 나오는 모든 경우의 수는 36이다.

    Hint(2) $x=1$, 2, 3, 4, 5, 6일 때, 일차방정식 $3x-2y=1$의 해 (x, y)를 구해본다.

    Hint(3) 일차방정식 $3x-2y=1$의 해 중 $0 \leq x \leq 6$이고 $0 \leq y \leq 6$인 자연수 x, y의 순서쌍의 개수를 세어본다.

④ 그럼 문제의 답을 찾아라.

A12.

> ① 경우의 수, 확률의 정의
>
> ② 개념정리하기 참조
>
> ③ 이 문제는 주어진 내용으로부터 경우의 수를 하나씩 따진 후 확률을 구할 수 있는지 묻는 문제이다. 일단 서로 다른 두 개의 주사위를 던졌을 때 나오는 경우의 수는 36이다. 문제에서 두 주사위 눈의 숫자를 각각 a, b로, 일차방정식의 해를 $x=a$, $y=b$로 놓았으므로 $x=1$, 2, 3, 4, 5, 6일 때 일차방정식 $3x-2y=1$을 만족하는 해를 구한 후, 그 중 $0 \leq x \leq 6$이고 $0 \leq y \leq 6$인 자연수 x, y의 순서쌍의 개수를 세어보면 어렵지 않게 답을 구할 수 있을 것이다.
>
> ④ $\dfrac{1}{18}$

[정답풀이]

서로 다른 두 개의 주사위를 던졌을 때 나오는 모든 경우의 수는 36이다. $x=1$, 2, 3, 4, 5, 6일 때, 일차방정식 $3x-2y=1$의 해 (x, y)를 구하면 다음과 같다.

- $x=1 : 3x-2y=1 \rightarrow 3-2y=1 \rightarrow y=1$ ∴ 해 $(1,1)$
- $x=2 : 3x-2y=1 \rightarrow 6-2y=1 \rightarrow y=\dfrac{5}{2}$ ∴ 해 $\left(2, \dfrac{5}{2}\right)$
- $x=3 : 3x-2y=1 \rightarrow 9-2y=1 \rightarrow y=4$ ∴ 해 $(3,4)$
- $x=4 : 3x-2y=1 \rightarrow 12-2y=1 \rightarrow y=\dfrac{11}{2}$ ∴ 해 $\left(4, \dfrac{11}{2}\right)$
- $x=5 : 3x-2y=1 \rightarrow 15-2y=1 \rightarrow y=7$ ∴ 해 $(5,7)$
- $x=6 : 3x-2y=1 \rightarrow 18-2y=1 \rightarrow y=\dfrac{17}{2}$ ∴ 해 $\left(6, \dfrac{17}{2}\right)$

일차방정식 $3x-2y=1$의 해 중 $0 \leq x \leq 6$이고 $0 \leq y \leq 6$인 자연수 x, y의 순서쌍은 $(1,1)$, $(3,4)$로 2개 뿐이다. 즉, 서로 다른 두 개의 주사위를 던져 나오는 눈의 숫자를 각각 a, b라고 할 때, a와 b가 일차

방정식 $3x-2y=1$의 해가 되는 경우의 수는 2이다. 전체 경우의 수가 36이므로, 그 확률을 구하면 다음과 같다.

$$(확률\ p)=\frac{1}{18}\left(=\frac{2}{36}\right)$$

 스스로 유사한 문제를 여러 개 만들어(출제하여) 답을 찾아보시기 바랍니다.

심화학습

★ 개념의 이해도가 충분하지 않다면, 일단 PASS하시기 바랍니다. 그리고 개념정리가 마무리 되었을 때 심화학습 내용을 따로 읽어보는 것을 권장합니다.

Q1. 은설이와 규민이는 보드게임을 하면서 주사위를 던지고 있다. 빨강색과 파란색 주사위를 동시에 던져 나오는 눈의 숫자가 모두 짝수이면, 노란색 주사위를 던질 기회가 주어진다. 노란색 주사위를 던져 나온 눈의 숫자만큼 게임의 말을 앞으로 이동시킬 수 있는데, 은설이와 규민이에게는 각각 2번의 기회가 있다. 주사위를 던져 은설이와 규민이의 말이 각 10칸, 12칸이 될 확률은 얼마일까?

① 이 문제를 풀기 위해 어떤 개념을 알아야 하는가?

② 그 개념을 머릿속에 떠올려 보아라.

③ 문제의 출제의도를 말하고 어떻게 풀지 간단히 설명해 보아라. (잘 모를 경우, 아래 Hint를 보면서 질문의 답을 찾아본다)

Hint(1) 주어진 내용을 낱개의 사건으로 분리해 본다.
  ☞ 사건 A : 은설이의 말이 10칸을 이동할 경우
      사건 B : 규민이의 말이 12칸을 이동할 경우

Hint(2) 10칸과 12칸을 이동하려면 두 번의 기회에서 모두 이동해야 한다.

Hint(3) 사건 A를 낱개의 사건으로 분리해 본다.
  ☞ 사건 i) : 두 번 이동하는 경우
      (빨간색과 파란색 주사위 눈이 두 번 모두 짝수가 나올 경우)
      사건 ii) : 노란색 주사위를 두 번 던져 주사위 눈의 합이 10이 될 경우

Hint(4) 사건 B를 낱개의 사건으로 분리해 본다.
  ☞ 사건 i) : 두 번 이동하는 경우
      (빨간색과 파란색 주사위 눈이 두 번 모두 짝수가 나올 경우)
      사건 ii) : 노란색 주사위를 두 번 던져 주사위 눈의 합이 12가 될 경우

Hint(5) 사건 A, B에 대하여 사건 i)과 ii)가 동시에 일어나는지 확인하여 사건 A, B의 확률을 각각 구해본다.

Hint(6) 사건 A, B가 동시에 일어나는지 확인하여 구하고자 하는 확률을 구해본다.

④ 그럼 문제의 답을 찾아라.

A1.

> ① 경우의 수 응용문제 풀이법, 확률의 계산법칙(덧셈정리와 곱셈정리)
>
> ② 개념정리하기 참조
>
> ③ 이 문제는 주어진 내용을 낱개의 사건으로 분리한 후, 확률의 계산법칙을 활용하여 구하고자 하는 확률값을 계산할 수 있는지 묻는 문제이다. 일단 사건 A를 은설이의 말이 10칸을 이동할 경우로, 사건 B를 규민이의 말이 12칸을 이동할 경우로 놓아본다. 이제 사건 A, B를 낱개의 사건으로 분리하여 각 사건별로 동시에 일어나는지 확인한 후, 확률의 덧셈정리 또는 곱셈정리를 적용하면 어렵지 않게 구하고자 하는 확률값을 계산할 수 있을 것이다.
>
> ④ 은설이의 확률 $\dfrac{1}{192}$, 규민이의 확률 $\dfrac{1}{576}$

[정답풀이]

주어진 내용을 낱개의 사건으로 분리해 본다.

- 사건 A : 은설이의 말이 10칸을 이동할 경우
- 사건 B : 규민이의 말이 12칸을 이동할 경우

10칸과 12칸을 이동하려면 두 번의 기회에서 모두 이동해야 한다. 사건 A와 B를 다시 낱개의 사건으로 분리한 후, 각 사건의 확률을 구해보면 다음과 같다.

- 사건 A

  사건 i) : 두 번 이동하는 경우

  (빨간색과 파란색 주사위 눈이 두 번 모두 짝수가 나올 경우)

  사건 ii) : 노란색 주사위를 두 번 던져 주사위 눈의 합이 10이 될 경우

- 사건 B

  사건 i) : 두 번 이동하는 경우

  (빨간색과 파란색 주사위 눈이 두 번 모두 짝수가 나올 경우)

  사건 ii) : 노란색 주사위를 두 번 던져 주사위 눈의 합이 12가 될 경우

일단 하나의 주사위의 눈이 짝수일 확률은 $\dfrac{1}{2}$이다. 이로부터 사건 A에 대한 사건 i)의 경우, 두 주사위를 한 번 던져 주사위 눈이 모두 짝수일 확률은 $\dfrac{1}{4}\left(=\dfrac{1}{2}\times\dfrac{1}{2}\right)$이 된다. 즉, 빨간색과 파란색 주사위를 동시에 두 번 던져 모두 짝수가 나올 확률은 $\dfrac{1}{16}\left(=\dfrac{1}{4}\times\dfrac{1}{4}\right)$이 될 것이다. 그리고 사건 ii) 노란색 주사위를 두 번 던져 눈의 합이 10이 될 경우는 (4,6), (6,4), (5,5)로 3가지뿐이므로 그 확률은 $\dfrac{1}{12}\left(=\dfrac{3}{36}\right)$이 된다. 참고로 주사위를 두 번 던져 나오는 모든 경우의 수는 36이다. 사건 A에 대하여 사건 i)과 ii)는 동시에 일어나는 사건이므로, 사건 A가 일어날 확률은 $\dfrac{1}{192}\left(=\dfrac{1}{16}\times\dfrac{1}{12}\right)$이 된다. 마찬가지로 사건 B에 대한 사건 i)의 확률도 $\dfrac{1}{16}$이며, 사건 ii) 노란색 주사위를 두 번 던져 눈의 합이 12가 될 경우는 (6,6)으

로 1가지뿐이므로 그 확률은 $\frac{1}{36}$이다. 따라서 사건 B의 확률은 $\frac{1}{576}\left(=\frac{1}{16}\times\frac{1}{36}\right)$이다.

 스스로 유사한 문제를 여러 개 만들어(출제하여) 답을 찾아보시기 바랍니다.

Q2. 은설이네 가족은 7월 21일부터 27일 중 2박 3일 동안, 규민이네 가족은 7월 25일부터 31일 중 3박 4일 동안 휴가를 간다고 한다. 두 가족이 휴가 날짜를 임의로 정한다고 할 때, 두 가족의 휴가 기간이 하루 이상 겹칠 확률은 얼마일까?

① 이 문제를 풀기 위해 어떤 개념을 알아야 하는가?

② 그 개념을 머릿속에 떠올려 보아라.

③ 문제의 출제의도를 말하고 어떻게 풀지 간단히 설명해 보아라. (잘 모를 경우, 아래 Hint를 보면서 질문의 답을 찾아본다)

> **Hint(1)** 은설이네 가족과 규민이네 가족이 휴가를 가는 경우와 그 경우의 수를 구해본다.
> ☞ 은설이네 가족이 휴가를 가는 경우 : 21~23일, 22~24일, 23~25일, 24~26일, 25~27일 → 경우의 수 : 5
> 규민이네 가족이 휴가를 가는 경우 : 25~28일, 26~29일, 27~30일, 28~31일 → 경우의 수 : 4

> **Hint(2)** 은설이네 가족과 규민이네 가족의 휴가 날짜가 겹치는 경우를 낱개의 사건으로 분리해 본다. (겹치는 날짜의 일수를 기준으로 분리한다)
> ☞ 사건 A : 1일 겹치는 경우
> 사건 B : 2일 겹치는 경우
> 사건 C : 3일 겹치는 경우

> **Hint(3)** 사건 A, B, C를 다시 낱개의 사건으로 분리해 본다. (겹치는 날짜를 기준으로 분리한다)
> ☞ 사건 A : 겹치는 날짜가 25일(i), 26일(ii), 27일(iii)이 되는 경우
> 사건 B : 겹치는 날짜가 25~26일(i), 26~27일(ii)이 되는 경우
> 사건 C : 겹치는 날짜가 25~27일(i)이 되는 경우

> **Hint(4)** 사건 A, B, C에 대한 하위사건들의 확률을 각각 구하고, 동시에 일어나는지 그렇지 않은지 확인하여 사건 A, B, C에 대한 확률을 각각 계산해 본다.

> **Hint(5)** 사건 A, B, C가 동시에 일어나는지 그렇지 않은지 확인하여 구하고자 하는 확률을 계산해 본다.

④ 그럼 문제의 답을 찾아라.

A2. ① 경우의 수 응용문제 풀이법, 확률의 계산법칙(덧셈정리, 곱셈정리)
② 개념정리하기 참조
③ 이 문제는 주어진 내용을 낱개의 사건으로 분리한 후, 확률의 계산법칙을 활용하

여 구하고자 하는 확률값을 계산할 수 있는지 묻는 문제이다. 휴가가 겹치는 날짜의 일수를 기준으로, 그리고 겹치는 일자를 기준으로 낱개의 사건을 분리하여 각 사건에 대한 확률을 계산하면 어렵지 않게 구하고자 하는 확률값을 계산할 수 있다.

④ $\dfrac{3}{10}$

[정답풀이]

은설이네 가족과 규민이네 가족이 휴가를 가는 경우와 그 경우의 수를 구해보자.

- 은설이네 가족이 휴가를 가는 경우 : 21~23일, 22~24일, 23~25일, 24~26일, 25~27일
  → 경우의 수 : 5
- 규민이네 가족이 휴가를 가는 경우 : 25~28일, 26~29일, 27~30일, 28~31일 → 경우의 수 : 4

은설이네 가족과 규민이네 가족의 휴가 날짜가 겹치는 경우를 낱개의 사건으로 분리해 보면 다음과 같다. (겹치는 날짜의 일수를 기준으로 분리한다)

- 사건 A : 1일 겹치는 경우
- 사건 B : 2일 겹치는 경우
- 사건 C : 3일 겹치는 경우

사건 A, B, C를 다시 낱개의 사건으로 분리해 보면 다음과 같다. (겹치는 날짜를 기준으로 분리한다)

- 사건 A : 겹치는 날짜가 25일(i), 26일(ii), 27일(iii)이 되는 경우
- 사건 B : 겹치는 날짜가 25~26일(i), 26~27일(ii)이 되는 경우
- 사건 C : 겹치는 날짜가 25~27일(i)이 되는 경우

이제 사건 A, B, C에 대한 하위사건들의 확률을 각각 구하고, 동시에 일어나는지 그렇지 않은지 확인하여 사건 A, B, C에 대한 확률을 각각 계산해 보면 다음과 같다.

- 사건 A
  (i) 겹치는 날짜가 25일이 되는 경우 : 은설이네 23~25일, 규민이네 25~28일
    → 은설이네 휴가 날짜의 모든 경우의 수는 5이므로, 그 중 23~25일을 선택할 확률은 $\dfrac{1}{5}$이다.
    그리고 규민이네 휴가 날짜의 모든 경우의 수는 4이므로, 그 중 25~28일을 선택할 확률은 $\dfrac{1}{4}$이다. 따라서 겹치는 날짜가 25일이 되는 확률은 $\dfrac{1}{20}\left(=\dfrac{1}{5}\times\dfrac{1}{4}\right)$이다.
  (ii) 겹치는 날짜가 26일이 되는 경우 : 은설이네 24~26일, 규민이네 26~29일
    → 겹치는 날짜가 26일이 되는 확률은 $\dfrac{1}{20}\left(=\dfrac{1}{5}\times\dfrac{1}{4}\right)$이다.
  (iii) 겹치는 날짜가 27일이 되는 경우 : 은설이네 25~27일, 규민이네 27~30일
    → 겹치는 날짜가 27일이 되는 확률은 $\dfrac{1}{20}\left(=\dfrac{1}{5}\times\dfrac{1}{4}\right)$이다.
  사건 i)~iii)은 동시에 일어나지 않는 사건이므로, 사건 A의 확률은 $\dfrac{3}{20}\left(=\dfrac{1}{20}+\dfrac{1}{20}+\dfrac{1}{20}\right)$이다.
- 사건 B
  (i) 겹치는 날짜가 25~26일이 되는 경우 : 은설이네 23~25일, 규민이네 25~28일
    → 겹치는 날짜가 25~26일이 되는 확률은 $\dfrac{1}{20}\left(=\dfrac{1}{5}\times\dfrac{1}{4}\right)$이다.

(ii) 겹치는 날짜가 26~27일이 되는 경우 : 은설이네 24~26일, 규민이네 26~29일

→ 겹치는 날짜가 26~27일이 되는 확률은 $\dfrac{1}{20}\left(=\dfrac{1}{5}\times\dfrac{1}{4}\right)$이다.

사건 i)~ii)는 동시에 일어나지 않는 사건이므로, 사건 B의 확률은 $\dfrac{1}{10}\left(=\dfrac{1}{20}+\dfrac{1}{20}\right)$이다.

사건 C : 겹치는 날짜가 25~27일이 되는 경우 : 은설이네 25~27일, 규민이네 25~28일

→ 겹치는 날짜가 25~27일이 되는 확률은 $\dfrac{1}{20}\left(=\dfrac{1}{5}\times\dfrac{1}{4}\right)$이다.

사건 A, B, C가 동시에 일어나지 않으므로 두 가족이 휴가 날짜를 임의로 정한다고 할 때, 두 가족의 휴가 기간이 하루 이상 겹칠 확률은 $\dfrac{3}{10}\left(=\dfrac{3}{20}+\dfrac{2}{20}+\dfrac{1}{20}\right)$이 된다.

※ 참고로 다음과 같이 두 가족의 휴가 기간이 아예 겹치지 않을 확률을 구하여 정답을 찾을 수도 있다.
   다음은 모두 두 가족의 휴가 기간이 겹치지 않는 경우이다.
   • 사건 A : 은설이네 가족이 21~23일, 22~24일로 휴가를 갈 경우
   • 사건 B : 은설이네 가족이 23~25일로 휴가를 가고[사건 (i)],
      규민이네 가족이 26~29일, 27~30일, 28~31일 휴가를 갈 경우[사건 (ii)]
   • 사건 C : 은설이네 가족이 24~26일로 휴가를 가고[사건 (i)],
      규민이네 가족이 27~30일, 28~31일 휴가를 갈 경우[사건 (ii)]
   • 사건 D : 은설이네 가족이 25~27일로 휴가를 가고[사건 (i)],
      규민이네 가족이 28~31일 휴가를 갈 경우[사건 (ii)]

사건 A, B, C, D에 대한 확률을 구해보면 다음과 같다.
   • 사건 A : 은설이네 가족이 21~23일, 22~24일로 휴가를 갈 경우
      (사건 A가 일어날 확률)$=\dfrac{(\text{사건 } A \text{가 일어나는 경우의 수})}{(\text{모든 사건이 일어나는 경우의 수})}=\dfrac{2}{5}$
   • 사건 B : 은설이네 가족이 23~25일로 휴가를 가고[사건 (i)],
      규민이네 가족이 26~29일, 27~30일, 28~31일 휴가를 갈 경우[사건 (ii)]
      (사건 B가 일어날 확률)
      $=$[사건 (i)가 일어날 확률]$\times$[사건 (ii)가 일어날 확률]$=\dfrac{1}{5}\times\dfrac{3}{4}=\dfrac{3}{20}$
   • 사건 C : 은설이네 가족이 24~26일로 휴가를 가고[사건 (i)],
      규민이네 가족이 27~30일, 28~31일 휴가를 갈 경우[사건 (ii)]
      (사건 C가 일어날 확률)
      $=$[사건 (i)가 일어날 확률]$\times$[사건 (ii)가 일어날 확률]$=\dfrac{1}{5}\times\dfrac{2}{4}=\dfrac{2}{20}=\dfrac{1}{10}$
   • 사건 D : 은설이네 가족이 25~27일로 휴가를 가고[사건 (i)],
      규민이네 가족이 28~31일 휴가를 갈 경우[사건 (ii)]
      (사건 D가 일어날 확률)
      $=$[사건 (i)가 일어날 확률]$\times$[사건 (ii)가 일어날 확률]$=\dfrac{1}{5}\times\dfrac{1}{4}=\dfrac{1}{20}$

사건 A, B, C, D는 동시에 일어나지 않는 사건이므로, 확률의 덧셈정리를 활용하여 두 가족의 휴가 기간이 아예 겹치지 않을 확률을 구하면 다음과 같다.

(휴가 기간이 겹치지 않을 확률)$=\dfrac{2}{5}+\dfrac{3}{20}+\dfrac{1}{10}+\dfrac{1}{20}=\dfrac{14}{20}=\dfrac{7}{10}$

우리가 구하고자 하는 값은 두 가족의 휴가 기간이 1일 이상 겹치는 확률이므로, 1에서 휴가 기간이

아예 겹치지 않을 확률 $\dfrac{7}{10}$ 을 빼면 손쉽게 정답을 찾을 수 있다.

(휴가 기간이 1일 이상 겹치는 확률)$=1-\dfrac{7}{10}=\dfrac{3}{10}$

 스스로 유사한 문제를 여러 개 만들어(출제하여) 답을 찾아보시기 바랍니다.

삼각형과 사각형

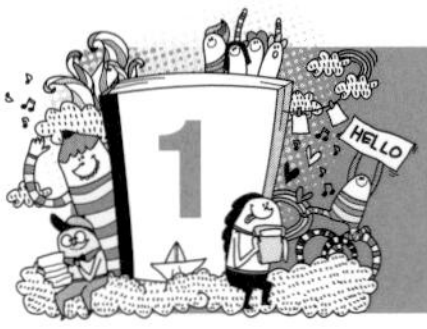

1 삼각형

■ 학습 방식

본문의 내용을 '천천히', '생각하면서' 끝까지 읽어봅니다. (2~3회 읽기)

① 1차 목표 : 개념의 내용을 정확히 파악합니다. (이등변삼각형, 삼각형의 외심과 내심)

② 2차 목표 : 개념의 숨은 의미를 스스로 찾아가면서 읽습니다.

1 이등변삼각형

여러분~ 삼각형이 어떤 도형인지 잘 알고 계시죠? 잠시 중학교 1학년 때 배웠던 내용을 복습하는 시간을 갖도록 하겠습니다. 천천히 기억을 더듬으면서 읽어보시기 바랍니다.

삼각형의 합동조건

① 삼각형의 세 변이 같을 때

② 삼각형의 두 변의 길이와 그 끼인각이 같을 때

③ 삼각형의 한 변과 양 끝각이 같을 때

삼각형의 내각과 외각

① 다각형의 이웃하는 두 변으로 이루어진 각을 다각형의 내각이라고 부릅니다.

② 다각형의 각 꼭짓점에서 한 변과 그 변에 이웃하는 변의 연장선이 이루는 각을 다각형의 외각이라고 부릅니다.

③ 다각형의 한 꼭짓점에서 내각과 외각의 크기의 합은 $180°$ 입니다.

④ 삼각형의 내각의 합은 $180°$ 입니다.

⑤ 삼각형의 외각의 크기는 두 내각의 크기의 합과 같습니다.

⑥ 삼각형의 세 외각의 합은 $360°$ 입니다.

기억이 새록새록 나시는지요?

우리가 가장 흔하게 볼 수 있는 삼각형은 무엇일까요? 네, 맞아요. 바로 정삼각형입니다. 정삼각형이란 세 변의 길이가 모두 같은 삼각형을 말합니다. 그렇다면 정삼각형 다음으로 많이

볼 수 있는 삼각형은 무엇일까요?

그렇습니다. 바로 이등변삼각형입니다. 여러분~ 두 변의 길이가 같은 삼각형을 이등변삼각형이라고 부르는 거, 다들 아시죠? 여기서 길이가 같은 두 변이 이루는 각을 꼭지각이라고 말하며, 꼭지각의 대변을 밑변 그리고 밑변의 양 끝각을 밑각이라고 칭합니다. 참고로 이등변삼각형의 이는 '두 이(二)', 등은 '같을 등(等)' 자를 씁니다.

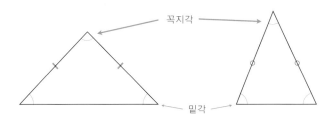

> ### 이등변삼각형
>
> 두 변의 길이가 같은 삼각형을 이등변삼각형이라고 정의합니다. 여기서 두 변이 이루는 각을 꼭지각이라고 말하며, 꼭지각의 대변을 밑변 그리고 밑변의 양 끝각을 밑각이라고 부릅니다.

어라...? 이등변삼각형을 자세히 살펴보니, 두 밑각의 크기가 서로 같아 보이는군요. 네, 그렇습니다. 이등변삼각형의 두 밑각의 크기는 서로 같습니다. 우리 함께 그 이유를 설명해 볼까요?

 잠시 질문의 답을 스스로 찾아보는 시간을 가져보세요.

일단 머릿속으로 어떤 이등변삼각형 하나를 상상해 보시기 바랍니다. 그리고 이등변삼각형의 꼭지각을 이등분하는 선을 그어봅니다.

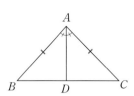 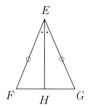

어떠세요? 나누어진 두 삼각형이 서로 합동이죠? (편의상 △ABC에 대해서만 살펴보겠습니다)

$$\triangle ABD \equiv \triangle ACD$$

△ABD≡△ACD [SAS합동]
① $\overline{AB} = \overline{AC}$ (이등변삼각형의 정의)
② 변 $\overline{AD}$는 공통변이다.
③ $\angle BAD = \angle CAD$ (꼭지각을 이등분하여 선분 $\overline{AD}$를 그었다)

이제 질문의 답을 말해볼까요?

이등변삼각형의 두 밑각의 크기는 서로 같습니까? → YES

여기서 우리는 **이등변삼각형의 또 다른 성질**을 확인할 수 있습니다. 과연 그것이 무엇일까요?

 잠시 질문의 답을 스스로 찾아보는 시간을 가져보세요.

너무 막막한가요? 힌트를 드리겠습니다.

① 이등변삼각형의 꼭지각을 이등분하는 하는 선분을 그을 경우,
  나누어진 두 삼각형은 합동이다.

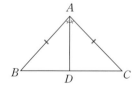

△ABD≡△ACD [SAS합동]
• $\angle B = \angle C$(밑각)
• $\angle ADB = \angle ADC = 90°$
• $\overline{BD} = \overline{CD}$

② 이등변삼각형의 꼭짓점(길이가 같은 두 선분이 만나는 점)과
밑변의 중점을 이었을 경우 나누어진 두 삼각형은 합동이다.

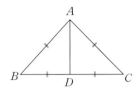

$\triangle ABD \equiv \triangle ACD$ [SSS합동]
- $\angle B = \angle C$(밑각)
- $\angle ADB = \angle ADC = 90°$
- $\angle BAD = \angle CAD$

여러분~ 두 삼각형 $\triangle ABD$와 $\triangle ACD$의 합동으로부터 $\angle ADB = \angle ADC = 90°$라는 사실 캐치하셨나요? 네, 맞아요. 이등변삼각형의 꼭지각의 이등분선은 밑변의 수직이등분선과 같습니다. 참고로 임의의 각과 선분을 이등분하는 선은 오직 하나씩만 존재합니다.

이등변삼각형의 꼭지각의 이등분선은 밑변의 수직이등분선과 같다.

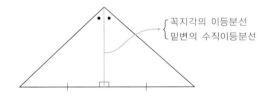

꼭지각의 이등분선
밑변의 수직이등분선

이등변삼각형의 성질

① 이등변삼각형의 두 밑각의 크기는 같습니다.
② 이등변삼각형의 꼭지각의 이등분선은 밑변을 수직이등분합니다.

가끔 주어진 사실과 설명(증명)하고자 하는 내용을 혼동하는 학생들이 있습니다. 수학에서 말하는 증명이란 주어진 사실로부터 결론을 도출해 내는 것을 말하는데, 주어진 사실로부터 도출된 내용이 아니라면 절대 수학적 근거로 사용해서는 안 됩니다. 설령 그 내용이 맞다 하더라도 말입니다. 왜냐하면 우리가 증명한 것이 아니니까요. 이 점 반드시 명심하시기 바랍니다.

이등변삼각형의 성질 ②로부터 다음과 같이 이등변삼각형의 또 다른 성질을 유추해 볼 수 있습니다.

- 이등변삼각형의 꼭짓점에서 밑변에 내린 수선은 꼭지각을 이등분한다.
- 이등변삼각형의 꼭짓점에서 밑변에 내린 수선은 밑변을 이등분한다.

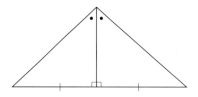

앞서 살펴보았던 이등변삼각형의 성질 ②와 뭐가 다르냐고요? 주어와 서술어를 기준으로 각각의 문장을 다시 한 번 살펴보시기 바랍니다.

> 성질 ② 이등변삼각형의 꼭지각의 이등분선은 밑변을 수직이등분한다.
> • 이등변삼각형의 꼭짓점에서 밑변에 내린 수선은 꼭지각을 이등분한다.
> • 이등변삼각형의 꼭짓점에서 밑변에 내린 수선은 밑변을 이등분한다.

이제 뭐가 다른지 아시겠죠? 앞서 증명했던 것처럼 이등변삼각형의 꼭지각을 이등분하는 선분은 밑변을 수직이등분합니다. 하지만 아직 이등변삼각형의 꼭짓점에서 밑변에 내린 수선이 꼭지각과 밑변을 이등분한다고는 말할 수 없습니다. 우리가 증명한 게 아니니까요. 이 사항을 이등변삼각형의 성질에 포함시키기 위해서는 반드시 증명과정을 거쳐야 할 것입니다.

먼저 **이등변삼각형의 꼭짓점에서 밑변에 내린 수선이 꼭지각의 이등분한다**는 것을 증명해 보도록 하겠습니다. 다음과 같이 이등변삼각형 $\triangle ABC$의 꼭짓점 A에서 밑변 $\overline{BC}$에 수선을 그어 봅시다.

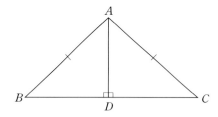

꼭지각 $\angle A$를 이등분한다는 것은
$\angle BAD = \angle CAD$임을 의미한다.

 잠시 질문의 답을 스스로 찾아보는 시간을 가져보세요.

여기서 우리는 $\angle BAD = \angle CAD$를 증명해야 합니다. 그렇죠? 일단 이등변삼각형 $\triangle ABC$의 두 밑각의 크기는 서로 같으므로 $\angle B = \angle C$입니다. 더불어 꼭짓점 A로부터 밑변 $\overline{BC}$에 수선을 내렸다고 했으므로 $\angle ADB = \angle ADC = 90°$가 됩니다. 두 삼각형 $\triangle ADB$와 $\triangle ADC$를 기준으로 정리해 보면 다음과 같습니다.

$$\triangle ADB와 \triangle ADC : \angle B = \angle C, \ \angle ADB = \angle ADC = 90°$$

여러분~ 삼각형의 내각의 합이 $180°$라는 거, 다들 아시죠?

- $\triangle ADB$: $\angle BAD + \angle B + \angle ADB = 180°$ → $\angle BAD = 90° - \angle B \ (\angle ADB = 90°)$
- $\triangle ADC$: $\angle CAD + \angle C + \angle ADC = 180°$ → $\angle CAD = 90° - \angle C \ (\angle ADC = 90°)$

두 밑각 $\angle B = \angle C$이므로 결국 $\angle BAD = \angle CAD$입니다. 따라서 이등변삼각형의 꼭짓점에서 밑변에 내린 수선은 꼭지각의 이등분하게 됩니다. (증명완료)

다음으로 **이등변삼각형의 꼭짓점에서 밑변에 내린 수선이 밑변을 이등분한다는 것을 증명해 보도록** 하겠습니다. 음... 조금 어렵나요? 힌트를 드리겠습니다. 다음에 그려진 두 삼각형 $\triangle ADB$와 $\triangle ADC$를 유심히 살펴보시기 바랍니다.

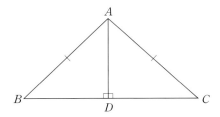

뭔가 감이 오시나요? 네, 맞아요. 두 삼각형 $\triangle ADB$와 $\triangle ADC$가 합동이면, 점 D는 밑변 $\overline{BC}$를 이등분하는 점이 됩니다. 그렇죠? 그럼 두 삼각형 $\triangle ADB$와 $\triangle ADC$가 합동인지 확인해 볼까요?

일단 이등변삼각형의 정의에 의해 $\overline{AB} = \overline{AC}$입니다. 앞서도 증명했듯이 이등변삼각형의 꼭짓점에서 밑변에 내린 수선은 꼭지각을 이등분합니다. 즉, $\angle BAD = \angle CAD$가 된다는 말이지요. 더불어 $\overline{AD}$는 두 삼각형 $\triangle ADB$와 $\triangle ADC$의 공통변으로서 그 길이가 같습니다. 이제 두 삼각형 $\triangle ADB$와 $\triangle ADC$에 대한 합동조건을 정리해 볼까요?

$$\triangle ADB \equiv \triangle ADC \ [SAS합동] : \overline{AB} = \overline{AC}, \ \angle BAD = \angle CAD, \ \overline{AD}(공통변)$$

두 삼각형 $\triangle ADB$와 $\triangle ADC$가 합동이므로 $\overline{BD} = \overline{CD}$입니다. 따라서 이등변삼각형의 꼭짓점에서 밑변에 내린 수선은 밑변을 이등분하게 됩니다. (증명완료)

이등변삼각형의 성질

① 이등변삼각형의 두 밑각의 크기는 같습니다.

② 이등변삼각형의 꼭지각의 이등분선은 밑변을 수직이등분합니다.

③ 이등변삼각형의 꼭짓점에서 밑변에 내린 수선은 꼭지각과 밑변을 이등분합니다.

뒤쪽에서 자세히 다루어보겠지만, 이등변삼각형의 성질로부터 우리는 여러 다각형(평행사변형, 직사각형 등)의 성질을 손쉽게 파악할 수 있습니다. 여러분~ 다각형 중 가장 기본이 되는 도형이 삼각형이라는 사실, 다들 아시죠? 대각선 등을 활용하면 다각형을 여러 개의 삼각형으로 분리할 수 있거든요. (이등변삼각형의 성질의 숨은 의미)

다음 그림에서 $\angle x$, $\angle y$의 크기를 구해보시기 바랍니다.

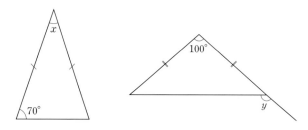

 잠시 질문의 답을 스스로 찾아보는 시간을 가져보세요.

일단 왼쪽 이등변삼각형의 두 밑각은 모두 70°입니다. 그렇죠? 삼각형의 내각의 합이 180°라는 사실을 적용하면 쉽게 $\angle x = 40°$임을 알 수 있습니다. 여기서 우리는 중요한 사실 하나를 찾을 수 있습니다. 네, 맞아요. 이등변삼각형의 경우, 한 내각의 크기만 알면 나머지 두 내각의 크기를 손쉽게 구할 수 있다는 것입니다. 이 점 반드시 명심하시기 바랍니다.

오른쪽 삼각형의 경우도 마찬가지입니다. 꼭지각이 100°이므로 두 밑각의 합은 80°가 되어, 한 밑각의 크기가 40°임을 쉽게 확인할 수 있습니다. 잠깐! 한 꼭짓점에 대한 내각과 외각의 합이 180°라는 사실, 다들 기억하시죠? 밑각의 크기가 40°이므로 그 외각의 크기는 140°가 됩니다. 즉, $\angle y = 140°$라는 말이지요.

한 문제 더 풀어볼까요? 다음 그림을 보고 물음에 답해 보시기 바랍니다.

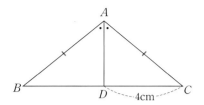

① 선분 $\overline{BD}$의 길이는?　　② $\angle ADB$의 크기는?

이등변삼각형의 꼭지각의 이등분선이 밑변을 수직이등분한다는 사실만 알고 있으면 쉽게 해결할 수 있는 문제군요. ① 선분 $\overline{BD}$의 길이는 4cm, ② $\angle ADB$의 크기는 90°입니다.

이번엔 이등변삼각형과 관련된 증명문제를 풀어볼까 합니다. 다음 그림을 보고 $\overline{AD}=\overline{AB}$임을 설명해 보시기 바랍니다.

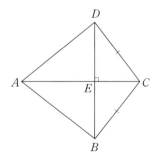

 잠시 질문의 답을 스스로 찾아보는 시간을 가져보세요.

조금 어렵나요? 힌트를 드리도록 하겠습니다. 선분 $\overline{AC}$를 가장 긴 변으로 하는 두 개의 삼각형을 찾아보시기 바랍니다.

선분 $\overline{AC}$를 가장 긴 변으로 하는 두 개의 삼각형이라…?

네, 맞아요~ $\triangle ADC$와 $\triangle ABC$입니다. 이제 두 삼각형이 합동이라는 사실만 증명하면, 손쉽게 $\overline{AD}=\overline{AB}$임을 증명할 수 있습니다. 음… 그런데 막상 증명과정을 서술하려고 하니까, 어디서부터 어떻게 시작해야 할지 잘 모르겠다고요? 아마도 그건 증명문제를 푸는 것이 조금 어색해서 그럴 것입니다. 너무 걱정하지는 마세요~ 두 삼각형 $\triangle ADC$와 $\triangle ABC$에 대한 합동조건을 하나씩 찾은 후, 그 내용을 그대로 써 내려가면 쉽게 해결되거든요.

우선 두 삼각형 $\triangle ADC$와 $\triangle ABC$를 봐 주시기 바랍니다. 보아하니 $\overline{DC}=\overline{BC}$임을 쉽게 알 수 있네요. $\overline{DC}=\overline{BC}$...? 음... $\triangle CBD$가 이등변삼각형이군요. 즉, $\triangle CBD$는 꼭지각을 $\angle C$로 하는 이등변삼각형입니다. 맞죠? 그럼 이등변삼각형의 성질을 떠올려 볼까요?

이등변삼각형의 성질

① 이등변삼각형의 두 밑각의 크기는 같습니다.
② 이등변삼각형의 꼭지각의 이등분선은 밑변을 수직이등분합니다.
③ 이등변삼각형의 꼭짓점에서 밑변에 내린 수선은 꼭지각과 밑변을 이등분합니다.

그림을 다시 보니, 꼭짓점 C에서 밑변 $\overline{BD}$에 수선을 그었군요. 여기서 이등변삼각형의 꼭짓점에서 밑변에 내린 수선이 꼭지각을 이등분한다는 사실을 활용해야겠습니다. 수선 $\overline{CE}$는 꼭지각 $\angle C$를 이등분하므로, $\angle DCE=\angle BCE$가 됩니다. 그렇죠? 더불어 변 $\overline{AC}$는 두 삼각형 $\triangle ADC$와 $\triangle ABC$의 공통변에 해당하므로, 결국 두 삼각형 $\triangle ADC$와 $\triangle ABC$는 합동입니다. 음... 잘 이해가 되지 않는다고요? 합동조건을 하나씩 정리해 보겠습니다. 그림과 함께 천천히 살펴보시기 바랍니다.

$$\triangle ADC \equiv \triangle ABC\ [SAS합동] : \overline{DC}=\overline{BC},\ \angle DCE=\angle BCE,\ \overline{AC}(공통변)$$

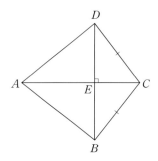

$\triangle ADC$와 $\triangle ABC$가 합동이므로, $\overline{AD}=\overline{AB}$입니다. 이해되시죠? 이제 정답을 작성해 볼까요? 앞서 서술된 내용을 설명과 함께 수식으로 정리하기만 하면 됩니다.

> $\overline{DC}=\overline{BC}$(①)이므로, $\triangle CBD$는 꼭지각을 $\angle C$로 하는 이등변삼각형이다.
> 이등변삼각형의 꼭짓점 C에서 밑변에 내린 수선은 꼭지각을 이등분하므로
> $$\angle DCE=\angle BCE \ \cdots\cdots\cdots\cdots\cdots\cdots\cdots\cdots\cdots ②$$
> 한편 두 삼각형 $\triangle ADC$와 $\triangle ABC$에서

$\overline{AC}$는 공통변이다. ·· ③

①, ②, ③에 의해 두 삼각형 $\triangle ADC$와 $\triangle ABC$는 합동이 된다.

$$\triangle ADC \equiv \triangle ABC \ (SAS합동)$$

따라서 $\overline{AD}=\overline{AB}$이다.

이등변삼각형의 성질과 관련하여 응용문제를 풀어보는 시간을 갖도록 하겠습니다. 다음 그림에서 ① $\angle x$의 크기와 ② 변 $\overline{BD}$의 길이(y)를 구해보시기 바랍니다.

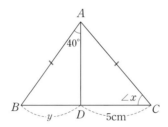

 잠시 질문의 답을 스스로 찾아보는 시간을 가져보세요.

우선 $\triangle ABC$가 이등변삼각형이므로 두 밑각의 크기는 서로 같습니다. 그렇죠? 그리고 꼭짓점에서 밑변에 내린 수선은 밑변을 수직이등분합니다.

$$\angle B = \angle x \qquad \angle ADB = \angle ADC = 90°$$

음... $\triangle ABD$의 내각의 합이 $180°$이므로 다음 등식이 성립하겠네요.

$$40° + \angle B + \angle ADB = 180° \ \rightarrow \ 40° + \angle x + 90° = 180°$$

따라서 $\angle x = 50°$입니다. 꼭짓점 A에서 밑변 $\overline{BC}$에 내린 수선은 밑변을 수직이등분하므로 $y=5$cm라는 것 또한 쉽게 확인할 수 있습니다.

여러분~ 이등변삼각형의 두 밑각의 크기가 같다는 거, 다들 아시죠? 그렇다면 과연 두 밑각의 크기가 같은 삼각형을 이등변삼각형이라고 말할 수 있을까요?

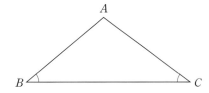

$\angle B = \angle C \rightarrow \triangle ABC$는 이등변삼각형?

 잠시 질문의 답을 스스로 찾아보는 시간을 가져보세요.

대충 봐도 그럴 것 같죠? 함께 증명해 보도록 하겠습니다. 우선 꼭짓점이 A이고 두 밑각 $\angle B$ $=\angle C$인 삼각형을 상상한 후, 꼭짓점 A에서 밑변 $\overline{BC}$에 수선을 그어 보겠습니다. 여기서 수선의 발을 D라고 합시다.

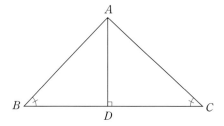

음... 두 삼각형 $\triangle ABD$와 $\triangle ACD$가 합동이라는 사실만 증명하면, 두 밑각 $\angle B = \angle C$인 $\triangle ABC$가 이등변삼각형이 된다는 것을 증명할 수 있겠군요. 그렇죠? 일단 수선의 발을 D라고 했으므로, $\angle ADB = \angle ADC = 90°$입니다. 더불어 $\triangle ABD$의 내각의 합이 $180°$이므로 다음 등식이 성립합니다.

$$\angle BAD + \angle B + \angle ADB = 180° \rightarrow \angle BAD = 90° - \angle B$$

마찬가지로 $\triangle ACD$의 내각의 합이 $180°$이므로 다음 등식이 성립합니다.

$$\angle CAD + \angle C + \angle ADC = 180° \rightarrow \angle CAD = 90° - \angle C$$

문제에서 두 밑각 $\angle B = \angle C$라고 했으므로, $\angle BAD$와 $\angle CAD$의 크기는 서로 같습니다. 이제 두 삼각형 $\triangle ABD$와 $\triangle ACD$에 대한 합동조건을 정리해 볼까요?

$$\triangle ABD \equiv \triangle ACD \ [ASA합동]$$
$$\overline{AD}(공통변), \ \angle BAD = \angle CAD, \ \angle BDA = \angle CDA$$

따라서 $\overline{AB}=\overline{AC}$가 되어 $\triangle ABC$는 이등변삼각형입니다. 즉, 두 밑각의 크기가 같은 삼각형은 이등변삼각형이 된다는 말이지요.

이제 우리는 어떤 삼각형이 이등변삼각형인지 쉽게 확인할 수 있게 되었습니다. (이등변삼각형이 되는 조건의 숨은 의미)

여러분~ 세 변의 길이가 같은 삼각형을 뭐라고 했죠? 그렇습니다. 정삼각형이라고 불렀습니다. 그렇다면 세 내각의 크기가 모두 같은 삼각형도 정삼각형이라고 부를 수 있을까요?

 잠시 질문의 답을 스스로 찾아보는 시간을 가져보세요.

얼핏 생각해 보면 맞는 말 같긴 한데... 아직 증명된 것은 아닙니다. 함께 증명해 볼까요? 우선 삼각형의 내각의 합은 180°이므로, 세 내각의 크기가 모두 같은 삼각형의 한 내각의 크기는 60°가 될 것입니다. 그렇죠? 다음 그림을 보면 이해가 빠를 것입니다.

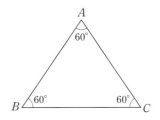

앞서 우리는 두 밑각의 크기가 서로 같은 삼각형을 이등변삼각형이라고 말했습니다. $\triangle ABC$의 두 밑각 $\angle B$, $\angle C$가 서로 같으므로($\angle B=\angle C$), $\triangle ABC$는 꼭지각을 $\angle A$로 하는 이등변삼각형이 됩니다. 그렇죠? 즉, $\overline{AB}=\overline{AC}$가 된다는 말이지요. 이제 $\triangle ABC$를 다음과 같이 시계방향으로 90°만큼 회전해 보겠습니다.

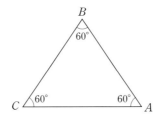

어라...? 이번엔 두 밑각이 $\angle C$, $\angle A$가 되었네요. 두 밑각의 크기가 같으므로($\angle C = \angle A$), $\triangle BCA$ 역시 꼭지각을 $\angle B$로 하는 이등변삼각형이 됩니다. 즉, $\overline{BC} = \overline{BA}$가 된다는 말이지요. 음... 앞서 $\overline{AB} = \overline{AC}$라고 했으니까 $\triangle ABC$의 세 변은 모두 같겠군요.

$$\overline{AB} = \overline{BC} = \overline{CA}$$

따라서 세 내각이 모두 같은 삼각형은 정삼각형이 됩니다.

다음 그림에서 변 x와 y의 길이를 구해보시기 바랍니다.

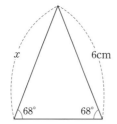 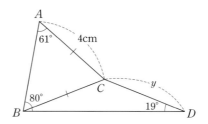

 잠시 질문의 답을 스스로 찾아보는 시간을 가져보세요.

어떤 삼각형의 두 밑각의 크기가 같다면, 그 삼각형은 이등변삼각형입니다. 그렇죠? 이것만 알고 있으면 쉽게 해결할 수 있는 문제입니다. 보아하니 $x = 6\text{cm}$겠네요. y는 어떨까요? 음... 이건 좀 복잡하군요. 우선 $\overline{CA} = \overline{CB}$이니까 $\triangle CAB$는 이등변삼각형입니다. 더불어 두 밑각의 크기가 같으므로 $\angle CAB = \angle CBA = 61°$가 되겠네요. 문제에서 $\angle ABD = 80°$라고 했으므로 $\angle CBD = 19°(= \angle ABD - \angle CBA = 80° - 61°)$입니다.

$$\angle CBD = 19°\text{이고 } \angle CDB = 19°\text{라고...?}$$

네~ 맞습니다. $\triangle CBD$ 또한 $\overline{CB} = \overline{CD}$인 이등변삼각형입니다. 따라서 $y = 4\text{cm}$가 됩니다.

이등변삼각형의 꼭짓점에서 밑변에 내린 수선에 의해 나누어진 두 직각삼각형은 서로 합동일까요?

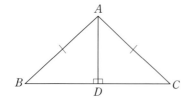

$$\triangle ABD \equiv \triangle ACD...?$$

얼핏 봐도 합동처럼 보이네요. 그럼 증명을 시작해 볼까요? 일단 두 직각삼각형 △ABD와 △ACD의 높이 $\overline{AD}$는 공통변에 해당합니다. 그렇죠? 더불어 이등변삼각형 △ABC의 꼭짓점 A에서 밑변에 내린 수선 $\overline{AD}$는 꼭지각 ∠A를 이등분하므로, ∠BAD와 ∠CAD의 크기는 서로 같습니다. 따라서 나누어진 두 직각삼각형 △ABD와 △ACD는 SAS합동입니다.

$$△ABD≡△ACD \text{ [SAS합동]} : \overline{AB}=\overline{AC}, ∠BAD=∠CAD, \overline{AD}(\text{공통변})$$

여기서 우리는 직각삼각형의 합동조건(①)을 도출해 낼 수 있습니다. 참고로 직각삼각형에서 직각의 대변을 빗변이라고 부릅니다.

직각삼각형의 합동조건 ① : 빗변의 길이와 어느 한 변의 길이가 같을 때

음... 뭔가 좀 이상하네요... 분명 이등변삼각형에 의해 나누어진 두 직각삼각형은 합동이 맞습니다. 그렇다고 해서 이것을 일반적인 직각삼각형으로 확대 해석하는 것은... ? 여러분~ 빗변의 길이와 어느 한 변(높이)의 길이가 같은 두 개의 직각삼각형을 상상해 보시기 바랍니다. 그리고 두 삼각형의 높이를 서로 맞대어 붙여 보십시오.

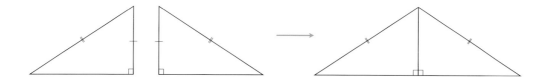

어떠세요? 이등변삼각형이 만들어지죠? 어떤 직각삼각형을 상상해도 그러합니다. 즉, 이등변삼각형으로부터 일반적인 직각삼각형에 대한 합동조건을 도출하는 것이 크게 이상할 게 없다는 말이지요. 다시 한 번 말하지만, 이등변삼각형의 꼭짓점에서 밑변에 내린 수선은 꼭지각을 이등분하므로, 나누어진 두 직각삼각형은 반드시 합동이 됩니다. 이해가 되시나요? 높이가 아닌 밑변의 길이가 같을 경우에도 마찬가지입니다. 두 직각삼각형을 회전한 후 서로 맞대면, 이등변삼각형이 만들어지거든요.

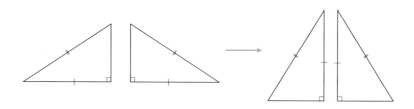

이렇게 직각삼각형의 빗변과 또 다른 한 변의 길이가 같을 때, 두 직각삼각형을 RHS합동이라고 정의합니다. 여기서 R은 직각을 나타내는 영단어 'right-angle'의 첫글자이며, H는 빗변을 나타내는 영단어 'hypotenuse'의 첫글자입니다.

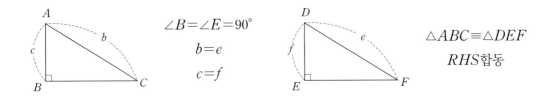

$$\angle B = \angle E = 90°$$
$$b = e$$
$$c = f$$

$$\triangle ABC \equiv \triangle DEF$$
$$RHS합동$$

이번엔 빗변의 길이와 어느 한 각의 크기가 같을 때, 두 직각삼각형이 합동인지 따져봅시다. 마찬가지로 빗변의 길이와 직각이 아닌 어느 한 각의 크기가 같은 두 직각삼각형을 상상해 보면 다음과 같습니다.

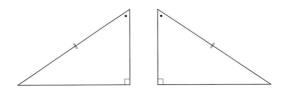

이제 두 삼각형의 높이를 서로 맞대어 붙여 보십시오. 이등변삼각형이 만들어지죠? 잠깐! 이등변삼각형의 경우, 꼭지각을 이등분하는 선분이 밑변을 수직이등분하는 선분이라는 사실, 다들 알고 계시죠? 다음 그림에서 보는 바와 같이 수선에 의해 나누어진 두 직각삼각형은 서로 합동입니다.

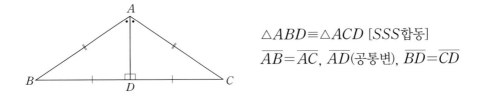

$$\triangle ABD \equiv \triangle ACD \ [SSS합동]$$
$$\overline{AB} = \overline{AC}, \ \overline{AD}(공통변), \ \overline{BD} = \overline{CD}$$

여기서 우리는 또 다른 직각삼각형의 합동조건(②)을 도출해 낼 수 있습니다.

직각삼각형의 합동조건 ② : 빗변의 길이와 직각이 아닌 어느 한 각이 같을 때

이렇게 직각삼각형의 빗변의 길이와 직각이 아닌 어느 한 내각의 크기가 같을 때, 두 직각삼각형을 RHA합동이라고 정의합니다.

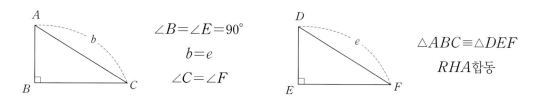

직각삼각형의 합동조건을 정리하면 다음과 같습니다.

> **직각삼각형의 합동조건**
>
> ① 직각삼각형의 빗변의 길이와 또 다른 한 변의 길이가 같을 때 (RHS합동)
> ② 직각삼각형의 빗변의 길이와 직각이 아닌 한 내각의 크기가 같을 때 (RHA합동)

직각삼각형의 경우, 일반적인 삼각형의 합동조건(SSS, SAS, ASA합동)으로 증명하지 않아도 손쉽게 두 삼각형의 합동을 확인할 수 있습니다. (직각삼각형의 합동조건의 숨은 의미)

다음에 그려진 직각삼각형 중 합동인 것을 모두 찾고, 어떤 합동인지 말해보시기 바랍니다.

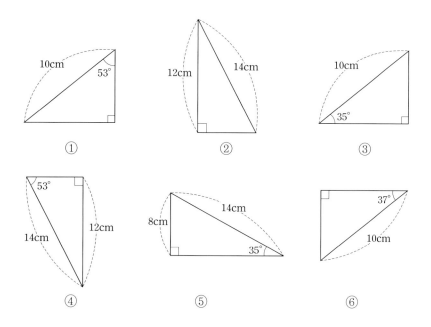

어렵지 않죠? 삼각형 ②와 ④는 빗변과 나머지 한 변의 길이가 같으므로 RHS합동이며, 삼각형 ①과 ⑥은 빗변과 직각이 아닌 한 내각의 크기가 같으므로 RHA합동입니다. 여기서 잠깐! 삼각형 ⑥에서 주어지지 않은 한 내각의 크기가 $53°$라는 거, 다들 아시죠? 다시 한 번 말하지만, 직각삼각형의 경우 일반적인 삼각형의 합동조건(SSS, SAS, ASA합동)으로 증명하지

앓아도 손쉽게 두 삼각형의 합동을 확인할 수 있다는 사실, 반드시 명심하시기 바랍니다.

직각삼각형과 관련된 증명문제를 풀어보는 시간을 갖도록 하겠습니다. 다음 그림과 같이 $\angle XOY$ 의 이등분선 위에 있는 점 P에서 두 반직선 $\overrightarrow{OX}$, $\overrightarrow{OY}$에 내린 수선의 발을 각각 A, B라고 할 때, $\overline{PA}=\overline{PB}$를 증명해 보시기 바랍니다.

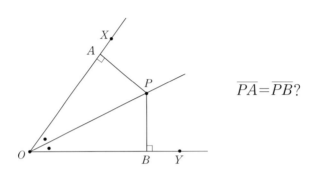

조금 막막한가요? 힌트를 드리도록 하겠습니다. $\overline{PA}=\overline{PB}$를 증명하기 위해서는 어느 두 삼 각형의 합동을 증명해야 합니다. 과연 이 삼각형은 무엇일까요?

 잠시 질문의 답을 스스로 찾아보는 시간을 가져보세요.

네, 맞아요. 바로 직각삼각형 $\triangle POA$와 $\triangle POB$입니다. 음... 보아하니 두 직각삼각형의 빗변 은 서로 공통이며, 직각이 아닌 한 내각의 크기는 서로 같군요. 그렇죠? 두 직각삼각형 $\triangle POA$ 와 $\triangle POB$의 합동조건을 정리하면 다음과 같습니다.

$\triangle POA \equiv \triangle POB$ (RHA합동) : $\angle A=\angle B=90°$, 빗변 $\overline{PO}$(공통), $\angle AOP=\angle BOP$

따라서 $\angle XOY$의 이등분선 위에 있는 점 P에서 두 반직선 $\overrightarrow{OX}$, $\overrightarrow{OY}$에 내린 수선의 발을 각각 A, B라고 할 때, $\overline{PA}=\overline{PB}$가 됩니다. 의외로 쉽게 문제를 해결했네요. 직각삼각형의 합 동조건을 배우길 참 잘한 것 같습니다.

이번엔 **문제내용을 뒤집어 볼까요?** 다음 그림과 같이 $\angle XOY$의 내부의 한 점 P에서 두 반직 선 $\overrightarrow{OX}$, $\overrightarrow{OY}$에 내린 수선의 발을 각각 A, B라고 할 때, $\overline{PA}=\overline{PB}$이면 $\overline{OP}$는 $\angle XOY$의 이 등분선임을 증명해 보시기 바랍니다.

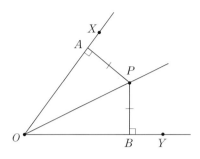

$\overline{OP}$가 $\angle XOY$의 이등분선?

 잠시 질문의 답을 스스로 찾아보는 시간을 가져보세요.

어렵지 않죠? $\overline{OP}$가 $\angle XOY$의 이등분선이라는 말은 $\angle XOY = \angle YOP$가 된다는 말과 같습니다. 즉, 주어진 조건으로부터 $\angle XOP = \angle YOP$임을 증명하면 된다는 뜻입니다. 여기서도 삼각형의 합동을 활용할 수 있겠네요. 과연 어느 삼각형의 합동을 증명해야 할까요? 그렇습니다. 바로 직각삼각형 $\triangle POA$와 $\triangle POB$입니다. 보아하니 두 직각삼각형의 빗변($\overline{OP}$)은 서로 공통이며, 나머지 한 변의 길이 또한 같습니다. 그렇죠? 두 직각삼각형의 합동조건을 정리하면 다음과 같습니다.

$$\triangle POA \equiv \triangle POB \ (RHS합동) : \angle A = \angle B = 90°, \ 빗변 \ \overline{PO}(공통), \ \overline{PA} = \overline{PB}$$

따라서 $\angle XOY$의 내부의 한 점 P에서 두 반직선 $\overrightarrow{OX}$, $\overrightarrow{OY}$에 내린 수선의 발을 각각 A, B라고 할 때, $\overline{PA} = \overline{PB}$이면 $\overline{OP}$는 $\angle XOY$의 이등분선이 됩니다.

조금 더 난이도를 높여볼까요? 다음 그림을 보고 질문에 답해 보시기 바랍니다.

$$\triangle ABC(\overline{AB} = \overline{AC})와 \ \triangle CDB(\overline{CB} = \overline{CD})가 \ 이등변삼각형이고,$$
$$\overline{CD}는 \ \angle ACE의 \ 이등분선이다. \ \angle A = 40°일 \ 때, \ \angle BDC의 \ 크기는 \ 얼마인가?$$

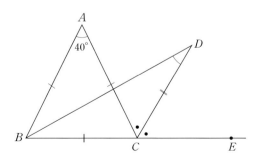

조금 어렵나요? 힌트를 드리도록 하겠습니다.

이등변삼각형의 어느 한 내각의 크기를 알면
나머지 두 내각의 크기를 쉽게 계산할 수 있다.

일단 $\triangle ABC$의 모든 내각을 구해보겠습니다. 먼저 $\triangle ABC$의 두 밑각의 크기를 x로 놓은 후, $\triangle ABC$의 내각의 합을 구하면 다음과 같습니다. 잠깐! 이등변삼각형의 두 밑각의 크기가 서로 같다는 사실, 다들 아시죠?

$$(\triangle ABC의\ 내각의\ 합) = x + x + 40 = 2x + 40 = 180 \ \rightarrow \ x = 70$$

즉, $\triangle ABC$의 두 밑각의 크기는 모두 $70°$입니다.

$$\triangle ABC의\ 내각의\ 크기 : \angle A = 40°, \angle B = 70°, \angle ACB = 70°$$

이제 $\angle ACE$의 크기를 구해볼까요? 음... 평각의 원리를 적용하면 쉽게 해결되겠네요.

$$\angle ACB + \angle ACE = 180° \ \rightarrow \ 70° + \angle ACE = 180° \ \rightarrow \ \angle ACE = 110°$$

문제에서 $\overline{CD}$가 $\angle ACE$의 이등분선이라고 했으므로 $\angle ACD = \angle DCE = 55°$입니다. 여기서 우리는 $\triangle CDB$의 한 내각 $\angle DCB$의 크기를 확인할 수 있습니다.

$$\angle DCB = \angle ACB + \angle DCA = 70° + 55° = 125°$$

다음으로 이등변삼각형 $\triangle CDB$의 모든 내각의 크기를 구해보겠습니다. 앞서 이등변삼각형의 어느 한 내각의 크기를 알면 나머지 두 내각의 크기를 쉽게 계산할 수 있다고 했던 거, 기억 나시죠? 여기서 $\triangle CDB$의 두 밑각 $\angle DBC$와 $\angle BDC$의 크기를 y로 놓은 후, $\triangle CDB$의 내각의 합을 구하면 다음과 같습니다.

[$\triangle CDB$의 내각의 합]
$$\angle DCB + \angle DBC + \angle BDC = 125° + y + y = 180° \ \rightarrow \ 2y = 55° \ \rightarrow \ y = 27.5°$$

휴~ 드디어 $\angle BDC$의 크기를 구했네요. 정답은 $\angle BDC = 27.5°$입니다. 조금 어렵나요? 이해가 잘 가지 않는 학생은 다시 한 번 그림을 보면서 천천히 읽어보시기 바랍니다.

★ 개념을 정확히 이해했는지 확인하고 싶다면, 학교 교과서에 나오는 개념확인 문제를 풀어 보거나 스스로 개념 확인문제를 출제하여 풀어보면 큰 도움이 될 것입니다.

2 삼각형의 외심과 내심

다음 삼각형의 세 변의 수직이등분선을 찾아 그려보시기 바랍니다.

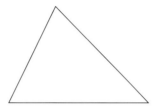

무슨 말인지 잘 모르겠다고요? 아이고~ 우리말을 못 알아들으면 어쩝니까? 그러니까 평소에 책을 많이 읽어야죠. 다음 그림을 잘 살펴보시기 바랍니다.

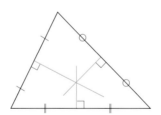

어떠세요? 삼각형의 세 변의 수직이등분선을 그려보니 뭔가 느낌이 오지 않으십니까? 네~ 그렇습니다. 삼각형의 세 변의 수직이등분선은 한 점에서 만납니다. 사실 세 직선이 한 점에서 만나는 것이 아주 극히 드문 경우입니다. 일반적으로는 세 직선은 세 점에서 만나는 것이 보통이거든요. 물론 두 점에서 만나거나 아예 만나지 않는 경우도 있을 것입니다.

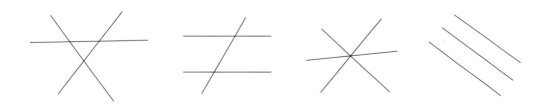

여기서 퀴즈입니다. 삼각형의 세 변의 수직이등분선이 만나는 점은 과연 어떤 점일까요?

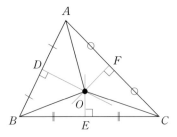

음... 조금 어렵나요? 그렇다면 위 그림에서 서로 합동인 세 쌍의 삼각형을 찾아보시기 바랍니다. 네, 맞아요. 합동인 세 쌍의 삼각형은 다음과 같습니다.

$$\triangle ODA \equiv \triangle ODB, \ \triangle OEB \equiv \triangle OEC, \ \triangle OFC \equiv \triangle OFA$$

모두 직각을 끼인각으로 하는 SAS합동입니다. 그렇죠?

$$\triangle ODA \equiv \triangle ODB : \overline{AD} = \overline{BD}, \ \overline{OD}(공통), \ \angle ODB = \angle ODA(끼인각)$$
$$\triangle OEB \equiv \triangle OEC : \overline{BE} = \overline{CE}, \ \overline{OE}(공통), \ \angle OEB = \angle OEC(끼인각)$$
$$\triangle OFC \equiv \triangle OFA : \overline{CF} = \overline{AF}, \ \overline{OF}(공통), \ \angle OFC = \angle OFA(끼인각)$$

여기서 우리는 점 O와 각 꼭짓점을 이은 선분 $\overline{OA}$, $\overline{OB}$, $\overline{OC}$의 길이가 서로 같다는 사실을 확인할 수 있습니다.

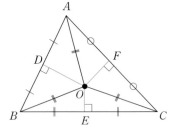

- $\triangle ODA \equiv \triangle ODB$
- $\triangle OEB \equiv \triangle OEC$ ☞ $\overline{OA} = \overline{OB} = \overline{OC}$
- $\triangle OFC \equiv \triangle OFA$

다시 한 번 물어보겠습니다. 삼각형의 세 변의 수직이등분선이 만나는 점은 어떤 점일까요?

 잠시 질문의 답을 스스로 찾아보는 시간을 가져보세요.

아직도 잘 모르겠다고요? 일단 점 O에서 각 꼭짓점까지 이은 세 선분 $\overline{OA}$, $\overline{OB}$, $\overline{OC}$의 길이는 서로 같습니다. 그렇죠? 즉, 세 꼭짓점 A, B, C는 점 O로부터 같은 거리만큼 떨어진 점들입니다. 그렇다면 한 점으로부터 같은 거리만큼 떨어진 점들이 모여서 만드는 도형은 무엇일까요?

한 점으로부터 같은 거리만큼 떨어진 점들이 모여서 만드는 도형이라...?

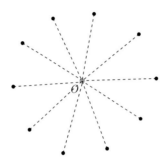

네~ 맞아요. 바로 원입니다. 즉, 삼각형의 세 변의 수직이등분선이 만나는 점은 각 꼭짓점을 지나는 원의 중심과 같습니다.

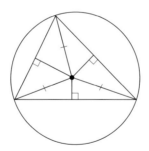

이렇게 삼각형의 세 꼭짓점을 지나는 원을 삼각형의 외접원이라고 말하며, 외접원의 중심을 삼각형의 외심이라고 부릅니다.

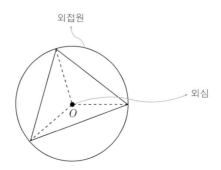

외접원

외심

① 삼각형의 세 꼭짓점을 지나는 원을 삼각형의 외접원이라고 말하며, 외접원의 중심을 삼각형의 외심이라고 부릅니다.
② 삼각형의 세 변의 수직이등분선은 한 점에서 만나며, 이 점은 삼각형의 외접원의 중심(외심)이 됩니다.
③ 삼각형의 외심에서 삼각형의 꼭짓점까지 이르는 거리는 서로 같습니다.

모든 삼각형에 대하여 세 변의 수직이등분선이 한 점에서 만날까요?

 잠시 질문의 답을 스스로 찾아보는 시간을 가져보세요.

음... 그럴 것 같기도 한데, 아직은 확신이 잘 서지 않는군요. 그럼 함께 증명해 보도록 하겠습니다. 즉, 임의의 삼각형을 그린 후, 두 변에 대한 수직이등분선의 교점에서 나머지 한 변에 수선의 발을 내려 그 수선의 발이 나머지 한 변을 이등분하는지 확인해 보자는 말입니다.

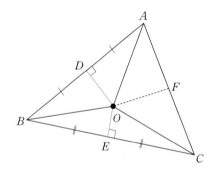

앞서도 증명했듯이 $\triangle ODA \equiv \triangle ODB$이며, $\triangle OEB \equiv \triangle OEC$입니다. 따라서 $\overline{OA} = \overline{OB} = \overline{OC}$가 됩니다. 맞나요? 여기서 퀴즈~ $\triangle OAC$는 어떤 삼각형일까요? 네, 맞아요. $\triangle OAC(\overline{OA} = \overline{OC})$는 이등변삼각형입니다. 여러분~ 이등변삼각형의 꼭짓점(길이가 같은 두 변이 만나는 점)에서 밑변에 내린 수선이 밑변을 이등분한다는 사실, 다들 알고 계시죠?

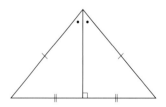

앞서 그려진 $\triangle OAC$가 이등변삼각형이므로, 꼭짓점 O에서 밑변 $\overline{AC}$에 수선을 그을 경우,

수선의 발(점 F)은 밑변 $\overline{AC}$를 이등분합니다. 즉, 밑변 $\overline{AC}$의 수직이등분선은 점 O를 지난다는 뜻입니다. 따라서 임의의 삼각형의 세 변의 수직이등분선은 한 점에서 만납니다. 더불어 그 점은 삼각형의 외심이 되겠죠? 앞으로 삼각형의 외심을 찾을 때에는, 삼각형의 두 변에 대한 수직이등분선의 교점만 찾으면 된다는 사실, 잊지 마시기 바랍니다.

다음 그림에서 점 O로부터 점 A, B, C에 이르는 거리가 서로 같을 때, $\angle x$의 크기는 얼마일까요?

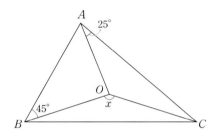

 잠시 질문의 답을 스스로 찾아보는 시간을 가져보세요

조금 어렵나요? 문제에서 점 O로부터 점 A, B, C에 이르는 거리가 서로 같다고 했으므로, 점 O는 $\triangle ABC$의 외심입니다. 그렇죠? 즉, 점 O는 삼각형의 꼭짓점 A, B, C를 지나는 원의 중심이 된다는 것입니다. 더불어 세 삼각형 $\triangle OAB$, $\triangle OBC$, $\triangle OCA$는 모두 이등변삼각형입니다. 여러분~ 이등변삼각형에서 한 내각의 크기만 알면, 나머지 내각의 크기를 모두 계산할 수 있다는 사실, 다들 알고 계시죠? 그럼 주어진 조건으로부터 $\angle AOB$와 $\angle AOC$의 크기를 구해보면 다음과 같습니다.

이등변삼각형 $\triangle OAB$의 두 밑각 → $\angle OBA = \angle OAB = 45°$

(삼각형의 내각의 합)$=180°$ → $\angle OBA + \angle OAB + \angle AOB = 180°$

$\therefore \angle AOB = 90°$

이등변삼각형 $\triangle OAC$의 두 밑각 → $\angle OAC = \angle OCA = 25°$

(삼각형의 내각의 합)$=180°$ → $\angle OAC + \angle OCA + \angle AOC = 180°$

$\therefore \angle AOC = 130°$

그림에서 보는 바와 같이 $\angle AOB$, $\angle AOC$, $\angle x$의 합은 $360°$입니다. 따라서 $\angle x = 140°$가 됩니다. 어렵지 않죠?

한 문제 더 풀어볼까요? 다음 그림에서 점 O가 $\triangle ABC$의 외심일 때, $\angle y$의 크기를 구해보시기 바랍니다.

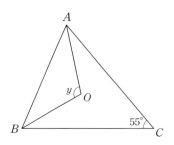

잠시 질문의 답을 스스로 찾아보는 시간을 가져보세요.

일단 $\overline{OC}$를 그은 후, 크기가 같은 각을 찾아 $\angle a$, $\angle b$, $\angle c$로 표시해 보면 다음과 같습니다. 여기서 이등변삼각형의 두 밑각의 크기가 같다는 성질을 활용하면 좋겠죠?

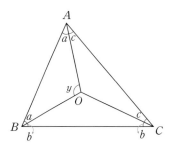

문제에서 $\angle C = 55°$라고 했으므로 $\angle b + \angle c = 55°$가 됩니다. 다음으로 $\triangle ABC$의 내각의 합이 $180°$라는 사실로부터 $\angle a$, $\angle b$, $\angle c$에 대한 등식을 작성해 보면 다음과 같습니다. 편의상 각의 표시($\angle$)는 생략하겠습니다.

$$\angle A + \angle B + \angle C = (a+c) + (a+b) + (b+c) = 2(a+b+c) = 180$$

음... 등식 $2(a+b+c) = 180$에 앞서 도출한 $b+c = 55$를 대입하면 손쉽게 $\angle a$의 크기를 구할 수 있겠네요.

$$b+c = 55 : 2(a+b+c) = 180 \;\rightarrow\; 2(a+55) = 180 \;\rightarrow\; \angle a = 35°$$

이등변삼각형 $\triangle OAB$의 한 내각의 크기를 구했으니, 이제 $\angle y$를 구하는 것은 '식은 죽 먹기'에 불과합니다.

이등변삼각형 $\triangle OAB$의 두 밑각 $\rightarrow$ $\angle OAB = \angle OBA = 35°$

(삼각형의 내각의 합)$= 180°$ $\rightarrow$ $\angle OAB + \angle OBA + \angle y = 180°$

$\therefore \angle y = 110°$

참고로 삼각형의 외심이 삼각형 내부에 있을 경우, 다음 그림에서 보는 바와 같이 삼각형의 외심을 기준으로 나누어진 세 삼각형은 모두 이등변삼각형이 됩니다. 더불어 이등변삼각형의 성질에 따라 꼭짓점에서 밑변에 내린 수선은 밑변과 꼭지각을 이등분합니다. 그렇죠?

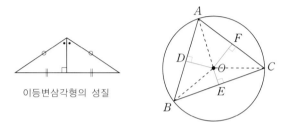

이등변삼각형의 성질

① $\overline{OA} = \overline{OB} = \overline{OC}$

② $\overline{AD} = \overline{DB}$, $\overline{BE} = \overline{EC}$, $\overline{CF} = \overline{FA}$

③ $\angle AOD = \angle BOD$, $\angle BOE = \angle COE$, $\angle COF = \angle AOF$

가끔 세 수선 $\overline{OD}$, $\overline{OE}$, $\overline{OF}$의 길이가 서로 같다고 착각하는 학생들이 있는데, 잘 살펴보십시오. 서로 같아 보이나요? 아니죠? 단순 암기식으로 수학을 공부하게 되면 이러한 오류에 쉽게 빠질 수 있다는 사실, 명심하시기 바랍니다. 원의 정의와 이등변삼각형의 성질을 제대로 따져보지 않고 주어진 내용을 공식처럼 암기하다보면, 뭐가 서로 같은지 정말 헷갈리거든요. 더불어 단순 암기식 수학공부는 수포자로 가는 지름길이므로 반드시 경계해야 합니다. 하나 더! 삼각형의 외심과 관련하여 '원에 내접하는 삼각형'이라는 용어를 사용하기도 하는데, 여기서 원에 내접하는 삼각형이란 외접원 안에 들어있는 삼각형을 말합니다.

삼각형의 외심은 어디에 위치할까요? 당연히 삼각형 내부에 있지 않느냐고요? 정말 그럴까요? 예각삼각형, 직각삼각형, 둔각삼각형의 외심을 직접 찾아보도록 하겠습니다. 잠깐! 삼각형의 외심이 세 변의 수직이등분선이 만나는 점(교점)이라는 사실, 다들 알고 계시죠?

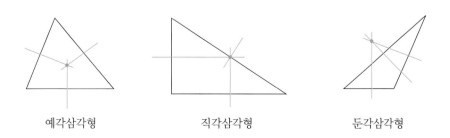

예각삼각형   직각삼각형   둔각삼각형

음... 삼각형의 외심이 반드시 삼각형 내부에 있는 것은 아니군요. 각 삼각형에 대한 외접원을 그려보면 다음과 같습니다.

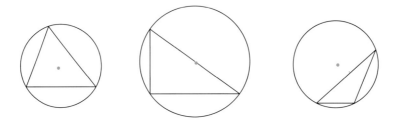

참고로 직각삼각형의 외심은 바로 빗변을 이등분하는 곳에 위치한다는(빗변의 중점) 사실도 함께 기억하시기 바랍니다. 이는 빗변의 길이가 외접원의 지름이 된다는 것을 의미합니다.

다음 점 O가 삼각형의 외심일 때, $\overline{AB}(=x)$의 길이는 얼마일까요? 단, 외접원의 반지름은 2입니다.

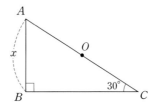

 잠시 질문의 답을 스스로 찾아보는 시간을 가져보세요.

조금 어렵나요? 여러분~ 방금 전에 직각삼각형의 외심이 어디에 있다고 했죠? 그렇습니다. 바로 빗변을 이등분하는 곳(빗변의 중점)에 위치한다고 했습니다. 주어진 직각삼각형에 대한 외접원을 그려보면 다음과 같습니다. 더불어 반지름의 길이도 함께 표시해 보겠습니다.

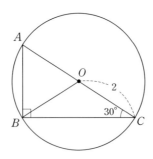

보는 바와 같이 세 선분 $\overline{OA}$, $\overline{OB}$, $\overline{OC}$는 외접원의 반지름이며 $\triangle OBC$는 이등변삼각형입니다. 그렇죠? 즉, 두 밑각 $\angle OCB = \angle OBC = 30°$가 됩니다. 음... $\angle ABC = 90°$이므로 $\angle ABO$

$=60°$겠군요. 더불어 $\triangle ABC$에서 $\angle C=30°$, $\angle B=90°$이므로 $\angle A=60°$입니다. 또한 $\triangle OAB$에 대하여 $\angle A=60°$, $\angle ABO=60°$이므로 $\angle AOB=60°$입니다.

어라...? $\triangle OAB$의 세 내각이 모두 $60°$라고요?

네, 맞아요. $\triangle OAB$는 정삼각형입니다. 따라서 $\overline{OA}=\overline{OB}=\overline{AB}$입니다.

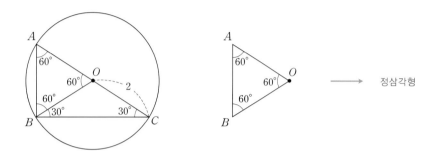

문제에서 외접원의 반지름이 2라고 했으므로 $\overline{OA}=\overline{OB}=2$입니다. 따라서 구하고자 하는 선분 $\overline{AB}(=x)$의 길이 또한 2가 됩니다.

삼각형의 외심(외접원의 중심)이 존재한다면 반대로 내심도 존재하지 않을까요? 네, 그렇습니다. 삼각형의 내접원의 중심을 내심이라고 부릅니다. 여기서 내접원이란 삼각형 내부에 있는 원으로서, 삼각형의 각 변에 접하는 원을 말합니다. 더불어 어떤 원에 직선이 접할 때, 원의 중심과 접점을 이은 선분의 길이는 접선과 수직이라는 사실도 함께 기억하고 넘어가시기 바랍니다. 이 부분에 대한 증명과정은 고등학교 교과과정에 해당하므로, 그 세부 내용은 생략하도록 하겠습니다. 참고로 점과 직선의 거리는, 그 점에서 직선에 내린 수선의 발(점)과 점 사이의 거리를 말합니다.

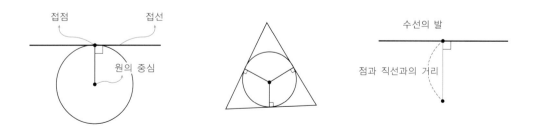

삼각형의 내심은 어떤 점일까요? 앞서 삼각형의 외심이 세 변의 수직이등분선의 교점이라고 했던 거, 기억하시죠? 다음 그림을 천천히 살펴보면서, 삼각형의 내심이 어떤 점인지 유추해 보시기 바랍니다.

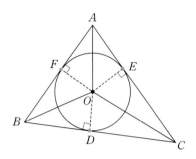

대충 감은 오는데, 정확히 뭐라고 대답해야 할지 잘 모르겠다고요? 일단 나누어진 삼각형 중 서로 합동인 것을 찾아보면 다음과 같습니다.

$$\triangle AFO \equiv \triangle AEO \quad \triangle BFO \equiv \triangle BDO \quad \triangle CDO \equiv \triangle CEO$$

여러분~ 세 쌍의 삼각형이 어떤 합동인지 아시겠습니까? 네, 맞아요. 바로 RHS합동입니다. 빗변의 길이는 공통이며, 반지름인 변의 길이(높이)가 서로 같잖아요.

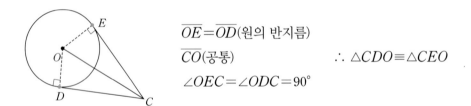

$$\overline{OE} = \overline{OD}(\text{원의 반지름})$$
$$\overline{CO}(\text{공통}) \qquad \qquad \therefore \triangle CDO \equiv \triangle CEO$$
$$\angle OEC = \angle ODC = 90°$$

여기서 우리는 삼각형의 내심에 대한 개념을 도출해 낼 수 있습니다. 즉, 삼각형의 내심은 삼각형의 꼭지각 $\angle A$, $\angle B$, $\angle C$의 이등분선이 만나는 점이라는 것입니다. 방금 살펴본 바와 같이 세 쌍의 삼각형은 각각 합동이거든요.

$$\triangle AFO \equiv \triangle AEO \ \rightarrow \ \angle FAO = \angle EAO \quad ☞ \ \overline{OA}\text{는 } \angle A\text{의 이등분선이다.}$$
$$\triangle BFO \equiv \triangle BDO \ \rightarrow \ \angle FBO = \angle EBO \quad ☞ \ \overline{OB}\text{는 } \angle B\text{의 이등분선이다.}$$
$$\triangle CDO \equiv \triangle CEO \ \rightarrow \ \angle DCO = \angle ECO \quad ☞ \ \overline{OC}\text{는 } \angle C\text{의 이등분선이다.}$$

더불어 원의 외부에 있는 점에서 원에 접선을 그었을 때, 외부의 점과 접점까지의 거리는 서로 같습니다. 이 또한 세 쌍의 삼각형이 합동이라는 사실로부터 쉽게 확인할 수 있습니다.

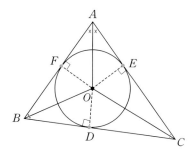
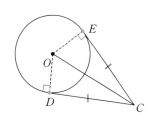

이제 삼각형의 내심에 대해 정리해 볼까요?

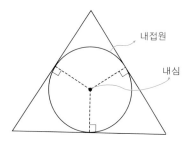

내접원
내심

① 한 원이 삼각형의 모든 변에 내접할 때, 이 원을 삼각형의 내접원이라고 말하며, 내접원의 중심을 삼각형의 내심이라고 부릅니다.

② 삼각형의 세 각의 이등분선은 한 점에서 만나며, 이 점이 바로 삼각형의 내접원의 중심(내심)이 됩니다.

③ 삼각형의 내심에서 삼각형의 각 변까지 이르는 거리는 서로 같습니다.

　삼각형의 내심과 관련하여 다음 두 가지 그림만 잘 기억하시기 바랍니다. 어렵지 않게 삼각형의 내심과 관련된 여러 정보들을 도출해 낼 수 있을 것입니다. 더불어 어떤 삼각형이 합동인지도 함께 기억하시기 바랍니다.

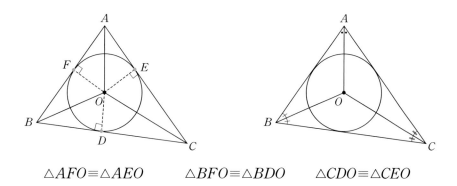

$$\triangle AFO \equiv \triangle AEO \qquad \triangle BFO \equiv \triangle BDO \qquad \triangle CDO \equiv \triangle CEO$$

잠깐만~ 가끔 삼각형의 내각의 이등분선과 변이 만나는 점을 내접원이 변에 접하는 점(접점)이라고 착각하거나, 세 꼭짓점에서 대변에 내린 수선의 교점이 삼각형의 내심이라고 간주하는 학생이 있는데, 일반적으로 그렇지 않으니 반드시 주의를 기울이시기 바랍니다. 물론 정삼각형의 경우에는 같지만요. 다음 내용을 그림과 함께 천천히 읽어보시기 바랍니다.

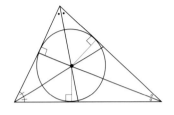

삼각형의 내각의 이등분선과 변이 만나는 점은 내접원이 변에 접하는 점(접점)이 아니다.

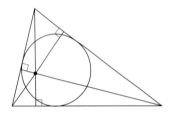

세 꼭짓점에서 대변에 내린 수선의 교점은 삼각형의 내심이 아니다.

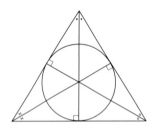

정삼각형의 경우, 내각의 이등분선과 변이 만나는 점은 내접원이 변에 접하는 점(접점)과 같으며, 세 꼭짓점에서 대변에 내린 수선의 교점은 삼각형의 내심과 같다.

과연 임의의 삼각형에 대해서도 세 각의 이등분선이 한 점에서 만날까요? 확실하게 '그렇다'라고 말하기엔 아직 이르죠? 함께 증명해 보도록 합시다. 다음과 같이 $\triangle ABC$에서 두 각 $\angle A$와 $\angle B$의 이등분선의 교점과 나머지 한 꼭짓점 C를 연결해 보겠습니다. 여기서 두 각의 이등분선의 교점 O로부터 세 변에 내린 수선의 발은 각각 D, E, F라고 하겠습니다.

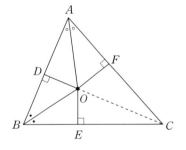

앞서 $\angle XOY$의 이등분선 위에 있는 점 P에서 두 반직선 $\overrightarrow{OX}$, $\overrightarrow{OY}$에 내린 수선의 발을 각

각 A, B라고 할 때 $\overline{PA}=\overline{PB}$가 된다는 것과(그림 ①), ∠$XOY$의 내부의 한 점 P에서 두 반직선 $\overrightarrow{OX}$, $\overrightarrow{OY}$에 내린 수선의 발을 각각 A, B라고 할 때 $\overline{PA}=\overline{PB}$이면 $\overline{OP}$는 ∠XOY의 이등분선(그림 ②)이라는 사실을 증명한 적이 있었습니다. 혹시 기억나시나요?

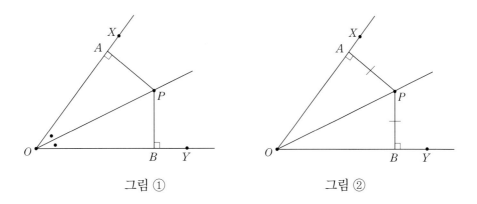

그림 ①   그림 ②

① ∠XOY의 이등분선 위에 있는 점 P에서 두 반직선 $\overrightarrow{OX}$, $\overrightarrow{OY}$에 내린 수선의 발을 각각 A, B라고 할 때, 두 직각삼각형 △POA와 △POB는 합동입니다.

△POA≡△POB (RHA합동) : 빗변 $\overline{PO}$(공통), ∠AOP=∠BOP

따라서 $\overline{PA}=\overline{PB}$가 됩니다.

② ∠XOY의 내부의 한 점 P에서 두 반직선 $\overrightarrow{OX}$, $\overrightarrow{OY}$에 내린 수선의 발을 각각 A, B라고 하고 $\overline{PA}=\overline{PB}$일 때, 두 직각삼각형 △$POA$와 △$POB$는 합동입니다.

△POA≡△POB (RHA합동) : 빗변 $\overline{PO}$(공통), $\overline{PA}=\overline{PB}$

따라서 ∠XOY의 내부의 한 점 P에서 두 반직선 $\overrightarrow{OX}$, $\overrightarrow{OY}$에 내린 수선의 발을 각각 A, B라고 하고 $\overline{PA}=\overline{PB}$일 때, $\overline{OP}$는 ∠XOY의 이등분선이 됩니다.

이 내용을 △ABC에 적용해 봅시다. 먼저 ∠A와 ∠B의 이등분선의 교점 O에서 내린 수선 $\overline{OD}$, $\overline{OE}$, $\overline{OF}$의 길이는 서로 같습니다. 그렇죠? △AOD≡△AOF이며 △BOD≡△BOE이잖아요. ∠ACB의 내부의 한 점 O에서 두 반직선 $\overrightarrow{CA}$, $\overrightarrow{CB}$에 내린 수선의 발을 각각 F, E라고 하고 $\overline{OF}=\overline{OE}$일 때, $\overline{CO}$는 ∠ACB의 이등분선이 됩니다.

즉, △ABC에서 두 각 ∠A와 ∠B의 이등분선의 교점과 나머지 한 꼭짓점 C와 연결한 선분은 각 $\angle C$를 이등분합니다. 다음 그림을 보면 이해하기가 한결 수월할 것입니다.

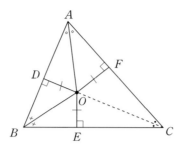

따라서 모든 삼각형의 세 각의 이등분선은 한 점에서 만납니다. 더불어 $\overline{OD}=\overline{OF}=\overline{OE}$가 되어 점 O를 중심으로 하고 선분 $\overline{OD}$를 반지름으로 하는 원은 $\triangle ABC$의 내접원이 됩니다. 즉, 세 각의 이등분선의 교점 O는 $\triangle ABC$의 내심이 된다는 말이지요.

다음 그림에서 점 I가 $\triangle ABC$의 내심일 때, $\angle x$, $\angle y$의 크기를 구해보시기 바랍니다.

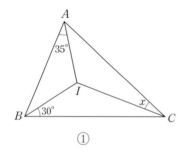

①

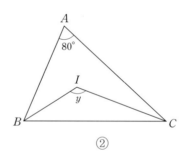

②

 잠시 질문의 답을 스스로 찾아보는 시간을 가져보세요.

조금 어렵나요? 여러분~ 앞서 삼각형의 내심과 관련하여 두 가지 그림을 기억하라고 했습니다. 다시 한 번 떠올려 볼까요?

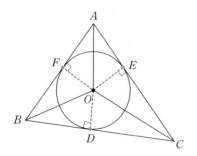

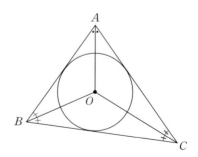

삼각형의 내심은 내접원의 중심이면서 동시에 삼각형의 세 내각의 이등분선의 교점입니다. 맞죠? 음... 세 내각의 이등분선이라는 점을 착안하면 $\angle x$, $\angle y$의 크기를 쉽게 구할 수 있겠네요. 그림을 다시 한 번 그려보겠습니다. ②의 경우, 편의상 $\angle B$와 $\angle C$를 이등분한 각의 크기를 각각 $\angle a$, $\angle b$로 놓겠습니다.

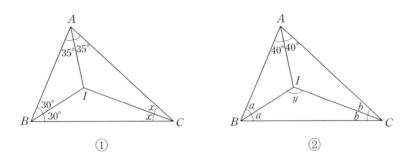

이제 감이 오시죠? 여러분~ 삼각형의 내각의 합이 얼마였죠? 네, 맞아요. 180°입니다. 이로부터 a, b, x에 대한 등식을 작성하면 다음과 같습니다.

① △ABC의 내각의 합은 180°이다. → $(35°+35°)+(30°+30°)+(x+x)=180$

② △ABC의 내각의 합은 180°이다. → $(40°+40°)+(a+a)+(b+b)=180$

어라...? ①의 경우, 벌써 x에 대한 일차방정식이 도출되었네요. 방정식을 풀면 쉽게 $\angle x$의 크기를 구할 수 있습니다. 편의상 단위는 생략하겠습니다.

$$(35+35)+(30+30)+(x+x)=180 \ \rightarrow \ 70+60+2x=180 \ \rightarrow \ 2x=50 \ \rightarrow \ x=25$$

따라서 $\angle x$의 크기는 25°입니다. 쉽죠? 그런데 ②의 경우는 좀 어려워 보이네요. 정작 구하고자 하는 y값에 대한 방정식을 도출하지 못했습니다. 일단 주어진 식을 잘 정리해 볼까요?

$$(40°+40°)+(a+a)+(b+b)=180° \ \rightarrow \ 2a+2b=100 \ \rightarrow \ a+b=50$$

이번엔 △IBC의 내각의 합이 180°라는 사실로부터 또 다른 등식(문자 y가 포함된 등식)을 도출해 보면 다음과 같습니다.

△IBC의 내각의 합은 180°이다. → $a+b+y=180°$

아하! 이제 $\angle y$의 크기를 구할 수 있겠네요.

$$a+b=50 : a+b+y=180 \;\rightarrow\; 50+y=180 \;\rightarrow\; y=130$$

따라서 $\angle y$의 크기는 130°입니다. 어떠세요? 할 만한가요? 다음 그림에서 점 I가 $\triangle ABC$의 내심일 때, $\triangle ABC$의 둘레의 길이를 구해보시기 바랍니다.

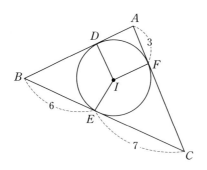

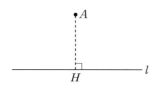 잠시 질문의 답을 스스로 찾아보는 시간을 가져보세요.

일단 삼각형의 내심은 내접원의 중심이면서 동시에 세 내각을 이등분하는 선분의 교점입니다. 더불어 원과 변이 접하는 점(접점)은, 원의 중심에서 삼각형의 세 변에 내린 수선의 발에 해당합니다. 수선의 발, 기억나시죠?

직선 l의 외부에 있는 점 A에서 직선 l에
내린 수선과 만나는 점 H를 점 A에서 직선 l에
내린 수선의 발이라고 부릅니다.

세 내각의 이등분선과 수선의 발에 초점을 맞추어 다시 한 번 그림을 그려보겠습니다. 여기서 세 변 $\overline{ID}$, $\overline{IF}$, $\overline{IE}$는 원의 반지름으로 서로 같다는 거, 다들 아시죠? ($\overline{ID}=\overline{IF}=\overline{IE}$)

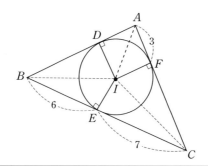

이제 △ABC에서 나누어진 세 쌍의 합동인 삼각형을 찾아보시기 바랍니다. 네, 맞아요. 합동인 삼각형은 바로 △IBD와 △IBE, △ICF와 △ICE, △IAD와 △IAF입니다.

$$\triangle IBD \equiv \triangle IBE, \ \triangle ICF \equiv \triangle ICE, \ \triangle IAD \equiv \triangle IAF$$

어떤 합동인지 굳이 설명하지 않아도 되겠죠? 삼각형의 합동을 활용하여 변의 길이를 그림에 표시해 보면 다음과 같습니다.

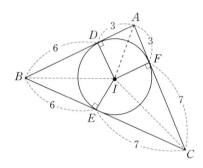

어떠세요? 답을 찾은 것 같죠? 네, 맞아요. △ABC의 둘레의 길이는 32입니다.

여러분! 삼각형의 외심과 내심을 어떤 알파벳으로 표시했는지 기억나세요? 그렇습니다. 삼각형의 외심은 O로, 내심은 I로 표시했습니다. 왜 그런지 대충 아시겠죠? 영어로 외접원은 outer circle, 내접원은 inter circle이며, 외심은 outer center, 내심은 inter center이기 때문입니다. 이쯤에서 삼각형의 외심과 내심을 비교해 볼까 합니다. 다음 빈 칸에 알맞은 말을 채워보시기 바랍니다.

삼각형의 외심	삼각형의 내심
삼각형의 (　　)의 중심	삼각형의 (　　)의 중심
(　　)의 (　　)선의 교점	(　　)의 (　　)선의 교점
세 (　　)에 이르는 거리가 모두 같다.	세 (　　)에 이르는 거리가 모두 같다.

 잠시 질문의 답을 스스로 찾아보는 시간을 가져보세요.

어렵지 않죠? 정답은 다음과 같습니다.

삼각형의 외심	삼각형의 내심
삼각형의 외접원의 중심	삼각형의 내접원의 중심
세 변의 수직이등분선의 교점	세 내각의 이등분선의 교점
세 꼭짓점에 이르는 거리가 모두 같다.	세 변에 이르는 거리가 모두 같다.

외심과 내심이 같은 삼각형은 무엇일까요?

이등변삼각형?   정삼각형?

잘 모르겠죠? 그렇다면 이등변삼각형과 정삼각형의 외심과 내심을 직접 찾아보도록 하겠습니다. 먼저 이등변삼각형의 외심과 내심부터 그려볼까요? 참고로 이등변삼각형의 경우, 꼭지각의 이등분선은, 꼭지각에서 대변(밑변)에 내린 수직이등분선과 같습니다.

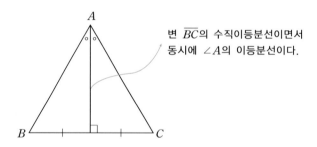

변 $\overline{BC}$의 수직이등분선이면서
동시에 ∠A의 이등분선이다.

하지만 꼭지각이 아닌 다른 내각의 이등분선의 경우, 그 내각에서 대변(밑변)에 내린 수직이등분선이라고 말할 수 없습니다. 그렇죠? 즉, 이등변삼각형의 외심과 내심은 서로 같지 않다는 뜻이지요.

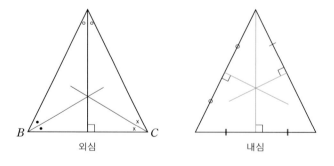

외심   내심

정삼각형은 어떨까요? 과연 정삼각형의 외심과 내심은 서로 같을까요? 네, 맞아요. 정삼각형의 내심과 외심은 같습니다. 정삼각형의 경우, 세 꼭짓점이 모두 이등변삼각형의 꼭지각에 해당하므로, 세 꼭지각에 대한 이등분선이 바로 세 꼭지각으로부터 대변에 내린 수직이등분선과 같기 때문입니다. 이해되시죠? 증명과정은 생략하도록 하겠습니다. 시간 날 때, 각자 증명해 보시기 바랍니다.

정삼각형의 외심과 내심은 서로 같다.

다음 그림에서 내접원의 반지름을 구해보시기 바랍니다.

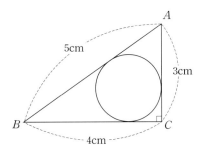

잠시 질문의 답을 스스로 찾아보는 시간을 가져보세요.

우선 삼각형과 원이 접하는 점을 찍어 반지름을 표시해 보면 다음과 같습니다.

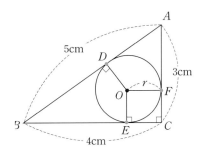

보는 바와 같이 □$OECF$는 정사각형이므로 $\overline{FC}=\overline{EC}=r$입니다. 그렇죠? 이로부터 우리는 $\overline{AF}=3-r$이며 $\overline{BE}=4-r$이라는 사실을 쉽게 도출할 수 있습니다. 잠깐! 원 외부에 있는 한 점으로부터 원에 접선을 그었을 때, 외부의 점과 두 접점 사이의 거리가 같다는 사실, 다들 알고 계시죠? 즉, $\overline{AF}=\overline{AD}$와 $\overline{BD}=\overline{BE}$입니다. 이를 정리하면 다음과 같습니다.

$$\overline{AF}=\overline{AD}=3-r, \quad \overline{BD}=\overline{BE}=4-r$$

어라...? 빗변 $\overline{AB}$의 길이가 ($\overline{BD}+\overline{DA}$)와 같다는 사실로부터 r에 대한 일차방정식을 도출

할 수 있겠네요.

$$\overline{AB}=\overline{BD}+\overline{DA} \rightarrow 5=(4-r)+(3-r) \rightarrow r=1$$

따라서 △ABC의 내접원의 반지름은 1cm입니다.

내심을 활용하면 삼각형의 넓이를 쉽게 계산할 수 있습니다. 다음 그림에서 보는 바와 같이 내심을 기준으로 △ABC를 세 개의 삼각형 △OAB, △OBC, △OCA로 분할하였습니다. 어떠세요? 세 삼각형의 넓이를 모두 더하면 쉽게 △ABC의 넓이를 계산할 수 있겠죠? 참고로 점선으로 표시된 선분은 세 삼각형의 높이와 같습니다.

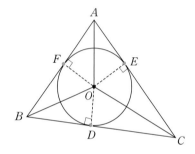

△ABC를 내심 O를 기준으로
세 개의 삼각형으로 분할하면 다음과 같다.

△ABC → △OAB, △OBC, △OCA

(△ABC의 넓이)
=(△OAB, △OBC, △OCA의 넓이의 합)

여러분~ 나누어진 세 삼각형의 높이가 내접원의 반지름에 해당한다는 사실, 캐치하셨나요? 그럼 내접원의 반지름을 r로 놓은 후, △ABC의 넓이를 구해보겠습니다.

$$(\triangle ABC의 넓이)=(\triangle OAB, \triangle OBC, \triangle OCA의 넓이의 합)$$
$$=\frac{1}{2}\times\overline{AB}\times r+\frac{1}{2}\times\overline{BC}\times r+\frac{1}{2}\times\overline{CA}\times r$$

도출된 식을 $\frac{1}{2}r$로 묶어주면 다음과 같습니다. (분배법칙 적용)

$$\frac{1}{2}\times\overline{AB}\times r+\frac{1}{2}\times\overline{BC}\times r+\frac{1}{2}\times\overline{CA}\times r$$
$$=\frac{1}{2}r\times(\overline{AB}+\overline{BC}+\overline{CA})$$

따라서 △ABC의 넓이는 $\frac{1}{2}r$에 세 변의 길이의 합을 곱한 값과 같습니다.

$$(\triangle ABC\text{의 넓이})$$

$$=\frac{1}{2}\times(\text{내접원의 반지름})\times(\text{세 변의 길이의 합})$$

음... 삼각형의 내접원의 반지름과 세 변의 길이의 합을 알면 손쉽게 삼각형의 넓이를 구할 수 있다는 뜻이군요.

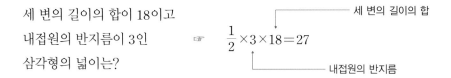

세 변의 길이의 합이 18이고
내접원의 반지름이 3인   ☞ $\frac{1}{2}\times 3\times 18=27$
삼각형의 넓이는?

다음 그림에서 $\overline{AB}=8$, $\overline{AC}=13$일 때, $\triangle ADE$의 둘레의 길이를 구해보시기 바랍니다. (단, $\overline{BC}$ 와 $\overline{DE}$는 서로 평행하며, 점 I는 $\triangle ABC$의 내심입니다)

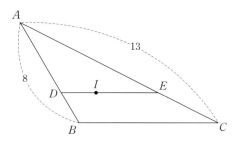

조금 어렵나요? 힌트를 드리겠습니다. 다음과 같이 보조선을 그어보시기 바랍니다.

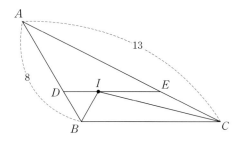

어떠세요? 감이 오시나요? 음... 아직도 잘 모르겠다고요? 여러분~ 두 삼각형 $\triangle DIB$와 $\triangle EIC$가 어떤 삼각형처럼 보이나요? 네, 맞아요. 이등변삼각형입니다. 하지만 증명과정 없이 곧바로 이등변삼각형이라고 단정 지으면 안 된다는 거, 다들 아시죠? 함께 증명해 볼까요?

우선 내심 I는 세 내각의 이등분선의 교점입니다. 즉, $\angle DBI=\angle CBI$이며, $\angle ECI=\angle BCI$

라는 말이지요. 이제 어떤 성질을 이용해야 두 삼각형 $\triangle DIB$와 $\triangle EIC$가 이등변삼각형임을 증명할 수 있을까요?

 잠시 질문의 답을 스스로 찾아보는 시간을 가져보세요.

그렇습니다. 문제에서 $\overline{BC}$와 $\overline{DE}$가 서로 평행하다고 했으므로, 평행선에 대한 동위각과 엇각의 성질을 활용하면 좋을 것 같네요. 여러분~ $\angle IBC$와 $\angle DIB$가 서로 엇각으로 같다는 거, 다들 아시죠? 즉, 두 밑각 $\angle DBI = \angle DIB$이므로 $\triangle DIB$는 이등변삼각형입니다. 마찬가지로 두 밑각 $\angle EIC$와 $\angle ECI$가 서로 엇각으로 같아 $\triangle EIC$ 또한 이등변삼각형입니다.

$$\triangle DIB와 \triangle EIC는 이등변삼각형이다. : \triangle DIB(\overline{DI} = \overline{DB}), \triangle EIC(\overline{EI} = \overline{EC})$$

여러분~ 우리가 구하고자 했던 것이 무엇이었죠? 그렇습니다. $\triangle ADE$의 둘레의 길이입니다. 이해를 돕기 위해 이등변삼각형의 변의 길이관계($\overline{DI} = \overline{DB}$, $\overline{EI} = \overline{EC}$)를 표시한 후, 다시 그림을 그려보겠습니다.

$$(\triangle ADE의 둘레의 길이) = \overline{AD} + \overline{DI} + \overline{EI} + \overline{AE}$$

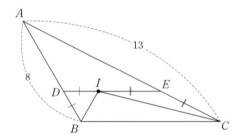

이제 감이 오시죠? 네, 맞아요. $\overline{DI} = \overline{DB}$와 $\overline{EI} = \overline{EC}$이므로 $\triangle ADE$의 둘레의 길이는 다음과 같습니다.

$$(\triangle ADE의 둘레의 길이) = \overline{AD} + \overline{DI} + \overline{EI} + \overline{AE} = \overline{AD} + \overline{DB} + \overline{EC} + \overline{AE}$$

여기서 $\overline{AD} + \overline{DB} = \overline{AB}$이며, $\overline{AE} + \overline{EC} = \overline{AC}$이므로 $\triangle ADE$의 둘레의 길이는 21($=8+13$)이 되겠네요. 어렵지 않죠?

★ 개념을 정확히 이해했는지 확인하고 싶다면, 학교 교과서에 나오는 개념확인 문제를 풀어 보거나 스스로 개념 확인문제를 출제하여 풀어보면 큰 도움이 될 것입니다.

2 사각형

1 평행사변형

여러분~ 다음 건물을 보면 어떤 생각이 드십니까?

(서울 마포구청 청사)

(함부르크 도크랜드의 오피스)

　건물모양이 특이하다...? 쓰러질 것 같아 불안하다...? 뭐 이런 생각이 들 것입니다. 두 건물의 공통점은 바로 건물 모양이 평행사변형이라는 것입니다. 건물 모양에도 유행이 있나보네요. 사실 평행사변형은 굉장히 불안한 도형이라서, 건축물의 모양으로 활용하기에는 무리가 있습니다.

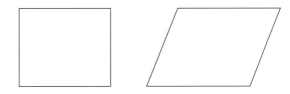

　보는 바와 같이 직사각형은 안정적으로 보이지만, 평행사변형은 조금만 건드려도 기울어질

것 같잖아요. 그렇죠? 하지만 최근 건축기술이 발달함에 따라 이러한 불안요소는 싹~ 해소되었다고 하네요. 그래서 다양하고 특이한 모양의 건축물이 많이 설계되고 있다고 합니다.

경주타워 (경상북도 경주시)

이제 평행사변형에 대해 자세히 알아보는 시간을 가져볼까 합니다. 우선 삼각형 ABC를 기호로 '$\triangle ABC$'와 같이 나타내듯이 사각형 $ABCD$를 기호로 '$\square ABCD$'와 같이 표현합니다. 여기서 대문자 A, B, C, D는 사각형의 꼭짓점을, 선분 $\overline{AB}$, $\overline{BC}$, $\overline{CD}$, $\overline{DA}$는 사각형의 네 변을, 그리고 $\angle A$, $\angle B$, $\angle C$, $\angle D$는 사각형의 네 내각을 의미한다는 거, 다들 아시죠? 더불어 서로 마주 보는 변을 대변, 마주보는 각을 대각이라고 부릅니다.

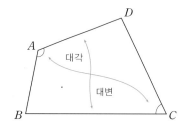

- 대각 : $\angle A$와 $\angle C$, $\angle B$와 $\angle D$
- 대변 : $\overline{AB}$와 $\overline{DC}$, $\overline{AD}$와 $\overline{BC}$

평행사변형은 정확히 어떤 도형일까요? 네, 맞아요. 말 그대로 마주 보는 두 쌍의 대변이 각각 평행한 사각형을 평행사변형이라고 부릅니다.

평행사변형 : 마주 보는 두 쌍의 대변이 각각 평행한 사각형

그렇다면 평행사변형은 어떤 성질을 가지고 있을까요? 음... 대충 감이 오긴 하는데, 정확히 뭐라고 답을 해야 할지 모르겠다고요? 사실 질문에 앞서 우리는 평행선의 성질을 제대로 알고

있어야 합니다. 중학교 1학년 때 배운 내용이지만 다시 한 번 간단히 복습하도록 하겠습니다.

이제 **평행사변형의 성질**을 하나씩 찾아보도록 하겠습니다. 다음 그림을 유심히 살펴보시기 바랍니다.

어라...? 두 쌍의 대변의 길이와 대각이 크기가 서로 같아 보이는군요. 그렇습니다. 평행사변형의 두 쌍의 대변의 길이는 각각 같으며, 두 쌍의 대각의 크기 또한 각각 같습니다.

한번 증명해 볼까요? 다음과 같이 평행사변형에 대각선을 그어 보시기 바랍니다.

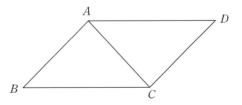

대충 감이 오시죠? 네, 맞아요. 나누어진 두 삼각형 $\triangle ABC$와 $\triangle CDA$가 서로 합동이라는 사실만 확인하면, 두 쌍의 대변의 길이와 대각의 크기가 같다는 사실을 쉽게 증명해 낼 수 있을 듯합니다. 일단 평행사변형의 정의에 따라 $\overline{AD}$∥$\overline{BC}$이고 $\overline{AB}$∥$\overline{DC}$이므로, 두 평행선이 만드는 엇각의 크기는 서로 같습니다. 그렇죠?

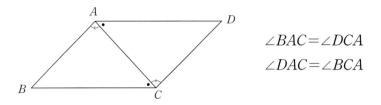

$$\angle BAC = \angle DCA$$
$$\angle DAC = \angle BCA$$

와우~ 순식간에 두 삼각형 $\triangle ABC$와 $\triangle DCA$가 합동임을 증명했네요.

$$\triangle ABC \equiv \triangle DCA(ASA합동)$$
$$\overline{AC}(공통변), \angle BAC = \angle DCA와 \angle DAC = \angle BCA(평행선의 엇각)$$

따라서 평행사변형의 두 쌍의 대변의 길이와 대각의 크기는 각각 같습니다. 더불어 평행사변형의 두 대각선에 의해 나누어진 네 개의 삼각형 중 좌·우, 위·아래에 위치한 두 쌍의 삼각형이 각각 합동임을 증명한다면, 두 대각선이 서로 다른 것을 이등분한다는 사실도 쉽게 확인할 수 있을 것입니다. 증명과정은 여러분들의 과제로 남겨놓도록 하겠습니다. 시간 날 때, 각자 시도해 보시기 바랍니다.

평행사변형의 두 대각선은 서로 다른 것을 이등분한다.

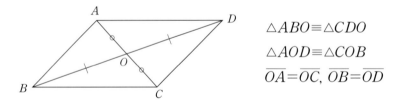

$$\triangle ABO \equiv \triangle CDO$$
$$\triangle AOD \equiv \triangle COB$$
$$\overline{OA} = \overline{OC}, \overline{OB} = \overline{OD}$$

그럼 평행사변형의 성질을 하나씩 정리해 볼까요?

평행사변형의 성질

① 두 쌍의 대변의 길이는 각각 같습니다.
② 두 쌍의 대각의 크기는 각각 같습니다.
③ 두 대각선은 서로 다른 것을 이등분합니다.

다음 평행사변형 $ABCD$에서 $\overline{AB}$, $\overline{BC}$의 길이와 $\angle D$, $\angle C$의 크기를 구해보시기 바랍니다.

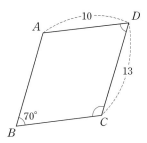

 잠시 질문의 답을 스스로 찾아보는 시간을 가져보세요.

어렵지 않죠? 평행사변형의 두 쌍의 대변의 길이와 대각의 크기가 각각 같다는 사실만 알고 있으면 쉽게 해결할 수 있는 문제입니다.

$$\overline{AB}=13, \ \overline{BC}=10 \qquad \angle B = \angle D = 70°$$

잠깐! 사각형의 내각의 합이 얼마죠? 네, 맞아요. 바로 360°입니다. 이를 토대로 $\angle C$의 크기를 구해보면 다음과 같습니다. 여기서 $\angle A = \angle C$(평행사변형의 대각)인 거, 다들 아시죠?

$$\angle A + \angle B + \angle C + \angle D = 360° \ \rightarrow \ 2\angle C + 140° = 360° \ \rightarrow \ \angle C = 110°$$

한 문제 더 풀어볼까요? 다음 평행사변형 $ABCD$에서 $\overline{OC}$와 $\overline{BD}$의 길이를 구해보시기 바랍니다.

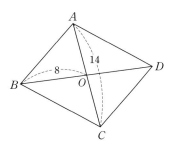

 잠시 질문의 답을 스스로 찾아보는 시간을 가져보세요.

일단 평행사변형의 두 대각선은 서로 다른 것을 이등분합니다. 즉, 등식 $\frac{1}{2}\overline{AC}=\overline{OC}$와 $2\overline{BO}=\overline{BD}$가 성립함을 쉽게 알 수 있습니다. 그럼 $\overline{OC}$와 $\overline{BD}$의 길이를 구해볼까요?

$$\frac{1}{2}\overline{AC}=\overline{OC}=7, \quad 2\overline{BO}=\overline{BD}=16$$

간단하죠? 이번엔 **평행사변형과 관련된 증명문제를** 풀어보도록 하겠습니다. 다음 점 O가 평행사변형 $ABCD$의 두 대각선의 교점이라고 할 때, $\overline{OE}=\overline{OF}$임을 설명해 보시기 바랍니다.

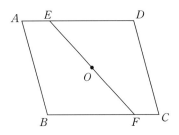

잠시 질문의 답을 스스로 찾아보는 시간을 가져보세요.

너무 어렵나요? 힌트를 드리겠습니다. 평행사변형의 두 대각선을 그려보시기 바랍니다.

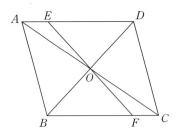

음... 아직도 감이 오지 않는다고요? 그렇다면 다음 괄호 속에 들어갈 두 삼각형을 찾아보시기 바랍니다.

두 삼각형 (   )와 (   )가 합동이면 $\overline{OE}=\overline{OF}$이다.

네, 맞아요. 바로 $\triangle AOE$와 $\triangle COF$입니다. 이제 질문의 답을 찾아볼까요? 일단 평행사변형의 두 대각선은 서로 다른 것을 이등분합니다. 그렇죠? 즉, $\overline{OA}=\overline{OC}$가 성립합니다. 그리고 $\angle EAO$와 $\angle FCO$는 평행선의 엇각으로, $\angle EOA$와 $\angle FOC$는 맞꼭지각으로 그 크기가 서로 같습니다. 그렇죠?

$$\angle EAO=\angle FCO\text{(엇각)}, \quad \angle EOA=\angle FOC\text{(맞꼭지각)}$$

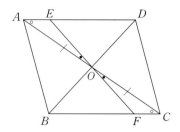

음... 보는 바와 같이 두 삼각형 $\triangle AOE$와 $\triangle COF$는 ASA합동이군요. 따라서 $\overline{OE} = \overline{OF}$입니다. 어렵지 않죠? 한 문제 더 풀어볼까요? 다음 평행사변형 $ABCD$에서 $\overline{BE} = \overline{DF}$라고 합니다. 왜 그런지 설명해 보시기 바랍니다.

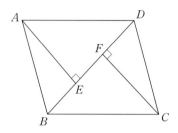

잠시 질문의 답을 스스로 찾아보는 시간을 가져보세요.

마찬가지로 어느 두 삼각형의 합동을 증명하면 손쉽게 $\overline{BE} = \overline{DF}$를 설명할 수 있습니다. 과연 두 삼각형은 무엇일까요? 네, 맞아요. $\triangle ABE$와 $\triangle CDF$입니다. 그럼 증명해 볼까요? 우선 평행사변형의 대변의 길이는 서로 같습니다. 즉, $\overline{AB} = \overline{DC}$라는 말이죠. 그리고 $\angle ABE$와 $\angle CDF$는 평행선의 엇각으로 그 크기가 같습니다.

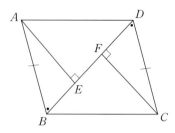

네, 맞아요. 역시 두 직각삼각형 $\triangle ABE$와 $\triangle CDF$는 RHA합동입니다. 그렇죠? 따라서 $\overline{BE} = \overline{DF}$가 성립합니다. 이제 평행사변형에 대해 확실히 아셨죠? 평행사변형의 정의와 그 성질을 다시 한 번 짚어보면 다음과 같습니다.

두 쌍의 대변이 각각 평행한 사각형을 평행사변형이라고 부르며, 그 성질은 다음과 같습니다.
　① 두 쌍의 대변의 길이는 각각 같습니다.
　② 두 쌍의 대각의 크기는 각각 같습니다.
　③ 두 대각선은 서로 다른 것을 이등분합니다.

과연 두 쌍의 대변의 길이가 각각 같은 사각형을 평행사변형이라고 말할 수 있을까요?

 잠시 질문의 답을 스스로 찾아보는 시간을 가져보세요.

별 대수롭지 않게 '그렇지 않느냐'고 말한다면, 여러분은 아직도 수학을 제대로 공부하고 있는 것이 아닙니다. 왜냐하면 'A이면 B이다'라고 해서, 'B이면 A이다'라고 말할 수는 없거든요. 다음 예시를 잘 살펴보시기 바랍니다.

$$x=3(A)\text{이면, } x^2=9(B)\text{이다. 그렇다면 } x^2=9(B)\text{이면, } x=3(A)\text{일까...?}$$

물론 $x=3(A)$이면 $x^2=9(B)$이겠지만, $x^2=9(B)$이라고 해서 반드시 $x=3(A)$라고 말할 수 없습니다. 왜냐하면 $x=-3$이 될 수도 있으니까요. 그럼 두 쌍의 대변의 길이가 각각 같은 사각형을 평행사변형이라고 말할 수 있는지 증명해 보도록 하겠습니다.

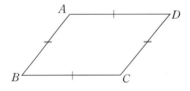

$\overline{AD}=\overline{BC}$이고 $\overline{AB}=\overline{DC}$이면
□$ABCD$는 평행사변형일까?

 잠시 질문의 답을 스스로 찾아보는 시간을 가져보세요.

막상 증명하려고 하니, 머릿속이 하얘진다고요? 일단 다음과 같이 대각선 하나를 그어보시기 바랍니다.

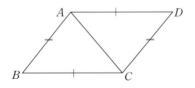

여러분~ 우리가 증명해야 할 것이 뭐였죠? 그렇습니다. 바로 $\overline{AD}\,/\!/\overline{BC}$와 $\overline{AB}\,/\!/\overline{DC}$입니다. 다음을 읽어보면 어떻게 증명해야 할지 확실히 감을 잡을 수 있을 것입니다.

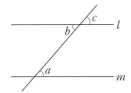

$\angle a = \angle b$(엇각)이면, 두 직선 l과 m은 평행하다.

$\angle a = \angle c$(동위각)이면, 두 직선 l과 m은 평행하다.

네, 맞아요. 대각선에 의해 나누어진 두 삼각형 $\triangle ABC$와 $\triangle CDA$가 서로 합동임을 증명하면 손쉽게 $\angle BCA = \angle DAC$(엇각)라는 사실을 증명할 수 있습니다. 즉, 두 변 $\overline{AD}$와 $\overline{BC}$가 평행하다는 것을 증명한 셈이 되는 것이죠. 과연 두 삼각형 $\triangle ABC$와 $\triangle CDA$은 합동일까요?

네, 그렇습니다. 문제에서 $\overline{AD} = \overline{BC}$, $\overline{AB} = \overline{DC}$라고 했으며 선분 $\overline{AC}$는 공통변이므로, 두 삼각형 $\triangle ABC$와 $\triangle CDA$는 SSS합동입니다.

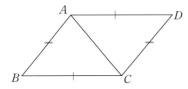

$\triangle ABC \equiv \triangle CDA : SSS$합동

$\overline{AD} = \overline{BC}$, $\overline{AB} = \overline{DC}$, $\overline{AC}$(공통변)

즉, $\angle BCA = \angle DAC$가 되어 결국 두 선분 $\overline{AD}$와 $\overline{BC}$는 평행합니다. $(\overline{AD}\,/\!/\overline{BC})$

잠깐! $\triangle ABC \equiv \triangle CDA$이므로 $\angle BAC = \angle DCA$이잖아요. 그렇죠? $\angle BAC$와 $\angle DCA$는 두 선분 $\overline{AB}$와 $\overline{DC}$에 대한 엇각에 해당하므로 $\overline{AB}$와 $\overline{DC}$ 또한 평행하겠군요. 즉 $\overline{AB}\,/\!/\overline{DC}$가 성립합니다. 따라서 두 쌍의 대변의 길이가 각각 같은 사각형은 평행사변형이라고 말할 수 있습니다.

두 쌍의 대각의 크기가 각각 같은 사각형을 평행사변형이라고 말할 수 있을까요?

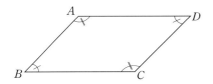

$\angle A = \angle C$이고 $\angle B = \angle D$이면

□$ABCD$는 평행사변형일까?

 잠시 질문의 답을 스스로 찾아보는 시간을 가져보세요.

음... 이건 좀 어렵네요. 먼저 힌트를 드리겠습니다. 다음 그림을 잘 살펴본 후, $\overline{AD}$와 $\overline{BC}$가 평행하다는 사실을 증명해 낼 방법을 찾아보시기 바랍니다.

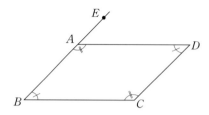

대충 감이 오시나요? 네, 맞아요. ∠EAD와 ∠ABC가 동위각으로 같다는 사실만 증명하면, 우리는 $\overline{AD}$와 $\overline{BC}$가 평행하다는 것을 쉽게 확인할 수 있습니다. 여기서 잠깐! 사각형의 내각의 합이 360°라는 거, 다들 아시죠?

사각형의 내각의 합은 360°이다. → $\angle A + \angle B + \angle C + \angle D = 360°$

문제에서 ∠A=∠C, ∠B=∠D라고 했으므로 ∠A+∠B=180°입니다. 그렇죠?

$\angle A + \angle B + \angle C + \angle D = 360° \; \rightarrow \; 2(\angle A + \angle B) = 360° \; \rightarrow \; \angle A + \angle B = 180°$

∠A+∠B=180°이므로 ∠B=180°−∠A가 됩니다. 더불어 ∠A+∠EAD=180°(평각)이므로 다음이 성립하겠네요.

$\angle A + \angle EAD = 180° \; \rightarrow \; \angle EAD = 180° - \angle A \; \rightarrow \; \angle B = \angle EAD$

여러분~ ∠B와 ∠EAD가 동위각이라는 사실, 다들 알고 계시죠? 결국 두 선분 $\overline{AD}$와 $\overline{BC}$는 평행합니다. ($\overline{AD}\,/\!/\,\overline{BC}$)

또 다른 연장선($\overline{BC}$의 연장선)을 그려 동위각이 서로 같다는 사실을 확인하면, $\overline{AB}\,/\!/\,\overline{DC}$라는 사실 또한 쉽게 증명할 수 있을 것입니다. 따라서 두 쌍의 대각의 크기가 각각 같은 사각형은 평행사변형이라고 말할 수 있습니다.

두 대각선이 서로 다른 것을 이등분하는 사각형을 평행사변형이라고 부를 수 있을까요?

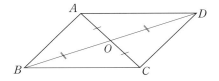

$\overline{OA}=\overline{OC}$이고 $\overline{OB}=\overline{OD}$이면
□ABCD는 평행사변형일까?

딱 보아하니, 두 삼각형 △ABO와 △CDO가 합동이라는 사실을 증명해야겠네요. 두 삼각형의 내각의 크기를 비교함으로써, 엇각과 동위각이 같다는 사실을 확인하면 손쉽게 $\overline{AD}\,/\!/\,\overline{BC}$와 $\overline{AB}\,/\!/\,\overline{DC}$임을 증명할 수 있거든요. 어렵지 않으니, 각자 해결해 보시기 바랍니다. 참고로 두 삼각형 △ABO와 △CDO는 SAS합동입니다.

한 쌍의 대변이 평행하고 그 길이가 서로 같은 사각형을 평행사변형이라고 말할 수 있을까요?

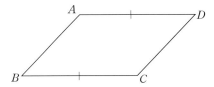

$\overline{AD}\,/\!/\,\overline{BC}$이고 $\overline{AD}=\overline{BC}$이면
□ABCD는 평행사변형일까?

 잠시 질문의 답을 스스로 찾아보는 시간을 가져보세요.

일단 대각선을 그어보겠습니다.

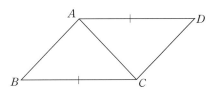

그림을 보니 대충 감이 오시죠? 그렇습니다. 여기서 우리는 두 삼각형 △ABC와 △CDA가 합동임을 증명해야 합니다. △ABC와 △CDA가 합동일 경우, 두 쌍의 대변의 길이가 같다는 것을 쉽게 증명할 수 있으니까요. 앞서 두 쌍의 대변의 길이가 같은 사각형을 평행사변형이라고 말했던 것, 기억하시죠?

$$\overline{AB}=\overline{DC},\ \overline{AD}=\overline{BC}\ \rightarrow\ \text{사각형 } ABCD\text{는 평행사변형이다.}$$

과연 두 삼각형 △ABC와 △CDA는 합동일까요? 네, 그렇습니다. $\overline{AD}=\overline{BC}$, ∠BCA=∠DAC(엇각), $\overline{AB}$(공통변)이므로 두 삼각형 △ABC와 △CDA는 SAS합동입니다. 따라서

$\overline{AD}/\!/\overline{BC}$이고 $\overline{AD}=\overline{BC}$이면 □$ABCD$는 평행사변형이 됩니다. 그럼 평행사변형이 되는 조건을 하나씩 정리해 볼까요?

> **평행사변형이 되는 조건**
>
> ① 두 쌍의 대변이 각각 평행하면, 그 사각형은 평행사변형입니다. (정의)
> ② 두 쌍의 대변의 길이는 각각 같으면, 그 사각형은 평행사변형입니다.
> ③ 두 쌍의 대각의 크기는 각각 같으면, 그 사각형은 평행사변형입니다.
> ④ 두 대각선은 서로 다른 것을 이등분하면, 그 사각형은 평행사변형입니다.
> ⑤ 한 쌍의 대변이 평행하고 그 길이가 서로 같으면, 그 사각형은 평행사변형입니다.

이제 우리는 어떤 조건을 갖춘 사각형이 평행사변형이 되는지를 쉽게 확인할 수 있게 되었습니다. 이는 여러 도형문제를 다룰 때, 수학적 근거로 요긴하게 사용되니 반드시 기억하시기 바랍니다. (평행사변형이 되기 위한 조건)

평행사변형이 되기 위한 조건과 관련된 문제를 풀어보겠습니다. 다음 중 □$ABCD$가 평행사변형인 것을 모두 찾고, 그 이유를 말해보시기 바랍니다. 단, 점 O는 두 대각선의 교점입니다.

① $\overline{AD}=5$, $\overline{BC}=5$, $\overline{AB}=9$, $\overline{DC}=9$ ② $\overline{AD}=6$, $\overline{BC}=6$, $\overline{CD}=6$
③ $\angle A=105°$, $\angle B=75°$, $\angle A=\angle C$ ④ $\overline{OA}=7$, $\overline{OB}=4$, $\overline{OC}=7$, $\overline{OD}=4$
⑤ $\overline{AB}/\!/\overline{DC}$, $\overline{AB}=6$, $\overline{DC}=6$

 잠시 질문의 답을 스스로 찾아보는 시간을 가져보세요

음... 잘 모르겠다고요? 이럴 땐 □$ABCD$를 그린 후, 주어진 조건을 하나씩 살펴보면 쉽습니다. 잠깐! 다각형의 각 꼭짓점을 알파벳으로 지정할 때, 반시계방향 또는 시계방향 순서대로 알파벳을 대응시킨다는 거, 다들 아시죠?

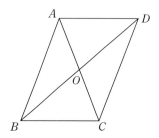

① $\overline{AD}=5$, $\overline{BC}=5$, $\overline{AB}=9$, $\overline{DC}=9$
② $\overline{AD}=6$, $\overline{BC}=6$, $\overline{CD}=6$
③ $\angle A=105°$, $\angle B=75°$, $\angle A=\angle C$
④ $\overline{OA}=7$, $\overline{OB}=4$, $\overline{OC}=7$, $\overline{OD}=4$
⑤ $\overline{AB}/\!/\overline{DC}$, $\overline{AB}=6$, $\overline{DC}=6$

①의 경우, 두 쌍의 대변의 길이가 각각 같으므로 평행사변형입니다. 하지만 ②의 경우에는 한 쌍의 대변의 길이만 같을 뿐 그 밖의 다른 조건이 없으므로 평행사변형이라고 볼 수 없겠네요. 그렇죠? ③의 경우, 일단 사각형의 내각의 합이 360°라는 사실로부터 ∠D의 크기를 구해 보겠습니다.

③ $\angle A = 105°$, $\angle B = 75°$, $\angle A = \angle C$

$\rightarrow \angle A = \angle C = 105°$ $\rightarrow$ $\angle A + \angle B + \angle C + \angle D = 360°$ $\rightarrow$ $2\angle A + \angle B + \angle D = 360°$

$\rightarrow 2(105°) + 75° + \angle D = 360°$ $\rightarrow$ $\angle D = 75°$

음... $\angle A = \angle C$, $\angle B = \angle C$이군요. 즉, 두 쌍의 대각의 크기가 각각 같아 평행사변형입니다. ④의 경우에도 두 대각선이 서로 다른 것을 이등분하므로 평행사변형이라고 말할 수 있습니다. 마지막으로 ⑤의 경우 한 쌍의 대변, 즉 $\overline{AB}$와 $\overline{DC}$가 평행하고 그 길이가 서로 같으므로 ($\overline{AB} = \overline{DC} = 6$), 평행사변형이 됩니다. 어렵지 않죠?

다음 그림에서 □$EFGH$가 어떤 도형인지 말해보시기 바랍니다. 여기서 $\overline{AD} /\!/ \overline{BC}$이고 $\overline{AD} = \overline{BC}$이며, 점 E, F, G, H는 각각 $\overline{AD}$, $\overline{AB}$, $\overline{BC}$, $\overline{CD}$의 중점입니다.

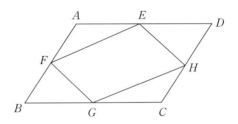

일단 □$ABCD$가 어떤 사각형인지 알아봐야겠죠? 대충 봐도 평행사변형처럼 보이는군요. 하지만 증명과정 없이 무작정 평행사변형이라고 단정 지으면 안 되는 거, 다들 아시죠? 문제에서 $\overline{AD} /\!/ \overline{BC}$이고 $\overline{AD} = \overline{BC}$이라고 했습니다. 즉, 한 쌍의 대변이 평행하고 그 길이가 서로 같으므로 □$ABCD$는 평행사변형이 맞습니다. 그렇죠? 이제 본격적으로 □$EFGH$가 평행사변형인지 확인해 보도록 하겠습니다. 어떻게 하면 □$EFGH$가 평행사변형이라는 것을 증명할 수 있을까요?

 잠시 질문의 답을 스스로 찾아보는 시간을 가져보세요.

음... 막상 증명하려고 하니까 엄두가 나질 않는다고요? 힌트를 드리겠습니다.

어느 두 쌍의 삼각형을 찾아 합동임을 증명해 보십시오.

과연 합동인 두 쌍의 삼각형은 무엇일까요? 네, 그렇습니다. 바로 △AFE, △CHG와 △DEH, △BGF입니다. 여기까지 이해가 되시나요? 편의상 삼각형의 합동조건을 쉽게 찾을 수 있도록 중점과 관련하여 변의 길이 및 평행사변형의 대각을 표시한 후, 그림을 다시 그려보도록 하겠습니다.

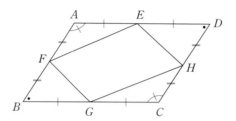

이제 눈에 확 들어오는군요. 두 쌍의 삼각형 △AFE, △CHG 그리고 △DEH, △BGF는 서로 SAS합동입니다. 굳이 설명하지 않아도 되겠죠? 따라서 □EFGH는 두 쌍의 대변의 길이가 각각 같아 평행사변형이라고 말할 수 있습니다.

$$\overline{EF}=\overline{HG},\ \overline{FG}=\overline{EH}\ \rightarrow\ □EFGH는 평행사변형이다.$$

다음 주어진 조건을 만족하는 어떤 사각형 $ABCD$가 있다고 합니다. 과연 이 사각형은 평행사변형이 될 수 있을까요?

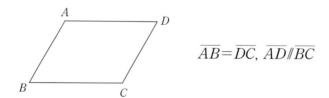

$$\overline{AB}=\overline{DC},\ \overline{AD}/\!/\overline{BC}$$

 잠시 질문의 답을 스스로 찾아보는 시간을 가져보세요.

어라...? 평행사변형이 되는 조건과 조금 다르군요. 평행사변형이 되려면, 한 쌍의 대변이 평행하고 그 길이가 서로 같아야 할 텐데... 주어진 조건에서는 길이가 같은 대변과 평행한 대변이 서로 다릅니다. 그렇죠? 즉, 주어진 조건만으로는 □ABCD를 평행사변형으로 볼 수 없다는 뜻입니다. 그렇다면 이 조건을 만족하지만, 평행사변형이 아닌 사각형에는 뭐가 있는지 상상해 볼까요?

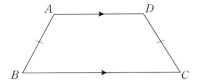

$\overline{AB}=\overline{DC}, \overline{AD}\,/\!/\,\overline{BC}$

그렇군요. 두 조건 $\overline{AB}=\overline{DC}$, $\overline{AD}\,/\!/\,\overline{BC}$만으로는 평행사변형이 될 수 없습니다.

다음 평행사변형 $ABCD$에서 x, y의 값을 구해보시기 바랍니다.

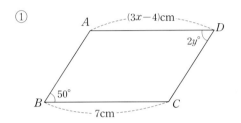

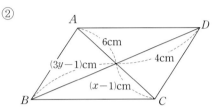

음... 평행사변형의 성질을 이용하면 쉽게 x, y에 대한 일차방정식을 도출할 수 있을 듯합니다. 그럼 평행사변형의 성질을 다시 한 번 되새겨 볼까요?

평행사변형의 성질

① 두 쌍의 대변의 길이는 각각 같습니다.
② 두 쌍의 대각의 크기는 각각 같습니다.
③ 두 대각선은 서로 다른 것을 이등분합니다.

①의 경우 두 쌍의 대변의 길이가 같다는 사실로부터 방정식 $3x-4=7$을, 그리고 두 쌍의 대각의 크기가 같다는 사실로부터 $50=2y$를 도출할 수 있습니다. 그렇죠? ②의 경우, 두 대각선이 서로 다른 것을 이등분한다는 사실로부터 $x-1=6$과 $3y-1=4$를 도출할 수 있겠네요.

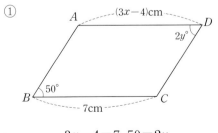

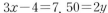

$3x-4=7, 50=2y$

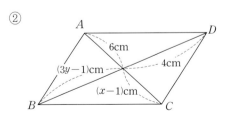

$x-1=6, 3y-1=4$

도출한 방정식을 풀면 다음과 같습니다.

$$① \ x=\frac{11}{3}, \ y=25 \qquad ② \ x=7, \ y=\frac{5}{3}$$

다음 그림과 같이 평행사변형 $ABCD$에서 $\angle A$의 이등분선을 그어 $\overline{BC}$의 연장선과 만나는 점을 E 라고 할 때, $\overline{CE}$의 길이를 구해보시기 바랍니다. 단, $\overline{AD}=7$, $\overline{AB}=9$입니다.

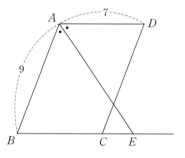

 잠시 질문의 답을 스스로 찾아보는 시간을 가져보세요.

그림이 좀 어려워 보이는군요. 힌트를 드리겠습니다.

주어진 그림 속에서 이등변삼각형을 찾아보십시오.

네, 그렇습니다. △BAE가 바로 이등변삼각형($\overline{BA}=\overline{BE}$)입니다. 왜냐하면 두 밑각 $\angle BAE$ 와 $\angle BEA$가 엇각으로 그 크기가 같거든요. 이제 답을 찾아볼까요?

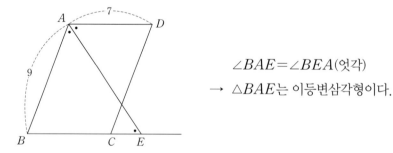

$\angle BAE=\angle BEA$(엇각)

→ △BAE는 이등변삼각형이다.

평행사변형의 성질에 의해 $\overline{AD}=\overline{BC}=7$입니다. 더불어 △$BAE$가 이등변삼각형($\overline{BA}=\overline{BE}$) 이므로, $\overline{BA}=\overline{BE}=\overline{BC}+\overline{CE}=9$가 되어 $\overline{CE}=2$입니다. 이해되시죠?

다음 평행선에 그려진 두 삼각형 △ABC와 △DBC의 넓이를 비교해 보시기 바랍니다.

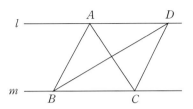

네, 맞아요. 두 삼각형 △ABC와 △DBC의 넓이는 같습니다. 두 삼각형의 밑변과 높이의 길이가 서로 같거든요. 그렇죠? 이와 관련하여 다음 평행사변형 ABCD의 넓이가 30cm²일 때, 색칠한 부분의 넓이를 구해보시기 바랍니다.

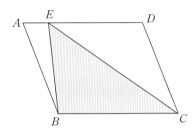

조금 어렵나요? 힌트를 드리겠습니다. 점 E를 선분 $\overline{AD}$ 위에서 움직여 보시기 바랍니다.

 잠시 질문의 답을 스스로 찾아보는 시간을 가져보세요.

아직도 잘 모르겠다고요? 결정적인 힌트를 드리겠습니다. 다음과 같이 점 E를 점 A 또는 D 와 같게 놓아보시기 바랍니다.

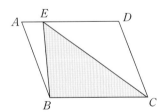 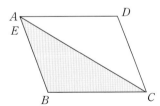 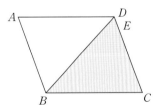

어떠세요? 색칠한 삼각형의 넓이가 모두 같죠? 즉, 평행사변형 ABCD의 넓이가 30cm²일 때, 색칠한 부분의 넓이는 15cm²가 됩니다. 한 문제 더 풀어볼까요? 다음에 그려진 사각형 ABCD의 넓이가 24cm²일 때, △OAD의 넓이를 구해보시기 바랍니다. 단, $\overline{AD}$와 $\overline{BC}$는 평행하며 △ODC와 △OCB의 넓이는 각각 6cm²와 4cm²입니다.

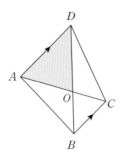

 잠시 질문의 답을 스스로 찾아보는 시간을 가져보세요.

쉽죠? 보는 바와 같이 △ABC와 △DBC의 넓이가 같으므로, △OAB의 넓이는 △ODC의 넓이와 같은 6cm²가 됩니다. 더불어 □ABCD의 넓이가 24cm²이므로, △OAD의 넓이는 다음과 같습니다.

$$(\text{□}ABCD\text{의 넓이}) = (\triangle ODC\text{의 넓이}) + (\triangle OCB\text{의 넓이}) +$$
$$(\triangle OAB\text{의 넓이}) + (\triangle OAD\text{의 넓이})$$
$$= 6\text{cm}^2 + 4\text{cm}^2 + 6\text{cm}^2 + (\triangle OAD\text{의 넓이}) = 24\text{cm}^2$$
$$\therefore (\triangle OAD\text{의 넓이}) = 8\text{cm}^2$$

좀 더 난이도를 높여볼까요?

(1) □ABCD와 △APD의 넓이가 같도록 하는 점 $P(\overline{CD}$의 연장선 위에 있는 점)를 찾아라.

(2) ⬠A′B′C′D′E′와 △A′P′Q′의 넓이가 같도록 하는 점 P'와 $Q'(\overline{CD}$의 연장선 위에 있는 두 점)를 찾아라.

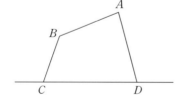

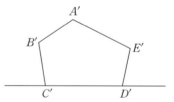

 잠시 질문의 답을 스스로 찾아보는 시간을 가져보세요.

음... 전혀 감이 오지 않는다고요? 하나씩 힌트를 드리겠습니다. 다음 그림에서 밑변이 $\overline{AC}$

이고 $\triangle BCA$와 넓이가 같은 삼각형을 찾아 보시기 바랍니다.

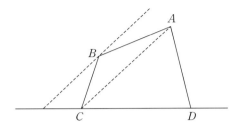

네, 맞아요. 다음과 같이 점 P를 찍으면 □$ABCD$와 $\triangle APD$의 넓이는 같게 됩니다.

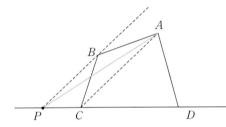

($\triangle BCA$의 넓이)=($\triangle PCA$의 넓이)

$\triangle ACD$의 넓이 : 공통

$\therefore$ (□$ABCD$의 넓이)=($\triangle APD$의 넓이)

마찬가지로 (2)의 경우, 다음과 같이 평행선을 그린 후 $\triangle B'C'A'$와 $\triangle E'D'A'$의 넓이가 같은 삼각형을 각각 찾아 보시기 바랍니다.

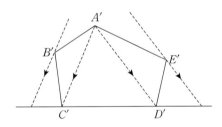

다음과 같이 점 P'와 Q'를 찍으면 ⬠$ABCDE$와 $\triangle APQ$의 넓이는 같게 됩니다.

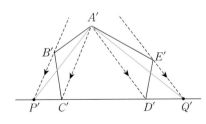

($\triangle B'C'A'$의 넓이)=($\triangle P'C'A'$의 넓이)

($\triangle E'D'A'$의 넓이)=($\triangle Q'D'A'$의 넓이)

$\triangle A'C'D$의 넓이 : 공통

$\therefore$ (⬠$A'B'C'D'E'$의 넓이)=($\triangle A'P'Q'$의 넓이)

너무 어렵나요? 잘 이해가 되지 않는 학생의 경우, 다시 한 번 천천히 그림을 보면서 읽어보시기 바랍니다. 평행선과 도형의 넓이를 정리하면 다음과 같습니다.

두 직선이 평행할 때, 한 직선에 삼각형의 밑변을 고정시킨 후 나머지 한 직선 위의 점을 꼭짓점으로 하는 임의의 삼각형의 넓이는 모두 같습니다.

다음 그림을 보면 이해하기가 한결 수월할 것입니다.

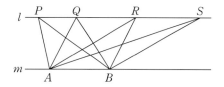

두 직선 l과 m이 평행할 때,
$\triangle PAB = \triangle QAB = \triangle RAB$
$= \triangle SAB$이다.

★ 개념을 정확히 이해했는지 확인하고 싶다면, 학교 교과서에 나오는 개념확인 문제를 풀어 보거나 스스로 개념 확인문제를 출제하여 풀어보면 큰 도움이 될 것입니다.

2 여러 가지 사각형

우리 주위에서 가장 흔하게 볼 수 있는 사각형은 무엇일까요?

네, 맞습니다. 바로 직사각형입니다. 여러분~ 네 내각의 크기가 모두 같은 사각형을 직사각형이라고 부른다는 사실, 다들 아시죠? 더불어 사각형의 내각의 크기의 합이 360°이므로 직사각형의 한 내각의 크기는 90°입니다.

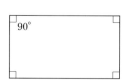

보아하니, 직사각형의 두 대각의 크기가 90°로 같군요. 잠깐! 두 대각의 크기가 서로 같은 사각형을 뭐라고 부른다고 했죠?

 잠시 질문의 답을 스스로 찾아보는 시간을 가져보세요.

맞아요. 평행사변형입니다. 즉, 직사각형도 평행사변형 중 하나라는 뜻입니다. 다시 정리하자면, 평행사변형 중 네 내각의 크기가 90°인 사각형을 직사각형이라고 부릅니다. 사실 **직사각형의 경우**, 각의 크기 이외에도 **평행사변형과 다른 게 몇 개** 더 있습니다. 평행사변형의 경우 두 쌍의 대각의 크기가 각각 같지만, 직사각형의 경우에는 두 쌍의 대각의 크기가 각각 같을 뿐더러 네 내각의 크기 또한 모두 같습니다.

- 평행사변형 : 두 쌍의 대각의 크기가 각각 같다.
- 직사각형 : 두 쌍의 대각의 크기가 각각 같을 뿐더러, 네 내각의 크기 또한 모두 같다.

또 뭐가 있을까요? 잘 모르겠다고요? 다음 그림을 살펴보시기 바랍니다.

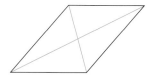 

음... 보아하니, 직사각형의 두 대각선의 길이가 서로 같군요. 그렇죠? 그럼 직사각형의 두 대각선의 길이가 정말 같은지 함께 증명해 볼까요? 다음 그림에서 색칠한 삼각형을 유심히 살펴보시기 바랍니다. 어떻게 증명해야 할지 감을 잡을 수 있을 것입니다.

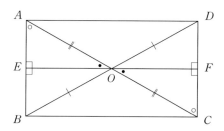

여기서 $\square ABCD$는 직사각형입니다. 더불어 $\overline{EF}$는 $\overline{AD}$와 평행하며, 점 O를 지납니다. 편의상 평행사변형의 성질(두 대각선은 서로 다른 것을 이등분한다)과 엇각 및 맞꼭지각의 크기 등을 함께 표기하였습니다.

잠깐! 우리가 증명해야 할 것이 뭐였죠? 네, 맞아요. 직사각형 $ABCD$의 두 대각선 $\overline{AC}$와 $\overline{BD}$의 길이가 같다는 사실입니다. 일단 전체적인 증명과정에 대한 개요를 작성해 보면 다음과 같습니다.

① 두 삼각형 $\triangle AEO$와 $\triangle CFO$가 합동인지 확인한다.
② 두 삼각형 $\triangle CFO$와 $\triangle DFO$가 합동인지 증명한다.
③ $\overline{OC}=\overline{OD}$임을 확인한다.
④ $\overline{AC}=\overline{BD}$임을 확인한다.

이해되시죠? 그럼 시작해 볼까요? 일단 두 삼각형 $\triangle AEO$와 $\triangle CFO$의 합동조건을 찾아보겠습니다. 그림을 살펴보면서 천천히 확인해 보시기 바랍니다.

$\triangle AEO \equiv \triangle CFO : \overline{AO}=\overline{CO}$, $\angle OAE = \angle OCF$(엇각), $\angle AOE = \angle COF$(맞꼭지각)

다음으로 두 삼각형 $\triangle CFO$와 $\triangle DFO$가 합동인지 확인해야겠죠? $\triangle CFO$와 $\triangle DFO$가 합동이면 자연스럽게 $\overline{OC}=\overline{OD}$가 되거든요.

그럼 $\triangle CFO$와 $\triangle DFO$의 합동조건을 찾아보겠습니다. 여기서 잠깐! $\overline{AE}$의 길이와 $\overline{DF}$의 길이가 같다는 사실, 다들 아시죠? 선분 $\overline{EF}$를 $\overline{AD}$와 평행하게 그었으므로 □$AEFD$ 또한 직사각형(평행사변형)이 되어 대변($\overline{AE}$와 $\overline{DF}$)의 길이가 서로 같거든요. 앞서 $\triangle AEO \equiv \triangle CFO$라고 했으므로 $\overline{AE}=\overline{CF}$가 되어 결국 $\overline{CF}=\overline{DF}$가 됩니다.

더불어 □$AEFD$의 모든 내각의 크기는 90°입니다.

$\triangle CFO \equiv \triangle DFO : \overline{OF}$(공통변), $\angle CFO = \angle DFO = 90°$, $\overline{FD}=\overline{FC}$

보는 바와 같이 두 삼각형 $\triangle CFO$와 $\triangle DFO$는 합동(SAS합동)이므로 $\overline{OC}=\overline{OD}$가 됩니다. 여러분~ $\overline{AC}=2\overline{OC}$, $\overline{BD}=2\overline{OD}$라는 사실, 다들 알고 계시죠?

$\overline{AC}=2\overline{OC}$, $\overline{BD}=2OD$ → $\overline{OC}=\overline{OD}$ → $\overline{AC}=\overline{BD}$

따라서 직사각형 $ABCD$의 두 대각선 $\overline{AC}$와 $\overline{BD}$의 길이는 서로 같습니다. 만약 증명과정이 이해가 잘 되지 않는다면, 그림을 보면서 다시 한 번 천천히 읽어보시기 바랍니다.

직사각형의 성질을 정리해 볼까요? 참고로 직사각형도 평행사변형의 일종이므로, 평행사변형의 성질을 모두 포함한다는 사실, 잊지 마시기 바랍니다.

가끔 사각형의 성질이 그 사각형이 되는 조건이라고 착각하는 학생이 있습니다. 참고로 직사각형의 두 대각선의 길이는 서로 같지만(직사각형의 성질), 두 대각선의 길이가 같은 사각형을 모두 직사각형이라고 말할 수 없다는 사실, 명심하시기 바랍니다.

[두 대각선의 길이가 같은 사각형]

 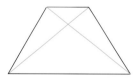

직사각형이다.　　　　　직사각형이 아니다.

앞으로 도형의 성질과 관련된 문제가 나왔을 경우, 가능한 한 모든 경우를 상상하면서 푸시기 바랍니다. 더불어 '도형의 성질'과 '그 도형이 되는 조건'은 엄밀히 다르다는 사실 또한 절대 잊지 마시기 바랍니다.

다음 □$ABCD$가 직사각형일 때, 각 $\angle x$의 크기와 $\overline{AB}(=y)$의 길이를 구해보시기 바랍니다.

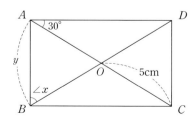

어렵지 않죠? 직사각형 또한 평행사변형의 일종이므로 두 대각선은 서로 다른 것을 이등분합니다. 즉, $\overline{AO}=\overline{OC}$이며 $\overline{BO}=\overline{OD}$가 됩니다. 더불어 직사각형의 두 대각선의 길이가 서로 같으므로 다음 등식이 성립합니다.

$$\overline{AC}=\overline{BD} \;\rightarrow\; \overline{AO}=\overline{OC}=\overline{BO}=\overline{OD}=5$$

잠시 질문의 답을 스스로 찾아보는 시간을 가져보세요.

음... $\triangle AOD$가 이등변삼각형이군요. 이등변삼각형의 두 밑각의 크기는 서로 같으므로, $\angle ADO=30°$임을 쉽게 알 수 있습니다. 여기에 직각삼각형 $\triangle ABD$의 내각의 합이 $180°$라는 사실을 적용하면, 손쉽게 $\angle x$의 크기를 구할 수 있겠네요.

$$\angle A+\angle ADB+\angle ABD=180° \;\rightarrow\; 90°+30°+\angle x=180° \;\rightarrow\; \angle x=60°$$

$\triangle OAB$ 또한 이등변삼각형이므로 $\angle x$와 $\angle OAB$는 밑각으로 그 크기가 서로 같습니다.

$$\angle x=\angle OAB=60°$$

$\triangle OAB$의 두 내각이 모두 $60°$이므로 나머지 한 각의 크기 또한 $60°$가 됩니다. 그렇죠? 어라...? 세 내각이 모두 $60°$라고요? 아~ $\triangle OAB$가 정삼각형이라는 말이군요. 따라서 $\overline{AB}$의 길이(y)는 5cm입니다.

네 변의 길이가 모두 같은 사각형을 마름모라고 부릅니다.

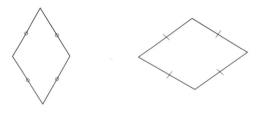

보아하니, 마름모도 평행사변형 중 하나일 것 같네요. 정말 평행사변형인지 확인해 볼까요? 앞서 배웠던 평행사변형의 조건을 떠올려 보면 다음과 같습니다.

평행사변형이 되는 조건

① 두 쌍의 대변이 각각 평행하면, 그 사각형은 평행사변형입니다. (정의)

② 두 쌍의 대변의 길이는 각각 같으면, 그 사각형은 평행사변형입니다.

③ 두 쌍의 대각의 크기는 각각 같으면, 그 사각형은 평행사변형입니다.

④ 두 대각선은 서로 다른 것을 이등분하면, 그 사각형은 평행사변형입니다.

⑤ 한 쌍의 대변이 평행하고 그 길이가 서로 같으면, 그 사각형은 평행사변형입니다.

②번이 눈에 들어오죠? 네, 맞아요. 마름모는 두 쌍의 대변의 길이, 아니 모든 변의 길이가 같으므로 평행사변형이 되고도 남습니다. 그렇죠? 하지만 마름모의 두 대각선의 길이는 달라 보이네요. 그리고 내각의 크기도 90°가 아닙니다. 즉, 직사각형과는 조금 거리가 있다는 뜻입니다. 이제 마름모의 성질을 하나씩 살펴보는 시간을 갖도록 하겠습니다. 일단 마름모의 대각선을 그어보면 다음과 같습니다. 잠깐! 마름모도 평행사변형이므로, 두 대각선이 서로 다른 것을 이등분한다는 사실, 알고 계시죠?

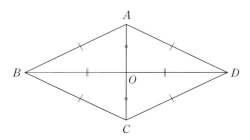

어라...? 나누어진 네 삼각형이 모두 합동이군요. 보세요~ 대응하는 변의 길이가 모두 같잖아요.

$$\triangle AOB \equiv \triangle AOD \equiv \triangle COB \equiv \triangle COD \, (SSS합동)$$

나누어진 삼각형의 내각의 크기를 표시해 보면 다음과 같습니다.

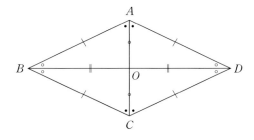

두 삼각형 △ABD와 △CBD가 이등변삼각형이므로, 꼭지각을 이등분하는 선분 $\overline{AO}$, $\overline{CO}$ 는 모두 밑변 $\overline{BD}$를 수직이등합니다. 그렇죠? 이는 네 삼각형 △AOB, △AOD, △COB, △COD가 모두 직각삼각형이 된다는 것을 의미합니다. 여기서 우리는 마름모의 두 대각선이 서로 다른 것을 수직이등분한다는 사실 쉽게 도출해 낼 수 있습니다.

이제 **마름모의 성질을 정리해 볼까요?** 참고로 마름모도 평행사변형의 일종이므로, 평행사변형의 성질을 모두 포함한다는 사실, 명심하시기 바랍니다.

마름모의 정의와 성질

네 변의 길이가 모두 같은 사각형을 마름모라고 말합니다. 마름모의 성질은 다음과 같습니다.

① 네 변의 길이가 모두 같습니다. (정의)

② 두 쌍의 대변이 각각 평행합니다. (평행사변형의 성질)

③ 두 쌍의 대변의 길이가 각각 같습니다. (평행사변형의 성질)

④ 두 쌍의 대각의 크기가 각각 같습니다. (평행사변형의 성질)

⑤ 두 대각선은 서로 다른 것을 이등분합니다. (평행사변형의 성질)

⑥ 두 대각선은 서로 수직입니다.

두 대각선이 서로 수직인 사각형을 마름모라고 말할 수 있을까요? 아닐 것 같죠? 다음 그림에서 보는 바와 같이 두 대각선이 서로 수직인 사각형은 마름모 말고도 많습니다.

[두 대각선이 서로 수직인 사각형]

마름모이다.

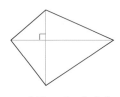

마름모가 아니다.

그렇다면 두 대각선이 서로 다른 것을 수직이등분하는 사각형은 어떨까요? 과연 이 사각형을 마름모라고 부를 수 있을까요?

 잠시 질문의 답을 스스로 찾아보는 시간을 가져보세요.

앞서 평행사변형이 되는 조건(④)에서 우리는 두 대각선이 서로 다른 것을 이등분할 때, 그 사각형을 평행사변형이라고 불렀습니다. 기억나시죠? 문제에서 두 대각선이 서로 다른 것을 수직이등분하는 사각형이 무엇이냐고 물었으므로, 일단 그 사각형은 평행사변형이 될 것입니다. 그렇죠? 이제 주어진 질문을 다음과 같이 바꿔볼 수 있겠네요.

두 대각선이 서로 다른 것을 수직이등분하는 사각형은?
→ 평행사변형 중 두 대각선이 서로 수직인 사각형은?

음... 질문의 답을 찾은 것 같죠? 네, 맞아요. 평행사변형 중 두 대각선이 서로 수직인 사각형은 마름모입니다. 즉, 두 대각선이 서로 다른 것을 수직이등분하는 사각형을 마름모라고 부를 수 있다는 뜻이죠.

두 대각선이 서로 다른 것을 수직이등분하는 사각형은 마름모이다.

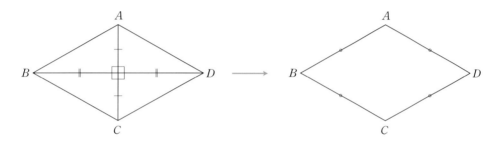

앞서도 언급했지만, 도형의 성질과 관련된 질문이 나왔을 경우, 가능한 한 모든 경우를 상상하면서 문제를 푸시기 바랍니다. 더불어 '도형의 성질'과 '그 도형이 되는 조건'은 반드시 구분되어야 한다는 것도 명심하시기 바랍니다.

마름모와 직사각형은 어떻게 다를까요?

일단 두 도형의 공통점은 모두 평행사변형이라는 사실입니다. 그렇죠? 하지만 마름모는 직사각형과 달리 네 변이 길이가 모두 같습니다. 더불어 두 대각선이 서로 다른 것을 수직이등분합니다. 다음 그림을 보면서 마름모와 직사각형의 공통점과 차이점을 말해보시기 바랍니다.

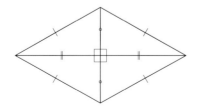 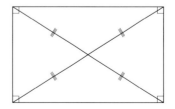

연번	구 분	직사각형	마름모
1	두 쌍의 대변이 각각 평행하다.	○	○
2	두 쌍의 대변의 길이가 각각 같다.	○	○
3	두 쌍의 대각의 크기가 각각 같다.	○	○
4	두 대각선은 서로 다른 것을 이등분한다.	○	○
5	두 대각선은 서로 수직이다.	×	○
6	네 변의 길이가 모두 같다.	×	○
7	두 대각선의 길이가 같다.	○	×
8	내각의 크기가 모두 같다.	○	×

이해되시나요? 그럼 **마름모이면서 직사각형인 도형은 무엇일까요?** 음... 마름모이면서 직사각형인 도형이라... 네 변의 길이가 모두 같고 네 내각의 크기가 모두 90°가 되어야 하겠군요. 그렇죠? 어디 한 번 그려볼까요?

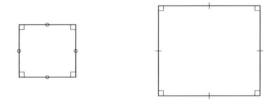

이렇게 네 변의 길이와 네 내각의 크기가 모두 같은 사각형을 정사각형이라고 부릅니다. 거두절미하고 정사각형의 성질에 대해 살펴보도록 하겠습니다. 참고로 정사각형은 평행사변형, 직사각형이면서 동시에 마름모입니다.

정사각형의 정의와 그 성질

네 변의 길이가 모두 같고 네 내각의 크기가 모두 같은 사각형을 정사각형이라고 부릅니다. 정사각형의 성질은 다음과 같습니다.

① 네 변의 길이가 모두 같고, 내각의 크기가 모두 같습니다. (정의)

② 두 쌍의 대변이 각각 평행합니다. (평행사변형의 성질)

③ 두 쌍의 대변의 길이가 각각 같습니다. (평행사변형의 성질)

④ 두 쌍의 대각의 크기가 각각 같습니다. (평행사변형의 성질)

⑤ 두 대각선은 서로 다른 것을 이등분합니다. (평행사변형의 성질)

⑥ 두 대각선은 서로 수직입니다. (마름모의 성질)

⑦ 두 대각선의 길이가 서로 같습니다. (직사각형의 성질)

와우~ 알고 보니 정사각형이 바로 사각형의 결정판이었군요. 그 밖에 여러분들이 알고 있는 사각형에는 무엇이 있나요? 혹시 길을 걷다 사다리를 본 적이 있으십니까? 사다리는 높은 곳이나 낮은 곳을 오르내릴 때 디딜 수 있도록 만든 기구입니다.

보아하니 사다리도 사각형 중 하나라고 말할 수 있겠네요. 한 쌍의 대변이 평행한 사각형을 사다리꼴이라고 부릅니다. 참고로 두 쌍의 대변이 평행한 사각형을 평행사변형이라고 했으므로, 평행사변형도 사다리꼴의 일종이라고 말할 수 있습니다. 하지만 사다리꼴은 평행사변형이 아닙니다. 그렇죠? 더불어 다음 그림과 같이 밑변의 양 끝각이 같은 사다리꼴을 '등변사다리꼴'이라고 일컫습니다.

등변(等邊)...? 변이 같다...?

아~ 자세히 보니, 평행하지 않은 변의 길이가 서로 같아 보이는군요. 뿐만 아니라 두 대각선의 길이도 같아 보입니다. 그렇죠? 등변사다리꼴의 성질을 정리하면 다음과 같습니다.

등변사다리꼴의 정의와 그 성질

사다리꼴 중 밑변의 양 끝각이 같은 사다리꼴을 등변사다리꼴이라고 부릅니다. 등변사다리꼴의 성질은 다음과 같습니다.

① 한 쌍의 대변이 평행합니다. (사다리꼴의 성질)

② 밑변의 양 끝각의 크기가 같습니다. (등변사다리꼴의 정의)

③ 평행하지 않는 한 쌍의 대변의 길이가 같습니다.

④ 두 대각선의 길이가 같습니다.

다음 그림을 보면 이해하기가 한결 수월할 것입니다.

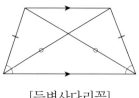

[등변사다리꼴]

참고로 두 대각선을 기준으로 나누어진 삼각형의 합동조건을 활용하면 어렵지 않게 등변사다리꼴의 성질을 증명할 수 있을 것입니다. 시간 날 때, 각자 도전해 보시기 바랍니다.

다음에 그려진 사각형은 각각 어떤 사각형일까요? 평행사변형, 직사각형, 정사각형, 마름모, 사다리꼴의 정의와 성질을 떠올리면 쉽게 질문의 답을 찾을 수 있을 것입니다.

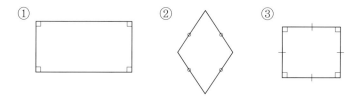

 잠시 질문의 답을 스스로 찾아보는 시간을 가져보세요.

어렵지 않죠? ①은 직사각형이면서 동시에 평행사변형입니다. 당연히 사다리꼴도 되겠죠? ②는 마름모이면서 동시에 평행사변형 그리고 사다리꼴입니다. 마지막으로 ③은 정사각형이면서 직사각형, 마름모, 평행사변형 그리고 사다리꼴입니다. 이처럼 하나의 사각형이 여러 가지 명칭으로 분류될 수 있다는 사실 또한 반드시 명심하시기 바랍니다. 이는 숫자 3이 자연수이면서 동시에 정수, 유리수로 분류되는 것과 같은 이치입니다.

다음 보기 중 맞는 것을 골라보시기 바랍니다. 틀린 보기의 경우, 그 이유도 밝혀보십시오. (이 문제는 상당한 논리력을 요하므로 천천히 생각하면서 풀어보시기 바랍니다)

　① 네 변의 길이가 같은 평행사변형은 정사각형이다.
　② 두 대각선의 길이가 같은 사각형은 직사각형이거나 등변사다리꼴이다.
　③ 두 쌍의 대변의 길이가 각각 같고, 두 대각선의 길이가 같은 사각형은 마름모이다.
　④ 내각의 크기가 모두 같은 등변사다리꼴은 평행사변형이다.

조금 어렵나요? 그럼 주어진 내용을 토대로 하나씩 도형을 상상해 보도록 하겠습니다.

① 네 변의 길이가 같은 평행사변형은 정사각형이다.

 잠시 질문의 답을 스스로 찾아보는 시간을 가져보세요

음... 정사각형의 경우, 네 변의 길이가 같으며 평행사변형인 것은 맞습니다. 하지만 네 변의 길이가 같고 평행사변형인 도형이 정사각형뿐인가요? 그렇지 않습니다. 마름모도 있습니다. 즉, ① 네 변의 길이가 같은 평행사변형을 정사각형이라고 단정 지을 수는 없다는 뜻입니다. 왜냐하면 정사각형이 아닌 마름모도 있기 때문이죠.

① 네 변의 길이가 같은 평행사변형은 정사각형이다. (×)

이해되시죠? 다음 보기로 넘어가 볼까요?

② 두 대각선의 길이가 같은 사각형은 직사각형이거나 등변사다리꼴이다.

일단 직사각형과 등변사다리꼴의 경우, 두 대각선의 길이가 같은 것은 맞습니다. 하지만 두 대각선의 길이가 같은 사각형에는 직사각형 또는 등변사다리꼴만 있는 것은 아닙니다. 다음 그림을 보면 좀 더 쉽게 이해할 수 있을 것입니다.

두 대각선의 길이가 같은 도형 (직사각형, 등변사다리꼴, ...)

 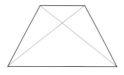

따라서 ② 두 대각선의 길이가 같은 사각형을 직사각형이거나 등변사다리꼴이라고 단정 지을 수는 없습니다.

다음으로 ③ 두 쌍의 대변의 길이가 각각 같고, 두 대각선의 길이가 같은 사각형을 마름모라고 말할 수 있을까요?

 잠시 질문의 답을 스스로 찾아보는 시간을 가져보세요

일단 마름모의 경우, 두 쌍의 대변의 길이는 각각 같습니다. 하지만 다음 그림에서 보는 바와 같이 두 대각선의 길이가 반드시 같지만은 않습니다.

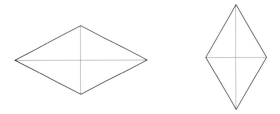

③ 두 쌍의 대변의 길이가 각각 같고, 두 대각선의 길이가 같은 사각형은 마름모이다. (×)

과연 두 쌍의 대변의 길이도 같고, 두 대각선의 길이도 같은 사각형은 무엇일까요?

 잠시 질문의 답을 스스로 찾아보는 시간을 가져보세요.

일단 두 쌍의 대변의 길이가 각각 같은 사각형은 평행사변형입니다. 잠깐! 앞서 우리는 두 대각선의 길이가 같은 사각형에는 직사각형 또는 등변사다리꼴 등이 있다고 배웠습니다. 그럼 평행사변형이면서 두 대각선의 길이가 같은 도형은... 그렇습니다. 바로 직사각형입니다. 즉, 보기 ③을 다음과 같이 수정하면 맞겠군요.

③ 두 쌍의 대변의 길이가 각각 같고, 두 대각선의 길이가 같은 사각형은 직사각형이다. (○)

이제 마지막입니다. 앞서 세 개의 보기가 모두 틀렸으니, 특별한 이변이 없는 한 보기 ④는 맞는 보기가 될 것입니다.

④ 내각의 크기가 모두 같은 등변사다리꼴은 평행사변형이다.

일단 등변사다리꼴 중 내각의 크기가 모두 같은 도형을 상상해 봅시다.

등변사다리꼴

등변사다리꼴 중에서
내각이 크기가 모두 같은 도형이라...?

음... 뭔가 좀 이상하네요. 분명 내각의 크기가 모두 같은 사각형은 직사각형인데 말이죠. 틀린 것 같죠? 다음과 같이 내용을 고쳐야 맞는 보기가 될 듯합니다.

내각의 크기가 모두 같은 등변사다리꼴은 직사각형이다.

결국 함정에 빠지셨군요. 여러분~ 우리의 미션은 바로 주어진 문장이 맞는지 그렇지 않은지를 확인하는 것입니다. 분명 내각의 크기가 모두 같은 등변사다리꼴은 직사각형이 맞습니다. 하지만 직사각형 또한 평행사변형이기 때문에, 내각의 크기가 모두 같은 등변사다리꼴 또한 평행사변형이 될 수 있습니다. 모든 직사각형은 평행사변형이니까요.

④ 내각의 크기가 모두 같은 등변사다리꼴은 ~~평행사변형~~이다. (○)
　　　　　　　　　　　　　　　　　　직사각형

참고로 **사각형의 종류를 도식화** 하면 다음과 같습니다.

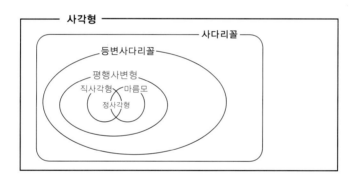

다음 문장은 모두 맞는 문장입니다. 그림을 보면서 천천히 읽어보시기 바랍니다.

> 평행사변형은 등변사다리꼴이다.　평행사변형은 사다리꼴이다.
> 직사각형은 평행사변형이다.　직사각형은 등변사다리꼴이다.　직사각형은 사다리꼴이다.
> 마름모는 평행사변형이다.　마름모는 등변사다리꼴이다.　마름모는 사다리꼴이다.
> 정사각형은 직사각형이다.　정사각형은 마름모이다.　정사각형은 평행사변형이다.
> 정사각형은 등변사다리꼴이다.　정사각형은 사다리꼴이다.

★ 개념을 정확히 이해했는지 확인하고 싶다면, 학교 교과서에 나오는 개념확인 문제를 풀어 보거나 스스로 개념 확인문제를 출제하여 풀어보면 큰 도움이 될 것입니다.

★ 개념의 이해도가 충분하지 않다면, 일단 PASS하시기 바랍니다. 그리고 개념정리가 마무리 되었을 때 심화학습 내용을 따로 읽어보는 것을 권장합니다.

【평행사변형의 넓이】

평행사변형의 넓이는 어떻게 구할 수 있을까요?

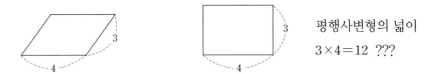

평행사변형의 넓이
$3 \times 4 = 12$???

가끔 그림과 같이 평행사변형을 똑바로 세워(직사각형으로 만들어), 그 넓이를 구하면 되지 않느냐고 말하는 학생들이 있습니다. 이는 모양이 바뀌면 넓이도 바뀐다는 사실을 모르고 하는 말입니다. 즉, 둘레의 길이가 같다고 해서 넓이가 같은 것은 절대 아니란 뜻이죠. 과연 평행사변형의 넓이는 어떻게 구할 수 있을까요?

 잠시 질문의 답을 스스로 찾아보는 시간을 가져보세요.

너무 막막한가요? 힌트를 드리겠습니다. 다음과 같이 보조선을 그어보시기 바랍니다.

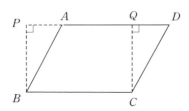

딱 봐도, 두 직각삼각형 $\triangle APB$와 $\triangle DQC$가 서로 합동이란 것을 쉽게 알 수 있겠죠?

$$\overline{PB} = \overline{QC}, \quad \overline{AB} = \overline{DC}, \quad \angle APB = \angle DQC = 90° \rightarrow \triangle APB \equiv \triangle DQC \ (RHS합동)$$

$\triangle APB$와 $\triangle DQC$가 합동이므로, 평행사변형 $ABCD$의 넓이는 $\square ABCQ$의 넓이와 $\triangle APB$의 넓이를 합한 것과 같습니다. 즉, 평행사변형 $ABCD$의 넓이는 직사각형 $PBCQ$의 넓이와 같다는 뜻입니다.

(평행사변형 $ABCD$의 넓이)

=($\square ABCQ$의 넓이)+($\triangle APB$의 넓이)=(직사각형 $PBCQ$의 넓이)

=(밑변 $\overline{BC}$의 길이)×(평행사변형의 높이 $\overline{PB}$의 길이)

다음 색칠한 부분의 넓이를 구해보시기 바랍니다. 평행사변형의 길이에 대한 성질을 잘 생각하면 쉽게 답을 찾을 수 있을 것입니다.

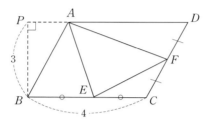

 잠시 질문의 답을 스스로 찾아보는 시간을 가져보세요.

어렵지 않죠? 일단 색칠한 부분의 넓이($\triangle AEF$의 넓이)에 대한 계산식을 구상해 보면 다음과 같습니다.

($\triangle AEF$의 넓이)

=(평행사변형 $ABCD$의 넓이)−($\triangle ABE$의 넓이)−($\triangle EFC$의 넓이)−($\triangle AFD$의 넓이)

먼저 평행사변형 $ABCD$의 넓이를 구해야겠네요.

(평행사변형 $ABCD$의 넓이)=(밑변)×(높이)=$4×3=12$

이번엔 $\triangle ABE$, $\triangle EFC$, $\triangle AFD$의 넓이를 구해볼까요? 각각의 삼각형의 밑변과 높이가 얼마인지 계산해 보면 쉽습니다.

$$(\triangle ABE\text{의 넓이})=\frac{1}{2}\times\overline{BE}\times\overline{BP}=\frac{1}{2}\times2\times3=3$$

$$(\triangle EFC\text{의 넓이})=\frac{1}{2}\times\overline{EC}\times\left(\frac{1}{2}\overline{BP}\right)=\frac{1}{2}\times2\times\frac{3}{2}=\frac{3}{2}$$

$$(\triangle AFD\text{의 넓이})=\frac{1}{2}\times\overline{AD}\times\left(\frac{1}{2}\overline{BP}\right)=\frac{1}{2}\times4\times\frac{3}{2}=3$$

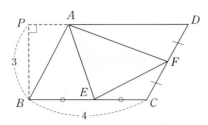

따라서 $\triangle AEF$의 넓이(색칠한 부분의 넓이)는 다음과 같습니다.

$(\triangle AEF$의 넓이$)$

$=($평행사변형 $ABCD$의 넓이$)-(\triangle ABE$의 넓이$)-(\triangle EFC$의 넓이$)-(\triangle AFD$의 넓이$)$

$=12-3-\dfrac{3}{2}-3=\dfrac{9}{2}$

평행사변형을 삼각형으로 쪼개어 풀어보니 그렇게 어렵지 않죠? 이렇듯 도형문제를 풀 때, 삼각형을 이용하면 훨씬 편하게 문제를 해결할 수 있다는 사실 또한 명심하시기 바랍니다.

3 개념정리하기

■학습 방식

개념에 대한 예시를 스스로 찾아보면서, 개념을 정리하시기 바랍니다.

---

1 이등변삼각형

두 변의 길이가 같은 삼각형을 이등변삼각형이라고 부릅니다. 이등변삼각형에서 두 변이 이루는 각을 꼭지각이라고 말하며, 꼭지각의 대변을 밑변 그리고 밑변의 양 끝각을 밑각이라고 일컫습니다. 이등변삼각형의 성질을 정리하면 다음과 같습니다.

① 이등변삼각형의 두 밑각의 크기는 같습니다.

② 이등변삼각형의 꼭지각의 이등분선은 밑변을 수직이등분합니다.

③ 이등변삼각형의 꼭짓점에서 밑변에 내린 수선은 꼭지각과 밑변을 이등분합니다.

어떤 삼각형의 두 밑각의 크기가 서로 같다면, 그 삼각형은 이등변삼각형이 되며 더불어 이등변삼각형의 어느 한 내각의 크기를 알면 나머지 두 내각의 크기를 모두 알아낼 수 있습니다. (숨은 의미 : 이등변삼각형의 개념을 명확히 제시하며, 각종 평면도형의 성질을 도출하는 데 수학적 근거로 사용됩니다)

2 직각삼각형의 합동조건

직각삼각형의 합동조건을 정리하면 다음과 같습니다.

① 직각삼각형의 빗변의 길이와 다른 한 변의 길이가 같을 때 (RHS합동)

② 직각삼각형의 빗변의 길이와 직각이 아닌 한 각의 크기가 같을 때 (RHA합동)

(숨은 의미 : 일반적인 삼각형의 합동조건 SSS, SAS, ASA합동으로 증명하지 않아도, 손쉽게 두 직각삼각형의 합동을 확인할 수 있게 합니다)

3 삼각형의 외심과 내심

삼각형의 외심의 개념을 정리하면 다음과 같습니다.

① 삼각형의 세 꼭짓점을 지나는 원을 삼각형의 외접원이라고 말하며, 외접원의 중심을 삼각형의 외심이라고 부릅니다.

② 삼각형의 세 변의 수직이등분선은 한 점에서 만나며, 이 점은 삼각형의 외접원의 중심(외심)이 됩니다.

③ 삼각형의 외심에서 삼각형의 꼭짓점까지 이르는 거리는 서로 같습니다.

삼각형의 내심의 개념을 정리하면 다음과 같습니다.

④ 한 원이 삼각형의 모든 변에 내접할 때, 이 원을 삼각형의 내접원이라고 말하며, 내접원의 중심을 삼각형의 내심이라고 부릅니다.

⑤ 삼각형의 세 각의 이등분선은 한 점에서 만나며, 이 점은 삼각형의 내접원의 중심(내심)이 됩니다.

⑥ 삼각형의 내심에서 삼각형의 각 변까지 이르는 거리는 서로 같습니다.

(숨은 의미 : 삼각형과 외접원·내접원의 관계, 반지름과 세 변의 길이관계 등을 쉽게 확인할 수 있도록 도와줍니다)

4 평행사변형의 정의와 성질, 조건

두 쌍의 대변이 각각 평행한 사각형을 평행사변형이라고 부릅니다. 평행사변형의 성질 및 조건을 정리하면 다음과 같습니다.

[평행사변형의 성질]

① 두 쌍의 대변의 길이는 각각 같습니다.

② 두 쌍의 대각의 크기는 각각 같습니다.

③ 두 대각선은 서로 다른 것을 이등분합니다.

[평행사변형이 되는 조건]

① 두 쌍의 대변이 각각 평행하면, 그 사각형은 평행사변형입니다. (정의)

② 두 쌍의 대변의 길이가 각각 같으면, 그 사각형은 평행사변형입니다.

③ 두 쌍의 대각의 크기가 각각 같으면, 그 사각형은 평행사변형입니다.

④ 두 대각선이 서로 다른 것을 이등분하면, 그 사각형은 평행사변형입니다.

⑤ 한 쌍의 대변이 평행하고 그 길이가 서로 같으면, 그 사각형은 평행사변형입니다.

(숨은 의미 : 평행사변형을 실생활에 활용할 수 있도록 도와주며, 더불어 평행사변형과 관련
된 여러 도형 문제를 손쉽게 해결할 수 있는 수학적 근거를 제시해 줍니다)

5 평행선과 도형(삼각형)의 넓이

두 직선이 평행할 때, 한 직선에 삼각형의 밑변을 고정시킨 후 나머지 한 직선 위의 점을 꼭
짓점으로 하는 임의의 삼각형의 넓이는 모두 같습니다. (숨은 의미 : 평행선과 관련하여 도형
의 넓이관계를 쉽게 파악할 수 있도록 도와줍니다)

6 직사각형의 정의와 성질

네 내각의 크기가 모두 같은 사각형을 직사각형이라고 부릅니다. 직사각형의 성질을 정리하
면 다음과 같습니다.
    ① 네 내각의 크기가 모두 같습니다. (정의)
    ② 두 쌍의 대변이 각각 평행합니다. (평행사변형의 성질)
    ③ 두 쌍의 대변의 길이가 각각 같습니다. (평행사변형의 성질)
    ④ 두 쌍의 대각의 크기가 각각 같습니다. (평행사변형의 성질)
    ⑤ 두 대각선은 서로 다른 것을 이등분합니다. (평행사변형의 성질)
    ⑥ 두 대각선의 길이가 같습니다. (직사각형의 성질)
(숨은 의미 : 직사각형을 실생활에 활용할 수 있도록 도와주며, 더불어 직사각형과 관련된 도
형 문제를 손쉽게 해결할 수 있는 수학적 근거를 제시해 줍니다)

7 마름모의 정의와 성질

네 변의 길이가 모두 같은 사각형을 마름모라고 부릅니다. 마름모의 성질을 정리하면 다음과
같습니다.
    ① 네 변의 길이가 모두 같습니다. (정의)
    ② 두 쌍의 대변이 각각 평행합니다. (평행사변형의 성질)
    ③ 두 쌍의 대변의 길이가 각각 같습니다. (평행사변형의 성질)

④ 두 쌍의 대각의 크기가 각각 같습니다. (평행사변형의 성질)

⑤ 두 대각선은 서로 다른 것을 이등분합니다. (평행사변형의 성질)

⑥ 두 대각선은 서로 수직입니다.

(숨은 의미 : 마름모를 실생활에 활용할 수 있도록 도와주며, 더불어 마름모와 관련된 도형 문제를 손쉽게 해결할 수 있는 수학적 근거를 제시해 줍니다)

8 정사각형의 정의와 성질

네 변의 길이가 모두 같고 네 내각의 크기가 모두 같은 사각형을 정사각형이라고 부릅니다. 정사각형의 성질을 정리하면 다음과 같습니다.

① 네 변의 길이가 모두 같고, 내각의 크기가 모두 같습니다. (정의)

② 두 쌍의 대변이 각각 평행합니다. (평행사변형의 성질)

③ 두 쌍의 대변의 길이가 각각 같습니다. (평행사변형의 성질)

④ 두 쌍의 대각의 크기가 각각 같습니다. (평행사변형의 성질)

⑤ 두 대각선은 서로 다른 것을 이등분합니다. (평행사변형의 성질)

⑥ 두 대각선은 서로 수직입니다. (마름모의 성질)

⑦ 두 대각선의 길이가 서로 같습니다. (직사각형의 성질)

(숨은 의미 : 정사각형을 실생활에 활용할 수 있도록 도와주며, 더불어 정사각형과 관련된 도형 문제를 손쉽게 해결할 수 있는 수학적 근거를 제시해 줍니다)

9 등변사다리꼴의 정의와 성질

사다리꼴 중 밑변의 양 끝각의 크기가 같은 사다리꼴을 등변사다리꼴이라고 부릅니다. 등변사다리꼴의 성질을 정리하면 다음과 같습니다.

① 한 쌍의 대변이 평행합니다. (사다리꼴의 성질)

② 밑변의 양 끝각의 크기가 같습니다. (등변사다리꼴의 정의)

③ 평행하지 않는 한 쌍의 대변의 길이가 같습니다.

④ 두 대각선의 길이가 같습니다.

(숨은 의미 : 등변사다리꼴을 실생활에 활용할 수 있도록 도와주며, 더불어 등변사다리꼴과 관련된 도형 문제를 손쉽게 해결할 수 있는 수학적 근거를 제시해 줍니다)

10 사각형의 분류

사각형의 종류를 도식화하면 다음과 같습니다.

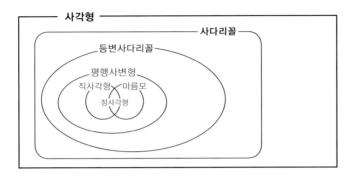

(숨은 의미 : 여러 가지 사각형에 대한 개념을 명확히 정리할 수 있게 해 줍니다)

■ 개념도출형 학습방식

개념도출형 학습방식이란 단순히 수학문제를 계산하여 푸는 것이 아니라, 문제로부터 필요한 개념을 도출한 후 그 개념을 떠올리면서 문제의 출제의도 및 문제해결방법을 찾는 학습방식을 말합니다. 문제를 통해 스스로 개념을 도출할 수 있으므로, 한 문제를 풀더라도 유사한 많은 문제를 풀 수 있는 능력을 기를 수 있으며, 더 나아가 스스로 개념을 변형하여 새로운 문제를 만들어 낼 수 있어, 좀 더 수학을 쉽고 재미있게 공부할 수 있도록 도와줍니다.

시간에 쫓기듯 답을 찾으려 하지 말고, 어떤 개념을 어떻게 적용해야 문제를 풀 수 있는지 천천히 생각한 후에 계산하시기 바랍니다. 문제를 해결하는 방법을 찾는다면 정답을 구하는 것은 단순한 계산과정일 뿐이라는 사실을 명심하시기 바랍니다. (생각을 많이 하면 할수록, 생각의 속도는 빨라집니다)

문제해결과정

① 이 문제를 풀기 위해 어떤 개념을 알아야 하는가?
② 그 개념을 간단히 설명해 보아라.
③ 문제의 출제의도를 말하고 어떻게 풀지 간단히 설명해 보아라.
④ 그럼 문제의 답을 찾아라.

※ 책 속에 있는 붉은색 카드를 사용하여 힌트 및 정답을 가린 후, ①~④까지 순서대로 질문의 답을 찾아보시기 바랍니다.

Q1. 다음 △ABC에서 x, y의 값을 구하여라.

(단, x는 각의 크기를, y는 길이를 표현하는 문자이다)

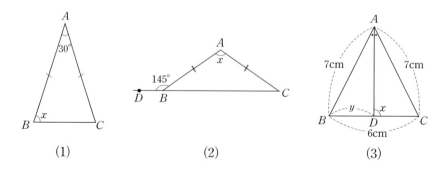

(1)   (2)   (3)

① 이 문제를 풀기 위해 어떤 개념을 알아야 하는가?

② 그 개념을 머릿속에 떠올려 보아라.

③ 문제의 출제의도를 말하고 어떻게 풀지 간단히 설명해 보아라.

④ 그럼 문제의 답을 찾아라.

A1.

① 이등변삼각형의 정의와 성질, 삼각형의 내각의 합

② 개념정리하기 참조

③ 이 문제는 이등변삼각형의 정의와 성질을 알고 있는지 묻는 문제이다. 이등변삼각형의 경우 한 내각의 크기만 알면 쉽게 다른 두 내각의 크기를 구할 수 있다. 물론 이등변삼각형의 두 밑각의 크기가 서로 같다는 성질과 함께 삼각형의 내각의 합이 $180°$라는 사실을 적용해야 할 것이다. 더불어 (3)의 경우, 이등변삼각형의 꼭지각을 이등분하는 선분이 밑변을 수직이등분한다는 성질을 활용하면 어렵지 않게 x, y의 값을 찾아낼 수 있다.

④ (1) $x = 75°$ (2) $x = 110°$ (3) $\angle x = 90°$, $y = 3\text{cm}$

[정답풀이]

(1) 이등변삼각형의 두 밑각 $\angle B$와 $\angle C$의 크기가 서로 같으며, 삼각형의 내각의 합이 $180°$라는 사실을 수식을 표현하면 다음과 같다. 참고로 꼭지각 $\angle A = 30°$이다.

$\angle B = \angle C = x$, $\angle A + \angle B + \angle C = 180°$ → $30° + x + x = 180°$

도출된 x에 대한 방정식을 풀면 $x = 75°$이다.

(2) 일단 $\overline{DC}$에 평각의 원리를 적용하면 $\angle ABC = 35°$임을 쉽게 알 수 있다. 더불어 이등변삼각형 $\triangle ABC$의 두 밑각 $\angle B$와 $\angle C$의 크기가 서로 같으며, 삼각형의 내각의 합이 $180°$가 된다는 것을 수식을 표현하면 다음과 같다. 참고로 꼭지각 $\angle A = x$이다.

$\angle B = \angle C = 35°$, $\angle A + \angle B + \angle C = 180°$ → $x + 35° + 35° = 180°$

도출된 x에 대한 방정식을 풀면 $x = 110°$이다.

(3) $\overline{AB} = \overline{AC}$이므로 $\triangle ABC$는 이등변삼각형이다. 여기서 $\angle A$는 꼭지각이 된다. 이등변삼각형의 꼭지각을 이등분하는 선분이 밑변을 수직이등분한다는 사실로부터 손쉽게 $\angle x = 90°$, $y = 3\text{cm}$임을 확인할 수 있다.

 스스로 유사한 문제를 여러 개 만들어(출제하여) 답을 찾아보시기 바랍니다.

Q2. 다음에 그려진 $\triangle ABC$에 대하여 $\overline{BE}=\overline{CE}$임을 증명(설명)하여라.

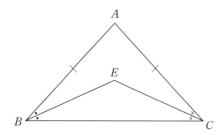

① 이 문제를 풀기 위해 어떤 개념을 알아야 하는가?

② 그 개념을 머릿속에 떠올려 보아라.

③ 문제의 출제의도를 말하고 어떻게 풀지 간단히 설명해 보아라. (잘 모를 경우, 아래 Hint를 보면서 질문의 답을 찾아본다)

　Hint(1) $\triangle ABC$가 어떤 삼각형인지 생각해 본다.
　　　☞ $\overline{AB}=\overline{AC}$이므로 $\triangle ABC$는 $\angle A$를 꼭지각으로 하는 이등변삼각형이다.

　Hint(2) 이등변삼각형의 두 밑각의 크기는 서로 같다.
　　　☞ $\angle B=\angle C$

　Hint(3) $\angle EBC=\dfrac{1}{2}\angle B$이고 $\angle ECB=\dfrac{1}{2}\angle C$이므로 $\angle EBC=\angle ECB$가 된다.

　Hint(4) $\angle EBC=\angle ECB$이므로 $\triangle EBC$는 $\angle E$를 꼭지각으로 하는 이등변삼각형이 된다.

④ 그럼 문제의 답을 찾아라.

A2.

> ① 이등변삼각형의 정의와 성질, 이등변삼각형이 되는 조건
> ② 개념정리하기 참조
> ③ 이 문제는 이등변삼각형의 정의와 성질을 활용하여 주어진 증명문제를 해결할 수 있는지 묻는 문제이다. 일단 $\overline{AB}=\overline{AC}$이므로 $\triangle ABC$는 이등변삼각형이다. 이등변삼각형의 두 밑각의 크기가 서로 같다는 사실로부터 $\triangle EBC$가 이등변삼각형임을 확인하면 쉽게 문제를 해결할 수 있을 것이다.
> ④ [정답풀이 참조]

[정답풀이]

일단 $\overline{AB}=\overline{AC}$이므로 $\triangle ABC$는 $\angle A$를 꼭지각으로 하는 이등변삼각형이다. 더불어 이등변삼각형의 두 밑각의 크기가 서로 같으므로 $\angle B=\angle C$이다. 문제에서 $\angle EBC=\dfrac{1}{2}\angle B$이고 $\angle ECB=\dfrac{1}{2}\angle C$라고 했으므로 $\angle EBC=\angle ECB$이다.

$$\angle B = \angle C, \ \angle EBC = \frac{1}{2} \angle B, \ \angle ECB = \frac{1}{2} \angle C \ \rightarrow \ \angle EBC = \angle ECB$$

$\angle EBC = \angle ECB$이므로 $\triangle EBC$는 $\angle E$를 꼭지각으로 하는 이등변삼각형이 된다. (두 밑각의 크기가 같은 삼각형은 이등변삼각형이기 때문이다)

$$\angle EBC = \angle ECB \ \rightarrow \ \triangle EBC는 이등변삼각형이다. \ \rightarrow \ \overline{BE} = \overline{CE}$$

 스스로 유사한 문제를 여러 개 만들어(출제하여) 답을 찾아보시기 바랍니다.

Q3. 다음 그림에서 x의 크기($\angle A$)를 구하여라.

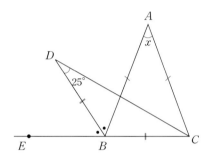

① 이 문제를 풀기 위해 어떤 개념을 알아야 하는가?

② 그 개념을 머릿속에 떠올려 보아라.

③ 문제의 출제의도를 말하고 어떻게 풀지 간단히 설명해 보아라. (잘 모를 경우, 아래 Hint를 보면서 질문의 답을 찾아본다)

  Hint(1) $\triangle BDC$가 어떤 삼각형인지 확인해 본다.
      ☞ $\overline{BD} = \overline{BC}$이므로 $\triangle BDC$는 $\angle DBC$를 꼭지각으로 하는 이등변삼각형이 된다.

  Hint(2) 이등변삼각형 $\triangle BDC$의 두 밑각의 크기는 서로 같다.
      ☞ $\angle BDC = \angle BCD = 25°$

  Hint(3) 삼각형의 외각의 크기는 그와 이웃하지 않는 두 내각의 크기의 합과 같다.
      ☞ $\angle EBD = \angle BDC + \angle BCD = 25° + 25° = 50°$

  Hint(4) $\angle EBD = 50°$로부터 $\angle ABC$의 크기를 구해본다. (여기서 평각의 원리를 활용한다)
      ☞ $\angle EBD = \angle DBA = 50°$, $\angle EBD + \angle DBA + \angle ABC = 180° \ \rightarrow \ \angle ABC = 80°$

  Hint(5) $\overline{AB} = \overline{AC}$이므로, $\triangle ABC$는 $\angle A$를 꼭지각으로 하는 이등변삼각형이 된다.
      ☞ 이등변삼각형 $\triangle ABC$의 두 밑각의 크기는 같다. $\rightarrow \ \angle ABC = \angle C = 80°$

  Hint(6) $\angle ABC = \angle C = 80°$로부터 이등변삼각형 $\triangle ABC$의 꼭지각 $\angle A$의 크기를 구해본다.
      (여기서 삼각형의 내각의 합이 180°임을 활용한다)

④ 그림 문제의 답을 찾아라.

A3.

① 이등변삼각형의 정의와 성질, 이등변삼각형이 되는 조건

② 개념정리하기 참조

③ 이 문제는 이등변삼각형의 정의와 성질 그리고 이등변삼각형이 되는 조건을 활용하여 구하고자 하는 값을 찾을 수 있는지 묻는 문제이다. 일단 $\overline{BD}=\overline{BC}$이므로 $\triangle BDC$는 $\angle DBC$를 꼭지각으로 하는 이등변삼각형이다. 이등변삼각형 $\triangle BDC$의 두 밑각의 크기는 서로 같고, 삼각형의 외각의 크기는 그와 이웃하지 않는 두 내각의 크기의 합과 같다는 원리를 활용하여 $\angle EBD$의 크기와 함께 $\angle ABC$의 크기를 구해본다. 한편 $\overline{AB}=\overline{AC}$이므로 $\triangle ABC$는 $\angle A$를 꼭지각으로 하는 이등변삼각형이다. 여기에 삼각형의 내각의 합이 $180°$임을 활용하면 쉽게 구하고자 하는 각($\angle A$)의 크기를 찾을 수 있을 것이다.

④ $x=20°$

[정답풀이]

일단 $\overline{BD}=\overline{BC}$이므로 $\triangle BDC$는 $\angle DBC$를 꼭지각으로 하는 이등변삼각형이다. 이등변삼각형 $\triangle BDC$의 두 밑각의 크기는 서로 같으므로 $\angle BDC=\angle BCD=25°$이다. 삼각형의 외각의 크기는 그와 이웃하지 않는 두 내각의 크기의 합과 같다는 사실로부터 $\angle EBD$의 크기를 구하면 다음과 같다.

$$\angle EBD=\angle BDC+\angle BCD=25°+25°=50°$$

$\angle EBD=50°$로부터 $\angle ABC$의 크기를 구해보자. 여기서 평각의 원리를 활용할 수 있다.

$$\angle EBD=\angle DBA=50°,\ \angle EBD+\angle DBA+\angle ABC=180°\ \rightarrow\ \angle ABC=80°$$

한편 $\overline{AB}=\overline{AC}$이므로 $\triangle ABC$는 $\angle A$를 꼭지각으로 하는 이등변삼각형이다. 이등변삼각형 $\triangle ABC$의 두 밑각의 크기가 서로 같으므로 $\angle ABC=\angle C=80°$가 된다. $\angle ABC=\angle C=80°$로부터 이등변삼각형 $\triangle ABC$의 꼭지각 $\angle A$의 크기를 구하면 다음과 같다. (여기서 삼각형의 내각의 합이 $180°$임을 활용한다)

$$(\triangle ABC의 내각의 합)=\angle A+\angle ABC+\angle C=x+80°+80°=180°\quad \therefore\ x=20°$$

 스스로 유사한 문제를 여러 개 만들어(출제하여) 답을 찾아보시기 바랍니다.

Q4. 다음 그림에서 $\angle A$의 크기를 구하여라.

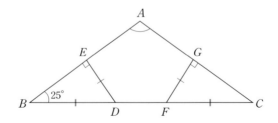

① 이 문제를 풀기 위해 어떤 개념을 알아야 하는가?

② 그 개념을 머릿속에 떠올려 보아라.

③ 문제의 출제의도를 말하고 어떻게 풀지 간단히 설명해 보아라. (잘 모를 경우, 아래 Hint를 보면서 질문의 답을 찾아본다)

　　Hint(1) 직각삼각형 $\triangle EBD$와 합동인 삼각형을 찾아본다.
　　　　　☞ 직각삼각형 $\triangle EBD$와 직각삼각형 $\triangle GCF$는 서로 합동이다. $(RHS합동)$
　　　　　☞ $\angle EBD = \angle GCF = 25°$

　　Hint(2) $\triangle ABC$의 내각의 합이 $180°$라는 사실로부터 $\angle A$의 크기를 구해본다.

④ 그럼 문제의 답을 찾아라.

A4.

> ① 직각삼각형의 합동조건
> ② 개념정리하기 참조
> ③ 이 문제는 주어진 그림에서 합동인 직각삼각형을 찾을 수 있는지 묻는 문제이다. 그림에서 보는 바와 같이 $\triangle EBD$와 $\triangle GCF$는 서로 합동$(RHS합동)$이다. 즉, $\angle EBD = \angle GCF = 25°$가 된다. 여기에 $\triangle ABC$의 내각의 합이 $180°$라는 사실을 적용하면 쉽게 $\angle A$의 크기를 찾을 수 있다.
> ④ $\angle A = 130°$

[정답풀이]

직각삼각형 $\triangle EBD$와 직각삼각형 $\triangle GCF$는 서로 합동이다. $(RHS합동)$
　　$\angle EBD = \angle GCF = 25°$
$\triangle ABC$의 내각의 합이 $180°$라는 사실로부터 $\angle A$의 크기를 찾아보면 다음과 같다.
　　($\triangle ABC$의 내각의 합) $= \angle A + \angle EBD + \angle GCF = \angle A + 25° + 25° = 180°$
따라서 $\angle A = 130°$이다.

 스스로 유사한 문제를 여러 개 만들어(출제하여) 답을 찾아보시기 바랍니다.

Q5. 다음 그림에서 점 O와 O'가 각각 $\triangle ABC$, $\triangle DEF$의 외심일 때, $\angle x$, $\angle y$의 크기를 구하여라.

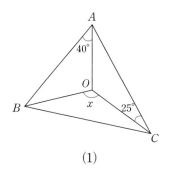

(1)

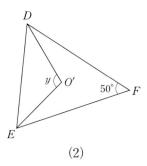

(2)

① 이 문제를 풀기 위해 어떤 개념을 알아야 하는가?

② 그 개념을 머릿속에 떠올려 보아라.

③ 문제의 출제의도를 말하고 어떻게 풀지 간단히 설명해 보아라. (잘 모를 경우, 아래 Hint를 보면서 질문의 답을 찾아본다)

Hint(1) $\triangle ABC$의 내부에서 이등변삼각형을 찾아본다.

☞ $\triangle ABC$의 내부에 있는 이등변삼각형은 $\triangle OBC$, $\triangle OAB$, $\triangle OCA$이다.

Hint(2) 이등변삼각형의 두 밑각의 크기는 서로 같다.

☞ $\triangle OBC : \angle OBC = \angle OCB$, $\triangle OAB : \angle OAB = \angle OBA$,
$\triangle OCA : \angle OCA = \angle OAC$

☞ $\angle OAB = \angle OBA = 40°$, $\angle OCA = \angle OAC = 25°$

Hint(3) 이등변삼각형 $\triangle OBC$의 두 밑각 $\angle OBC$, $\angle OCB$의 크기를 $\angle a$로 놓은 후, $\triangle ABC$의 내각의 합을 구해본다. ($\triangle ABC$의 내각의 합은 $180°$이다)

☞ ($\triangle ABC$의 내각의 합)
$= \angle OBC + \angle OCB + \angle OAB + \angle OBA + \angle OCA + \angle OAC$
$= \angle a + \angle a + 40° + 40° + 25° + 25° = 180°$

Hint(4) 이등변삼각형 $\triangle OBC$에서 두 밑각 $\angle OBC$, $\angle OCB$의 크기를 구한 후, 우리가 찾고자 하는 각 $\angle x$의 크기를 구해본다. ($\triangle OBC$의 내각의 합은 $180°$이다)

Hint(5) 보조선 $\overline{O'F}$를 긋고 $\triangle DEF$의 내각의 합을 구해본다. (편의상 $\angle O'DE = \angle O'ED = \angle a$, $\angle O'EF = \angle O'FE = \angle b$, $\angle O'DF = \angle O'FD = \angle c$로 놓는다)

☞ ($\triangle DEF$의 내각의 합)
$= \angle O'DE + \angle O'ED + \angle O'EF + \angle O'FE + \angle O'DF + \angle O'FD$
$= \angle a + \angle a + \angle b + \angle b + \angle c + \angle c = 180°$ $\rightarrow$ $\therefore$ $\angle a + \angle b + \angle c = 90°$

Hint(6) $\angle DFE = \angle EFO' + \angle DFO' = \angle b + \angle c = 50°$이다. 이로부터 $\angle a$의 크기를 구해본다.

☞ $\angle a + \angle b + \angle c = 90°$ $\rightarrow$ $\angle a + 50° = 90°$
$\therefore$ $\angle a = 40°$

Hint(7) $\triangle O'DE$의 내각의 합이 $180°$라는 사실을 활용하여 $\angle y$의 크기를 구해본다.

④ 그럼 문제의 답을 찾아라.

A5.

① 삼각형의 외심과 그 성질, 이등변삼각형의 정의와 그 성질
② 개념정리하기 참조
③ 이 문제는 삼각형의 외심을 기준으로 나누어진 삼각형이 모두 이등변삼각형임을 알고 있는지 그리고 이등변삼각형의 성질을 활용하여 구하고자 하는 값을 찾을 수 있는지 묻는 문제이다. 두 삼각형 $\triangle ABC$와 $\triangle DEF$에서 외심을 기준으로 나누어진 삼각형이 모두 이등변삼각형임을 확인한 후, 이등변삼각형의 성질(두 밑각의 크기는 같다)과 삼각형의 내각의 합이 $180°$라는 사실을 활용하면 어렵지 않게 답을 찾을 수 있을 것이다.
④ (1) $\angle x = 130°$ (2) $\angle y = 100°$

[정답풀이]

(1) $\triangle ABC$에서 외심을 기준으로 나누어진 세 삼각형 $\triangle OBC$, $\triangle OAB$, $\triangle OCA$는 모두 이등변삼각형이다. 이등변삼각형의 두 밑각의 크기가 서로 같으므로 다음이 성립한다.

$\triangle OBC : \angle OBC = \angle OCB$, $\triangle OAB : \angle OAB = \angle OBA$, $\triangle OCA : \angle OCA = \angle OAC$

$\angle OAB = \angle OBA = 40°$, $\angle OCA = \angle OAC = 25°$

이등변삼각형 $\triangle OBC$의 두 밑각 $\angle OBC$, $\angle OCB$의 크기를 $\angle a$로 놓은 후, $\triangle ABC$의 내각의 합을 구하여 a에 대한 방정식을 세워보면 다음과 같다. ($\triangle ABC$의 내각의 합은 $180°$이다)

$(\triangle ABC$의 내각의 합$) = \angle OBC + \angle OCB + \angle OAB + \angle OBA + \angle OCA + \angle OAC$
$\qquad\qquad = \angle a + \angle a + 40° + 40° + 25° + 25° = 180° \rightarrow \angle a = 25°$

$\triangle OBC$의 내각의 합이 $180°$임을 활용하여 구하고자 하는 각 $\angle x$의 크기를 찾아보자.

$(\triangle OBC$의 내각의 합$) = \angle BOC + \angle OBC + \angle OCB = \angle x + \angle a + \angle a = 180°$
$\qquad\qquad = \angle x + 25° + 25° = 180° \rightarrow \angle x = 130°$

(2) 선분 $\overline{O'F}$를 긋고 $\triangle DEF$의 내각의 합을 구해보면 다음과 같다. (편의상 $\angle O'DE = \angle O'ED = \angle a$, $\angle O'EF = \angle O'FE = \angle b$, $\angle O'DF = \angle O'FD = \angle c$로 놓는다)

$(\triangle DEF$의 내각의 합$) = \angle O'DE + \angle O'ED + \angle O'EF + \angle O'FE + \angle O'DF + \angle O'FD$
$\qquad\qquad = \angle a + \angle a + \angle b + \angle b + \angle c + \angle c = 180° \quad \therefore \angle a + \angle b + \angle c = 90°$

즉, $\angle DFE = \angle EFO' + \angle DFO' = \angle b + \angle c = 50°$이다. 이로부터 $\angle a$의 크기를 구해보자.

$\angle a + \angle b + \angle c = 90° \rightarrow \angle a + 50° = 90° \quad \therefore \angle a = 40°$

이제 $\triangle O'DE$의 내각의 합이 $180°$라는 사실을 활용하여 $\angle y$의 크기를 구하면 다음과 같다.

$(\triangle O'DE$의 내각의 합$) = \angle DO'E + \angle O'DE + \angle O'ED = \angle y + \angle a + \angle a$
$\qquad\qquad = \angle y + 40° + 40° = 180° \rightarrow \angle y = 100°$

 스스로 유사한 문제를 여러 개 만들어(출제하여) 답을 찾아보시기 바랍니다.

Q6. 다음 그림에서 점 O와 I가 각각 △ABC, △DEF의 외심과 내심일 때,
($\angle a + \angle b + \angle c$)의 값과 $\angle x$의 크기를 구하여라.

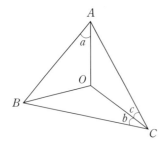
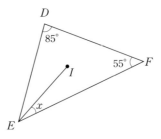

① 이 문제를 풀기 위해 어떤 개념을 알아야 하는가?

② 그 개념을 머릿속에 떠올려 보아라.

③ 문제의 출제의도를 말하고 어떻게 풀지 간단히 설명해 보아라. (잘 모를 경우, 아래 Hint를 보면서 질문의 답을 찾아본다)

> **Hint(1)** 외심 O를 기준으로 크기가 같은 각을 찾아 표시해 본다. 참고로 △OAB, △OBC, △OCA는 이등변삼각형이다.
> ☞ $\angle OAB = \angle OBA = a$, $\angle OBC = \angle OCB = b$, $\angle OAC = \angle OCA = c$

> **Hint(2)** △ABC의 내각의 합을 구해본다.
> ☞ (△ABC의 내각의 합)
> $= \angle OAB + \angle OBA + \angle OBC + \angle OCB + \angle OAC + \angle OCA$
> $= a + a + b + b + c + c = 180°$

> **Hint(3)** 내심 I는 △DEF의 세 내각의 이등분선이 만나는 점이다.
> ☞ $\angle DEI = \angle FEI = x$

> **Hint(4)** △DEF의 내각의 합을 구해본다.
> ☞ (△DEF의 내각의 합)
> $= \angle DEI + \angle FEI + \angle D + \angle F = x + x + 85 + 55 = 180°$

④ 그럼 문제의 답을 찾아라.

A6.

① 삼각형의 내심과 외심

② 개념정리하기 참조

③ 이 문제는 삼각형의 내심과 외심의 성질을 활용하여 미지의 각의 크기를 구할 수 있는지 묻는 문제이다. 일단 △OAB, △OBC, △OCA는 이등변삼각형이다. 외심 O를 기준으로 크기가 같은 각을 찾아 표시한 후, △ABC의 내각의 합을 구하면 어렵지 않게 구하고자 하는 값 ($\angle a + \angle b + \angle c$)의 크기를 찾을 수 있다. 그리고

내심 I는 $\triangle DEF$의 세 내각의 이등분선이 만나는 점이다. 즉, $\angle DEI = \angle FEI$ $=x$이다. $\triangle DEF$의 내각의 합을 구하면 쉽게 $\angle x$의 크기를 계산할 수 있다.

④ (1) $\angle a + \angle b + \angle c = 90°$ (2) $\angle x = 20°$

[정답풀이]

$\triangle OAB$, $\triangle OBC$, $\triangle OCA$는 이등변삼각형이다. 외심 O를 기준으로 크기가 같은 각을 찾아 표시해 보자. 더불어 $\triangle ABC$의 내각의 합에 대한 등식을 작성하면 다음과 같다.

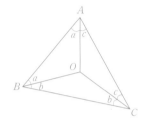

$\angle OAB = \angle OBA = a$, $\angle OBC = \angle OCB = b$,
$\angle OAC = \angle OCA = c$

($\triangle ABC$의 내각의 합)
$= \angle OAB + \angle OBA + \angle OBC + \angle OCB + \angle OAC + \angle OCA$
$= a + a + b + b + c + c = 180°$ $\therefore a + b + c = 90°$

내심 I는 $\triangle DEF$의 세 내각의 이등분선이 만나는 점이다.

$\quad \angle DEI = \angle FEI = x$

$\triangle DEF$의 내각의 합을 구해보면 다음과 같다.

$\quad$($\triangle DEF$의 내각의 합)$= \angle DEI + \angle FEI + \angle D + \angle F = x + x + 85° + 55° = 180°$

도출된 방정식을 풀어 x의 값을 구하면 다음과 같다.

$\quad 2x + 85° + 55° = 180° \;\rightarrow\; 2x = 40 \;\rightarrow\; x = 20°$

 스스로 유사한 문제를 여러 개 만들어(출제하여) 답을 찾아보시기 바랍니다.

Q7. 다음 그림을 보고 물음에 답하여라. (단, I, I'는 각각 $\triangle ABC$와 $\triangle DEF$의 내심이다)

(1) $\triangle ABC$의 둘레의 길이를 구하여라.

(2) $\triangle DEF$에서 색칠한 부분의 넓이를 구하여라.

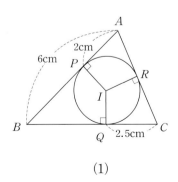

(1)

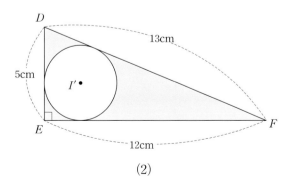

(2)

① 이 문제를 풀기 위해 어떤 개념을 알아야 하는가?

② 그 개념을 머릿속에 떠올려 보아라.

③ 문제의 출제의도를 말하고 어떻게 풀지 간단히 설명해 보아라. (잘 모를 경우, 아래 Hint를 보면서 질문의 답을 찾아본다)

> **Hint(1)** $\triangle ABC$ 내부에 보조선 $\overline{AI}$, $\overline{BI}$, $\overline{CI}$를 그은 후, 합동인 세 쌍의 삼각형을 찾아본다.
>
> ☞ $\triangle IPA \equiv \triangle IRA$, $\triangle IPB \equiv \triangle IQB$, $\triangle IQC \equiv \triangle IRC$
>
> ☞ $\overline{AP} = \overline{AR} = 2\text{cm}$, $\overline{BP} = \overline{BQ} = (6-2)\text{cm} = 4\text{cm}$, $\overline{CQ} = \overline{CR} = 2.5\text{cm}$

> **Hint(2)** $\triangle DEF$ 내부에 보조선 $\overline{DI}$, $\overline{EI}$, $\overline{FI}$를 그어본다. 그리고 내심 I'에서 $\triangle DEF$의 각 변에 수선의 발을 내려본다.

> **Hint(3)** 내접원의 반지름을 r로 놓은 후, 내심 I'에 의해 나누어진 세 삼각형의 넓이를 구해본다. (세 삼각형의 넓이의 합은 직각삼각형 $\triangle DEF$의 넓이와 같다)
>
> ☞ $\triangle I'DE = \frac{1}{2} \times 5 \times r$, $\triangle I'EF = \frac{1}{2} \times 12 \times r$, $\triangle I'FD = \frac{1}{2} \times 13 \times r$
>
> ☞ $\triangle DEF = \triangle I'DE + \triangle I'EF + \triangle I'FD = \frac{1}{2} \times r \times (5 + 12 + 13)$

④ 그럼 문제의 답을 찾아라.

A7.

① 삼각형의 내심과 그 성질

② 개념정리하기 참조

③ 이 문제는 삼각형의 내심과 그 성질을 활용하여 구하고자 하는 값을 찾을 수 있는지 묻는 문제이다. $\triangle ABC$ 내부에 보조선 $\overline{AI}$, $\overline{BI}$, $\overline{CI}$를 그은 후, 합동인 세 쌍의 삼각형을 찾으면 쉽게 $\triangle ABC$의 둘레의 길이를 구할 수 있다. $\triangle DEF$의 경우, 일단 보조선 $\overline{DI}$, $\overline{EI}$, $\overline{FI}$를 그어본다. 그리고 내심 I'에서 $\triangle DEF$의 각 변에 수선의 발을 내려본다. 내접원의 반지름을 r로 놓은 후, 내심 I'에 의해 나누어진 세 삼각형의 넓이의 합을 구하여, 그 값을 직각삼각형 DEF의 넓이와 같다고 놓고 반지름 r의 값을 찾으면 어렵지 않게 답을 구할 수 있다.

④ (1) 17.5cm   (2) $(30-4\pi)\text{cm}^2$

[정답풀이]

(1) $\triangle ABC$ 내부에 보조선 $\overline{AI}$, $\overline{BI}$, $\overline{CI}$를 그은 후, 합동인 세 쌍의 삼각형을 찾으면 다음과 같다.

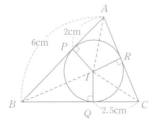

$\triangle IPA \equiv \triangle IRA$, $\triangle IPB \equiv \triangle IQB$, $\triangle IQC \equiv \triangle IRC$

$\overline{AP} = \overline{AR} = 2\text{cm}$, $\overline{BP} = \overline{BQ} = (6-2)\text{cm} = 4\text{cm}$, $\overline{CQ} = \overline{CR} = 2.5\text{cm}$

$\triangle ABC$의 둘레의 길이를 구하면 다음과 같다.

(△ABC의 둘레의 길이)

$=\overline{AP}+\overline{AR}+\overline{BP}+\overline{BQ}+\overline{CQ}+\overline{CR}=2+2+4+4+2.5+2.5=17.5(\text{cm})$

(2) △DEF 내부에 보조선 $\overline{DI}$, $\overline{EI}$, $\overline{FI}$를 그어본다. 그리고 내심 I'에서 △DEF의 각 변에 수선의 발을 내려본다. 내접원의 반지름을 r로 놓은 후, 내심 I'에 의해 나누어진 세 삼각형의 넓이를 구하면 다음과 같다. (세 삼각형의 넓이의 합은 직각삼각형 DEF의 넓이와 같다)

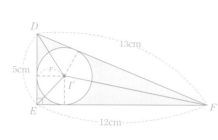

$$\triangle I'DE=\frac{1}{2}\times 5\times r=\frac{5}{2}r$$

$$\triangle I'EF=\frac{1}{2}\times 12\times r=6r$$

$$\triangle I'FD=\frac{1}{2}\times 13\times r=\frac{13}{2}r$$

$$\triangle DEF=\triangle I'DE+\triangle I'EF+\triangle I'FD$$

$$\triangle DEF=\frac{1}{2}\times 5\times 12=30(\text{직각삼각형의 넓이})$$

$$\triangle I'DE+\triangle I'EF+\triangle I'FD=\frac{5}{2}r+6r+\frac{13}{2}r=15r$$

세 삼각형의 넓이의 합이 직각삼각형 △DEF의 넓이와 같으므로 $30=15r$이 된다. 즉, $r=2$이다. 따라서 색칠한 부분의 넓이는 직각삼각형 △DEF의 넓이 30에서 내접원의 넓이 $4\pi(=\pi r^2)$를 뺀 값 $(30-4\pi)\text{cm}^2$이다.

 스스로 유사한 문제를 여러 개 만들어(출제하여) 답을 찾아보시기 바랍니다.

Q8. 다음 그림을 보고 물음에 답하여라. (단, O, O'는 각각 △ABC와 △DEF의 외심이다)

(1) △ABC의 둘레의 길이를 구하여라.

(2) $\overline{DF}$의 길이를 구하여라.

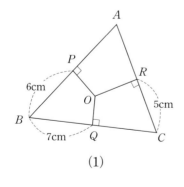

(1)

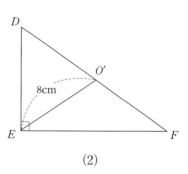

(2)

① 이 문제를 풀기 위해 어떤 개념을 알아야 하는가?

② 그 개념을 머릿속에 떠올려 보아라.

③ 문제의 출제의도를 말하고 어떻게 풀지 간단히 설명해 보아라. (잘 모를 경우, 아래 Hint를 보면서 질문의 답을 찾아본다)

Hint(1) △ABC 내부에 보조선 $\overline{OA}$, $\overline{OB}$, $\overline{OC}$를 그어 이등변삼각형을 찾아본다.

☞ 이등변삼각형 : △OAB, △OBC, △OCA

Hint(2) 이등변삼각형의 꼭짓점에서 밑변에 내린 수선은 밑변을 수직이등분한다.

☞ $\overline{PA}=\overline{PB}$=6cm, $\overline{QB}=\overline{QC}$=7cm, $\overline{RC}=\overline{RA}$=5cm

Hint(3) 직각삼각형의 외심은 빗변의 중점과 같다.

Hint(4) 삼각형의 외심과 각 꼭짓점을 이은 선분의 길이는 서로 같다.

☞ $\overline{O'D}=\overline{O'F}=\overline{O'E}$=8cm

④ 그럼 문제의 답을 찾아라.

A8.

> ① 삼각형의 외심과 그 성질
>
> ② 개념정리하기 참조
>
> ③ 이 문제는 삼각형의 외심과 그 성질을 활용하여 구하고자 하는 값을 찾을 수 있는지 묻는 문제이다. 일단 △ABC의 내부에 보조선 $\overline{OA}$, $\overline{OB}$, $\overline{OC}$를 그어 이등변삼각형을 찾아본다. 이등변삼각형의 꼭짓점으로부터 밑변에 내린 수선이 밑변을 수직이등분한다는 사실을 적용하면 쉽게 △ABC의 둘레의 길이를 구할 수 있을 것이다. 그리고 직각삼각형의 외심이 빗변의 중점과 같고, 삼각형의 외심과 각 꼭짓점을 이은 선분의 길이가 서로 같다는 사실을 활용하면 쉽게 $\overline{DF}$의 길이도 구할 수 있을 것이다.
>
> ④ (1) 36cm (2) 16cm^2

[정답풀이]

(1) △ABC의 내부에 보조선 $\overline{OA}$, $\overline{OB}$, $\overline{OC}$를 그어 이등변삼각형을 찾아보면 다음과 같다.
참고로 이등변삼각형의 꼭짓점에서 밑변에 내린 수선은 밑변을 수직이등분한다.

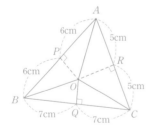

이등변삼각형 : △OAB, △OBC, △OCA
$\overline{PA}=\overline{PB}$=6cm, $\overline{QB}=\overline{QC}$=7cm, $\overline{RC}=\overline{RA}$=5cm

따라서 △ABC의 둘레의 길이는 36cm(=6+6+7+7+5+5)이다.

(2) 직각삼각형의 외심은 빗변의 중점과 같다. 더불어 삼각형의 외심과 각 꼭짓점을 이은 선분의 길이는 서로 같다. 즉, $\overline{O'D}=\overline{O'F}=\overline{O'E}$=8cm가 된다. 따라서 $\overline{DF}=2\overline{O'F}=2\times8$=16cm이다.

 스스로 유사한 문제를 여러 개 만들어(출제하여) 답을 찾아보시기 바랍니다.

Q9. 다음 그림을 보고 물음에 답하여라.

(1) a, b, x, y의 값은 얼마인가?

(2) $\triangle ABO$의 둘레의 길이는 얼마인가?

(3) z의 값은 얼마인가?

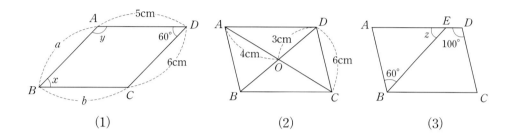

(1)　　　　　　　(2)　　　　　　　(3)

① 이 문제를 풀기 위해 어떤 개념을 알아야 하는가?

② 그 개념을 머릿속에 떠올려 보아라.

③ 문제의 출제의도를 말하고 어떻게 풀지 간단히 설명해 보아라.

④ 그림 문제의 답을 찾아라.

A9.

① 평행사변형의 정의와 그 성질

② 개념정리하기 참조

③ 이 문제는 평행사변형의 성질을 활용하여 미지의 길이 또는 각의 크기를 구할 수 있는지 묻는 문제이다. 평행사변형의 성질을 하나씩 적용하면 쉽게 답을 구할 수 있을 것이다.

④ (1) $a=6$cm, $b=5$cm, $x=60°$　(2) 13cm　(3) $z=40°$

[정답풀이]

(1) 평행사변형의 대변의 길이는 서로 같다. → $\overline{AB}=\overline{DC}$, $\overline{AD}=\overline{BC}$ → $a=6$cm, $b=5$cm

　　평행사변형의 대각의 크기는 서로 같다. → $\angle B=\angle D$ → $x=60°$, $\angle A=\angle C=y$

　　사각형의 내각의 합은 360°이다. → $\angle A+\angle B+\angle C+\angle D=y+60°+60°=360°$

　　　　　　　　　　　　　　　　　　→ $2y+120°=360°$ → $y=120°$

(2) 평행사변형의 대변의 길이는 서로 같다. → $\overline{AB}=\overline{DC}=6$cm

　　평행사변형의 두 대각선은 서로 다른 것을 이등분한다. → $\overline{AO}=\overline{OC}=4$cm, $\overline{BO}=\overline{OD}=3$cm

　　($\triangle ABO$의 둘레의 길이)$=\overline{AB}+\overline{BO}+\overline{AO}=6cm+3cm+4cm=13$cm

(3) 평행사변형의 대각의 크기는 서로 같다. → $\angle B=\angle D=100°$ → $\angle EBC=40°$

　　평행선에서 엇각의 크기는 서로 같다. → $\angle EBC=\angle AEB=40°$ → $z=40°$

 스스로 유사한 문제를 여러 개 만들어(출제하여) 답을 찾아보시기 바랍니다.

Q10. 다음 그림을 보고 물음에 답하여라.

(1) $\overline{EO}=\overline{FO}$임을 설명하여라.

(2) $\overline{QG}=\overline{KH}$임을 설명하여라.

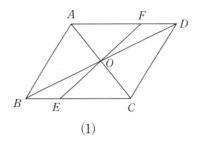 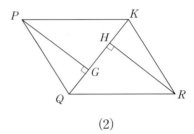

(1)　　　　　　　　　　　(2)

① 이 문제를 풀기 위해 어떤 개념을 알아야 하는가?

② 그 개념을 머릿속에 떠올려 보아라.

③ 문제의 출제의도를 말하고 어떻게 풀지 간단히 설명해 보아라. (잘 모를 경우, 아래 Hint를 보면서 질문의 답을 찾아본다)

　Hint(1) $\triangle BEO$와 $\triangle DFO$의 합동조건을 찾아본다.

　　　☞ 평행선에서의 엇각 : $\angle OBE=\angle ODF$

　　　☞ 평행사변형의 대각선은 서로 다른 것을 이등분한다. : $\overline{BO}=\overline{DO}$

　　　☞ 맞꼭지각 : $\angle BOE=\angle DOF$

　Hint(2) $\triangle PGQ$와 $\triangle RHK$의 합동조건을 찾아본다.

　　　☞ 평행사변형의 대변의 길이는 서로 같다. : $\overline{PQ}=\overline{RK}$

　　　☞ 두 삼각형 $\triangle PGQ$와 $\triangle RHK$는 직각삼각형이다.

　　　☞ 평행선에서의 엇각 : $\angle PQG=\angle RKH$

④ 그럼 문제의 답을 찾아라.

A10.

> ① 평행사변형의 성질, 삼각형(또는 직각삼각형)의 합동조건
>
> ② 개념정리하기 참조
>
> ③ 이 문제는 평행사변형의 성질, 삼각형(또는 직각삼각형)의 합동조건을 활용하여 주어진 증명문제를 해결할 수 있는지 묻는 문제이다. $\triangle BEO$와 $\triangle DFO$의 합동조건과 $\triangle PGQ$와 $\triangle RHK$의 합동조건을 확인하면 쉽게 답을 찾을 수 있다.
>
> ④ [정답풀이 참조]

[정답풀이]

　$\triangle BEO$와 $\triangle DFO$의 합동조건을 찾아보면 다음과 같다.

- 평행선에서의 엇각 : $\angle OBE = \angle ODF$
- 평행사변형의 대각선은 서로 다른 것을 이등분한다. : $\overline{BO} = \overline{DO}$
- 맞꼭지각 : $\angle BOE = \angle DOF$

두 삼각형 $\triangle BEO$와 $\triangle DFO$는 ASA합동이다. 따라서 $\overline{EO} = \overline{FO}$이다.

$\triangle PGQ$와 $\triangle RHK$의 합동조건을 찾아보면 다음과 같다.

- 평행사변형의 대변의 길이는 서로 같다. : $\overline{PQ} = \overline{RK}$
- 두 삼각형 $\triangle PGQ$와 $\triangle RHK$는 직각삼각형이다.
- 평행선에서의 엇각 : $\angle PQG = \angle RKH$

두 삼각형 $\triangle PQG$와 $\triangle RKH$는 RHA합동이다. 따라서 $\overline{QG} = \overline{KH}$이다.

 스스로 유사한 문제를 여러 개 만들어(출제하여) 답을 찾아보시기 바랍니다.

Q11. $\square ABCD$가 평행사변형일 때, $\square EFGH$가 평행사변형임을 증명하여라.

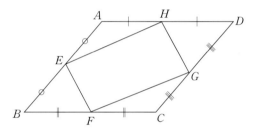

① 이 문제를 풀기 위해 어떤 개념을 알아야 하는가?

② 그 개념을 머릿속에 떠올려 보아라.

③ 문제의 출제의도를 말하고 어떻게 풀지 간단히 설명해 보아라. (잘 모를 경우, 아래 Hint를 보면서 질문의 답을 찾아본다)

    Hint(1) $\triangle AEH$와 $\triangle CGF$의 합동조건을 찾아본다.

       ☞ 평행사변형 $ABCD$의 대변의 길이는 같다. : $\overline{AD} = \overline{BC} \rightarrow \overline{AH} = \overline{CF}$

                                                  $\overline{AB} = \overline{DC} \rightarrow \overline{AE} = \overline{CG}$

       ☞ 평행사변형 $ABCD$의 대각의 크기는 같다. : $\angle A = \angle C$

    Hint(2) $\triangle BEF$와 $\triangle DGH$의 합동조건을 찾아본다.

       ☞ 평행사변형 $ABCD$의 대변의 길이는 같다. : $\overline{AD} = \overline{BC} \rightarrow \overline{BF} = \overline{DH}$

                                                   $\overline{AB} = \overline{DC} \rightarrow \overline{BE} = \overline{DG}$

       ☞ 평행사변형 $ABCD$의 대각의 크기는 같다. : $\angle B = \angle D$

    Hint(3) 두 쌍의 대변의 길이는 각각 같으면, 그 사각형은 평행사변형이다.

④ 그럼 문제의 답을 찾아라.

A11.

① 삼각형의 합동조건, 평행사변형이 되는 조건

② 개념정리하기 참조

③ 이 문제는 삼각형의 합동조건 및 평행사변형이 되는 조건을 이용하여 주어진 증명문제를 해결할 수 있는지 묻는 문제이다. $\triangle AEH$와 $\triangle CGF$가 합동이고, $\triangle BEF$와 $\triangle DGF$가 합동임을 증명하면 쉽게 답을 구할 수 있다.

④ [정답풀이 참조]

[정답풀이]

$\triangle AEH$와 $\triangle CGF$의 합동조건을 찾아보면 다음과 같다.

· 평행사변형 $ABCD$의 대변의 길이는 같다. : $\overline{AD}=\overline{BC} \rightarrow \overline{AH}=\overline{CF}$

$\qquad\qquad\qquad\qquad\qquad\qquad\qquad\quad \overline{AB}=\overline{DC} \rightarrow \overline{AE}=\overline{CG}$

· 평행사변형 $ABCD$의 대각의 크기는 같다. : $\angle A=\angle C$

즉, $\triangle AEH$와 $\triangle CGF$는 SAS합동이다. 따라서 $\overline{EH}=\overline{FG}$가 된다.

$\triangle BEF$와 $\triangle DGH$의 합동조건을 찾아보면 다음과 같다.

· 평행사변형 $ABCD$의 대변의 길이는 같다. : $\overline{AD}=\overline{BC} \rightarrow \overline{BF}=\overline{DH}$

$\qquad\qquad\qquad\qquad\qquad\qquad\qquad\quad \overline{AB}=\overline{DC} \rightarrow \overline{BE}=\overline{DG}$

· 평행사변형 $ABCD$의 대각의 크기는 같다. : $\angle B=\angle D$

즉, $\triangle BEF$와 $\triangle DGF$는 SAS합동이다. 따라서 $\overline{EF}=\overline{HG}$가 된다. 두 쌍의 대변의 길이는 각각 같으면 그 사각형은 평행사변형이 되므로, $\square EFGH$는 평행사변형이다.

$\overline{EH}=\overline{FG}, \overline{EF}=\overline{HG} \rightarrow \square EFGH$는 평행사변형이다.

 스스로 유사한 문제를 여러 개 만들어(출제하여) 답을 찾아보시기 바랍니다.

Q12. 다음 $\square ABCD$가 평행사변형일 때, x의 값을 구하여라.

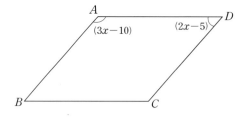

① 이 문제를 풀기 위해 어떤 개념을 알아야 하는가?

② 그 개념을 머릿속에 떠올려 보아라.

③ 문제의 출제의도를 말하고 어떻게 풀지 간단히 설명해 보아라. (잘 모를 경우, 아래 Hint를 보면서 질문의 답을 찾아본다)

　　Hint 평행사변형의 대각의 크기는 서로 같다. 그리고 사각형의 내각의 합은 $360°$이다.

④ 그럼 문제의 답을 찾아라.

A12.
> ① 평행사변형의 성질, 사각형의 내각의 합
>
> ② 개념정리하기 참조
>
> ③ 이 문제는 평행사변형의 성질 및 사각형의 내각의 합을 알고 있는지 묻는 문제이다. 일단 평행사변형의 대각의 크기가 서로 같다는 성질을 활용하여 주어진 평행사변형의 내각을 모두 x에 대한 식으로 표현해 본다. 사각형의 내각의 합이 $360°$라는 사실로부터 x에 대한 방정식을 작성하면 쉽게 답을 구할 수 있다.
>
> ④ $x=39°$

[정답풀이]

주어진 평행사변형의 내각을 모두 x에 대한 식으로 표현해 보면 다음과 같다.

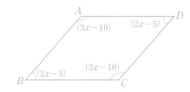

이제 사각형의 내각의 합이 $360°$라는 사실로부터 x에 대한 방정식을 작성한 후, x값을 구해보자.

$$(3x-10)+(2x-5)+(3x-10)+(2x-5)=360° \rightarrow 10x-30=360° \rightarrow x=39°$$

 스스로 유사한 문제를 여러 개 만들어(출제하여) 답을 찾아보시기 바랍니다.

Q13. △ABC와 △ACD의 넓이의 비가 2:3일 때, $\overline{DC}$의 길이를 구하여라.
(단, $\overline{AB}$와 $\overline{CD}$는 평행하다)

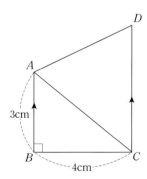

① 이 문제를 풀기 위해 어떤 개념을 알아야 하는가?

② 그 개념을 머릿속에 떠올려 보아라.

③ 문제의 출제의도를 말하고 어떻게 풀지 간단히 설명해 보아라. (잘 모를 경우, 아래 Hint를 보면서 질문의 답을 찾아본다)

Hint(1) $\triangle ABC$의 넓이를 구해본다.

☞ ($\triangle ABC$의 넓이)$=\dfrac{1}{2}\times\overline{BC}\times\overline{AB}=\dfrac{1}{2}\times4\times3=6(\mathrm{cm}^2)$

Hint(2) $\triangle ABC$의 넓이와 주어진 비례관계(2:3)를 활용하여 $\triangle ACD$의 넓이를 구해본다.

☞ ($\triangle ABC$의 넓이):($\triangle ACD$의 넓이)$=2:3$ → $6:(\triangle ACD$의 넓이)$=2:3$

Hint(3) $\triangle ACD$의 넓이를 구하는 식을 세워본다.

☞ ($\triangle ACD$의 넓이)$=\dfrac{1}{2}\times\overline{DC}\times\overline{BC}=\dfrac{1}{2}\times\overline{DC}\times4$

④ 그럼 문제의 답을 찾아라.

A13.

① 삼각형의 넓이공식, 비례관계, 평행선
② 개념정리하기 참조
③ 이 문제는 두 삼각형의 넓이에 대한 비례관계를 통해 구하고자 하는 답을 찾을 수 있는지 묻는 문제이다. 일단 삼각형의 넓이공식을 활용하여 $\triangle ABC$의 넓이를 구한다. 그리고 주어진 비례관계를 통해 $\triangle ACD$의 넓이를 구하면 쉽게 답을 찾을 수 있다. 여기서 평행선의 개념으로부터 $\triangle ACD$의 높이가 $\overline{BC}$라는 사실을 적용해야 할 것이다.
④ $\dfrac{9}{2}$ cm

[정답풀이]

$\triangle ABC$의 넓이를 구하면 다음과 같다.

($\triangle ABC$의 넓이)$=\dfrac{1}{2}\times\overline{BC}\times\overline{AB}=\dfrac{1}{2}\times4\times3=6(\mathrm{cm}^2)$

$\triangle ABC$의 넓이와 주어진 비례관계(2:3)를 활용하여 $\triangle ACD$의 넓이를 구해보자.

($\triangle ABC$의 넓이):($\triangle ACD$의 넓이)$=2:3$ → $6:(\triangle ACD$의 넓이)$=2:3$ → ($\triangle ACD$의 넓이)$=9$

※ 비례식 $a:b=c:d$는 $a\times d=b\times c$이다. (내항의 곱과 외항의 곱은 같다)

$\triangle ACD$의 넓이를 구하는 식을 세운 후, $\overline{DC}$의 값을 구하면 다음과 같다.

($\triangle ACD$의 넓이)$=\dfrac{1}{2}\times\overline{DC}\times\overline{BC}=\dfrac{1}{2}\times\overline{DC}\times4=9$ → $\overline{DC}=\dfrac{9}{2}(\mathrm{cm})$

 스스로 유사한 문제를 여러 개 만들어(출제하여) 답을 찾아보시기 바랍니다.

Q14. 다음 그림을 보고 x, y, z의 값을 구하여라.

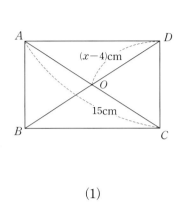

(1)

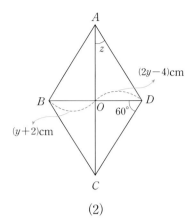

(2)

① 이 문제를 풀기 위해 어떤 개념을 알아야 하는가?

② 그 개념을 머릿속에 떠올려 보아라.

③ 문제의 출제의도를 말하고 어떻게 풀지 간단히 설명해 보아라. (잘 모를 경우, 아래 Hint를 보면서 질문의 답을 찾아본다)

Hint(1) 직사각형의 성질로부터 x에 대한 방정식을 도출해 본다.
☞ (직사각형의 두 대각선의 크기는 서로 같다) → $2(x-4)=15$

Hint(2) 마름모의 성질로부터 y에 대한 방정식을 도출해 본다.
☞ (두 대각선은 서로 다른 것을 수직이등분한다) → $(y+2)=2y-4$

Hint(3) 마름모 내부의 $\triangle ODC$가 직각삼각형임을 활용하여 $\angle DCO$의 크기를 구해본다.
☞ ($\triangle ODC$의 내각의 합)$=180°$
→ $\angle DOC+\angle ODC+\angle DCO=90°+60°+\angle DCO=180°$

④ 그럼 문제의 답을 찾아라.

A14.

① 직사각형과 마름모의 성질

② 개념정리하기 참조

③ 이 문제는 직사각형과 마름모의 성질로부터 구하고자 하는 길이 및 각의 크기를 찾을 수 있는지 묻는 문제이다. 직사각형과 마름모의 성질로부터 x, y에 대한 방정식을 도출하면 쉽게 x, y의 값을 구할 수 있다. 더불어 마름모 내부에 있는 $\triangle ODC$가 직각삼각형임을 활용하여 $\angle DCO$의 크기를 구한 후, 여기에 $\triangle ODA$와 $\triangle ODC$가 합동이라는 사실을 적용하면 쉽게 z의 크기를 알 수 있다.

④ $x=11.5$cm, $y=6$cm, $z=30°$

[정답풀이]

(1) 직사각형의 성질로부터 x에 대한 방정식을 도출한 후, x값을 구하면 다음과 같다.

(직사각형의 두 대각선의 크기는 서로 같다) $\rightarrow 2(x-4)=15 \rightarrow x=11.5\text{(cm)}$

(2) 마름모의 성질로부터 y에 대한 방정식을 도출한 후, y값을 구하면 다음과 같다.

(두 대각선은 서로 다른 것을 수직이등분한다) $\rightarrow (y+2)=2y-4 \rightarrow y=6\text{(cm)}$

$\triangle ODC$가 직각삼각형임을 활용하여 $\angle DCO$의 크기를 구하면 다음과 같다.

☞ ($\triangle ODC$의 내각의 합)

$\rightarrow \angle DOC + \angle ODC + \angle DCO = 90° + 60° + \angle DCO = 180° \rightarrow \angle DCO = 30°$

마름모는 네 변의 길이가 같으며, 두 대각선은 서로 다른 것을 수직이등분한다. 즉, $\triangle ODC$와 $\triangle ODA$는 SSS합동이 된다.

$\triangle ODC \equiv \triangle ODA : \overline{DA}=\overline{DC}, \ \overline{OA}=\overline{OC}, \ \overline{DO}(\text{공통})$

따라서 $\angle z = \angle DCO = 30°$이다.

 <u>스스로 유사한 문제를 여러 개 만들어(출제하여) 답을 찾아보시기 바랍니다.</u>

Q15. 다음 직사각형 $ABCD$에 대하여 $\overline{ED}$의 길이를 구하여라.

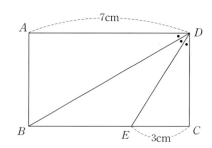

① 이 문제를 풀기 위해 어떤 개념을 알아야 하는가?

② 그 개념을 머릿속에 떠올려 보아라.

③ 문제의 출제의도를 말하고 어떻게 풀지 간단히 설명해 보아라. (잘 모를 경우, 아래 Hint를 보면서 질문의 답을 찾아본다)

Hint(1) $\angle EDC$의 크기를 구해본다.

☞ $\angle D = 3\angle EDC = 90° \rightarrow \angle EDC = 30°$

Hint(2) $\triangle DBC$에서 $\angle DBC$의 크기를 구해본다.

☞ ($\triangle DBC$의 내각의 합) $= \angle BDC + \angle DCB + \angle DBC = 60° + 90° + \angle DBC = 180°$

Hint(3) $\triangle EBD$가 어떤 삼각형인지 생각해 본다.

☞ 두 밑각 $\angle EBD = \angle EDB = 30°$이므로 $\triangle EBD$는 $\angle E$를 꼭지각으로 하는 이등변 삼각형이다.

Hint(4) 이등변삼각형 $\triangle EBD$의 두 변 $\overline{BE}$와 $\overline{ED}$의 길이는 서로 같다.

Hint(5) 직사각형의 대변의 길이가 같다. ($\overline{AD}=\overline{BC}$)

④ 그럼 문제의 답을 찾아라.

A15.

① 직사각형의 성질, 이등변삼각형의 성질

② 개념정리하기 참조

③ 이 문제는 직사각형과 이등변삼각형의 성질을 활용하여 구하고자 하는 변의 길이를 찾을 수 있는지 묻는 문제이다. $\angle D$의 삼등분선을 기준으로 $\triangle EBD$가 어떤 삼각형인지 생각해 보면 쉽게 답을 구할 수 있을 것이다.

④ $\overline{ED}=4\mathrm{cm}$

[정답풀이]

일단 $\angle EDC$의 크기를 구하면 다음과 같다.

$\angle D = 3\angle EDC = 90° \rightarrow \angle EDC = 30°$

$\triangle DBC$에서 $\angle DBC$의 크기를 구하면 다음과 같다.

($\triangle DBC$의 내각의 합)$=\angle BDC+\angle DCB+\angle DBC=60°+90°+\angle DBC=180°$

$\rightarrow \triangle DBC = 30° (=\angle EBD)$

두 밑각 $\angle EBD = \angle EDB = 30°$이므로 $\triangle EBD$는 $\angle E$를 꼭지각으로 하는 이등변삼각형이다. 즉, $\overline{BE} = \overline{ED}$가 된다. 더불어 직사각형의 대변의 길이가 서로 같으므로, $\overline{AD} = \overline{BC} = 7\mathrm{cm}$이다.

$\overline{BC} = \overline{BE} + \overline{EC} = \overline{BE} + 3\mathrm{cm} = 7\mathrm{cm} \rightarrow \overline{BE} = 4\mathrm{cm} \rightarrow \overline{BE} = \overline{ED} = 4\mathrm{cm}$

 스스로 유사한 문제를 여러 개 만들어(출제하여) 답을 찾아보시기 바랍니다.

Q16. □$ABCD$가 정사각형일 때, a, b, x, y의 값을 구하여라.

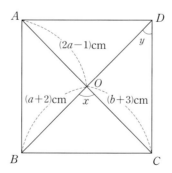

① 이 문제를 풀기 위해 어떤 개념을 알아야 하는가?

② 그 개념을 머릿속에 떠올려 보아라.

③ 문제의 출제의도를 말하고 어떻게 풀지 간단히 설명해 보아라. (잘 모를 경우, 아래 Hint를 보면서 질문의 답을 찾아본다)

> **Hint(1)** 정사각형의 성질로부터 a, b에 대한 방정식을 도출해 본다.
> ☞ 두 대각선의 길이는 같으며, 서로 다른 것을 수직이등분한다.
> ☞ 두 대각선의 이등분선의 길이는 모두 같다.
> → $(2a-1)=(b+3)=(a+2)$ → $(2a-1)=(b+3)$, $(2a-1)=(a+2)$
>
> **Hint(2)** 정사각형의 성질로부터 x의 크기를 구해본다.
> ☞ 두 대각선은 서로 다른 것을 수직이등분한다. → $\angle x = 90°$
>
> **Hint(3)** 정사각형의 성질로부터 $\triangle ODC$가 어떤 삼각형인지 생각해 본다.
> ☞ 두 대각선은 서로 다른 것을 수직이등분한다.
> ☞ 두 대각선의 이등분선의 길이는 모두 같다.
> → $\overline{OD}=\overline{OC}$ → $\triangle ODC$: 이등변삼각형
>
> **Hint(4)** $\triangle ODC$가 이등변삼각형(꼭지각 90°)이라는 사실로부터 $\angle y$의 크기를 구해본다.
> ☞ ($\triangle ODC$의 내각의 합)$= \angle DOC + \angle ODC + \angle OCD = 90° + \angle y + \angle y = 180°$

④ 그럼 문제의 답을 찾아라.

A16.

> ① 정사각형의 성질
> ② 개념정리하기 참조
> ③ 이 문제는 정사각형의 성질로부터 구하고자 하는 값을 찾을 수 있는지 묻는 문제이다. 일단 정사각형의 두 대각선의 길이는 같으며, 서로 다른 것을 수직이등분한다. 이로부터 a, b에 대한 방정식을 도출하면 쉽게 a, b의 값을 구할 수 있다. 더불어 두 대각선에 의해 나누어진 삼각형이 어떤 삼각형인지 확인하면 어렵지 않게 x, y의 값도 구할 수 있을 것이다.
> ④ $a=3$cm, $b=2$cm, $x=90°$, $y=45°$

[정답풀이]

정사각형의 성질로부터 a, b에 대한 방정식을 도출해 보면 다음과 같다.
두 대각선의 길이는 같으며, 서로 다른 것을 수직이등분한다.
두 대각선의 이등분선의 길이는 모두 같다.
→ $(2a-1)=(b+3)=(a+2)$ → $(2a-1)=(b+3)$, $(2a-1)=(a+2)$ → $a=3$, $b=2$
정사각형의 성질로부터 $\angle x$의 크기를 구해보면 다음과 같다.
두 대각선은 서로 다른 것을 수직이등분한다. → $\angle x = 90°$
마지막으로 정사각형의 성질로부터 $\triangle ODC$가 어떤 삼각형인지 생각해 보자.
두 대각선은 서로 다른 것을 수직이등분한다.
두 대각선의 이등분선의 길이는 모두 같다.
→ $\overline{OD}=\overline{OC}$ → $\triangle ODC$: 이등변삼각형

즉, △ODC는 이등변삼각형(꼭지각 90°)이 된다. 이로부터 ∠y의 크기를 구하면 다음과 같다.

(△ODC의 내각의 합)$=∠DOC+∠ODC+∠OCD=90°+∠y+∠y=180°$ → $y=45°$

 스스로 유사한 문제를 여러 개 만들어(출제하여) 답을 찾아보시기 바랍니다.

Q17. △ABC가 이등변삼각형일 때, ∠OCI의 크기를 구하여라. (단, 점 O와 I는 각각 △ABC의 외심과 내심이다)

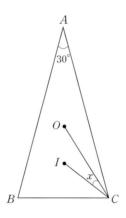

① 이 문제를 풀기 위해 어떤 개념을 알아야 하는가?

② 그 개념을 머릿속에 떠올려 보아라.

③ 문제의 출제의도를 말하고 어떻게 풀지 간단히 설명해 보아라. (잘 모를 경우, 아래 Hint를 보면서 질문의 답을 찾아본다)

Hint(1) 이등변삼각형의 꼭지각으로부터 밑변에 내린 수선은 꼭지각을 이등분한다.
   ☞ 꼭지각으로부터 밑변에 내린 수선과 꼭지각을 이등분하는 선은 서로 같다.
   ☞ 세 점 A, O, I는 동일한 직선 위에 있다.

Hint(2) 꼭짓점 A에서 밑변 $\overline{BC}$에 수선을 그어본다. 더불어 보조선 $\overline{BO}$와 $\overline{BI}$도 그어본다.

Hint(3) △OAB와 △OCA는 이등변삼각형이다. 이등변삼각형의 두 밑각의 크기는 같다.
   ☞ ∠OAB=∠OBA=15°, ∠OAC=∠OCA=15°

Hint(4) △IBC는 이등변삼각형이다.
   ☞ ∠IBC=∠ICB(두 밑각)

Hint(5) 삼각형의 내심은 내각의 이등분선이 만나는 점이다.
   ☞ ∠BAI=∠CAI=15°, ∠ABI=∠CBI=15°+x, ∠ACI=∠BCI=15°+x

Hint(6) △ABC의 내각의 합을 구해본다.
   ☞ (△ABC의 내각의 합)
     $=∠A+∠B+∠C$
     $=∠A+(∠ABO+∠OBI+∠IBC)+(∠ACO+∠OCI+∠ICB)$

$$=30°+\{15°+x°+(15°+x°)\}+\{15°+x°+(15°+x°)\}=180°$$

④ 그림 문제의 답을 찾아라.

A17.

① 삼각형의 내심과 외심, 이등변삼각형의 성질

② 개념정리하기

③ 이 문제는 삼각형의 내심과 외심, 이등변삼각형의 성질을 활용하여 미지의 각의 크기를 구할 수 있는지 묻는 문제이다. 이등변삼각형의 꼭지각에서 밑변에 내린 수선은 꼭지각을 이등분하므로, 꼭지각에서 밑변에 내린 수선과 꼭지각을 이등 분하는 선은 서로 같다. 즉, 세 점 A, O, I는 하나의 직선 위에 있게 된다. 꼭짓 점 A에서 밑변 $\overline{BC}$에 내린 수선과 보조선 $\overline{BO}$, $\overline{BI}$를 그려본다. 이등변삼각형 ($\triangle OAB$와 $\triangle OCA$)의 두 밑각의 크기가 같다는 원리와 함께 삼각형의 내심이 내각의 이등분선이 만나는 점이라는 사실을 활용하여 $\triangle ABC$의 내각의 합에 대한 등식을 작성하면 어렵지 않게 답을 구할 수 있을 것이다.

④ $x=12.5°$

[정답풀이]

이등변삼각형의 꼭지각으로부터 밑변에 내린 수선은 꼭지각을 이등분한다. 즉, 꼭지각으로부터 밑변 에 내린 수선과 꼭지각을 이등분하는 선은 서로 같다. 따라서 세 점 A, O, I는 하나의 직선 위에 있다 고 볼 수 있다. 일단 꼭짓점 A에서 밑변 $\overline{BC}$에 내린 수선과 보조선 $\overline{BO}$, $\overline{BI}$를 그어본다.

그림에서 보는 바와 같이 $\triangle OAB$와 $\triangle OCA$는 이등변삼각형이다. 이등변삼각형의 두 밑각의 크기가 같다는 원리와 함께 삼각형의 내심이 세 내각의 이등분선이 만나는 점이라는 사실을 활용하여 $\triangle ABC$ 의 내각의 합에 대한 등식(x에 대한 방정식)을 작성하면 다음과 같다. 참고로 $\triangle IBC$는 이등변삼각형 이다. 즉, $\angle IBC=\angle ICB$이다.

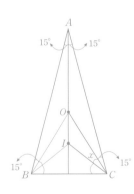

$\angle A=30°$이고 $\overline{AI}$는 $\angle A$의 이등분선 : $\angle OAB=\angle OAC=15°$

$\triangle OAB$와 $\triangle OAC$는 이등변삼각형 : $\angle OAB=\angle OBA=15°$,

$\qquad\qquad\qquad\qquad\qquad\qquad\quad \angle OAC=\angle OCA=15°$

$\overline{CI}$는 $\angle C$의 이등분선 : $\angle ICA=\angle ICB=(15+x)°$

$\triangle ABC$와 $\triangle IBC$는 이등변삼각형 : $\angle B=\angle C$,

$\qquad\qquad\qquad\qquad\qquad\qquad\quad \angle IBC=\angle ICB=(15+x)°$

$\qquad\qquad\qquad\qquad\qquad\qquad\quad \angle OBI=\angle OCI=x°$

($\triangle ABC$의 내각의 합)

$=\angle A+\angle B+\angle C$

$=\angle A+(\angle ABO+\angle OBI+\angle IBC)+(\angle ACO+\angle OCI+\angle ICB)$

$=30°+\{15°+x°+(15°+x°)\}+\{15°+x°+(15°+x°)\}=180°$

방정식을 풀면 $x=12.5°$이다.

 스스로 유사한 문제를 여러 개 만들어(출제하여) 답을 찾아보시기 바랍니다.

IX

도형의 닮음

1 도형의 닮음

■학습 방식

본문의 내용을 '천천히', '생각하면서' 끝까지 읽어봅니다. (2~3회 읽기)
① 1차 목표 : 개념의 내용을 정확히 파악합니다. (도형의 닮음, 닮음의 성질, 삼각형의 닮음조건)
② 2차 목표 : 개념의 숨은 의미를 스스로 찾아가면서 읽습니다.

1 도형의 닮음

여러분~ 혹시 자유의 여신상에 대해 알고 계십니까? 다음 두 사진을 잘 비교해 보십시오.

뭔가 다른 점을 찾으셨나요? 네, 그렇습니다. 사진에서 보는 바와 같이 두 조각상(자유의 여신상)의 모양은 서로 비슷하지만, 크기와 색상에서 조금 차이가 난다는 것을 쉽게 확인할 수 있습니다. 사실 두 조각상은 다른 곳에 위치합니다. 과연 그곳이 어디일까요?

 잠시 질문의 답을 스스로 찾아보는 시간을 가져보세요.

왼쪽에 있는 자유의 여신상은 미국 뉴욕항으로 들어오는 허드슨강 입구 리버티섬(Liberty Island)에 세워진 조각상입니다. 1886년 프랑스가 미국 독립 100주년을 기념하여 선물한 것이지요. 보다시피 이 조각상은 횃불을 치켜든 거대한 여신상으로서, 정식 명칭은 '세계를 비추는 자유(Liberty Enlightening the World)'라고 합니다. 일반 사람들에게는 자유의 여신상(Statue of Liberty)으로 알려져 있습니다. 자유의 여신상의 오른손에는 '세계를 비추는 자유의 빛'을 상징하는 햇불이, 왼손에는 '1776년 7월 4일'이라는 날짜가 새겨진 독립선언서가 들려져 있다고 하는군요. '아메리칸 드림'을 가슴에 품고 뉴욕 항구로 들어오는 이민자들이 가장 먼저 보게 되는 이 자유의 여신상은, 이민자들과 이민자의 나라인 미국에게 특별한 의미를 부여하고 있습니다. 더불어 미국의 독립을 기념하여 만들어졌다는 점에서 자유와 민주주의, 인권, 기회 등을 상징하기도 합니다. 참고로 뉴욕 자유의 여신상은 1984년에 유네스코 세계유산으로 지정되었습니다.

오른쪽에 있는 또 다른 자유의 여신상은 바로 프랑스 파리에 있는 자유의 여신상입니다. 파리 세느강 그르넬 다리 아래 백조의 섬에 세워진 이 조각상은 공교롭게도 뉴욕 쪽을 바라보고 있다고 하는데요. 사진에서도 보다시피 파리 자유의 여신상이 뉴욕 자유의 여신상보다 훨씬 크기가 작습니다. 또한 뉴욕 자유의 여신상은 넓은 바다와 세계 최고의 마천루로 불리는 맨해튼을 배경으로 서 있는 반면, 파리 자유의 여신상은 나지막한 석조 건축물이 늘어선 곳에 서 있어 서로 전혀 다른 분위기를 연출하고 있습니다. 하지만 두 조각상이 비슷하게 생긴 것은 분명합니다. 그렇죠? 즉, 크기만 다를 뿐 모양은 서로 '닮았다'는 말입니다. 참고로 파리 자유의 여신상의 크기는 뉴욕 자유의 여신상의 4분의 1에 해당합니다.

기하학에서는 '도형의 닮음'을 다음과 같이 정의합니다. 참고로 기하학이란 '얼마 기(幾)', '얼마 하(何)' 자를 써서 크기, 모양, 넓이 등이 얼마인지 연구하는 학문, 즉 점·선·면·공간 등에 관하여 연구하는 수학의 한 분야를 말합니다.

도형의 닮음

어떤 한 도형(A)을 일정한 비율로 확대 또는 축소한 것이 다른 도형(B)과 합동일 때, 두 도형(A와 B)은 닮음 관계에 있다고 정의합니다.

예를 들어, 어떤 $\triangle ABC$를 일정한 비율(2배)로 확대한 도형을 $\triangle A'B'C'$라고 합시다. 이 도형($\triangle A'B'C'$)이 $\triangle DEF$와 합동이면, 두 삼각형 $\triangle ABC$와 $\triangle DEF$는 닮음이 된다는 뜻이지요. 다음 내용을 순서대로 그림과 함께 읽어보시면 이해하기가 한결 수월할 것입니다.

① $\triangle ABC$를 2배 확대한 도형은 $\triangle A'B'C'$이다.
② $\triangle A'B'C'$와 $\triangle DEF$는 합동이다. (SSS합동)
③ $\triangle ABC$와 $\triangle DEF$는 닮음이다.

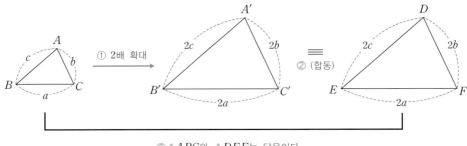

③ △ABC와 △DEF는 닮음이다.

즉, 도형의 닮음은 크기와 상관 없이 모양이 서로 같은 도형을 뜻합니다. 다음 보기별로 주어진 평면도형에서 닮음 관계인 것을 모두 찾아보시기 바랍니다.

① 두 정삼각형   ② 두 이등변삼각형   ③ 두 평행사변형
④ 두 마름모   ⑤ 두 직사각형   ⑥ 두 정사각형

조금 어렵나요? 그럼 하나씩 임의로 도형을 그려본 후, 서로 비교해 보도록 하겠습니다.

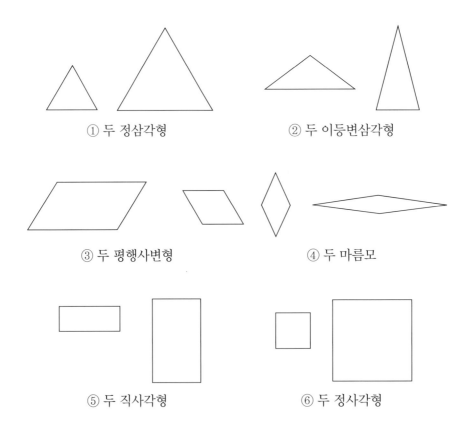

어떠세요? 답이 보이시나요? 그렇습니다. 주어진 평면도형에서 닮음 관계인 것은 ① 두 정삼각형과 ⑥ 두 정사각형입니다. 이해되시죠?

다음 △DEF는 △ABC를 2배 확대한 도형입니다. 여기서 잠깐! 어떤 도형(평면도형)을 2배 확대했다는 말은, 도형의 모양은 그대로 유지한 채 그 변의 길이를 2배로 늘였다는 말과 같습니다. 이때 △ABC와 △DEF가 닮음 관계에 있다는 것, 다들 아시죠?

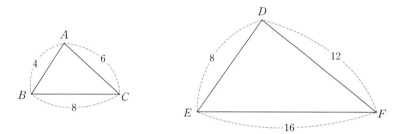

여기서 점 A와 D, 점 B와 E, 점 C와 F를 각각 대응점, $\overline{AB}$와 $\overline{DE}$, $\overline{BC}$와 $\overline{EF}$, $\overline{CA}$와 $\overline{FD}$를 각각 대응변이라고 부릅니다. 그리고 $\angle A$와 $\angle D$, $\angle B$와 $\angle E$, $\angle C$와 $\angle F$를 각각 대응각이라고 일컫습니다. 마지막으로 △ABC와 △DEF가 닮음일 때, 이것을 기호 △ABC∽△DEF로 표시합니다. 참고로 두 도형의 닮음을 표현할 때, 대응하는 순서에 맞춰 꼭짓점(알파벳)을 표기해야 한다는 점, 반드시 명심하시기 바랍니다.

$$\triangle ABC \backsim \triangle DEF \ (\bigcirc) \qquad \triangle ABC \backsim \triangle EDF \ (\times)$$

> **도형의 닮음**
>
> 어떤 한 도형(A)을 일정한 비율로 확대 또는 축소한 것이 다른 도형(B)과 합동일 때, 두 도형(A와 B)은 닮음 관계에 있다고 정의합니다. △ABC와 △DEF가 닮음일 때, 대응점, 대응변, 대응각 및 닮음 기호는 다음과 같습니다.
> - 대응점 : 점 A와 D, 점 B와 E, 점 C와 F
> - 대응변 : $\overline{AB}$와 $\overline{DE}$, $\overline{BC}$와 $\overline{EF}$, $\overline{CA}$와 $\overline{FD}$
> - 대응각 : $\angle A$와 $\angle D$, $\angle B$와 $\angle E$, $\angle C$와 $\angle F$
> - 닮음 기호 : △ABC∽△DEF

다음 두 도형이 닮음일 때, 점 A의 대응점과 $\overline{BA}$의 대응변, $\angle C$의 대응각을 각각 찾아보시기 바랍니다.

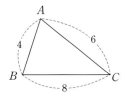 $\triangle ABC \backsim \triangle DEF$

 잠시 질문의 답을 스스로 찾아보는 시간을 가져보세요.

어렵지 않죠? 점 A의 대응점은 바로 점 D이며, $\overline{BA}$의 대응변은 $\overline{ED}$입니다. 여기서 잠깐! $\overline{BA}$의 대응변을 찾을 때, 대응점의 순서를 정확히 맞춰야 한다는 사실, 다들 아시죠? 즉, $\overline{BA}$의 대응변이 $\overline{DE}$가 아니라는 뜻입니다. 마지막으로 $\angle C$의 대응각은 $\angle F$입니다.

여러분~ 닮음 기호 $\backsim$는 어디서 유래했을까요? 음... 너무 막막한가요? 힌트를 드리겠습니다.

닮음 기호($\backsim$)는 어떤 알파벳을 옆으로 뉘어서 쓴 것입니다.

이제 좀 감이 오시나요? 그렇습니다. 알파벳 S를 옆으로 뉘어 표기한 것이 바로 닮음 기호입니다. 독일의 수학자 라이프니츠가 처음으로 닮음 기호를 사용했다고 하네요. 그렇다면 여기서 퀴즈~ 닮음 기호를 뜻하는 알파벳 S는 어떤 영단어의 첫 글자일까요? 네, 맞아요~ 영어로 '비슷한, 닮은'을 뜻하는 Similar의 첫 글자입니다. 가끔 어떤 학생들은 모양이 비슷한 도형을 아무 생각없이 '닮음'이라고 부르는 경우가 있는데, 수학적으로 두 도형이 닮음이 되기 위해서는, 어떤 한 도형을 일정한 비율로 확대 또는 축소한 것이 나머지 한 도형과 합동이어야 합니다. 이 사실 반드시 기억하시기 바랍니다. 참고로 등호, 합동, 닮음 기호의 의미를 서로 비교해보면 다음과 같습니다.

$$\triangle ABC = \triangle DEF \text{ (두 삼각형의 넓이가 같다)}$$
$$\triangle ABC \equiv \triangle DEF \text{ (두 삼각형은 합동이다)}$$
$$\triangle ABC \backsim \triangle DEF \text{ (두 삼각형은 닮음이다)}$$

닮음인 도형은 어떤 성질을 가지고 있을까요? 음... 뭐라고 답해야 할지 잘 모르겠다고요? 그럼 다음 두 도형 $\triangle ABC$와 $\triangle DEF$가 닮음일 때, 비례관계 $\overline{AB}:\overline{DE}$, $\overline{BC}:\overline{EF}$, $\overline{CA}:\overline{FD}$를 말해보시기 바랍니다.

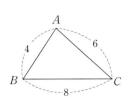
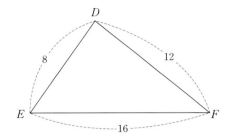

네, 맞아요. $\overline{AB}:\overline{DE}$, $\overline{BC}:\overline{EF}$, $\overline{CA}:\overline{FD}$의 비는 1:2로 모두 같습니다. 다들 예상했겠지만, 두 도형이 닮음일 때 대응변의 길이의 비는 모두 같습니다. 여기서 대응변의 길이의 비를 '닮음비'라고 부릅니다. 즉, 닮음인 두 도형 $\triangle ABC$와 $\triangle DEF$에서 대응변의 길이의 비가 1:2이므로 닮음비 또한 1:2가 된다는 말이지요.

$$\triangle ABC와 \triangle DEF의 \ 닮음비 \ \rightarrow \ 1:2$$

가끔 별 생각없이 도형의 순서와 닮음비를 아무렇게나 표기하는 학생들이 있는데, 만약 문제에서 두 도형 $\triangle DEF$와 $\triangle ABC$의 닮음비를 구하라고 요구했다면, 닮음비는 2:1이 되어야 할 것입니다. 이 점 반드시 주의하시기 바랍니다.

$$\triangle DEF와 \triangle ABC의 \ 닮음비 \ \rightarrow \ 2:1$$

이번엔 대응각의 크기를 살펴볼까요? 두 대응각 $\angle A$와 $\angle D$, $\angle B$와 $\angle E$, $\angle C$와 $\angle F$의 크기를 각각 비교해 보면 다음과 같습니다.

$$\angle A = \angle D, \ \angle B = \angle E, \ \angle C = \angle F$$

음... 예상했던 바와 같이 닮음인 두 도형의 대응각의 크기는 모두 같군요. 그럼 평면도형에 대한 닮음의 성질을 정리해 볼까요?

닮음의 성질(평면도형)

두 평면도형이 닮음일 때, 다음과 같은 성질을 갖습니다.
 ① 모든 대응변의 길이의 비는 일정합니다. (닮음비)
 ② 대응각의 크기는 서로 같습니다.

다음 그림을 보면 이해하기가 한결 수월할 것입니다.

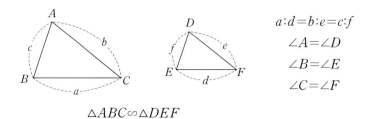

$$a:d=b:e=c:f$$
$$\angle A=\angle D$$
$$\angle B=\angle E$$
$$\angle C=\angle F$$

$$\triangle ABC \backsim \triangle DEF$$

다음 두 도형의 닮음비는 얼마일까요?

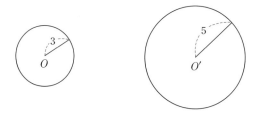

잠시 질문의 답을 스스로 찾아보는 시간을 가져보세요.

조금 아리송한가요? 통상적으로 원에서 변이라 하면 원의 둘레, 즉 원주를 가리킵니다. 그럼 두 원의 원주의 길이를 각각 구해보도록 하겠습니다.

• 중심이 O인 원의 둘레의 길이 : 6π　　• 중심이 O'인 원의 둘레의 길이 : 10π

음... 두 원의 닮음비는 $6\pi : 10\pi = 3 : 5$가 되겠군요. 어라...? 두 원의 반지름의 비와 같네요. 그렇습니다. 두 원의 닮음비는 반지름의 비를 의미하기도 한답니다. 참고로 가장 간단한 정수의 비로 닮음비를 표현한다는 것도 함께 기억하시기 바랍니다.

닮음과 관련된 문제 하나 풀어볼까요? 두 평행사변형 $ABCD$와 $EFGH$가 닮음일 때, 물음에 답해 보시기 바랍니다.

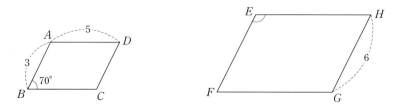

① □$ABCD$와 □$EFGH$의 닮음비는 얼마인가?

② $\overline{FG}$의 길이는 얼마인가?

③ ∠E의 크기는 얼마인가?

 잠시 질문의 답을 스스로 찾아보는 시간을 가져보세요.

어렵지 않죠? 일단 평행사변형의 성질에 대해 정리해 보면 다음과 같습니다.

　　　i) 두 쌍의 대변의 길이가 각각 같다.　　ii) 두 쌍의 대각의 크기가 각각 같다.

평행사변형의 성질에 의해 $\overline{AB}=\overline{DC}=3$이 됩니다. 이제 질문의 답을 찾아볼까요? ① □$ABCD$와 □$EFGH$의 닮음비는 대응변의 길이의 비(대응변 $\overline{DC}$와 $\overline{HG}$의 길이의 비)와 같으므로 1:2가 됩니다. 맞죠? 다음으로 ② $\overline{FG}$의 길이를 구해봅시다. 평행사변형의 성질에 의하면, $\overline{AD}=\overline{BC}$가 되어 $\overline{BC}=5$입니다. 그렇죠? 이제 □$ABCD$와 □$EFGH$의 닮음비를 이용하여 $\overline{FG}$의 길이와 관련된 비례식을 도출해 보면 다음과 같습니다. 여기서 $\overline{FG}$의 길이를 x로 놓겠습니다.

대응변 $\overline{BC}$와 $\overline{FG}$의 비(닮음비)는 1:2이다. → $\overline{BC}:\overline{FG}=5:x=1:2$

비례식 $5:x=1:2$로부터 손쉽게 $x=10$임을 알 수 있습니다. 따라서 ② $\overline{FG}$의 길이는 10입니다. 마지막으로 ③ ∠E의 크기를 구해보겠습니다. 여러분~ 닮음의 성질 중 대응각의 크기가 서로 같다는 사실, 잊지 않으셨죠?

$$∠A=∠E,\ ∠B=∠F,\ ∠C=∠G,\ ∠D=∠H$$

평행사변형의 경우 대각의 크기가 서로 같으므로 $∠B=∠D=70°$, $∠A=∠C$입니다. 여기에 사각형의 내각의 합이 $360°$라는 사실을 적용하면 $∠A$와 $∠C$의 크기를 구할 수 있겠네요.

$$∠A+∠B+∠C+∠D=∠A+70°+∠C+70°=360° → ∠A=∠C=110°$$

앞서 $∠A=∠E$라고 했으므로 결국 $∠E=110°$가 될 것입니다. 이처럼 닮음의 성질을 활용하면, 닮음 도형의 변의 길이와 각의 크기를 쉽게 구할 수 있습니다. (닮음의 성질의 숨은 의미)

입체도형은 어떨까요? 다시 말해서, 두 입체도형이 닮음일 때 어떤 성질을 갖는지 확인해 보자는 말입니다. 다음에 그려진 사면체 $EFGH$는 사면체 $ABCD$를 2배로 확대한 것입니다. 참고로 입체도형을 2배로 확대했다는 말은 모서리의 길이를 모두 2배로 늘렸다는 것을 의미합니다.

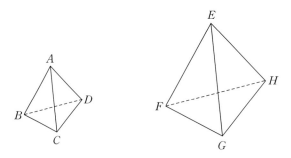

보아하니, 입체도형에서도 닮음의 개념이 동일하게 적용될 듯합니다. 그렇죠? 즉, 어떤 입체도형을 일정한 비율로 확대 또는 축소한 것이 다른 입체도형과 합동일 때, 두 입체도형은 닮음 관계에 있다고 말할 수 있습니다. 따라서 두 사면체 $ABCD$와 $EFGH$는 닮음입니다.

$$사면체\ ABCD \backsim 사면체\ EFGH$$

앞서 사면체 $EFGH$가 사면체 $ABCD$를 2배로 확대한 것이라고 했으므로, 대응하는 모서리의 길이의 비는 1:2가 될 것입니다. 그렇죠? 이것이 바로 두 도형의 닮음비가 되겠네요. 이제 입체도형에 대한 닮음의 성질을 정리해 볼까요?

> **닮음의 성질(입체도형)**
>
> 두 입체도형이 닮음일 때, 다음과 같은 성질을 갖습니다.
>   ① 대응변(모서리)의 길이의 비는 일정합니다. (닮음비)
>   ② 대응하는 면은 모두 닮음입니다.

어라...? 대응하는 면이 모두 닮음이라고요? 네, 그렇습니다. 앞서 그려진 두 사면체 $ABCD$와 $EFGH$의 그림을 다시 한 번 잘 살펴보시기 바랍니다. 어떠세요? 대응하는 각각의 면이 모두 닮음이죠? 평면도형에서와 마찬가지로 입체도형에서도 대응변(모서리)의 길이의 비를 닮음비라고 칭합니다.

다음 두 입체도형은 닮음입니다. 물음에 답해 보시기 바랍니다.

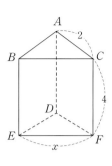 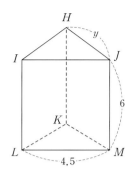

① 두 입체도형 $ABCDEF$와 $HIJKLM$의 닮음비는?

② 식 $(x+y)$의 값은?

③ □$ABED$와 닮음인 도형은?

 잠시 질문의 답을 스스로 찾아보는 시간을 가져보세요.

어렵지 않죠? ① 두 입체도형 $ABCDEF$와 $HIJKLM$의 닮음비는 대응변(모서리)의 길이의 비 $\overline{CF}:\overline{JM}=4:6$과 같으므로 2:3이 됩니다. 그렇죠? 이제 닮음비를 이용하여 x, y의 값을 구해볼까요? 대응변을 찾아 x, y에 대한 비례식만 작성하면 '게임 끝'입니다.

$$\overline{EF}:\overline{LM}=2:3 \rightarrow x:4.5=2:3 \rightarrow 3x=9 \rightarrow x=3$$
$$\overline{AC}:\overline{HJ}=2:3 \rightarrow 2:y=2:3 \rightarrow 2y=6 \rightarrow y=3$$

즉, ② $(x+y)$의 값은 6입니다. 마지막으로 ③ □$ABED$와 닮음인 도형을 찾아보겠습니다. 생각할 필요도 없이 □$HILK$가 되겠네요. 그렇죠? 여기서 잠깐! 닮음을 표시할 때, 꼭짓점(알파벳)의 순서를 정확히 맞춰 표기해야 한다는 사실, 절대 잊지 마시기 바랍니다.

은설이는 다음과 같이 원뿔 모양의 유리컵에 물을 부었다고 합니다. 물로 채워진 입체도형(작은 원뿔)의 밑면(원)의 넓이를 구해보시기 바랍니다.

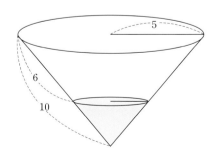

너무 어렵나요? 그럼 다음과 같이 입체도형 속에 있는 평면도형을 상상해 보면 어떨까요?

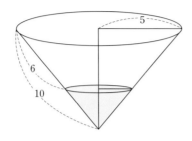 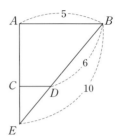

여기서 우리는 $\triangle CDE$와 $\triangle ABE$가 닮음이라는 사실을 쉽게 확인할 수 있습니다. 더불어 두 도형 $\triangle CDE$와 $\triangle ABE$의 닮음비는 $\overline{ED}:\overline{EB}=4:10(=2:5)$입니다. 그렇죠? 또한 대응변의 비($\overline{CD}:\overline{AB}$)가 2:5이므로 $\overline{CD}=2$입니다. 이제 작은 원뿔의 밑면(반지름이 $\overline{CD}$인 원)의 넓이를 구해볼 차례네요. 여러분~ 반지름이 r인 원의 넓이가 πr^2라는 사실, 다들 아시죠?

$$\text{작은 원뿔의 밑면(반지름이 }\overline{CD}\text{인 원)}:4\pi(=\pi \times 2^2)$$

참고로 두 원뿔의 닮음비는 모선의 길이의 비 또는 반지름의 비와 같습니다. 한 문제 더 풀어볼까요? 다음 그림에서 $\triangle ABC$와 $\triangle ACD$가 닮음일 때, $\overline{DA}$의 길이는 얼마일까요?

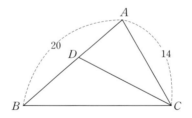

 잠시 질문의 답을 스스로 찾아보는 시간을 가져보세요.

조금 어렵나요? 일단 $\triangle ABC$와 $\triangle ACD$의 대응변을 찾아보겠습니다. 잠깐! 도형의 닮음을 표시할 때, 꼭짓점(알파벳)의 순서를 정확히 맞춰 표기해야 한다는 사실, 잊지 않으셨죠?

$$\text{대응변}:\overline{AB}\text{와 }\overline{AC},\ \ \overline{BC}\text{와 }\overline{CD},\ \ \overline{CA}\text{와 }\overline{DA}$$

이제 $\triangle ABC$와 $\triangle ACD$의 닮음비를 구해봅시다. 보아하니, 대응변 $\overline{AB}$와 $\overline{AC}$의 길이의 비로부터 닮음비를 구하면 되겠네요.

$$\triangle ABC와 \triangle ACD의 닮음비 \rightarrow 10:7$$
$$(\overline{AB}:\overline{AC}=20:14=10:7)$$

즉, $\triangle ABC$와 $\triangle ACD$의 닮음비는 10:7입니다. 더불어 대응변 $\overline{CA}$와 $\overline{DA}$의 비 또한 10:7 이 될 것입니다. 그럼 비례식을 세워 $\overline{DA}(=x)$의 길이를 구해볼까요?

$$\overline{CA}:\overline{DA}=14:x=10:7 \rightarrow 10x=98 \rightarrow x=9.8$$

따라서 $\triangle ABC$와 $\triangle ACD$가 닮음일 때, $\overline{DA}$의 길이는 9.8입니다. 어떠세요? 할 만하죠? 잠깐~ 합동인 두 도형도 닮음이라고 말할 수 있을까요? 네, 맞아요. 합동인 두 도형 또한 닮음 이며, 그 닮음비는 1:1이 됩니다.

★ 개념을 정확히 이해했는지 확인하고 싶다면, 학교 교과서에 나오는 개념확인 문제를 풀어 보거나 스스로 개념 확인문제를 출제 하여 풀어보면 큰 도움이 될 것입니다.

2 **삼각형의 닮음조건**

두 삼각형이 닮음일 때, 다음과 같은 성질을 갖습니다.

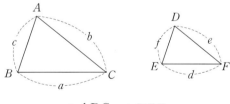

$\triangle ABC\backsim\triangle DEF$

① 대응변의 길이의 비는 일정하다.
$a:d=b:e=c:f$

② 대응각의 크기는 같다.
$\angle A=\angle D, \angle B=\angle E, \angle C=\angle F$

여기서 퀴즈입니다. 두 삼각형이 닮음이기 위해서는 반드시 ① 모든 대응변의 길이의 비가 일정해야 하고, ② 모든 대응각의 크기가 같아야만 할까요? 즉, 세 변과 세 내각의 조건을 모두 만족시켜야 두 삼각형이 닮음인지 묻는 것입니다.

 잠시 질문의 답을 스스로 찾아보는 시간을 가져보세요

음... 잘 모르겠다고요? 힌트를 드리겠습니다.

① 세 변의 길이가 같은 두 삼각형은 합동이다. (SSS합동)

② 두 변의 길이가 각각 같고 그 끼인각의 크기가 같은 두 삼각형은 합동이다. (SAS합동)

③ 한 변의 길이와 그 양끝각의 크기가 각각 같은 두 삼각형은 합동이다. (ASA합동)

어떠세요? 이제 좀 감이 오시나요? 보는 바와 같이 두 삼각형이 합동이기 위해서는 세 변의 길이와 세 내각의 크기가 모두 같을 필요는 없습니다. 즉, ① 세 변의 길이만 같아도, ② 두 변의 길이와 그 끼인각의 크기만 같아도, ③ 한 변의 길이와 그 양끝각의 크기만 같아도 두 삼각형은 합동이 된다는 말이지요. 마찬가지로 두 삼각형이 닮음이기 위해서는 몇몇 조건만 충족하면 됩니다. 그럼 삼각형의 합동조건을 토대로 삼각형의 닮음조건을 도출해 보도록 하겠습니다. 일단 닮음의 정의를 다시 한 번 되새겨 보면 다음과 같습니다.

도형의 닮음

어떤 한 도형(A)을 일정한 비율로 확대 또는 축소한 것이 다른 도형(B)과 합동일 때, 두 도형(A와 B)은 닮음 관계에 있다고 정의합니다.

먼저 삼각형 $\triangle ABC$의 세 변의 길이를 일정한 비율(2배)로 확대한 도형을 $\triangle A'B'C'$라고 가정해 봅시다. 다음 그림에서 보는 바와 같이 $\triangle A'B'C'$는 $\triangle DEF$와 합동(SSS합동)입니다. 그렇죠? 따라서 $\triangle ABC$와 $\triangle DEF$는 닮음이 됩니다.

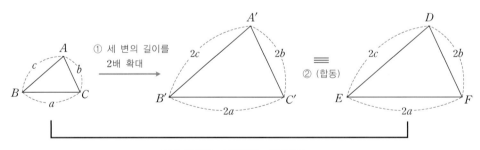

③ $\triangle ABC$와 $\triangle DEF$는 닮음이다.

i) $\triangle ABC$의 세 변의 길이를 2배 확대한 도형은 $\triangle A'B'C'$이다.

ii) $\triangle A'B'C'$와 $\triangle DEF$는 합동이다. (SSS합동)

iii) $\triangle ABC$와 $\triangle DEF$는 닮음이다.

여기서 우리는 삼각형의 첫 번째 닮음조건을 찾을 수 있습니다.

① 세 쌍의 대응변의 길이의 비가 같은 두 삼각형은 닮음이다.

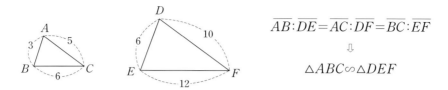

$$\overline{AB}:\overline{DE}=\overline{AC}:\overline{DF}=\overline{BC}:\overline{EF}$$
$$\Downarrow$$
$$\triangle ABC\backsim\triangle DEF$$

이번엔 $\triangle ABC$의 한 내각 $\angle B$의 크기를 일정하게 유지한 채, 두 변 $\overline{BA}$와 $\overline{BC}$의 길이를 2배로 늘려 삼각형 $\triangle A'B'C'$를 만들어 보겠습니다. 다음 그림에서 보는 바와 같이 $\triangle A'B'C'$는 $\triangle DEF$와 합동(SAS합동)입니다. 그렇죠? 따라서 $\triangle ABC$와 $\triangle DEF$는 닮음이 됩니다.

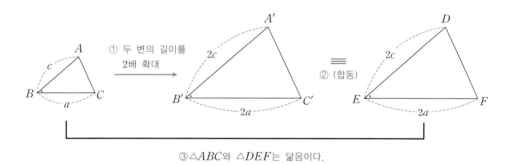

③$\triangle ABC$와 $\triangle DEF$는 닮음이다.

i) $\triangle ABC$의 두 변의 길이를 2배 확대한 도형은 $\triangle A'B'C'$이다.

(단, 내각 $\angle B$의 크기는 일정하게 유지한다)

ii) $\triangle A'B'C'$와 $\triangle DEF$는 합동이다. (SAS합동)

iii) $\triangle ABC$와 $\triangle DEF$는 닮음이다.

여기서 우리는 삼각형의 두 번째 닮음조건을 찾을 수 있습니다.

② 두 쌍의 대응변의 길이의 비가 같고, 그 끼인각의 크기가 같은 두 삼각형은 닮음이다.

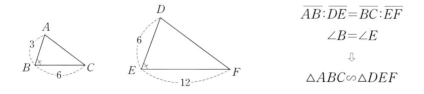

$$\overline{AB}:\overline{DE}=\overline{BC}:\overline{EF}$$
$$\angle B=\angle E$$
$$\Downarrow$$
$$\triangle ABC\backsim\triangle DEF$$

이번엔 $\triangle ABC$의 밑변 $\overline{BC}$의 양끝각 $\angle B$, $\angle C$의 크기를 일정하게 유지한 채, $\overline{BC}$의 길이를 2배로 늘려 $\triangle A'B'C'$를 만들어 보겠습니다. 다음 그림에서 보는 바와 같이 $\triangle A'B'C'$는 $\triangle DEF$와 합동(ASA합동)입니다. 그렇죠? 따라서 $\triangle ABC$와 $\triangle DEF$는 닮음이 됩니다.

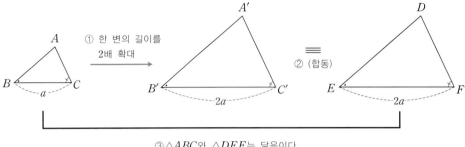

③ $\triangle ABC$와 $\triangle DEF$는 닮음이다.

i) $\triangle ABC$의 한 변의 길이를 2배 확대한 도형은 $\triangle A'B'C'$이다.

(단, 두 내각 $\angle B$와 $\angle C$의 크기는 일정하게 유지한다)

ii) $\triangle A'B'C'$와 $\triangle DEF$는 합동이다. (ASA합동)

iii) $\triangle ABC$와 $\triangle DEF$는 닮음이다.

다들 예상했는지 모르겠지만, 삼각형의 어느 한 변에 대한 양끝각의 크기만 같다면, 그 변의 길이를 몇 배로 확대(또는 축소)하든지 관계 없이 두 도형은 닮음이 됩니다. 다음 그림을 잘 살펴보시기 바랍니다.

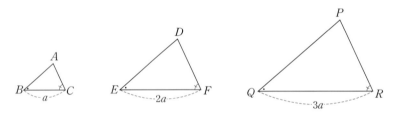

$$\triangle ABC \backsim \triangle DEF \backsim \triangle PQR$$

즉, 두 쌍의 대응각의 크기만 같다면 대응변에 대한 길이조건은 굳이 필요하지 않다는 말이 되지요. 음... 도무지 무슨 말인지 이해가 잘 가지 않는다고요? 사실 이 부분은 고도의 사고력을 요하는 내용 중 하나입니다. 추후에 다시 한 번 살펴보는 것으로 하고 일단 넘어가도록 하겠습니다. 여기서 우리는 삼각형의 세 번째 닮음조건을 찾을 수 있습니다.

③ 두 쌍의 대응각의 크기가 같은 두 삼각형은 닮음이다.

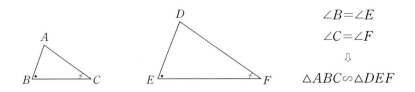

$\angle B = \angle E$

$\angle C = \angle F$

⇩

$\triangle ABC \backsim \triangle DEF$

휴~ 이제 끝났네요. 삼각형의 닮음조건을 정리하면 다음과 같습니다.

삼각형의 닮음조건

① 세 쌍의 대응변의 길이의 비가 같을 때 (SSS닮음)

② 두 쌍의 대응변의 길이의 비가 같고, 그 끼인각의 크기가 같을 때 (SAS닮음)

③ 두 쌍의 대응각의 크기가 같을 때 (AA닮음)

다들 예상했겠지만, 삼각형의 닮음조건을 통해 우리는 어떤 삼각형들이 서로 닮음인지 아닌지 명확히 파악할 수 있습니다. 더불어 두 삼각형이 닮음일 때, 그 성질을 활용하여 삼각형의 여러 정보를 손쉽게 찾아낼 수 있다는 사실도 함께 기억하시기 바랍니다. 하나 더! ③의 경우, 삼각형의 합동조건과는 다르게 두 쌍의 대응각의 크기만 같아도 닮음이라는 사실, 반드시 명심하시기 바랍니다. (삼각형의 닮음조건의 숨은 의미)

다음 $\triangle ABC$와 $\triangle DEF$는 닮음이라고 합니다. 닮음조건이 무엇인지 말해보시기 바랍니다.

(1)

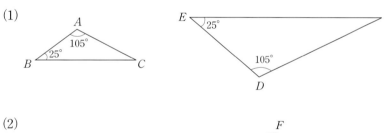

(2)

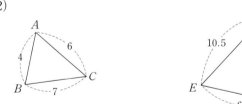

(3)

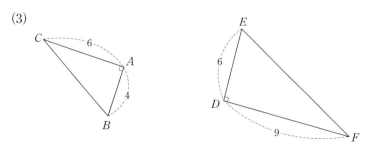

 잠시 질문의 답을 스스로 찾아보는 시간을 가져보세요.

어렵지 않죠? 일단 삼각형의 닮음조건을 다시 한 번 되새겨 보겠습니다.

삼각형의 닮음조건

① 세 쌍의 대응변의 길이의 비가 같을 때 (SSS닮음)

② 두 쌍의 대응변의 길이의 비가 같고, 그 끼인각의 크기가 같을 때 (SAS닮음)

③ 두 쌍의 대응각의 크기가 같을 때 (AA닮음)

이제 하나씩 풀어볼까요?

(1) 두 쌍의 대응각의 크기가 같다. (AA닮음) $\angle A = \angle D = 105°$, $\angle B = \angle E = 25°$

(2) 세 쌍의 대응변의 길이의 비가 같다. (SSS닮음) $\overline{AB}:\overline{DE} = \overline{BC}:\overline{EF} = \overline{CA}:\overline{FD}$
$$= 2:3$$

(3) 두 쌍의 대응변의 길이의 비가 같고, 그 끼인각의 크기가 같다. (SAS닮음)
$\overline{AB}:\overline{DE} = \overline{AC}:\overline{DF} = 2:3$, $\angle A = \angle D = 90°$

이해되시죠? 다시 한 번 언급하지만, 닮음을 표시할 때 꼭짓점(알파벳)의 순서를 정확히 맞춰야 한다는 사실, 꼭 명심하시기 바랍니다. 특히 서술형 문제를 풀 때 더욱 중요합니다.

다음 그림에서 닮음 도형을 찾아보시기 바랍니다.

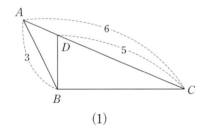

(1)

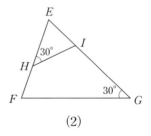

(2)

 잠시 질문의 답을 스스로 찾아보는 시간을 가져보세요.

음... 조금 어렵나요? (1)번부터 차근차근 풀어보도록 하겠습니다. 일단 △ABC와 비슷하게 생긴 모양의 삼각형을 △ABC 내부에서 찾아보시기 바랍니다. 네, 맞아요. △ADB입니다. 과연 두 삼각형(△ABC와 △ADB)은 닮음일까요? 편의상 두 삼각형을 따로따로 그려보겠습니다.

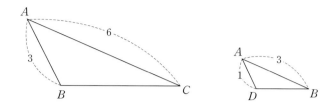

이렇게 따로 보니까 확실히 쉬워졌네요. 음... 두 삼각형 $\triangle ABC$와 $\triangle ADB$의 두 쌍의 대응변의 길이의 비가 서로 같군요.

$$\triangle ABC : \overline{AC}=6, \overline{AB}=3, \triangle ADB : \overline{AB}=3, \overline{AD}=1 \;\rightarrow\; \overline{AC}:\overline{AB}=\overline{AB}:\overline{AD}=2:1$$

이제 대응변의 끼인각의 크기가 같은지 확인해 볼 차례입니다. 어라...? 끼인각이 바로 $\angle A$네요. 즉, $\triangle ABC$와 $\triangle ADB$에서 두 쌍의 대응변의 끼인각은 $\angle A$(공통)로 그 크기가 같습니다. 따라서 $\triangle ABC$와 $\triangle ADB$는 닮음입니다. 이해되시죠?

$$\overline{AC}:\overline{AB}=\overline{AB}:\overline{AD}, \;\angle A(공통) \;\rightarrow\; \triangle ABC \backsim \triangle ADB \;(SAS닮음)$$

이번엔 $\triangle EFG$와 닮음인 도형을 찾아볼까요? 네, 맞아요. $\triangle EFG$와 닮음인 도형은 바로 $\triangle EIH$입니다. 두 삼각형 $\triangle EFG$와 $\triangle EIH$는 두 쌍의 대응각의 크기가 각각 같거든요.

$$\angle E(공통), \;\angle H=\angle G=30° \;\rightarrow\; \triangle EFG \backsim \triangle EIH \;(AA닮음)$$

다음 직각삼각형 $\triangle ABC$에 대하여 물음에 답해 보시기 바랍니다.

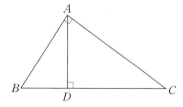

   (1) $\triangle ABC$와 닮음인 삼각형을 찾아라.   (2) $\overline{AB}^2=\overline{BD}\times\overline{BC}$임을 증명하여라.

잠시 질문의 답을 스스로 찾아보는 시간을 가져보세요

(1)번부터 차근차근 풀어볼까요? 보아하니 $\triangle ABC$와 비슷하게 생긴 삼각형은 두 개군요.

$\triangle DBA$와 $\triangle DAC$. 그렇죠? 정말 닮음인지 확인해 볼까요?

$$\triangle ABC와 \triangle DBA : \angle A = \angle ADB = 90°, \angle B(공통) \rightarrow AA닮음$$
$$\triangle ABC와 \triangle DAC : \angle A = \angle ADC = 90°, \angle C(공통) \rightarrow AA닮음$$

예상했던 것과 같이 $\triangle ABC$와 $\triangle DBA$, $\triangle ABC$와 $\triangle DAC$는 두 쌍의 대응각의 크기가 각각 같아 닮음입니다. 참고로 두 도형의 닮음을 다룰 때, 대응각과 대응점을 하나씩 확인하는 것이 조금 복잡할 수도 있습니다. 하지만 이는 중요한 작업이니 앞으로도 주의를 기울이면서 그림과 함께 차근차근 살펴보시기 바랍니다.

음... 당연히 $\triangle DBA$와 $\triangle DAC$도 닮음이겠죠? 앞서 두 삼각형 $\triangle DBA$, $\triangle DAC$ 모두 $\triangle ABC$와 닮음이라고 했으니 대응하는 세 내각의 크기가 모두 같잖아요. 그렇죠?

$$\triangle ABC \backsim \triangle DBA, \quad \triangle ABC \backsim \triangle DAC \rightarrow \triangle DBA \backsim \triangle DAC$$

이제 두 번째 질문의 답을 찾아보겠습니다.

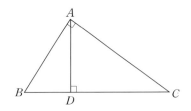

(2) $\overline{AB}^2 = \overline{BD} \times \overline{BC}$임을 증명하여라.

 잠시 질문의 답을 스스로 찾아보는 시간을 가져보세요.

음... 증명문제라...? 간단해 보이진 않군요. 힌트를 드리겠습니다.

닮음인 두 삼각형의 대응변의 길이의 비는 같다.

좀 감이 오시나요? 우선 닮음인 두 삼각형을 찾아봐야겠죠? 앞서 우리는 세 삼각형 $\triangle ABC$, $\triangle DBA$, $\triangle DAC$가 닮음임을 확인하였습니다. 이제 우리가 증명하고자 하는 등식과 맞는, 즉 등식에 쓰여진 선분을 변으로 하는 두 삼각형을 선택해야 합니다.

$$\overline{AB}^2 = \overline{BD} \times \overline{BC} : \triangle ABC와 \triangle DBA$$

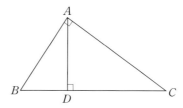

다음으로 닮음인 두 삼각형 $\triangle ABC$와 $\triangle DBA$의 대응변을 확인해 볼까요?

$$\triangle ABC와 \triangle DBA의 대응변 : \overline{AC}와 \overline{DA},\ \overline{AB}와 \overline{DB},\ \overline{BC}와 \overline{BA}$$

이제 어떻게 해야 할까요? 그렇습니다. 닮음인 두 삼각형의 대응변의 길이의 비가 같다는 사실로부터, 두 쌍의 대응변 $\overline{AB}$와 $\overline{DB}$, $\overline{BC}$와 $\overline{BA}$에 대한 비례식을 도출해야 합니다.

$$\overline{AB} : \overline{DB} = \overline{BC} : \overline{BA}\ \rightarrow\ \overline{DB} \times \overline{BC} = \overline{AB} \times \overline{BA}$$

$\overline{AB} = \overline{BA}$이고 $\overline{DB} = \overline{BD}$이므로, 도출된 식을 정리하면 다음과 같습니다.

$$\overline{DB} \times \overline{BC} = \overline{AB} \times \overline{BA}\ \rightarrow\ \overline{BD} \times \overline{BC} = \overline{AB}^2\ \rightarrow\ \overline{AB}^2 = \overline{BD} \times \overline{BC}$$

어라...? 순식간에 문제를 풀어버렸네요. 가끔 등식 $\overline{AB}^2 = \overline{BD} \times \overline{BC}$를 공식처럼 암기하는 학생들이 있습니다. 절대 그러지 않길 바랍니다. 이러한 식이 나올 때마다 매번 암기하기도 어려울 뿐만 아니라 실제 문제를 풀 때 공식이 생각나지 않으면 큰 곤혹을 치를 수 있기 때문입니다. 이는 수포자(수학포기자)로 가는 지름길이기도 하거든요.

앞으로 직각삼각형이 나올 경우에는, 반드시 닮음인 삼각형을 찾아 닮음비로부터 문제를 해결하시기 바랍니다.

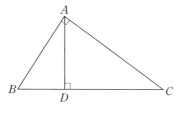

$$\triangle ABC \backsim \triangle DBA \backsim \triangle DAC$$

삼각형의 닮음조건을 활용하여 x, y의 값을 구해보시기 바랍니다.

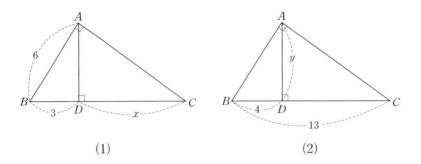

(1)　　　　　　　　　　　　(2)

 잠시 질문의 답을 스스로 찾아보는 시간을 가져보세요.

여러분~ 세 삼각형 $\triangle ABC$, $\triangle DBA$, $\triangle DAC$가 모두 닮음인 거, 다들 아시죠? 그럼 주어진 조건과 닮음비를 활용하여 x, y에 대한 비례식을 작성해 보도록 하겠습니다. 잠깐! x, y에 대한 비례식만 도출하기만 하면 '게임 끝'이라는 사실, 절대 잊지 마시기 바랍니다. 먼저 $\triangle ABC$와 $\triangle DBA$의 대응변은 다음과 같습니다.

$$\triangle ABC와 \triangle DBA의 대응변 : \overline{AC}와 \overline{DA},\ \overline{AB}와 \overline{DB},\ \overline{BC}와 \overline{BA}$$

이제 두 쌍의 대응변 $\overline{AB}$와 $\overline{DB}$, $\overline{BC}$와 $\overline{BA}$에 대한 비례식을 도출해 보겠습니다.

$$\overline{AB}:\overline{DB}=\overline{BC}:\overline{BA} \ \rightarrow \ \overline{DB}\times\overline{BC}=\overline{AB}\times\overline{BA}$$

(1)의 경우, 도출된 등식 $\overline{DB}\times\overline{BC}=\overline{AB}\times\overline{BA}$에 주어진 길이를 대입하면 $3(3+x)=6\times6$이 되어 $x=9$입니다. 맞죠? 마찬가지로 두 삼각형 $\triangle DBA$와 $\triangle DAC$의 두 쌍의 대응변 $\overline{BD}$와 $\overline{AD}$, $\overline{DA}$와 $\overline{DC}$에 대한 비례식을 도출해 보겠습니다.

$$\overline{BD}:\overline{AD}=\overline{DA}:\overline{DC} \ \rightarrow \ \overline{AD}\times\overline{DA}=\overline{BD}\times\overline{DC}$$

(2)의 경우, 도출된 등식 $\overline{AD}\times\overline{DA}=\overline{BD}\times\overline{DC}$에 주어진 길이를 대입하면 $y\times y=4\times(13-4)$가 되어 $y=6$입니다. 어떠세요? 공식을 암기하지 않아도 쉽게 답을 찾았죠?

몇 문제 더 풀어보겠습니다. 다음 그림에서 x, y의 값을 구해보시기 바랍니다.

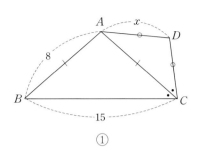

①

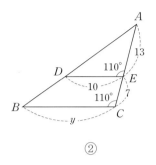

②

 잠시 질문의 답을 스스로 찾아보는 시간을 가져보세요.

일단 어느 도형이 닮음인지 찾아봐야겠네요. 딱 보니 ①에서는 △ABC와 △DAC가 닮음이며, ②에서는 △ABC와 △ADE가 닮음인 듯합니다. 과연 어떤 닮음인지 증명해 보도록 하겠습니다. 우선 ①의 경우, △ABC와 △DAC는 모두 이등변삼각형입니다. 그렇죠? 그리고 △ABC에 대하여 ∠B＝∠ACB이며, △DAC에서 ∠DAC＝∠DCA입니다. 음... 문제에서 ∠DCA와 ∠ACB가 서로 같다고 했으므로, 결국 두 삼각형 △ABC와 △DAC는 AA닮음이 되겠네요. 이해되시죠?

$$△ABC∽△DAC(AA닮음) : ∠B＝∠DAC, ∠ACB＝∠DCA$$

②의 경우도 마찬가지로 △ABC와 △ADE에 대하여 ∠A는 공통이며, 또 다른 내각 ∠ACB＝∠AED이므로 두 삼각형 △ABC와 △ADE은 AA닮음입니다.

$$△ABC∽△ADE(AA닮음) : ∠A(공통), ∠ACB＝∠AED$$

다음으로 닮음인 두 삼각형에 대한 대응변의 비례관계를 정리해 보겠습니다.

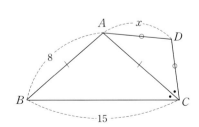

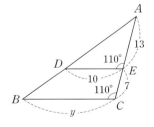

$$\overline{AB}:\overline{DA}=\overline{AC}:\overline{DC}=\overline{BC}:\overline{AC}$$

$$\overline{AB}:\overline{AD}=\overline{AC}:\overline{AE}=\overline{BC}:\overline{DE}$$

이제 x, y에 대한 방정식을 도출해 볼 차례군요. 참고로 ①에서 $\overline{AB}=\overline{AC}$입니다.

① $\overline{AB}:\overline{DA}=\overline{BC}:\overline{AC}$ → $8:x=15:8$ → $15x=64$
② $\overline{AC}:\overline{AE}=\overline{BC}:\overline{DE}$ → $(13+7):13=y:10$ → $13y=200$

방정식을 풀면 $x=\dfrac{64}{15}$, $y=\dfrac{200}{13}$입니다. 할 만하죠? 다음 그림에서 $\overline{DB}$의 길이를 구해보시기 바랍니다. 단, $\overline{AB}=10$, $\overline{BC}=4$, $\overline{CF}=3$입니다.

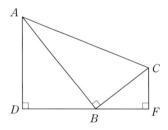

 잠시 질문의 답을 스스로 찾아보는 시간을 가져보세요.

일단 어느 도형이 닮음인지 찾아봐야겠죠? 음... 삼각형 세 개가 보이는군요.

$$\triangle ABC,\ \triangle ADB,\ \triangle BFC$$

잘 살펴보니, $\triangle ABC$는 모양이 많이 다르네요. 하지만 두 삼각형 $\triangle ADB$와 $\triangle BFC$는 닮음인 것처럼 보입니다. 그렇죠? 하지만 대응점을 찾기가 매우 어렵네요. 정확히 어떻게 닮음인지부터 증명해 봐야겠습니다. 편의상 $\triangle ADB$에 대하여 $\angle BAD=\angle a$, $\angle ABD=\angle b$, $\angle ADB=\angle c$로, $\triangle BFC$에 대하여 $\angle CBF=\angle d$, $\angle FCB=\angle e$, $\angle CFB=\angle f$라고 놓은 후, 그림을 다시 그려보도록 하겠습니다.

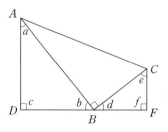

다들 눈치 채셨겠지만, $\angle c=\angle f=90°$입니다. 그렇죠? 음... $\triangle ADB$와 $\triangle BFC$가 닮음이려

면 또 다른 한 각의 크기가 같아야겠군요. 삼각형의 내각의 합이 $180°$라는 사실을 두 삼각형 $\triangle ADB$와 $\triangle BFC$에 적용해 보겠습니다.

($\triangle ADB$의 내각의 합) $\rightarrow$ $\angle a + \angle b + \angle c = \angle a + \angle b + 90° = 180°$ $\rightarrow$ $\angle a + \angle b = 90°$

($\triangle BFC$의 내각의 합) $\rightarrow$ $\angle d + \angle e + \angle f = \angle d + \angle e + 90° = 180°$ $\rightarrow$ $\angle d + \angle e = 90°$

점 B를 기준으로 $\angle b + \angle ABC + \angle d = 180°$(평각)이고 $\angle ABC = 90°$이므로 $\angle b + \angle d = 90°$입니다. 각이 너무 많이 나와서 복잡해 보인다고요? 일단 하나씩 정리해 봅시다. 등식 $\angle b + \angle d = 90°$에 $\angle a + \angle b = 90°$을 대입해 보겠습니다. 물론 $\angle a + \angle b = 90°$를 $\angle b = 90° - \angle a$로 변형해야겠죠?

[$\angle b = 90° - \angle a$를 $\angle b + \angle d = 90°$에 대입]

$\angle b + \angle d = 90°$ $\rightarrow$ $90° - \angle a + \angle d = 90°$ $\rightarrow$ $\angle a = \angle d$

$\angle a = \angle d$...? 드디어 닮음조건(두 대응각)을 모두 찾았네요. $\triangle ADB$와 $\triangle BFC$에 대하여 $\angle c = \angle f = 90°$이고 $\angle a = \angle d$이므로, $\triangle ADB$와 $\triangle BFC$는 닮음입니다.

$\triangle ADB \backsim \triangle BFC$ (AA닮음) : $\angle c = \angle f = 90°$, $\angle a = \angle d$

잠깐! 꼭짓점(알파벳)의 순서가 틀리지 않았나 확인해 보세요~ 맞죠? 이제 닮음인 두 삼각형의 대응변에 대한 비례관계를 정리해 보도록 하겠습니다.

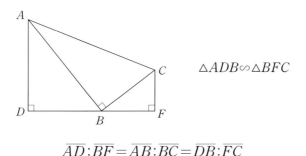

$$\overline{AD}:\overline{BF} = \overline{AB}:\overline{BC} = \overline{DB}:\overline{FC}$$

음... 문제에서 $\overline{AB} = 10$, $\overline{BC} = 4$, $\overline{CF} = 3$이라고 했으니, 비례식 $\overline{AB}:\overline{BC} = \overline{DB}:\overline{FC}$를 이용하여 $\overline{DB}$의 길이를 구해야겠네요. 정답은 다음과 같습니다.

$$\overline{AB}:\overline{BC}=\overline{DB}:\overline{FC} \;\rightarrow\; 10:4=\overline{DB}:3 \;\rightarrow\; 4\overline{DB}=30 \;\rightarrow\; \overline{DB}=\frac{30}{4}=7.5$$

어렵지 않죠? 이렇게 도형의 닮음 문제를 풀 때에는, 먼저 어느 도형이 어떻게 닮음인지 확인하는 것이 중요합니다. 여기에 더하여 대응변의 길이의 비와 대응각의 크기가 같다는 사실을 활용하면 많은 문제를 손쉽게 해결할 수 있을 것입니다. 다시 한 번 더 말하지만, 닮음을 표기할 때 대응점(알파벳)의 순서를 정확히 맞춰야 한다는 사실, 절대 잊지 마시기 바랍니다.

★ 개념을 정확히 이해했는지 확인하고 싶다면, 학교 교과서에 나오는 개념확인 문제를 풀어 보거나 스스로 개념 확인문제를 출제하여 풀어보면 큰 도움이 될 것입니다.

2 닮음의 활용

■ 학습 방식

본문의 내용을 '천천히', '생각하면서' 끝까지 읽어봅니다. (2~3회 읽기)

① 1차 목표 : 개념의 내용을 정확히 파악합니다. (동위각과 엇각, 삼각형의 무게중심, 닮음도형의 넓이와 부피의 비)

② 2차 목표 : 개념의 숨은 의미를 스스로 찾아가면서 읽습니다.

1 평행선과 닮음

여러분~ 평행선하면 뭐가 떠오르세요?

평행선의 동위각과 엇각

① 서로 다른 평행선이 한 직선과 만날 때, 평행선에 의해 만들어진 동위각과 엇각의 크기는 각각(동위각끼리, 엇각끼리) 같습니다.

② 서로 다른 두 직선이 한 직선과 만날 때, 두 직선에 의해 만들어진 동위각(또는 엇각)의 크기가 같으면, 두 직선은 평행합니다.

삼각형 내의 평행선은 닮음과 아주 밀접한 관련이 있습니다.

삼각형 내의 평행선...?

 잠시 질문의 답을 스스로 찾아보는 시간을 가져보세요

삼각형의 세 변은 절대 평행할 수가 없는데... 뭔가 좀 이상하다고요? 여기서 말하는 평행선은 삼각형의 어느 한 변과 평행한 선분(삼각형 내부에 그려진)을 말합니다.

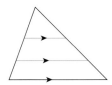 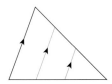 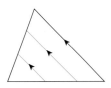

다음 그림과 같이 서로 닮음인 두 삼각형 △ABC와 △DEF를 그려, 꼭짓점 A와 D를 겹쳐 보시기 바랍니다. 아마 평행선을 찾을 수 있을 것입니다.

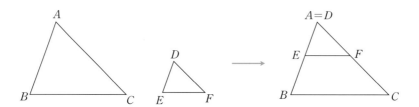

찾으셨나요? 네, 맞아요. 닮음인 두 삼각형의 밑변 $\overline{EF}$와 $\overline{BC}$가 서로 평행합니다. 그 이유는 바로 동위각(∠AEF와 ∠B, ∠AFE와 ∠C)의 크기가 같기 때문이죠.

$$\angle AEF = \angle B,\ \angle AFE = \angle C \text{(동위각)} \ \rightarrow \ \overline{EF} /\!/ \overline{BC}$$

이번엔 꼭짓점 B와 E를, 꼭짓점 C와 F를 각각 겹쳐볼까요?

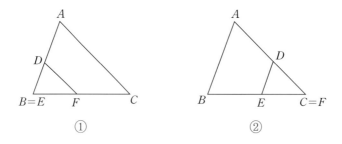

①의 경우 $\overline{DF}$와 $\overline{AC}$가 평행하며, ②의 경우 $\overline{DE}$와 $\overline{AB}$가 평행하다는 사실, 캐치하셨나요? 마찬가지로 동위각의 크기가 같기 때문에 두 선분이 평행한 것입니다.

$$① \ \angle BDF = \angle A,\ \angle BFD = \angle C \ \rightarrow \ \overline{DF} /\!/ \overline{AC}$$
$$② \ \angle CDE = \angle A,\ \angle CED = \angle B \ \rightarrow \ \overline{DE} /\!/ \overline{AB}$$

엇각의 경우는 어떨까요? 즉, 엇각을 이용하여 삼각형의 평행선을 찾아보자는 말입니다. 과연 두 삼각형을 어떻게 배치해야 평행선의 엇각을 만들어 낼 수 있을지 고민해 보시기 바랍니다.

 잠시 질문의 답을 스스로 찾아보는 시간을 가져보세요

음... 도통 감이 오지 않는다고요? 힌트를 드리겠습니다. △ABC와 △DEF의 두 꼭짓점 A

와 D를 겹친 후, $\triangle ABC$가 $\triangle DEF$를 머리에 얹고 있는 형상을 상상해 보시기 바랍니다. 이제 감이 오시나요?

 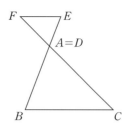

네, 맞아요. 삼각형의 두 밑변 $\overline{FE}$와 $\overline{BC}$가 평행합니다. 그 이유는 바로 엇각($\angle EFA$와 $\angle C$, $\angle FEA$와 $\angle B$)의 크기가 같기 때문입니다.

$$\angle EFA = \angle C, \ \angle FEA = \angle B(엇각) \ \rightarrow \ \overline{FE} /\!/ \overline{BC}$$

역으로 생각해 볼까요? 다음 그림에서 서로 닮음인 두 삼각형을 찾아보시기 바랍니다. 더불어 닮음조건이 무엇인지도 말해보십시오.

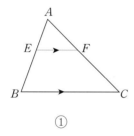

①

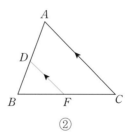

②

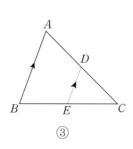

③

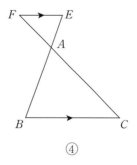

④

 잠시 질문의 답을 스스로 찾아보는 시간을 가져보세요

어렵지 않죠? 평행선의 동위각과 엇각에 대해 알고 있으면, 쉽게 해결할 수 있는 문제입니다. 이제 질문의 답을 찾아볼까요?

① $\triangle AEF \backsim \triangle ABC$ ← AA닮음 : $\angle A$는 공통, $\angle AEF = \angle B$(동위각)
② $\triangle DBF \backsim \triangle ABC$ ← AA닮음 : $\angle B$는 공통, $\angle BFD = \angle C$(동위각)
③ $\triangle DEC \backsim \triangle ABC$ ← AA닮음 : $\angle C$는 공통, $\angle CDE = \angle A$(동위각)
④ $\triangle AEF \backsim \triangle ABC$ ← AA닮음 : $\angle BAC = \angle EAF$(맞꼭지각),
$\angle BCA = \angle EFA$(엇각)

다음은 삼각형의 평행선과 닮음에 관해 정리한 내용입니다. 평행선의 동위각과 엇각 그리고 닮음비의 개념을 떠올리면서 다음 내용을 천천히 읽어 보시기 바랍니다. 굳이 암기할 필요는 없습니다.

①

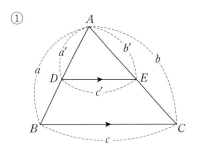

$\overline{DE} /\!/ \overline{BC} \rightarrow \triangle ABC \backsim \triangle ADE$
$\therefore a:a' = b:b' = c:c'$

두 선분 $\overline{DE}$와 $\overline{BC}$가 평행할 경우, $\angle ADE$와 $\angle ABC$, $\angle AED$와 $\angle ACB$가 동위각으로 같아 $\triangle ABC$와 $\triangle ADE$는 닮음입니다. 따라서 $a:a' = b:b' = c:c'$(닮음비)가 성립합니다.

②

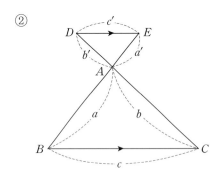

$\overline{DE} /\!/ \overline{BC} \rightarrow \triangle ABC \backsim \triangle AED$
$\therefore a:a' = b:b' = c:c'$

마찬가지로 두 선분 $\overline{DE}$와 $\overline{BC}$가 평행할 경우, $\angle EDA$와 $\angle ACB$, $\angle DEA$와 $\angle ABC$가 엇각으로 같아 $\triangle ABC$와 $\triangle AED$는 닮음입니다. 따라서 $a:a' = b:b' = c:c'$(닮음비)가 성립합니다.

③

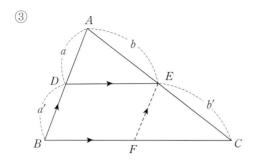

$$\overline{DE} /\!/ \overline{BC}, \ \overline{DB} /\!/ \overline{EF} \ \rightarrow \ \triangle ADE \backsim \triangle EFC$$
$$\therefore \ a:a'=b:b'$$

음… ③의 경우는 조금 복잡하군요. 우선 보조선 $\overline{EF}$에 초점을 맞춰보시기 바랍니다. 여기서 □$DBFE$가 평행사변형이란 거, 다들 아시죠? 즉, $\overline{DB}=\overline{EF}=a'$가 된다는 말입니다. 이제 변의 길이가 각각 a, b, a', b'인 삼각형을 찾아 서로 닮음인지 확인하는 일만 남았습니다. 그래야 닮음비가 $a:a'=b:b'$임을 증명할 수 있으니까요. 그림을 자세히 들여다 보니 두 삼각형 $\triangle ADE$와 $\triangle EFC$가 닮음이군요. 그렇죠? 따라서 $a:a'=b:b'$(닮음비)가 성립합니다.

④

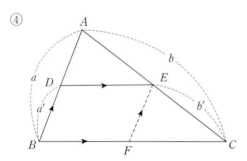

$$\overline{DE} /\!/ \overline{BC}, \ \overline{DB} /\!/ \overline{EF} \ \rightarrow \ \triangle ABC \backsim \triangle EFC$$
$$\therefore \ a:a'=b:b'$$

④의 경우도 마찬가지로 보조선 $\overline{EF}$에 초점을 맞춰보시기 바랍니다. 여기서 □$DBFE$가 평행사변형이란 거, 다들 아시죠? 즉, $\overline{DB}=\overline{EF}=a'$가 된다는 말입니다. $\angle C$는 공통, $\angle A = \angle CEF$(동위각)이므로 두 삼각형 $\triangle ABC$와 $\triangle EFC$는 닮음입니다. 그렇죠? 따라서 $a:a'=b:b'$(닮음비)가 성립합니다.

가끔 길이에 대한 비례식을 마치 수학 공식처럼 암기하는 학생들이 있습니다. 여러분~ 수학이 암기과목이 아니라는 것, 다들 알고 계시죠? 여기서 중요한 것은, 길이에 대한 비례관계를 외우는 것이 아니라 어떤 두 삼각형이 닮음인지 찾아내는 것입니다. 닮음인지만 확인하면 손쉽게 비례식을 도출할 수 있거든요. 이 점 절대 잊지 마시기 바랍니다.

이번엔 역으로 생각해 봅시다. 다음 보기에서 길이의 비례관계 $a:a'=b:b'$가 성립하면, 두 선분 $\overline{DE}$와 $\overline{BC}$는 평행할까요?

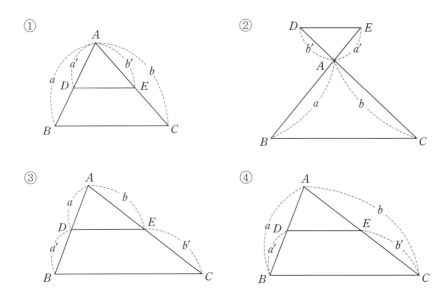

잠시 질문의 답을 스스로 찾아보는 시간을 가져보세요.

네, 맞습니다. $a:a'=b:b'$이면 $\overline{DE}/\!/\overline{BC}$입니다. 이는 삼각형 내부에서 닮음인 두 삼각형을 찾은 후, 평행선에 대한 동위각과 엇각의 개념을 적용하면 어렵지 않게 증명할 수 있을 것입니다. 시간 날 때, 각자 증명해 보십시오.

삼각형의 평행선과 관련하여 여러 가지 문제를 풀어보도록 하겠습니다. 다음 그림에서 x, y의 값을 각각 구해보시기 바랍니다.

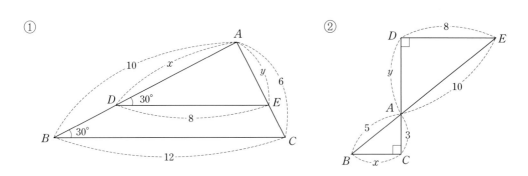

잠시 질문의 답을 스스로 찾아보는 시간을 가져보세요.

어렵지 않죠? 도형의 닮음비를 이용하면 쉽게 해결할 수 있는 문제입니다. ①의 경우, $\triangle ABC$ 와 $\triangle ADE$가 닮음이므로 $\overline{AB}:\overline{AD}=\overline{AC}:\overline{AE}=\overline{BC}:\overline{DE}$가 성립합니다. 그렇죠?

$$\overline{AB}:\overline{AD}=\overline{AC}:\overline{AE}=\overline{BC}:\overline{DE}$$
$$\rightarrow 10:x=6:y=12:8 \rightarrow 10:x=12:8,\ 6:y=12:8 \rightarrow 12x=80,\ 12y=48$$

도출된 방정식을 풀면 $x=\dfrac{20}{3}$, $y=4$입니다. 어떠세요? 할 만하죠? ②는 각자 풀어보시기 바랍니다. 다음 그림에서 평행인 두 선분을 찾아보시기 바랍니다.

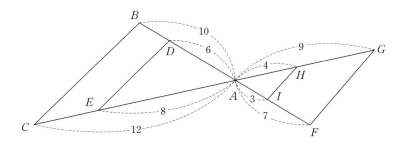

잠시 질문의 답을 스스로 찾아보는 시간을 가져보세요.

좀 어렵나요? 힌트를 드리겠습니다. 일단 닮음처럼 보이는 삼각형을 모두 찾아보십시오.

$$\triangle ABC와 \triangle ADE,\ \triangle AFG와 \triangle AIH,\ \triangle ADE와 \triangle AIH,\ \triangle ABC와 \triangle AFG$$

이제 짝지어진 삼각형의 대응변을 찾아 닮음비(?)를 확인해 보겠습니다.

- [$\triangle ABC$와 $\triangle ADE$] $\overline{AB}:\overline{AD}=\overline{AC}:\overline{AE}$ → 10:6=12:8?
- [$\triangle AFG$와 $\triangle AIH$] $\overline{AF}:\overline{AI}=\overline{AG}:\overline{AH}$ → 7:3=9:4?
- [$\triangle ADE$와 $\triangle AIH$] $\overline{AD}:\overline{AI}=\overline{AE}:\overline{AH}$ → 6:3=8:4?
- [$\triangle ABC$와 $\triangle AFG$] $\overline{AB}:\overline{AF}=\overline{AC}:\overline{AG}$ → 10:7=12:9?

보아하니 $\overline{AD}:\overline{AI}=\overline{AE}:\overline{AH}=2:1$이 되어, $\triangle ADE$와 $\triangle AIH$가 닮음이 되겠군요.

$$\overline{AD}:\overline{AI}=\overline{AE}:\overline{AH}=2:1,\ \angle DAE=\angle IAH\text{(맞꼭지각)} \rightarrow \triangle ADE\backsim\triangle AIH$$

따라서 평행한 두 선분은 바로 $\overline{DE}$와 $\overline{HI}$입니다. 다음 그림과 같이 $\triangle ABC$에서 두 변 $\overline{AB}$와 $\overline{AC}$의 중점을 각각 D와 E라고 할 때, 다음을 증명해 보시기 바랍니다.

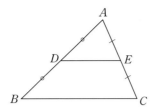

① $\overline{BC} /\!/ \overline{DE}$

② $\overline{BC} = 2\overline{DE}$

 잠시 질문의 답을 스스로 찾아보는 시간을 가져보세요.

음... ①의 경우, 두 삼각형 △ABC와 △ADE가 닮음이라는 사실을 확인하면 쉽게 $\overline{BC} /\!/$ $\overline{DE}$를 증명할 수 있겠네요. 일단 ∠A(끼인각)는 공통입니다. 그렇죠? 이제 △ABC와 △ADE 의 대응변의 길이에 대한 비가 서로 같은지 확인해 볼까요?

$$\overline{AB} : \overline{AD} = \overline{AC} : \overline{AE}?$$

문제에서 두 변 $\overline{AB}$와 $\overline{AC}$의 중점을 각각 D와 E라고 했으므로, $\overline{AB} = 2\overline{AD}$이며 $\overline{AC} = 2\overline{AE}$가 됩니다. 즉, $\overline{AB} : \overline{AD} = \overline{AC} : \overline{AE} = 2:1$이라는 말이죠. 따라서 두 쌍의 대응변의 길이의 비와 그 끼인각의 크기가 같으므로, △ABC와 △ADE는 SAS닮음입니다.

$$\overline{AB} : \overline{AD} = \overline{AC} : \overline{AE} = 2:1, \ \angle A(\text{공통}) \ \rightarrow \ \triangle ABC \backsim \triangle ADE$$

△ABC와 △ADE가 닮음이므로, 두 삼각형의 내각의 크기는 모두 같겠죠? 여기서 내각을 동위각으로 보면 쉽게 $\overline{BC} /\!/ \overline{DE}$임을 증명할 수 있습니다.

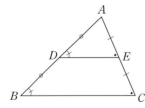

△ABC∽△ADE

→ ∠ADE=∠B, ∠AED=∠C

→ 동위각의 크기가 같다.

∴ $\overline{BC} /\!/ \overline{DE}$

②의 경우, △ABC와 △ADE의 닮음비로부터 $\overline{BC} = 2\overline{DE}$를 증명할 수 있겠네요.

△ABC와 △ADE의 닮음비 → $\overline{AB} : \overline{AD} = \overline{AC} : \overline{AE} = \overline{BC} : \overline{DE} = 2:1$

즉, $\overline{BC} : \overline{DE} = 2:1$이므로 $\overline{BC} = 2\overline{DE}$가 됩니다. 어렵지 않죠? 다음 그림과 같이 △ABC의 세 변의 중점 D, E, F를 연결하였습니다. △DEF의 둘레의 길이를 구해보시기 바랍니다.

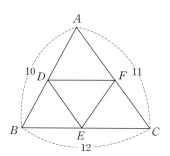

 잠시 질문의 답을 스스로 찾아보는 시간을 가져보세요.

△DEF의 둘레의 길이라...? 음... $(\overline{DF}+\overline{DE}+\overline{EF})$의 값을 구하라는 말이군요. 그리 쉬워 보이진 않습니다. 힌트를 드리겠습니다.

$$\overline{AB}:\overline{AD}=\overline{AC}:\overline{AF}=2:1,\ \angle A(공통)\ \rightarrow\ \triangle ABC\backsim\triangle ADF$$

네, 맞아요. $\overline{BC}$=12이고 $\overline{BC}:\overline{DF}$=2:1(닮음비)이므로 $\overline{DF}$=6입니다. 이번에는 두 삼각형 △BCA, △CAB와 닮음인 삼각형을 각각 찾아보도록 하겠습니다.

$$\overline{BC}:\overline{BE}=\overline{BA}:\overline{BD}=2:1,\ \angle B(공통)\ \rightarrow\ \triangle BCA\backsim\triangle BED$$
$$\overline{CA}:\overline{CF}=\overline{CB}:\overline{CE}=2:1,\ \angle C(공통)\ \rightarrow\ \triangle CAB\backsim\triangle CFE$$

닮음비가 모두 2:1이므로, $\overline{DE}$와 $\overline{EF}$의 길이는 각각 $\overline{AC}$와 $\overline{BA}$의 길이의 절반인 $\frac{11}{2}$과 5가 됩니다. 따라서 △DEF의 둘레의 길이, 즉 $(\overline{DF}+\overline{DE}+\overline{EF})$의 값은 $\frac{33}{2}\left(=6+\frac{11}{2}+5\right)$입니다. 할 만하죠?

다음 그림을 보고 $\overline{AD}:\overline{DB}=\overline{AE}:\overline{EC}$를 증명해 보시기 바랍니다. 단, $\overline{ED}/\!\!/\overline{BC}$입니다.

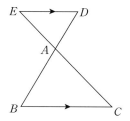

 잠시 질문의 답을 스스로 찾아보는 시간을 가져보세요.

만약 문제에서 $\overline{AB}:\overline{AD}=\overline{AC}:\overline{AE}$를 증명하라고 요구했다면, 우리는 두 삼각형 $\triangle ABC$와 $\triangle ADE$가 닮음이라는 사실만 보이면 됩니다. 그런데 $\overline{AD}:\overline{DB}=\overline{AE}:\overline{EC}$를 증명하라고 했군요. 음... 여간 어려운 일이 아니네요. 다음과 같이 보조선을 그려보는 것은 어떨까요? 즉, $\overline{BC}$의 연장선에서 점 F를 잡고 $\overline{AC}$와 평행하도록 $\overline{FD}$를 그려보자는 말이지요.

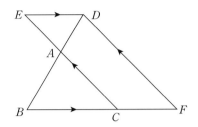

뭔가 감이 오시나요? 과연 어떤 두 삼각형의 닮음을 확인해야 $\overline{AD}:\overline{DB}=\overline{AE}:\overline{EC}$를 증명할 수 있을까요? 네, 그렇습니다. $\triangle ADE$와 $\triangle DBF$입니다. 즉, 두 삼각형 $\triangle ADE$와 $\triangle DBF$가 닮음이라는 사실만 확인하면 손쉽게 $\overline{AD}:\overline{DB}=\overline{AE}:\overline{EC}$임을 증명해 낼 수 있습니다. 그렇죠? 잠깐! 여기서 $\overline{DF}=\overline{EC}$인 거, 다들 아시죠? 보는 바와 같이 $\square ECFD$가 평행사변형이잖아요. (내용이 난해하니 천천히 생각하면서 읽으시기 바랍니다)

평행사변형에서 두 쌍의 대변의 길이는 각각 같다. → $\overline{DF}=\overline{EC}$, $\overline{ED}=\overline{CF}$

그럼 $\triangle ADE$와 $\triangle DBF$가 닮음임을 증명해 볼까요?

$\triangle ADE$와 $\triangle DBF$: $\angle E=\angle F$, $\angle EDA=\angle B$(엇각) → AA닮음
(평행사변형 $ECFD$의 대각의 크기는 같다. → $\angle E=\angle F$)

이제 정리해 봅시다. $\overline{BC}$의 연장선에서 점 F를 잡고 $\overline{AC}$와 평행하도록 $\overline{FD}$를 그리면, 두 삼각형 $\triangle ADE$와 $\triangle DBF$는 닮음(AA닮음)입니다. 그렇죠? 더불어 $\triangle ADE$와 $\triangle DBF$의 닮음비는 $\overline{AD}:\overline{DB}=\overline{AE}:\overline{DF}$이며, $\overline{DF}=\overline{EC}$이므로 결국 $\overline{AD}:\overline{DB}=\overline{AE}:\overline{EC}$입니다.

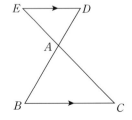

$$\overline{AD}:\overline{DB}=\overline{AE}:\overline{EC}$$

다음 그림에서 x, y의 값을 구해보시기 바랍니다.

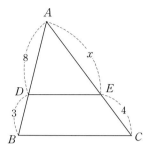 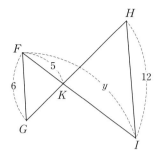

어렵지 않죠? 닮음인 두 삼각형을 찾아 x, y에 대한 비례식(방정식)만 도출하면 됩니다.

- $\triangle ABC \backsim \triangle ADE \rightarrow \overline{AB}:\overline{AD}=\overline{AC}:\overline{AE} \rightarrow 11:8=(x+4):x$
- $\triangle KFG \backsim \triangle KIH \rightarrow \overline{FG}:\overline{IH}=\overline{KF}:\overline{KI} \rightarrow 6:12=5:(y-5)$

이제 비례식(방정식)을 풀어 x, y의 값을 구해보겠습니다.

- $11:8=(x+4):x \rightarrow 11x=8(x+4) \rightarrow 3x=32 \rightarrow x=\dfrac{32}{3}$
- $6:12=5:(y-5) \rightarrow 6(y-5)=60 \rightarrow y-5=10 \rightarrow y=15$

다음 그림에서 $\overline{AB} /\!/ \overline{EF} /\!/ \overline{DC}$일 때, x, y의 값을 구해보시기 바랍니다.

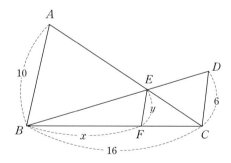

어렵지 않죠? 닮음인 삼각형을 찾아 x, y에 대한 비례식(방정식)만 도출하면 됩니다.

- $\triangle BFE \backsim \triangle BCD \rightarrow \overline{BF}:\overline{BC}=\overline{FE}:\overline{CD} \rightarrow x:16=y:6$
- $\triangle CFE \backsim \triangle CBA \rightarrow \overline{EF}:\overline{AB}=\overline{CF}:\overline{CB} \rightarrow y:10=(16-x):16$

이제 비례식(연립방정식)을 풀어 x, y의 값을 구해보겠습니다.

- $x : 16 = y : 6 \rightarrow 16y = 6x$ 　　 - $y : 10 = (16 - x) : 16 \rightarrow 16y = 160 - 10x$

$$16y = \boxed{160 - 10x}$$

$$16y = 6x \rightarrow 160 - 10x = 6x \rightarrow 160 = 16x \rightarrow x = 10$$

$$x = \boxed{10}$$

$$16y = 6x \rightarrow 16y = 60 \rightarrow y = \frac{15}{4}$$

다음 그림에서 x의 값을 구해보시기 바랍니다.

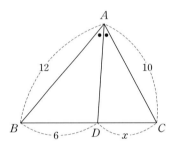

 잠시 질문의 답을 스스로 찾아보는 시간을 가져보세요.

　도대체 닮음인 삼각형은 어느 것일까요? 음... 상당히 어려운 문제군요. 힌트를 드리겠습니다. 다음 그림과 같이 점 C를 지나고 $\overline{AD}$와 평행한 직선과 $\overline{BA}$의 연장선을 그어보시기 바랍니다. 그리고 두 직선이 만나는 점을 점 E로 놓아보십시오.

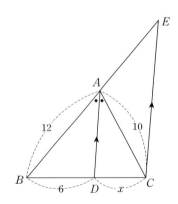

어떠세요? 이제 닮음인 삼각형을 찾을 수 있겠죠? 그렇습니다. 바로 $\triangle BAD$와 $\triangle BEC$가 닮음입니다. 여기서 $\angle DAC = \angle ACE$는 엇각으로, $\angle BAD = \angle AEC$는 동위각으로 같습니다. 즉, $\angle DAC = \angle ACE = \angle BAD = \angle AEC$가 된다는 말이지요. 잠깐! $\angle ACE = \angle AEC$라고요? 아하! $\triangle ACE$가 이등변삼각형($\overline{AC} = \overline{AE}$)이었군요.

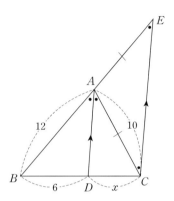

여기까지 이해되시죠? 그렇다면 $\triangle BAD$와 $\triangle BEC$의 닮음비로부터 x에 대한 비례식을 도출해 보도록 하겠습니다. ($\overline{AC} = \overline{AE} = 10$입니다)

$$\overline{BA}:\overline{BE} = \overline{BD}:\overline{BC} \;\rightarrow\; 12:(12+10) = 6:(6+x) \;\rightarrow\; 12:22 = 6:(6+x)$$

비례식을 풀면 다음과 같습니다.

$$12:22 = 6:(6+x) \;\rightarrow\; 132 = 12(6+x) \;\rightarrow\; x=5$$

도형의 닮음과 관련하여 꽤 많은 문제를 풀어봤는데…, 어떠세요? 할 만한가요? 네, 그렇습니다. 닮음과 관련된 문제에서는, 구하고자 하는 값을 기준으로 닮음 도형을 찾는 것이 관건입니다. 만약 닮음 도형을 찾기가 어렵다면, 적당한 보조선(평행선)을 그어보시기 바랍니다. 그럼 한결 수월할 것입니다.

[도형의 닮음 문제]
① 구하고자 하는 값을 기준으로 닮음 도형을 찾아본다.
② 적당한 보조선(평행선)을 그어, 닮음 도형을 찾아본다.

평행선 사이 선분의 비례관계는 어떻게 될까요? 다음 평행선 l, m, n에 대하여 x, y의 값을 찾아보시기 바랍니다. (단, $\overline{AE}$와 $\overline{FH}$는 평행합니다)

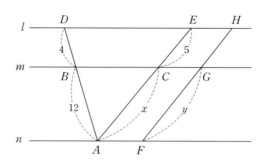

두 삼각형 $\triangle ABC$와 $\triangle ADE$가 닮음이므로 $\overline{AB}:\overline{AD}=\overline{AC}:\overline{AE}$가 성립합니다. 그렇죠? 여기서 손쉽게 x의 값을 구할 수 있겠네요.

$$\overline{AB}:\overline{AD}=\overline{AC}:\overline{AE} \rightarrow 12:(12+4)=x:(x+5) \rightarrow 16x=12(x+5) \rightarrow x=15$$

더불어 다음 그림과 같이 점 C를 지나고 $\overline{AD}$와 평행한 선분 $\overline{CI}$를 그을 경우, 두 삼각형 $\triangle ABC$와 $\triangle CIE$는 닮음입니다. 음... 닮음비 $\overline{AB}:\overline{CI}=\overline{AC}:\overline{CE}$(또는 $\overline{AB}:\overline{BD}=\overline{AC}:\overline{CE}$)를 통해서도 x의 값을 구할 수 있겠네요. 여기서 $\square DBCI$가 평행사변형이 되어 $\overline{DB}=\overline{IC}=4$입니다.

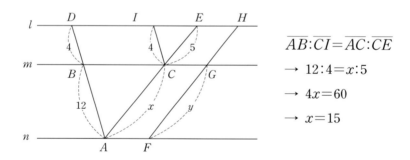

$$\overline{AB}:\overline{CI}=\overline{AC}:\overline{CE}$$
$$\rightarrow 12:4=x:5$$
$$\rightarrow 4x=60$$
$$\rightarrow x=15$$

보는 바와 같이 $\square AFGC$가 평행사변형이므로 $x=y=15$입니다. 역시, 닮음비를 이용하니까 손쉽게 x, y의 값을 찾을 수 있군요.

이제 평행선 사이 선분의 비례관계를 도출해 볼까요? 너무 막막해 할 것 같아 다음과 같이 가이드라인을 제시해 드리겠습니다. 그림을 보면서 닮음비 및 평행사변형의 성질을 떠올려 보시기 바랍니다. (단, $\overline{AE}$와 $\overline{FH}$는 평행합니다)

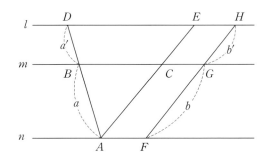

$a:a'=b:b'$의 관계는?

 잠시 질문의 답을 스스로 찾아보는 시간을 가져보세요.

일단 두 사각형 □$AFGC$와 □$CGHE$가 평행사변형이므로, $\overline{AC}=\overline{FG}=b$, $\overline{CE}=\overline{GH}=b'$입니다. 그렇죠? 앞서 도출한 비례식 $\overline{AB}:\overline{BD}=\overline{AC}:\overline{CE}=a:a'$에 $\overline{AC}$ 대신 $\overline{FG}(=b)$를, $\overline{CE}$ 대신 $\overline{GH}(=b')$를 대입해 보면 다음과 같습니다.

$$\overline{AB}:\overline{BD}=\overline{AC}:\overline{CE} \;\rightarrow\; \overline{AB}:\overline{BD}=\overline{FG}:\overline{GH}(\overline{AC}=\overline{FG},\ \overline{CE}=\overline{GH}) \;\rightarrow\; a:a'=b:b'$$

정리하면 다음과 같습니다.

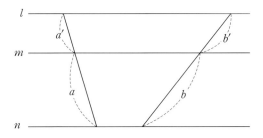

$l\,/\!/\,m\,/\!/\,n \;\rightarrow\; a:a'=b:b'$

다음 그림 ①~④에 대하여 $l\,/\!/\,m\,/\!/\,n$일 때, $a:a'=b:b'$가 성립합니다. 물론 보조선을 그어 삼각형의 닮음비를 이용하면 어렵지 않게 증명할 수 있으니, 시간이 허락된다면 한 번 도전해 보시기 바랍니다.

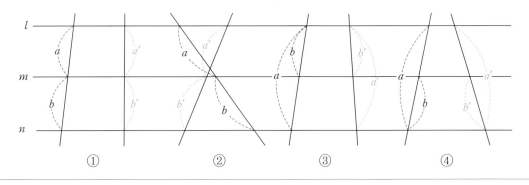

① ② ③ ④

더불어 다음 그림 ①~④에 대하여 비례관계 $a:a'=b:b'$가 성립할 경우, 세 직선 l, m, n이 서로 평행하다는 사실도 함께 기억하시기 바랍니다. (증명 생략)

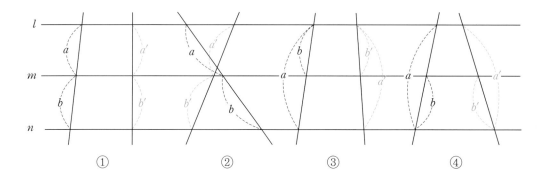

★ 개념을 정확히 이해했는지 확인하고 싶다면, 학교 교과서에 나오는 개념확인 문제를 풀어 보거나 스스로 개념 확인문제를 출제하여 풀어보면 큰 도움이 될 것입니다.

2 삼각형의 무게중심

여러분~ 혹시 '남사당놀이'라고 들어본 적이 있으신가요? 남사당놀이란, 남자들로 구성된 유랑 연예인 집단이 농어촌 등을 떠돌며 펼치던 놀이를 말합니다. 과거 서민들이 즐겼던 대표적인 놀이였다고 하네요. 남사당놀이의 공연 중 '버나'라는 것이 있습니다. 버나는 오른쪽 그림과 같이 긴 막대 위에 접시를 세워 돌리는 공연을 말하는데요. 접시의 정확한 무게중심을 찾아 막대를 꽂으면, 접시는 뾰족한 막대 위에서 평형을 유지할 수 있게 됩니다. 여기서 무게중심이란 중력에 의한 알짜 토크가 0인 점을 말합니다. 헉? 토크는 또 뭐냐고요? 음... 토크(torque)란 회전력이라고 생각하면 쉬운데요, 물체가 회전할 때 그 쏠림 현상을 수치로 표현한 것을 토크라고 정의합니다. 즉, 토크가 0인 지점에서는 물체가 회전하더라도 한쪽으로 쏠리지 않는다는 뜻이지요. 도무지 무슨 말을 하는지 모르겠다고요? 이해가 잘 안 가면 그냥 넘어가도 상관없습니다.

어떻게 하면 삼각형 모양의 접시를 송곳 위에 세울 수 있을까요? 그렇습니다. 삼각형의 무게중심을 찾아, 그 지점에 송곳을 꽂으면 됩니다. 과연 삼각형의 무게중심은 어디일까요? 너무 막막하다고요? 일단 수학적인 계산이 아닌 그냥 느낌 가는대로 무게중심의 위치를 추측해 보는 시간을 갖도록 하겠습니다. 다음 삼각형의 무게중심을 찾아 점으로 찍어보시기 바랍니다.

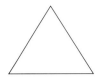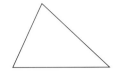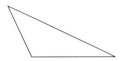

찍으셨나요? 이번엔 여러분이 찾은 점과 세 꼭짓점을 연결해 보십시오. 어떠세요? 처음 도형(삼각형)이 세 개의 작은 삼각형으로 분할되었죠? 여기서 세 삼각형의 '어떤 값'이 같아야 무게중심에서 토크(회전력)가 0이 될까요? 즉, 여러분이 찍은 점을 기준으로 도형(삼각형)을 회전시켰을 때 한쪽으로 쏠리지 않느냐는 말입니다.

 잠시 질문의 답을 스스로 찾아보는 시간을 가져보세요

네, 맞아요. 분할된 세 삼각형의 넓이가 같아야 할 것입니다.

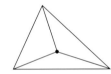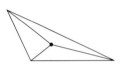

나누어진 세 삼각형의 넓이가 같아야 삼각형을 송곳 위에 세울 수 있다.

이제 삼각형의 무게중심에 대한 수학적 정의를 내려보는 시간을 갖겠습니다.

삼각형의 무게중심

삼각형에서 한 꼭짓점과 그 대변의 중점을 이은 3개의 선분(중선)이 만나는 점을 삼각형의 무게중심이라고 정의합니다.

조금 어렵나요? 다음 그림을 살펴보면 이해하기가 좀 더 수월할 것입니다. 참고로 중선이란 삼각형의 한 꼭짓점에서 대변의 중점을 이은 선분을 말합니다.

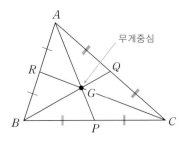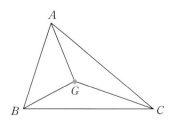

미리 앞서 가자면, 삼각형의 무게중심은 각 중선의 길이를 꼭짓점으로부터 2:1로 내분합니다. 더불어 삼각형의 무게중심과 세 꼭짓점을 연결하여 나누어진 세 삼각형 넓이는 서로 같습니다. 무슨 말인지 잘 모르겠다고요? 앞쪽 그림을 보면서 다음 내용을 천천히 읽어보시기 바랍니다. 증명은 차차 하도록 하겠습니다.

① 무게중심은 각 중선의 길이를 꼭짓점으로부터 2:1로 내분한다.
→ $\overline{AG}:\overline{GP}=2:1$, $\overline{BG}:\overline{GQ}=2:1$, $\overline{CG}:\overline{GR}=2:1$

② 무게중심을 기준으로 나누어진 세 삼각형 넓이는 서로 같다.
→ $\triangle GAB = \triangle GBC = \triangle GCA$

앞서 우리는 삼각형의 한 꼭짓점과 그 대변의 중점을 이은 3개의 선분(중선)이 만나는 점을 삼각형의 무게중심이라고 정의했습니다. 그렇죠? 과연 모든 삼각형의 세 중선이 한 점에서 만날까요? 사실 세 선분이 한 점에서 만난다는 것은 아주 특별한 경우입니다. 보통 세 선분(또는 직선)이 만날 때에는 세 개의 교점이 생기기 마련이거든요. 다음은 세 선분(또는 직선)이 만나는 경우를 정리한 것입니다.

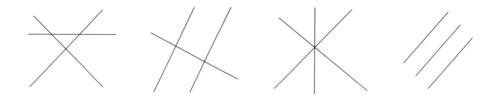

그럼 임의의 삼각형의 세 중선이 정말 한 점에서 만나는지 증명해 보도록 하겠습니다. 일단 삼각형 ($\triangle ABC$)을 하나 그린 다음, 2개의 중선($\overline{AD}$와 $\overline{CE}$)을 그어봅시다. 그리고 두 중점(E와 D)을 이어보겠습니다. (여러 삼각형과 선분이 나오므로 차근차근 하나씩 확인하면서 천천히 읽어보시기 바랍니다)

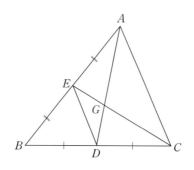

보아하니 두 삼각형 △BCA와 △BDE가 닮음이군요. 그렇죠? ∠B가 공통이고 대응하는 두 변의 길이의 비가 2:1로 같잖아요.

$$\angle B(\text{공통}), \ \overline{BA}:\overline{BE}=\overline{BC}:\overline{BD}=2:1 \ \rightarrow \ \triangle BCA\backsim\triangle BDE$$

△BCA와 △BDE가 닮음이므로 세 내각(대응각)의 크기는 모두 같습니다. 그렇죠? 이 경우 동위각 ∠BDE와 ∠BCA의 크기가 같아 두 선분 $\overline{ED}$와 $\overline{AC}$는 평행합니다. 여러분~ 닮음인 두 삼각형이 또 있는데,... 혹시 찾으셨나요? 그렇습니다. △GAC와 △GDE입니다.

$$\angle GCA=\angle GED(\text{엇각}), \ \angle GAC=\angle GDE(\text{엇각}) \ \rightarrow \ \triangle GAC\backsim\triangle GDE$$

그렇다면 두 삼각형 △GDE와 △GAC의 닮음비는 얼마일까요?

 잠시 질문의 답을 스스로 찾아보는 시간을 가져보세요.

조금 어렵나요? 앞서 △BCA와 △BDE의 닮음비가 2:1이라고 했으므로, $\overline{AC}:\overline{DE}$ 또한 2:1이 될 것입니다. 그렇죠? 어라...? $\overline{AC}$와 $\overline{DE}$는 두 삼각형 △GAC와 △GDE의 대응변에 해당하는군요. 즉, 두 삼각형 △GAC와 △GDE의 닮음비 또한 2:1이 된다는 말이지요. 여기까지 이해되시죠? 혹여 이해가 잘 가지 않는 학생은 닮음비 및 닮음조건의 개념을 복습한 뒤 다시 한 번 읽어보시기 바랍니다.

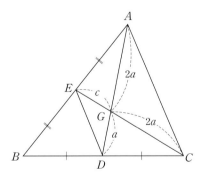

$$\triangle GAC\backsim\triangle GDE \ \rightarrow \ \overline{AC}:\overline{DE}=\overline{GA}:\overline{GD}=\overline{GC}:\overline{GE}=2:1(\text{닮음비})$$

여기서 △ABC의 두 중선($\overline{AD}$와 $\overline{CE}$)이 만나는 점 G가 각각의 중선을 2:1로 내분한다는 사실을 쉽게 확인할 수 있습니다. 참고로 한 선분을 2:1로 내분하는 점은 단 하나 존재합니다.

$$\overline{AG}:\overline{GD}=2:1 \quad \rightarrow \quad \text{점 } G\text{는 중선 } \overline{AD}\text{를 2:1로 내분한다.}$$
$$\overline{CG}:\overline{GE}=2:1 \quad \rightarrow \quad \text{점 } G\text{는 중선 } \overline{CE}\text{를 2:1로 내분한다.}$$

이제 질문의 답을 찾아봅시다. 과연 꼭짓점 B에서 대변 $\overline{AC}$에 그은 중선 또한 점 G를 지날까요? 즉, $\triangle ABC$의 세 중선이 하나의 점 G에서 만나는지 묻는 것입니다.

$\triangle ABC$에서 꼭짓점 A와 B로부터 그 대변에 중선을 그었을 경우를 상상해 보십시오. 다음 그림에서 보는 바와 같이 나누어진 두 삼각형 $\triangle GAB$와 $\triangle GDF$의 닮음비는 2:1입니다.

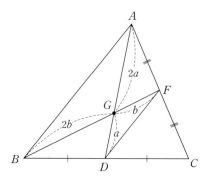

$$\triangle GAB \backsim \triangle GDF \quad \rightarrow \quad \overline{AB}:\overline{DF}=\overline{GA}:\overline{GD}=\overline{GB}:\overline{GF}=2:1(\text{닮음비})$$

어라...? 앞서 두 꼭짓점 A와 C로부터 그 대변에 중선을 그었을 경우에서와 같이, 삼각형의 두 중선의 교점은 모두 $\overline{AD}$를 2:1로 내분합니다. 그렇죠? 즉, 임의의 삼각형의 세 중선은 한 점에서 만난다고 말할 수 있습니다.

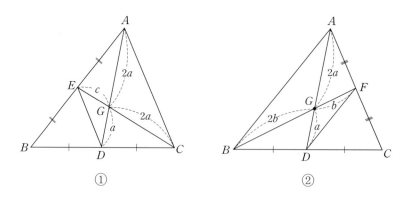

① 두 중선 $\overline{AD}$와 $\overline{CE}$가 만나는 점

② 두 중선 $\overline{AD}$와 $\overline{BF}$가 만나는 점 $\rightarrow$ $\overline{AD}$를 2:1로 내분하는 점

이 점이 바로 삼각형의 무게중심입니다. 더불어 삼각형의 무게중심이 각 중선의 길이를 꼭짓점으로부터 2:1로 내분한다는(나눈다는) 것도 함께 설명되었네요. 혹여 증명과정이 잘 이해가 가지 않는 학생이 있다면 일단 넘어가시기 바랍니다. 소단원을 다 읽고난 후 다시 한 번 읽어보면 좀 더 쉽게 이해할 수 있거든요.

앞서 우리는 삼각형의 무게중심과 세 꼭짓점을 연결하여 나누어진 세 삼각형 넓이는 서로 같다고 말했습니다. 기억하시죠? 함께 증명해 보도록 하겠습니다. 다음과 같이 $\triangle ABC$의 두 꼭짓점 A와 B로부터 그 대변에 그은 두 중선이 만나는 점, 즉 무게중심을 찾아 G라고 놓겠습니다. (여러 삼각형이 나오므로 차근차근 하나씩 확인하면서 천천히 읽어보시기 바랍니다)

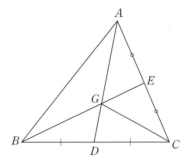

여러분~ $\triangle ABD$와 $\triangle ACD$의 넓이가 서로 같다는 것, 다들 아시죠? 잘 보세요~ 두 삼각형의 밑변과 높이의 길이가 서로 같잖아요. 더불어 $\triangle GBD$와 $\triangle GCD$의 넓이도 같습니다.

$$\triangle ABD = \triangle ACD \qquad \triangle GBD = \triangle GCD$$

여기서 $\triangle GAB$의 넓이는 $\triangle ABD$의 넓이에서 $\triangle GBD$의 넓이를 뺀 값과 같으며, $\triangle GCA$의 넓이는 $\triangle ACD$의 넓이에서 $\triangle GCD$의 넓이를 뺀 값과 같습니다.

$$\triangle GAB = \triangle ABD - \triangle GBD \qquad \triangle GCA = \triangle ACD - \triangle GCD$$

$\triangle ABD = \triangle ADC$, $\triangle GBD = \triangle GCD$이므로, 결국 $\triangle GAB$와 $\triangle GCA$의 넓이는 서로 같게 됩니다.

$$\triangle GAB = \boxed{\triangle ABD} - \boxed{\triangle GBD}$$
$$\triangle GCA = \boxed{\triangle ACD} - \boxed{\triangle GCD} \qquad ☞ \quad \triangle GAB = \triangle GCA$$

이러한 방식으로 하나씩 따져보면 세 삼각형 $\triangle GAB$, $\triangle GBC$, $\triangle GCA$의 넓이가 모두 같다는 사실을 쉽게 증명해 낼 수 있을 것입니다. 다음의 진행과정은 여러분들의 과제로 남겨놓겠습니다. 시간 날 때, 각자 마무리 해 보시기 바랍니다.

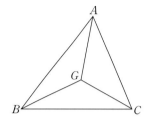

$$\triangle GAB = \triangle GBC = \triangle GCA$$

점 G는 $\triangle ABC$의 무게중심이다.

삼각형의 무게중심에 관한 사항을 정리하면 다음과 같습니다.

삼각형의 무게중심과 그 성질

삼각형에서 한 꼭짓점과 그 대변의 중점을 이은 3개의 선분(중선)이 만나는 점을 삼각형의 무게중심이라고 정의합니다.

① 무게중심은 각 중선의 길이를 꼭짓점으로부터 2:1로 내분합니다.

② 무게중심과 꼭짓점을 연결하여 나누어진 세 삼각형의 넓이는 서로 같습니다.

다음 그림을 보면 이해하기가 한결 수월할 것입니다.

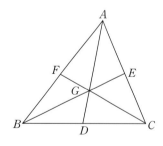

$$\overline{AG}:\overline{GD}=\overline{BG}:\overline{BE}=\overline{CG}:\overline{GF}=2:1$$

$$\triangle GAB = \triangle GBC = \triangle GCA$$

점 G는 삼각형 ABC의 무게중심이다.

다들 예상했겠지만, 무게중심의 개념은 건축물, 조각품, 각종 기계장치 등을 만들 때, 아주 요긴하게 쓰입니다. 왜냐하면 평형을 유지하는 데 꼭 필요한 요소이기 때문이죠. 심화학습에서도 잠깐 다루어 보겠지만, 다각형의 무게중심을 찾는 데 있어서 삼각형의 무게중심이 활용된다는 사실도 함께 기억하시기 바랍니다. (삼각형의 무게중심의 숨은 의미)

삼각형의 무게중심과 관련된 문제를 풀어볼까요? 다음 그림에서 점 G가 $\triangle ABC$의 무게중심일 때, x, y, z의 값을 구해보시기 바랍니다.

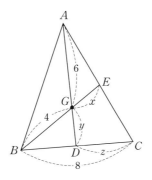

잠시 질문의 답을 스스로 찾아보는 시간을 가져보세요.

일단 점 D는 $\overline{BC}$의 중점입니다. 그렇죠? 즉, $z=4$가 되겠네요. 이제 x, y의 값을 찾아볼까요? 음... 무게중심이 각 중선의 길이를 꼭짓점으로부터 2:1로 내분한다는 사실만 알고 있으면 쉽게 해결할 수 있을 듯합니다. 다시 말해서, 무게중심의 성질로부터 x, y에 대한 비례식만 세우면 '게임 끝'이라는 말입니다. 정답은 다음과 같습니다.

$$\overline{BG}:\overline{GE}=2:1 \ \rightarrow \ 4:x=2:1 \ \rightarrow \ 2x=4 \ \rightarrow \ x=2$$
$$\overline{AG}:\overline{GD}=2:1 \ \rightarrow \ 6:y=2:1 \ \rightarrow \ 2y=6 \ \rightarrow \ y=3$$

다음 그림에서 점 G와 G'가 각각 $\triangle ABC$와 $\triangle GAC$의 무게중심일 때, 물음에 답해 보시기 바랍니다. 단, $\triangle ABC$의 넓이는 36입니다.

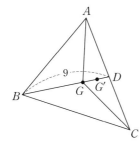

① $\overline{G'D}$의 길이는 얼마인가?

② $\triangle G'AC$의 넓이는 얼마인가?

잠시 질문의 답을 스스로 찾아보는 시간을 가져보세요.

음... 조금 복잡해 보이는군요. 일단 $\triangle ABC$의 무게중심 G를 기준으로 $\overline{BG}$와 $\overline{GD}$의 길이를 구해보도록 하겠습니다. 잠깐! 삼각형의 무게중심이 각 중선의 길이를 꼭짓점으로부터 2:1로 내분한다는 사실, 다들 알고 계시죠? 여기서 $\overline{BG}$의 길이를 x로 놓은 후, x에 대한 비례식만 작성하면 다음과 같습니다. 참고로 $\overline{GD}$의 길이는 $(9-x)$입니다.

$$\overline{BG}:\overline{GD}=2:1 \rightarrow x:(9-x)=2:1 \rightarrow 2(9-x)=x \rightarrow 18-2x=x \rightarrow 18=3x \rightarrow x=6$$

즉, $\overline{BG}=6$이며 $\overline{GD}=3$입니다. 이제 $\triangle GAC$의 무게중심 G'를 기준으로 $\overline{GG'}$와 $\overline{G'D}$의 길이를 구해보겠습니다. 편의상 $\overline{GG'}$의 길이를 y로 놓겠습니다. 물론 $\overline{G'D}$의 길이는 $(3-y)$가 되겠네요. 마찬가지로 삼각형의 무게중심이 각 중선의 길이를 꼭짓점으로부터 2:1로 내분한다는 사실로부터, y에 대한 비례식을 작성한 후 그 값(y)을 찾으면 다음과 같습니다.

$$\overline{GG'}:\overline{G'D}=2:1 \rightarrow y:(3-y)=2:1 \rightarrow 2(3-y)=y \rightarrow 6-2y=y \rightarrow 6=3y \rightarrow y=2$$

따라서 $\overline{GG'}=2$이며 $\overline{G'D}=1$입니다. 와우~ 벌써 하나(①)를 해결했네요. 그럼 $\triangle G'AC$의 넓이(②)를 구해볼까요? 먼저 $\triangle GAC$의 넓이를 구해봅시다. 문제에서 $\triangle ABC$의 넓이가 36이라고 했으므로, $\triangle GAC$의 넓이는 $\triangle ABC$의 넓이의 $\frac{1}{3}$인 12가 될 것입니다. 그렇죠? 이제 $\triangle GAC$의 넓이로부터 구하고자 하는 $\triangle G'AC$의 넓이를 구해보겠습니다. 편의상 $\triangle GAC$를 따로 떼어내어 그려보면 다음과 같습니다.

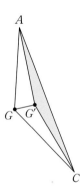

어떠세요? 답이 보이시나요? 네, 맞아요. $\triangle GAC$의 넓이가 12이므로, $\triangle G'AC$의 넓이는 $\triangle GAC$의 넓이의 $\frac{1}{3}$인 4가 될 것입니다. 그렇죠? 따라서 정답은 다음과 같습니다.

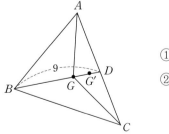

① $\overline{G'D}=1$

② $\triangle G'AC=4$

할 만한가요? 난이도를 조금 높여보도록 하겠습니다. 다음 그림에서 점 G가 $\triangle ABC$의 무게중심일 때, x, y의 값을 구해보시기 바랍니다. 단, $\overline{DE}$와 $\overline{BC}$는 평행합니다.

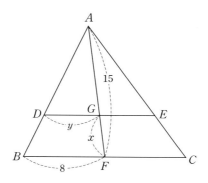

잠시 질문의 답을 스스로 찾아보는 시간을 가져보세요.

음... 일단 무게중심의 성질(중선의 길이를 꼭짓점으로부터 2:1로 내분한다)로부터 손쉽게 x의 값을 찾을 수 있겠네요. 다시 말해서, x에 대한 비례식만 세우면 간단히 x의 값을 구할 수 있다는 말입니다. 참고로 $\overline{AG}$의 길이는 $(15-x)$입니다.

$$\overline{AG}:\overline{GF}=2:1 \;\rightarrow\; (15-x):x=2:1 \;\rightarrow\; 2x=15-x \;\rightarrow\; 3x=15 \;\rightarrow\; x=5$$

이제 y의 값을 찾아볼까요? 이건 조금 어렵군요. 일단 $\triangle ABF$에 초점을 맞춰보도록 하겠습니다. 보아하니 $\triangle ABF$와 $\triangle ADG$가 닮음이네요. 그렇죠? 문제에서 $\overline{DE}$와 $\overline{BC}$가 평행하다고 했잖아요. 즉, 두 삼각형 $\triangle ABF$와 $\triangle ADG$의 두 밑각은 동위각으로 각각 같습니다.

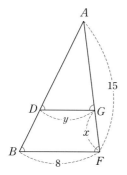

$\triangle ABF \backsim \triangle ADG$(닮음)

$\angle ADG = \angle ABF$(동위각)

$\angle AGD = \angle AFB$(동위각)

(닮음비) $\overline{AF}:\overline{AG}=15:(15-x)=15:10=3:2$

두 삼각형 $\triangle ABF$와 $\triangle ADG$의 닮음비가 3:2이므로, $\overline{BF}:\overline{DG}$ 또한 3:2가 될 것입니다. 여기서 우리는 y에 대한 방정식을 도출할 수 있습니다. 정답은 다음과 같습니다.

$$\overline{BF} : \overline{DG} = 8 : y = 3 : 2 \;\rightarrow\; 3y = 16 \;\rightarrow\; y = \frac{16}{3}$$

★ 개념을 정확히 이해했는지 확인하고 싶다면, 학교 교과서에 나오는 개념확인 문제를 풀어 보거나 스스로 개념 확인문제를 출제하여 풀어보면 큰 도움이 될 것입니다.

3 닮음의 활용

실생활 속에서 도형의 닮음은 어떻게 활용될까요? 다음 질문의 답을 찾아보시기 바랍니다.

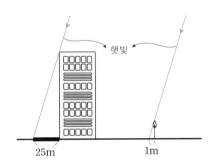

건물과 나무의 그림자의 길이가 각각 25m, 1m일 때, 건물의 높이는 얼마일까요? (단, 나무의 높이는 3m이며, 햇빛은 어디서나 평행하게 비춥니다)

 잠시 질문의 답을 스스로 찾아보는 시간을 가져보세요.

조금 어렵나요? 힌트를 드리겠습니다. 햇빛과 그림자 그리고 건물과 나무의 높이를 세 변으로 하는 두 개의 삼각형을 찾아보십시오. 과연 두 삼각형의 관계는 무엇일까요? 네, 맞아요. 닮음입니다. 모두 직각삼각형이면서 동시에 햇빛과 지면이 이루는 각의 크기가 서로 같거든요.

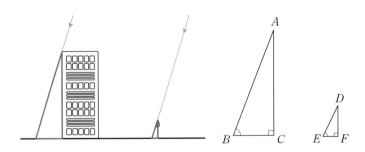

그럼 두 삼각형 $\triangle ABC$와 $\triangle DEF$의 닮음비를 활용하여 건물의 높이를 계산해 볼까요? 편의상 건물의 높이($\overline{AC}$의 길이)를 x로 놓겠습니다.

$$\triangle ABC \backsim \triangle DEF \quad \rightarrow \quad \overline{BC}:\overline{EF}=\overline{AC}:\overline{DF} \quad \rightarrow \quad 25:1=x:3 \quad \rightarrow \quad x=75$$

따라서 건물의 높이는 75m입니다. 쉽죠? 이렇게 도형의 닮음을 활용하면 실제로 측정하기 어려운 수치를 손쉽게 계산해 낼 수 있답니다. 과거 그리스의 천문학자 에라토스테네스(BC 273~BC 192)는 도형의 닮음을 활용하여 지구의 반지름을 구했다고 합니다.

도형의 닮음과 관련하여 우리가 가장 흔하게 접할 수 있는 것은 바로 지도입니다. 지도란 실제 공간을 일정한 비율로 축소하여, 약속된 기호로 평면에 나타낸 그림을 말하는데요. 실제 공간을 일정한 비율로 줄였기 때문에 지도에 그려진 지형과 실제 지형은 서로 닮음이 됩니다. 그렇죠? 여기서 우리는 닮음비, 즉 축소된 비율로부터 실제 지형의 거리 등을 손쉽게 계산해 낼 수 있습니다. 다음은 은설이네 동네 지도입니다. 지도를 바탕으로 학교와 도서관의 실제 거리를 계산해 보시기 바랍니다. 단, 지도의 축척은 1:6250이며, 지도상에서 학교와 도서관 사이의 길이(거리)는 14.5cm입니다.

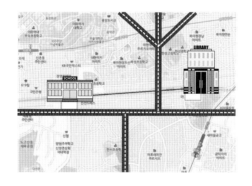

 잠시 질문의 답을 스스로 찾아보는 시간을 가져보세요.

조금 어렵나요? 아마도 축척의 개념을 잘 몰라서 그럴 것입니다. 힌트를 드리겠습니다.

축척 : 지도상의 거리와 실제 거리의 비율

예를 들어, 축척 1:100이란 지도상의 길이가 1cm이면 실제 거리는 100cm가 된다는 뜻입니다. 앞서도 언급했지만, 축척은 지도상의 지형과 실제 지형의 닮음비를 의미합니다. 이제 학교와 도서관의 실제 거리를 구해볼까요? 편의상 그 값을 x라고 놓겠습니다.

축척(닮음비) $1:6250=14.5:x \quad \rightarrow \quad x=6250\times14.5=90625$

따라서 학교와 도서관의 실제 거리는 90625cm(=906.25m)입니다. 어렵지 않죠? 참고로 축척의 축은 '줄일 축(縮)'자를, 척은 길이를 의미하는 '자 척(尺)'자를 씁니다.

도형의 닮음비와 둘레의 길이 또는 넓이 사이에는 어떤 상관관계가 있을까요? 예를 들어, 닮음비가 2:1인 두 도형의 둘레의 비 또는 넓이의 비가 얼마인지 묻는 것입니다.

 잠시 질문의 답을 스스로 찾아보는 시간을 가져보세요.

닮음비가 2:1이라는 이유로, 아무 생각없이 두 도형의 둘레와 넓이의 비 또한 2:1이라고 생각하면 큰 오산입니다. 더 나아가 직관적인 느낌에 따라 수학적 사실을 규정지으면 큰 오류를 범할 수 있다는 것 또한 절대 잊지 마시기 바랍니다. 반드시 증명이라는 과정을 거친 후, 결과를 도출해야 하거든요. 이것이 바로 수학을 공부하는 기본적인 자세입니다.

우선 예시를 통해 닮음인 두 도형의 둘레와 넓이의 비를 짐작해 보도록 하겠습니다.

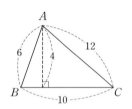

(△ABC와 △DEF의 닮음비)=2:1

△ABC의 둘레 : 28
△DEF의 둘레 : 14
→ 둘레의 비=2:1

△ABC의 넓이 : 20
△DEF의 넓이 : 5
→ 넓이의 비=4:1

어라...? 두 도형의 둘레의 비는 닮음비와 같은 반면, 넓이의 비는 닮음비와 전혀 다르군요. 음... 도대체 어떻게 된 일일까요? 이번엔 닮음비가 $a:b$인 두 삼각형 △ABC와 △DEF의 둘레와 넓이의 비를 각각 계산해 보도록 하겠습니다. 편의상 △ABC의 세 변의 길이를 x, y, z로, 높이를 h로 놓겠습니다. 이 경우 △DEF의 세 변의 길이는 $\frac{b}{a}x$, $\frac{b}{a}y$, $\frac{b}{a}z$가 되며 높이는 $\frac{b}{a}h$가 될 것입니다.

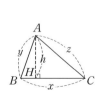

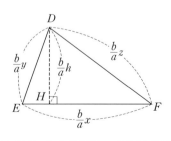

$$(\triangle ABC와 \triangle DEF의 닮음비)=a\mathbin{:}b$$

잘 이해가 되지 않는 학생은 다음 예시를 참고하시기 바랍니다.

$\triangle ABC$와 $\triangle DEF$의 닮음비가 $2\mathbin{:}3(a\mathbin{:}b)$일 경우,
대응변 $\overline{AB}$와 $\overline{DE}$의 길이관계는 다음과 같다.

$$2\mathbin{:}3=\overline{AB}\mathbin{:}\overline{DE} \;\rightarrow\; 3\overline{AB}=2\overline{DE} \;\rightarrow\; \overline{DE}=\frac{3}{2}\overline{AB}$$

$$a\mathbin{:}b=\overline{AB}\mathbin{:}\overline{DE} \;\rightarrow\; b\overline{AB}=a\overline{DE} \;\rightarrow\; \overline{DE}=\frac{b}{a}\overline{AB}$$

이제 $\triangle ABC$와 $\triangle DEF$의 둘레의 길이를 각각 구하여, 그 비를 계산해 보도록 하겠습니다. 여기서 잠깐! 비례식의 두 항에 같은 수를 곱하거나 0이 아닌 같은 수로 나누어도 비례식은 변함이 없다는 사실, 다들 알고 계시죠? 예를 들어, 비례식 6:9의 두 항 6과 9에 각각 2를 곱한 식 12:18과, 두 항 6과 9를 3으로 나눈 식 2:3은 처음 비례식 6:9와 서로 같은 식이라는 뜻입니다. (6:9=12:18=2:3)

$$(\triangle ABC의 \,둘레의\, 길이)=(x+y+z)$$

$$(\triangle DEF의 \,둘레의\, 길이)=\frac{b}{a}x+\frac{b}{a}y+\frac{b}{a}z=\frac{b}{a}(x+y+z)$$

$$\rightarrow (\triangle ABC의\, 둘레의\, 길이) : (\triangle DEF의\, 둘레의\, 길이)=(x+y+z)\mathbin{:}\frac{b}{a}(x+y+z)=1\mathbin{:}\frac{b}{a}$$

도출된 비례식 $1\mathbin{:}\dfrac{b}{a}$의 두 항에 각각 a를 곱하면 다음과 같습니다.

$$1\mathbin{:}\frac{b}{a} \cdots\cdot (두\, 항에\, 각각\, a를\, 곱한다) \cdots\rightarrow a\mathbin{:}b$$

여기서 우리는 닮음비가 $a\mathbin{:}b$인 두 삼각형 $\triangle ABC$와 $\triangle DEF$의 둘레의 비 또한 $a\mathbin{:}b$가 된다는 사실을 쉽게 확인할 수 있습니다. 이제 두 삼각형 $\triangle ABC$와 $\triangle DEF$을 넓이의 비를 계산해 볼 차례네요.

과연 두 삼각형 $\triangle ABC$와 $\triangle DEF$의 넓이의 비는 얼마일까...?

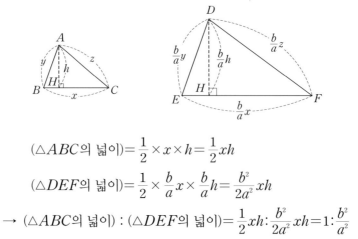

$$(\triangle ABC의\ 넓이)=\frac{1}{2}\times x\times h=\frac{1}{2}xh$$

$$(\triangle DEF의\ 넓이)=\frac{1}{2}\times \frac{b}{a}x\times \frac{b}{a}h=\frac{b^2}{2a^2}xh$$

$$\rightarrow (\triangle ABC의\ 넓이):(\triangle DEF의\ 넓이)=\frac{1}{2}xh:\frac{b^2}{2a^2}xh=1:\frac{b^2}{a^2}$$

비례식 $1:\dfrac{b^2}{a^2}$ 의 두 항에 각각 a^2를 곱하면 다음과 같습니다.

$$1:\frac{b^2}{a^2}\ \cdots\ (두\ 항에\ 각각\ a^2를\ 곱한다)\ \cdots\rightarrow\ a^2:b^2$$

음... 닮음비가 $a:b$인 두 삼각형 $\triangle ABC$와 $\triangle DEF$의 넓이의 비는 $a^2:b^2$이 되는군요. 즉, 닮음비의 각 항을 제곱한 값의 비와 같습니다. 아마도 도형의 넓이를 구할 때, 밑변과 높이를 곱해주어서 그런 듯 합니다. 예를 들어, $\triangle ABC$와 $\triangle DEF$의 닮음비가 $1:k$라면, 즉 $\triangle DEF$의 모든 변의 길이가 $\triangle ABC$의 변의 길이의 k배라면, $\triangle DEF$의 넓이를 계산할 때 k배인 밑변과 높이를 서로 곱했으니, 당연히 $\triangle DEF$의 넓이는 $\triangle ABC$의 넓이의 k^2배가 된다는 원리입니다.

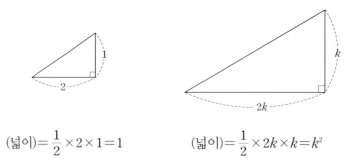

$$(넓이)=\frac{1}{2}\times 2\times 1=1 \qquad (넓이)=\frac{1}{2}\times 2k\times k=k^2$$

닮음비에 따른 도형의 둘레와 넓이의 비를 정리하면 다음과 같습니다.

닮음비가 $a:b$인 두 도형의 둘레와 넓이

① 닮음비가 $a:b$인 두 도형의 둘레의 길이의 비는 $a:b$입니다.

② 닮음비가 $a:b$인 두 도형의 넓이의 비는 $a^2:b^2$입니다.

다음 그림을 보면 이해하기가 한결 수월할 것입니다.

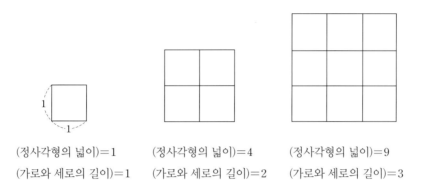

(정사각형의 넓이)=1　　(정사각형의 넓이)=4　　(정사각형의 넓이)=9
(가로와 세로의 길이)=1　(가로와 세로의 길이)=2　(가로와 세로의 길이)=3

그림에서 보는 바와 같이 크기와 모양은 그대로 유지한 채, 정사각형의 가로와 세로의 길이를 2배씩 늘리면, 넓이는 2의 제곱인 4배가 됩니다. 더불어 정사각형의 가로와 세로의 길이를 3배씩 늘리면, 넓이는 3의 제곱인 9배가 될 것입니다. 이는 넓이를 계산할 때, 2배 또는 3배씩 늘어난 가로와 세로의 길이를 서로 곱해서 그렇습니다. 삼각형도 마찬가지겠죠? 크기와 모양은 그대로 유지한 채, 삼각형의 세 변의 길이를 2배씩 늘리면, 넓이는 2의 제곱인 4배가 될 것입니다. 이는 밑변과 높이가 각각 2배씩 커졌기 때문입니다. 다른 평면도형도 마찬가지입니다. 즉, 닮음비가 $a:b$인 두 도형(평면도형)의 넓이의 비는 $a^2:b^2$이 된다는 뜻이죠.

입체도형의 경우에는 어떨까요? 즉, 두 입체도형의 닮음비가 $a:b$일 때, 부피의 비가 얼마인지 묻는 것입니다. 여기서 말하는 닮음비란, 닮음인 두 도형의 변(모서리)의 길이의 비를 의미한다는 사실, 잊지 마시기 바랍니다.

어떤 입체도형의 크기와 모양은 그대로 유지한 채 변(모서리)의 길이를 2배로 늘리면, 예를 들어 정육면체의 경우 가로·세로·높이를 각각 2배씩 크게 하면, 그 부피는 2의 세제곱인 8배가 될 것입니다. 그렇죠? 이는 부피를 계산할 때, 2배씩 늘어난 가로·세로·높이의 길이를 서로 곱해서 그렇습니다. 정리하면 두 입체도형의 닮음비가 $a:b$일 때, 부피의 비는 $a^3:b^3$이 된다는 말이지요. 다음 그림을 보면 이해하기가 한결 수월할 것입니다.

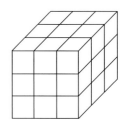

(정육면체의 부피)=1 　　　(정육면체의 부피)=8 　　　(정육면체의 부피)=27
(가로·세로·높이의 길이)=1 　(가로·세로·높이의 길이)=2 　(가로·세로·높이의 길이)=3

여기서 잠깐! 정육면체의 한 변의 길이를 2배, 3배로 늘린 입체도형의 겉넓이는, 처음 정육면체의 겉넓이의 몇 배일까요?

여러분~ 입체도형이라고 해서 무조건 닮음비가 세제곱이 된다고 생각하면 큰 오산입니다. 왜냐하면 여기서 구하고자 하는 값은 '부피'가 아닌 '넓이'이기 때문입니다. 다음에 그려진 정육면체에서 격자로 구분된 면의 개수가 총 몇 개인지 세어 보시기 바랍니다. 아마도 늘어난 길이의 배율에 따른 정육면체의 겉넓이의 배율을 쉽게 확인할 수 있을 것입니다.

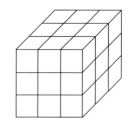

(정육면체의 겉넓이)=6 　　(정육면체의 겉넓이)=24 　　(정육면체의 겉넓이)=54
(가로·세로·높이의 길이)=1 　(가로·세로·높이의 길이)=2 　(가로·세로·높이의 길이)=3

네, 맞아요. 정육면체의 한 변의 길이를 2배, 3배로 늘린 입체도형의 겉넓이는, 각각 처음 정육면체의 겉넓이의 4배, 9배와 같습니다. 즉, 세제곱이 아닌 '제곱'이라는 사실, 반드시 주의하시기 바랍니다. 닮음비가 $a:b$인 두 입체도형의 겉넓이와 부피의 비는 다음과 같습니다.

닮음비가 $a:b$인 입체도형의 겉넓이와 부피
① 닮음비가 $a:b$인 두 입체도형의 겉넓이의 비는 $a^2:b^2$입니다.
② 닮음비가 $a:b$인 두 입체도형의 부피의 비는 $a^3:b^3$입니다.

이렇게 닮음비를 활용하면, 닮음 도형에 대한 둘레·넓이·부피 등 다양한 정보를 손쉽게 파악할 수 있습니다. (닮음비의 숨은 의미)

간혹 정육면체에서만 이 원리가 적용되는 것 아니냐고 의문을 제기하는 학생들이 있습니다. 시간이 허락된다면, 삼각기둥·삼각뿔·원기둥·원뿔 등 다양한 입체도형을 상상하면서, 닮음비가 $a:b$인 두 입체도형의 겉넓이와 부피의 비가 정말 $a^2:b^2$과 $a^3:b^3$이 되는지 각자 확인해 보시기 바랍니다.

이제 문제를 풀어볼까요? 두 삼각형 $\triangle ABC$와 $\triangle DEF$의 닮음비가 3:4일 때, $\triangle DEF$의 넓이를 구해보시기 바랍니다. 단, $\triangle ABC$의 넓이가 36cm²이라고 합니다. 어렵지 않죠? 넓이의 비가 닮음비의 제곱의 비와 같다는 사실만 기억하면 쉽게 해결할 수 있는 문제입니다.

$$(\triangle ABC와 \triangle DEF의 넓이의 비)=3^2:4^2=9:16$$

문제에서 $\triangle ABC$의 넓이가 36cm²라고 했으므로, 우리가 구하고자 하는 $\triangle DEF$의 넓이를 x라고 놓은 후 비례식을 작성하면 다음과 같습니다.

$$36:x=9:16 \;\rightarrow\; 9x=36\times16 \;\rightarrow\; x=64$$

따라서 $\triangle DEF$의 넓이는 64cm²입니다. 한 문제 더 풀어볼까요? 다음 그림에서 $\triangle ADE$의 넓이가 9cm²일 때, $\square DECB$의 넓이를 구해보시기 바랍니다.

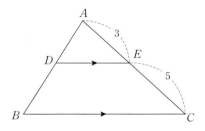

 잠시 질문의 답을 스스로 찾아보는 시간을 가져보세요

음... 일단 $\triangle ADE$의 넓이가 주어졌으므로, 쉽게 $\triangle ABC$의 넓이를 구할 수 있겠네요. 그렇죠? 두 삼각형 $\triangle ABC$와 $\triangle ADE$가 서로 닮음이잖아요. 그럼 두 삼각형 $\triangle ABC$와 $\triangle ADE$의 닮음비를 확인해 볼까요?

$$(\triangle ABC와 \triangle ADE의 닮음비) = \overline{AC} : \overline{AE} = 8 : 3$$

두 도형의 닮음비가 $a : b$일 때, 넓이의 비는 $a^2 : b^2$이 된다는 거, 다들 아시죠? 즉, 주어진 두 삼각형 $\triangle ABC$와 $\triangle ADE$의 넓이의 비는 64:9입니다.

$$(\triangle ABC와 \triangle ADE의 닮음비) = \overline{AC} : \overline{AE} = 8 : 3$$
$$\rightarrow (\triangle ABC와 \triangle ADE의 넓이의 비) = 64 : 9$$

문제에서 $\triangle ADE$의 넓이가 9cm²라고 했으므로 $\triangle ABC$의 넓이는 64cm²가 됩니다.

$$(\triangle ABC와 \triangle ADE의 넓이의 비) = 64 : 9 = x : 9 \rightarrow x = 64 \; [\triangle ABC의 넓이 : x\text{cm}^2]$$

따라서 구하고자 하는 $\square DECB$의 넓이는 $\triangle ABC$의 넓이 64cm²에서 $\triangle ADE$의 넓이는 9cm²를 뺀 값인 55cm²가 됩니다.

이제 **입체도형으로 넘어가 볼까요?** 다음 그림과 같이 닮음인 두 삼각기둥 $ABCDEF$와 $GHIJKL$에 대하여 물음에 답해 보시기 바랍니다. (단, $\overline{AB}$의 대응변은 $\overline{GH}$입니다)

① 삼각기둥 $GHIJKL$의 면 $GJLI$의 넓이가 24cm²일 때, 삼각기둥 $ABCDEF$의 면 $ADFC$의 넓이는 얼마일까요?

② 삼각기둥 $ABCDEF$의 부피가 40cm³일 때, 삼각기둥 $GHIJKL$의 부피는 얼마일까요?

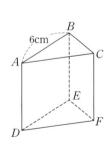

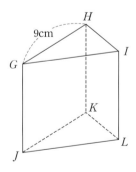

 잠시 질문의 답을 스스로 찾아보는 시간을 가져보세요.

너무 어려워 보인다고요? 그렇지 않아요~ 우리가 알고 있는 개념을 하나씩 떠올려 보면서 차근차근 해결해 봅시다. 일단 대응변($\overline{AB}$와 $\overline{GH}$)으로부터 두 삼각기둥 $ABCDEF$와 $GHIJKL$의 닮음비가 2:3(=6:9)이라는 것을 쉽게 확인할 수 있습니다. 그렇죠? 다들 아시다시피 닮음비가 $a:b$인 두 도형의 넓이의 비는 $a^2:b^2$이므로, 두 삼각기둥 $ABCDEF$와 $GHIJKL$의 겉넓이의 비는 4:9(=$2^2:3^2$)가 될 것입니다.

$$\text{(두 삼각기둥 } ABCDEF \text{와 } GHIJKL \text{의 닮음비)}=2:3$$
$$\text{(두 삼각기둥 } ABCDEF \text{와 } GHIJKL \text{의 겉넓이의 비)}=2^2:3^2=4:9$$

물론 면 $ADFC$와 $GJLI$의 넓이의 비 또한 4:9가 되겠죠? 문제에서 면 $GJLI$의 넓이가 24cm² 이라고 했으므로, 이에 대응하는 면 $ADFC$의 넓이를 계산하면 다음과 같습니다. (편의상 면 $ADFC$의 넓이를 미지수 x로 놓은 후, x에 대한 비례식을 도출하겠습니다)

$$\text{(면 } ADFC \text{와 } GJLI \text{의 넓이의 비)}=4:9=x:24 \;\rightarrow\; 9x=4\times24 \;\rightarrow\; x=\frac{32}{3}$$

따라서 면 $ADFC$의 넓이는 $\frac{32}{3}$cm²입니다. 그리고 닮음비가 $a:b$인 두 입체도형의 부피의 비는 $a^3:b^3$이므로, 두 삼각기둥 $ABCDEF$와 $GHIJKL$의 부피의 비는 8:27(=$2^3:3^3$)이 될 것입니다.

$$\text{(두 삼각기둥 } ABCDEF \text{와 } GHIJKL \text{의 닮음비)}=2:3$$
$$\text{(두 삼각기둥 } ABCDEF \text{와 } GHIJKL \text{의 부피의 비)}=2^3:3^3=8:27$$

문제에서 삼각기둥 $ABCDEF$의 부피가 40cm³라고 했으므로, 삼각기둥 $GHIJKL$의 부피를 구하면 다음과 같습니다. (편의상 삼각기둥 $GHIJKL$의 부피를 미지수 y로 놓은 후, y에 대한 비례식을 도출하겠습니다)

$$\text{(삼각기둥 } ABCDEF \text{와 } GHIJKL \text{의 부피의 비)}=8:27=40:y$$
$$\rightarrow\; 8y=40\times27 \;\rightarrow\; y=135$$

따라서 삼각기둥 $GHIJKL$의 부피는 135cm³입니다. 어렵지 않죠? 다음은 내용물과 통의 모양은 같지만, 용량이 다른 두 화장품 ①과 ②의 사진입니다. 은설이는 둘 중 어느 것을 살지 고민중이라고 하네요. 상품평을 보니, 화장품 ②가 화장품 ①보다 용량 대비 가격이 더 저렴하다고

합니다. 여기서 퀴즈입니다. 화장품 ②의 가격이 25,000원일 때, 화장품 ①의 가격은 적어도
얼마보다 큰 값일까요? 단, 제품의 내용물은 통 안에 가득 차 있으며, ①과 ②의 뚜껑면(원)의
반지름은 각각 3cm, 5cm입니다.

①   ②

 잠시 질문의 답을 스스로 찾아보는 시간을 가져보세요.

문제에서 두 화장품 통의 모양이 서로 같다고 했으므로, 두 입체도형 ①과 ②는 닮음입니다.
그렇죠? 더불어 뚜껑면의 반지름이 각각 3cm, 5cm라고 했으므로, 닮음비는 3:5가 될 것입니
다. 앞서 원의 경우, 닮음비가 반지름의 비와 같다고 했던 거, 기억하시죠?

$$\text{(입체도형 ①과 ②의 닮음비)} = 3:5$$

아시다시피 닮음비가 $a:b$인 두 입체도형의 부피의 비는 $a^3:b^3$이므로, ①과 ②의 부피(용량)
의 비는 27:125가 될 것입니다. 이제 화장품 가격과 용량을 비교해 볼까요? 편의상 화장품 ②
의 가격을 미지수 x로 놓겠습니다.

$$\text{(화장품 ①과 ②의 용량의 비)} = 27:125$$
$$\text{(화장품 ①과 ②의 가격의 비)} = x:25000$$

어떠세요? 감이 오시나요? 만약 화장품 ①과 ②의 가격이 용량과 비례한다면, 화장품 ①의
가격은 5,400원이 되어야 맞습니다.

$$\text{(화장품 ①과 ②의 용량의 비)} = \text{(화장품 ①과 ②의 가격의 비)}$$
$$27:125 = x:25000 \;\rightarrow\; 125x = 27 \times 25000 \;\rightarrow\; x = 5400$$

하지만 문제에서 화장품 ②가 화장품 ①보다 용량 대비 가격이 더 저렴하다 했으므로 화장품 ①의 가격은 적어도 5,400원보다는 비쌀 것입니다. 여러분~ 이집트하면 뭐가 떠오르시나요? 네, 그렇습니다. 피라미드입니다.

피라미드란 고대 이집트 묘의 한 형식으로써, 사각뿔 모양의 건축물을 말합니다. 다음과 같이 어떤 피라미드를 밑면에 평행한 평면으로 높이를 삼등분했을 때, 제일 아래쪽에 있는 도형(사각뿔대 $EFGHIJKL$의 부피는 얼마일까요? 단, 피라미드의 밑면은 한 변의 길이가 27m인 정사각형이며, 높이는 30m라고 합니다.

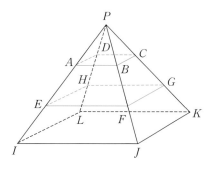

 잠시 질문의 답을 스스로 찾아보는 시간을 가져보세요.

일단 전체 피라미드 $PIJKL$의 부피를 구해봅시다. 잠깐! 사각뿔의 부피가 밑넓이와 높이를 곱한 값의 $\frac{1}{3}$배라는 사실, 다들 알고 계시죠?

$$(\text{피라미드 } PIJKL\text{의 부피}) = \frac{1}{3} \times 27^2 \times 30 = 7290\text{m}^3$$

문제에서 피라미드의 높이를 밑면에 평행한 평면으로 삼등분했다고 했으므로, 피라미드 $PIJKL$과 사각뿔 $PEFGH$는 서로 닮음입니다. 그렇죠? 음... 보아하니 닮음비는 3:2가 되겠군요.

아시다시피 닮음비가 $a:b$인 두 입체도형의 부피의 비는 $a^3:b^3$입니다. 그럼 닮음비를 활용하여 피라미드 $PIJKL$의 부피를 구해볼까요? 편의상 사각뿔 $PEFGH$의 부피를 x로 놓겠습니다.

$$\text{(피라미드 } PIJKL\text{와 } PEFGH\text{의 부피의 비)}=3^3:2^3=7290:x \;\rightarrow\; x=2160$$

우리가 구하고자 하는 제일 아래쪽 도형(사각뿔대)의 부피는, 전체 피라미드 $PIJKL$의 부피 7290m³에서 사각뿔 $PEFGH$의 부피 2160m³를 뺀 값인 5130m³입니다.

높이가 18cm인 원뿔 모양의 물컵이 있습니다. 여기에 다음과 같이 물을 부었을 때, 물컵의 남은 공간의 부피는 얼마일까요?

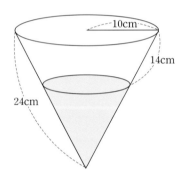

잠시 질문의 답을 스스로 찾아보는 시간을 가져보세요.

음... 보아하니 전체 물컵 모양과 물컵에 담긴 물의 모양이 닮음이군요. 그리고 두 도형의 닮음비는 12:7(=24:14)입니다. 모선의 길이의 비가 바로 닮음비가 될테니까요. 먼저 전체 물컵의 부피를 구해야겠죠? 참고로 원뿔의 부피는 밑넓이와 높이를 곱한 값의 $\dfrac{1}{3}$배입니다.

$$\text{(물컵의 부피)}=\frac{1}{3}\times\pi\times10^2\times18=600\pi\text{cm}^2$$

앞서 물컵 모양과 물컵에 담긴 물의 모양이 닮음이며, 닮음비는 12:7이라고 했습니다. 닮음비를 활용하여 물컵에 담긴 물의 부피를 구하면 다음과 같습니다. 편의상 물컵에 담긴 물의 부피를 x로 놓겠습니다. 여기서 부피의 비가 $12^3:7^3(=1728:343)$이라는 사실, 다들 아시죠?

$$\text{(물컵과 물컵에 담긴 물의 부피의 비)}=1728:343=600\pi:x \;\rightarrow\; x=\frac{25725}{216}\pi$$

따라서 물컵의 남은 공간의 부피는, 물컵의 부피 $600\pi\text{m}^3$에서 물컵에 담긴 물의 부피 $\dfrac{25725}{216}\pi\text{m}^3$를 뺀 값인 $\dfrac{103875}{216}\pi(\fallingdotseq1510)\text{m}^3$입니다. 어렵지 않죠?

다음은 비누에 대한 은설이와 규민이의 대화 내용입니다. 사용한 후에 남은 비누의 크기에 대한 두 사람의 의견이 서로 엇갈리는 이유는 무엇일까요?

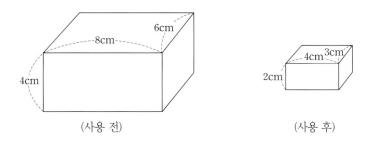

(사용 전)   (사용 후)

- 규민 : 비누가 $\dfrac{1}{2}$이 되어버렸네~

- 은설 : $\dfrac{1}{2}$이라니...? $\dfrac{1}{8}$이지~

여러분은 어떻게 생각하십니까? 조금 아리송한가요? 사실 두 사람 모두 틀린 말을 하는 것은 아닙니다. 다만 두 사람이 생각하는 도형의 크기에 대한 개념이 서로 다를 뿐이지요. 규민이의 경우, 비누의 길이에 대한 비율을 기준으로 사용 후 남아있는 비누의 크기가 $\dfrac{1}{2}$이 되었다고 말한 것이며, 은설이는 비누의 부피에 대한 비율을 기준으로 사용 후 남아있는 비누의 크기가 $\dfrac{1}{8}$이 되었다고 말한 것입니다. 음... 무슨 말인지 잘 이해가 되지 않는다고요? 그림을 다시 한 번 살펴보시기 바랍니다. 사용 후 남아있는 비누의 가로·세로·높이의 길이는 각각 절반으로 줄었습니다. 즉, 사용 전 비누의 모양과 사용 후 비누의 모양의 닮음비는 2:1이라는 말이죠. 비누의 길이에 대한 비율을 기준으로 보면, 사용 후 남아있는 비누의 크기가 $\dfrac{1}{2}$이 되었다고 말할 수 있는 것입니다. 하지만 닮음비가 2:1인 두 도형의 부피의 비는 8:1이 된다는 사실, 다들 알고 계시죠? 즉, 비누의 부피에 대한 비율을 기준으로 보면, 사용 후 남아있는 비누의 크기가 $\dfrac{1}{8}$이 되었다고도 볼 수 있습니다.

★ 개념을 정확히 이해했는지 확인하고 싶다면, 학교 교과서에 나오는 개념확인 문제를 풀어 보거나 스스로 개념 확인문제를 출제 하여 풀어보면 큰 도움이 될 것입니다.

★ 개념의 이해도가 충분하지 않다면, 일단 PASS하시기 바랍니다. 그리고 개념정리가 마무리 되었을 때 심화학습 내용을 따로 읽어보는 것을 권장합니다.

【삼각형의 중점연결정리】

다음 그림과 같이 삼각형의 두 변의 중점을 서로 연결해 보도록 하겠습니다.

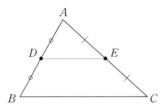

보아하니, 중점을 연결한 선분 $\overline{DE}$가 삼각형의 밑변 $\overline{BC}$와 평행한 듯하네요. 더불어 $\overline{DE}$의 길이는 밑변 $\overline{BC}$의 길이의 절반처럼 보입니다. 과연 그럴까요? 함께 증명해 봅시다. 일단 △ABC와 △ADE는 닮음입니다. 그렇죠? 꼭짓점 A를 기준으로 대응하는 두 변의 비가 서로 같으며, 끼인각 ∠A가 공통이잖아요.

$$\overline{AB}:\overline{AD}=\overline{AC}:\overline{AE}=2:1, \ \angle A(공통) \ \rightarrow \ \triangle ABC\backsim\triangle ADE(SAS닮음)$$

따라서 두 삼각형 △ABC와 △ADE의 닮음비는 2:1이 됩니다. 이로부터 우리는 $\overline{DE}$의 길이가 밑변 $\overline{BC}$의 길이의 절반임을 증명할 수 있습니다.

$$(\triangle ABC와 \triangle ADE의 닮음비)=2:1=\overline{AB}:\overline{AD}=\overline{AC}:\overline{AE}=\overline{BC}:\overline{DE}=2:1$$

또한 두 삼각형의 대응각의 크기가 모두 같으므로 두 쌍의 각 ∠ADE, ∠B와 ∠AED, ∠C는 동위각입니다. 그렇죠? 동위각의 크기가 같으므로 두 선분 $\overline{DE}$와 $\overline{BC}$는 평행합니다.

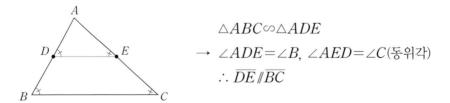

이는 삼각형의 어느 한 변의 중점을 지나고 다른 한 변에 평행한 직선이, 나머지 한 변의 중

점을 지난다는 것을 의미하기도 합니다. 무슨 말인지 이해되시죠? 이것을 삼각형의 중점연결정리라고 부릅니다.

삼각형의 중점연결정리

① 삼각형의 두 변의 중점을 연결한 선분은 나머지 한 변과 평행하고 그 길이의 $\frac{1}{2}$과 같습니다.
② 삼각형의 한 변의 중점을 지나고 다른 한 변에 평행한 직선은 나머지 한 변의 중점을 지납니다.

다음 그림을 보면 이해하기가 한결 수월할 것입니다.

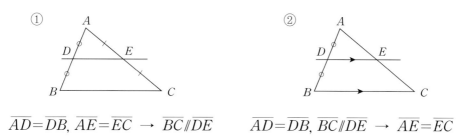

$$\overline{AD}=\overline{DB}, \ \overline{AE}=\overline{EC} \ \rightarrow \ \overline{BC}/\!/\overline{DE} \qquad \overline{AD}=\overline{DB}, \ \overline{BC}/\!/\overline{DE} \ \rightarrow \ \overline{AE}=\overline{EC}$$

【사각형의 무게중심】

사각형의 무게중심은 어디일까요? 앞서 남사당놀이를 언급하면서 우리는 삼각형의 무게중심에 대해 다루어 본 적이 있습니다. 그때 무게중심을 중력에 의한 알짜 토크가 0인 점이라고 말했던 거, 기억하시는지요? 더불어 토크(torque)를, 물체가 회전할 때 그 쏠림 현상을 수치로 표현한 것이라고 정의하기도 했습니다. 즉, 토크가 0인 지점에서는 물체가 회전하더라도 한쪽으로 쏠리지 않는다는 뜻이지요. 또한 삼각형의 경우, 무게중심에 의해 나누어진 세 삼각형의 넓이가 같아야 한다는 사실도 배웠습니다.

사각형도 마찬가지입니다. 다음과 같이 나누어진 네 개의 삼각형의 넓이가 같은 점이 바로 사각형의 무게중심이 됩니다.

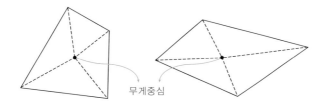

무게중심

그렇다면 사각형의 무게중심은 어떻게 찾을 수 있을까요? 너무 막막한가요? 여기서는 그 방법에 대해서만 간략히 다루도록 하겠습니다. 다음 순서를 잘 확인한 후, 기타 여러 사각형의 무게중심을 직접 찾아보시기 바랍니다.

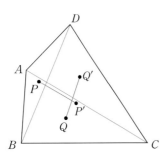

① 사각형 $ABCD$의 한 대각선($\overline{BD}$) 긋기
② 나누어진 두 삼각형 $\triangle ABD$와 $\triangle DBC$의
   무게중심 찾기 $(P,\ P')$
③ 사각형 $ABCD$의 또 다른 대각선($\overline{AC}$) 긋기
④ 나누어진 두 삼각형 $\triangle ABC$와 $\triangle ADC$의
   무게중심 찾기 $(Q,\ Q')$
⑤ $\overline{PP'}$와 $\overline{QQ'}$의 교점 찾기
   (교점이 바로 사각형의 무게중심이다)

■ 학습 방식

개념에 대한 예시를 스스로 찾아보면서, 개념을 정리하시기 바랍니다.

1 도형의 닮음

어떤 한 도형(A)을 일정한 비율로 확대 또는 축소한 것이 다른 도형(B)과 합동일 때, 두 도형(A와 B)은 닮음 관계에 있다고 말합니다. $\triangle ABC$와 $\triangle DEF$가 닮음일 때, 대응점, 대응변, 대응각 및 닮음 기호는 다음과 같습니다.

- 대응점 : 점 A와 D, 점 B와 E, 점 C와 F
- 대응변 : $\overline{AB}$와 $\overline{DE}$, $\overline{BC}$와 $\overline{EF}$, $\overline{CA}$와 $\overline{FD}$
- 대응각 : $\angle A$와 $\angle D$, $\angle B$와 $\angle E$, $\angle C$와 $\angle F$
- 닮음 기호 : $\triangle ABC \infty \triangle DEF$

(숨은 의미 : 도형의 확대 및 축소에 관한 기본 원리를 정립할 수 있도록 도와줍니다)

2 닮음의 성질

두 도형이 닮음일 때, 다음과 같은 성질을 갖습니다.

① 모든 대응변의 길이의 비는 일정합니다. (닮음비)
② 평면도형의 경우, 대응각의 크기는 서로 같습니다.
③ 입체도형의 경우, 대응하는 면은 모두 닮음입니다.

(숨은 의미 : 닮음 도형의 변의 길이와 각의 크기를 쉽게 구할 수 있도록 도와줍니다)

3 삼각형의 닮음조건

삼각형의 닮음조건은 다음과 같습니다.

① 세 쌍의 대응변의 길이의 비가 같을 때 (SSS닮음)

② 두 쌍의 대응변의 길이의 비가 같고, 그 끼인각의 크기가 같을 때 (SAS닮음)

③ 두 쌍의 대응각의 크기가 같을 때 (AA닮음)

(숨은 의미 : 어떤 삼각형이 서로 닮음인지 명확히 파악할 수 있도록 도와줍니다)

4 삼각형의 무게중심과 그 성질

삼각형에서 한 꼭짓점과 그 대변의 중점을 이은 3개의 선분(중선)이 만나는 점을 삼각형의 무게중심이라고 정의합니다.

① 무게중심은 각 중선의 길이를 꼭짓점으로부터 2:1로 내분합니다.

② 무게중심과 각 꼭짓점을 연결하여 나누어진 세 삼각형의 넓이는 서로 같습니다.

(숨은 의미 : 다양한 도형의 무게중심을 찾을 수 있도록 도와주며, 건축 · 토목 등 실생활에 유용하게 쓰입니다)

5 닮음비에 따른 도형의 둘레 · 넓이 · 부피

닮음비가 $a:b$인 두 도형의 둘레, 넓이, 부피의 비는 다음과 같습니다.

① 두 도형의 둘레의 길이의 비는 $a:b$입니다.

② 두 도형의 넓이(또는 겉넓이)의 비는 $a^2:b^2$입니다.

③ 두 입체도형의 부피의 비는 $a^3:b^3$입니다.

(숨은 의미 : 닮음 도형의 둘레 · 넓이 · 부피 등 다양한 정보를 손쉽게 파악할 수 있도록 도와줍니다)

4 문제해결하기

■ **개념도출형 학습방식**

　개념도출형 학습방식이란 단순히 수학문제를 계산하여 푸는 것이 아니라, 문제로부터 필요한 개념을 도출한 후 그 개념을 떠올리면서 문제의 출제의도 및 문제해결방법을 찾는 학습방식을 말합니다. 문제를 통해 스스로 개념을 도출할 수 있으므로, 한 문제를 풀더라도 유사한 많은 문제를 풀 수 있는 능력을 기를 수 있으며, 더 나아가 스스로 개념을 변형하여 새로운 문제를 만들어 낼 수 있어, 좀 더 수학을 쉽고 재미있게 공부할 수 있도록 도와줍니다.

　시간에 쫓기듯 답을 찾으려 하지 말고, 어떤 개념을 어떻게 적용해야 문제를 풀 수 있는지 천천히 생각한 후에 계산하시기 바랍니다. 문제를 해결하는 방법을 찾는다면 정답을 구하는 것은 단순한 계산과정일 뿐이라는 사실을 명심하시기 바랍니다. (생각을 많이 하면 할수록, 생각의 속도는 빨라집니다)

문제해결과정

① 이 문제를 풀기 위해 어떤 개념을 알아야 하는가?

② 그 개념을 간단히 설명해 보아라.

③ 문제의 출제의도를 말하고 어떻게 풀지 간단히 설명해 보아라.

④ 그럼 문제의 답을 찾아라.

※ 책 속에 있는 붉은색 카드를 사용하여 힌트 및 정답을 가린 후, ①~④까지 순서대로 질문의 답을 찾아보시기 바랍니다.

Q1. 다음 두 도형이 닮음일 때, 물음에 답하여라. (단, $\overline{AD}$의 대응변은 $\overline{HG}$이다)

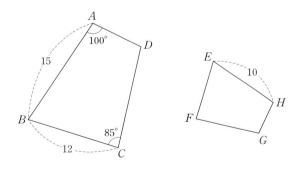

(1) $\angle F$의 크기는?　　(2) 닮음비는?

(3) $\overline{FG}$의 대응변은?　　(4) 점 B의 대응점은?　　(5) $\overline{EF}$의 길이는?

① 이 문제를 풀기 위해 어떤 개념을 알아야 하는가?

② 그 개념을 머릿속에 떠올려 보아라.

③ 문제의 출제의도를 말하고 어떻게 풀지 간단히 설명해 보아라.

④ 그럼 문제의 답을 찾아라.

A1.

① 닮음의 정의(대응점, 대응변, 대응각)

② 개념정리하기 참조

③ 이 문제는 닮음의 정의(대응점, 대응변, 대응각)를 정확히 알고 있는지 묻는 문제이다. 두 도형이 닮음이고 $\overline{AD}$의 대응변이 $\overline{HG}$라고 했으므로, 두 도형의 닮음을 기호로 표시하면 $\square ABCD \backsim \square HEFG$가 된다. 그림을 보면서 두 도형의 대응점, 대응변, 대응각 그리고 닮음비를 하나씩 확인하면 쉽게 답을 구할 수 있다.

④ (1) $\angle F$의 크기는 $85°$이다.

(2) $\square ABCD$와 $\square HEFG$의 닮음비는 $3:2$이다.

(3) $\overline{FG}$의 대응변은 $\overline{CD}$이다.

(4) 점 B의 대응점은 점 E이다.

(5) $\overline{EF}$의 길이는 8이다.

[정답풀이]

두 도형이 닮음이고 $\overline{AD}$의 대응변이 $\overline{HG}$라고 했으므로 두 도형의 닮음을 기호로 표시하면 다음과 같다.

$\square ABCD \backsim \square HEFG$

그림 두 도형의 대응점과 대응각 그리고 대응변을 찾아보자.

• 대응점 : 점 A와 H, 점 B와 E, 점 C와 F, 점 D와 G

• 대응각 : $\angle A$와 $\angle H$, $\angle B$와 $\angle E$, $\angle C$와 $\angle F$, $\angle D$와 $\angle G$

• 대응변 : $\overline{AB}$와 $\overline{HE}$, $\overline{BC}$와 $\overline{EF}$, $\overline{CD}$와 $\overline{FG}$, $\overline{DA}$와 $\overline{GH}$

(1) $\angle F$의 대응각은 $\angle C$이며, 그 크기는 서로 같으므로 $\angle F = 85°$이다.

(2) $\overline{AB} = 15$이며 그 대응변 $\overline{HE} = 10$이므로

$\square ABCD$와 $\square HEFG$의 닮음비는 $3:2(=15:10)$이다.

(3) $\overline{FG}$의 대응변은 $\overline{CD}$이다.

(4) 점 B의 대응점은 점 E이다.

(5) 대응변 $\overline{AB}$와 $\overline{HE}$의 길이의 비가 $3:2(=15:10)$이므로, 두 도형의 닮음비는 $3:2$가 된다. 닮음비를 이용하여 $\overline{EF}$의 길이를 구하면 다음과 같다. 편의상 $\overline{EF} = x$로 놓자.

$\overline{AB}:\overline{HE} = \overline{BC}:\overline{EF} = 3:2 = 12:x \rightarrow 3x = 24 \rightarrow x = 8 \rightarrow \overline{EF} = 8$

 스스로 유사한 문제를 여러 개 만들어(출제하여) 답을 찾아보시기 바랍니다.

Q2. 다음 두 입체도형이 닮음일 때, 물음에 답하여라. (단, $\overline{AC}$에 대응하는 모서리는 $\overline{GI}$이다)

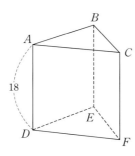
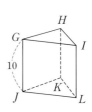

(1) $\triangle DEF$와 닮음인 도형은?

(2) $\angle LKJ$의 대응각은?

(3) $\overline{KH}$에 대응하는 모서리는?

(4) 두 삼각기둥 $ABCDEF$와 $GIHJLK$의 닮음비는?

(5) $\square BCFE$에 대응하는 도형은?

(6) $\overline{HI}=5$일 때, $\overline{HI}$에 대응하는 모서리의 길이는?

① 이 문제를 풀기 위해 어떤 개념을 알아야 하는가?

② 그 개념을 머릿속에 떠올려 보아라.

③ 문제의 출제의도를 말하고 어떻게 풀지 간단히 설명해 보아라.

④ 그럼 문제의 답을 찾아라.

A2.

① 닮음의 정의(대응점, 대응변, 대응각)

② 개념정리하기 참조

③ 이 문제는 닮음의 정의(대응점, 대응변, 대응각)를 정확히 알고 있는지 묻는 문제이다. 두 입체도형이 닮음이고 $\overline{AC}$에 대응하는 모서리가 $\overline{GI}$라고 했으므로, 두 도형의 닮음을 기호로 표시하면 '삼각기둥 $ABCDEF \backsim$ 삼각기둥 $GHIJKL$'가 된다. 그림을 보면서 두 도형의 대응점, 대응변, 대응각 그리고 닮음비를 하나씩 확인하면 쉽게 답을 구할 수 있다.

④ (1) $\triangle DEF$와 닮음인 도형은 $\triangle JKL$이다.

　 (2) $\angle LKJ$의 대응각은 $\angle FED$이다.

　 (3) $\overline{KH}$에 대응하는 모서리는 $\overline{EB}$이다.

　 (4) 두 삼각기둥 $ABCDEF$와 $GHIJKL$의 닮음비는 9:5이다.

　 (5) $\square BCFE$에 대응하는 도형은 $\square HILK$이다.

　 (6) $\overline{HI}=5$일 때, $\overline{HI}$에 대응하는 모서리는 $\overline{BC}$이고, $\overline{BC}$의 길이는 9이다.

[정답풀이]

문제에서 두 입체도형이 닮음이고 $\overline{AC}$에 대응하는 모서리가 $\overline{GI}$라고 했으므로, 두 도형의 닮음을 기호로 표시하면 '삼각기둥 $ABCDEF\backsim$삼각기둥 $GHIJKL$'이 된다. 그럼 두 도형의 대응점, 대응변 그리고 닮음비를 하나씩 확인해 보자.

- 대응점 : 점 A와 G, 점 B와 H, 점 C와 I, 점 D와 J, 점 E와 K, 점 F와 L
- 대응변(대응하는 모서리) : $\overline{AB}$와 $\overline{GH}$, $\overline{BC}$와 $\overline{HI}$, $\overline{CA}$와 $\overline{IG}$
  $\overline{AD}$와 $\overline{GJ}$, $\overline{BE}$와 $\overline{HK}$, $\overline{CF}$와 $\overline{IL}$
  $\overline{DE}$와 $\overline{JK}$, $\overline{EF}$와 $\overline{KL}$, $\overline{FD}$와 $\overline{LJ}$
- (닮음비)$=\overline{AD}:\overline{GJ}=9:5$

(1) 점 D, E, F의 대응점이 각각 J, K, L이므로 $\triangle DEF$와 닮음인 도형은 $\triangle JKL$이 된다.

(2) 점 L, K, J의 대응점이 각각 F, E, D이므로 $\angle LKJ$의 대응각은 $\angle FED$가 된다.

(3) 점 K, H의 대응점이 각각 E, B이므로 $\overline{KH}$에 대응하는 모서리는 $\overline{EB}$가 된다.

(4) $\overline{AD}:\overline{GJ}=9:5$이므로, 두 삼각기둥 $ABCDEF$와 $GHIJKL$의 닮음비는 9:5이다.

(5) 점 B, C, F, E의 대응점이 H, I, L, K이므로 □$BCFE$에 대응하는 도형은 □$HILK$이다.

(6) 두 삼각기둥 $ABCDEF$와 $GHIJKL$의 닮음비는 9:5이므로, 대응변 $\overline{BC}$와 $\overline{HI}$의 길이의 비 또한 9:5가 된다.
   $\overline{BC}:\overline{HI}=9:5 \ \rightarrow \ \overline{HI}=5$이므로 $\overline{BC}=9$이다.

 스스로 유사한 문제를 여러 개 만들어(출제하여) 답을 찾아보시기 바랍니다.

Q3. 다음 두 원뿔이 닮음일 때, 큰 원뿔의 밑면의 원주의 길이를 구하여라.
(단, 작은 원뿔의 반지름의 길이는 5cm이다)

14cm   7cm

① 이 문제를 풀기 위해 어떤 개념을 알아야 하는가?

② 그 개념을 머릿속에 떠올려 보아라.

③ 문제의 출제의도를 말하고 어떻게 풀지 간단히 설명해 보아라.

④ 그림 문제의 답을 찾아라.

A3.

① 도형의 닮음비
② 개념정리하기 참조

③ 이 문제는 도형의 닮음비를 활용하여 구하고자 하는 값을 찾을 수 있는지 묻는 문제이다. 일단 두 원뿔의 모선의 길이로부터 큰 원뿔과 작은 원뿔의 닮음비를 찾을 수 있다. 닮음비를 활용하여 큰 원뿔의 반지름의 길이를 계산하면 쉽게 답을 구할 수 있을 것이다.

④ $20\pi\text{cm}$

[정답풀이]

두 원뿔의 모선의 길이로부터 큰 원뿔과 작은 원뿔의 닮음비를 구하면 2:1이 된다.

(큰 원뿔의 모선의 길이):(작은 원뿔의 모선의 길이)$=14:7=2:1$ → (닮음비)$=2:1$

닮음비를 활용하여 큰 원뿔의 반지름의 길이를 구하면 다음과 같다. 편의상 큰 원뿔의 밑면의 반지름의 길이를 x로 놓는다.

(닮음비)$=2:1=$(큰 원뿔의 밑면의 반지름의 길이):(작은 원뿔의 밑면의 반지름의 길이)

$=x:5$ → $2:1=x:5$ → $x=10$

큰 원뿔의 반지름의 길이가 10cm이므로, 밑면의 원주의 길이는 $20\pi\text{cm}$가 된다.

 스스로 유사한 문제를 여러 개 만들어(출제하여) 답을 찾아보시기 바랍니다.

Q4. 다음 그림에서 $\overline{BC}$의 길이를 구하여라.

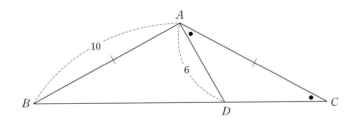

① 이 문제를 풀기 위해 어떤 개념을 알아야 하는가?

② 그 개념을 머릿속에 떠올려 보아라.

③ 문제의 출제의도를 말하고 어떻게 풀지 간단히 설명해 보아라. (잘 모를 경우, 아래 Hint를 보면서 질문의 답을 찾아본다)

Hint(1) △ABC가 이등변삼각형이므로 두 밑각의 크기는 같다.
☞ $\angle B=\angle C$

Hint(2) △ABC와 닮음인 삼각형을 찾아본다.
☞ △ABC와 △DAC는 서로 닮음이다. (AA닮음)

Hint(3) △ABC와 △DAC의 닮음비를 구해본다.
☞ $\overline{AB}:\overline{DA}=10:6=5:3$

Hint(4) $\overline{BC}$의 길이에 대한 닮음비를 찾아본다. (편의상 $\overline{BC}=x$로 놓는다)

☞ $\overline{BC}:\overline{AC}=x:10=5:3$ ($\overline{AB}=\overline{AC}=10$)

④ 그럼 문제의 답을 찾아라.

A4.

① 닮음조건과 도형의 닮음비

② 개념정리하기 참조

③ 이 문제는 주어진 그림에서 닮음인 도형을 찾고, 닮음비를 활용하여 구하고자 하는 값을 계산할 수 있는지 묻는 문제이다. $\triangle ABC$가 이등변삼각형이므로 두 밑각의 크기는 같다. 즉, $\angle B=\angle C$이다. 따라서 $\triangle ABC$와 $\triangle DAC$는 서로 닮음이다. (AA닮음)

$\triangle ABC$와 $\triangle DAC$의 닮음비를 활용하면 어렵지 않게 $\overline{BC}$의 길이(편의상 x로 놓는다)에 대한 비례식(방정식)을 도출할 수 있을 것이다. x에 대한 방정식을 풀면 쉽게 구하고자 하는 값을 찾을 수 있다.

④ $\overline{BC}=\dfrac{50}{3}$

[정답풀이]

$\triangle ABC$가 이등변삼각형이므로 두 밑각의 크기는 같다. 즉, $\angle B=\angle C$이다. 따라서 $\triangle ABC$와 $\triangle DAC$는 서로 닮음이다. (AA닮음)

$\triangle ABC$와 $\triangle DAC$의 닮음비를 구하면 다음과 같다.

$\overline{AB}:\overline{DA}=10:6=5:3$

닮음비를 활용하여 $\overline{BC}$의 길이를 구해보자. 편의상 $\overline{BC}$의 길이를 미지수 x로 놓는다.

$\overline{BC}:\overline{AC}=x:10=5:3$ ($\overline{AB}=\overline{AC}=10$) → $3x=50$ → $x=\dfrac{50}{3}$

따라서 $\overline{BC}$의 길이는 $\dfrac{50}{3}$이다.

 스스로 유사한 문제를 여러 개 만들어(출제하여) 답을 찾아보시기 바랍니다.

Q5. 다음 그림을 보고 $\overline{BE}$의 길이를 구하여라. (단, $\overline{AB}$와 $\overline{DF}$는 평행하다)

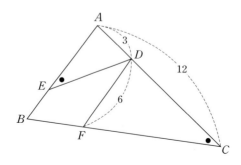

① 이 문제를 풀기 위해 어떤 개념을 알아야 하는가?

② 그 개념을 머릿속에 떠올려 보아라.

③ 문제의 출제의도를 말하고 어떻게 풀지 간단히 설명해 보아라. (잘 모를 경우, 아래 Hint를 보면서 질문의 답을 찾아본다)

> **Hint(1)** $\overline{AB}$와 $\overline{DF}$가 평행하므로, $\angle CAB$와 $\angle CDF$(동위각)의 크기는 같다.

> **Hint(2)** $\triangle CAB$와 $\triangle CDF$가 닮음인지 확인해 본다.
> ☞ $\triangle CAB$와 $\triangle CDF$: $\angle C$는 공통, $\angle CAB = \angle CDF$(동위각) → AA닮음

> **Hint(3)** $\triangle CAB$와 $\triangle EAD$가 닮음인지 확인해 본다.
> ☞ $\triangle CAB$와 $\triangle EAD$: $\angle A$는 공통, $\angle ACB = \angle AED$ → AA닮음

> **Hint(4)** $\triangle CAB$와 $\triangle CDF$, $\triangle CAB$와 $\triangle EAD$가 각각 닮음이므로 $\triangle CDF$와 $\triangle EAD$도 닮음이 된다.

> **Hint(5)** $\triangle CAB$와 $\triangle CDF$의 닮음비를 활용하여 $\overline{AB}$의 길이를 구해본다.
> ☞ $\triangle CAB$와 $\triangle CDF$의 닮음비는 $\overline{CA}:\overline{CD}=12:(12-3)=12:9=4:3$이다.
> $\overline{AB}:\overline{DF}=4:3$이므로, $\overline{AB}=\dfrac{4}{3}\overline{DF}=\dfrac{4}{3}\times 6=8$이 된다.

> **Hint(6)** $\triangle CDF$와 $\triangle EAD$의 닮음비를 활용하여 $\overline{AE}$의 길이를 구해본다.
> ☞ $\triangle CDF$와 $\triangle EAD$의 닮음비는 $\overline{DF}:\overline{AD}=6:3=2:1$이다.
> $\overline{CD}:\overline{AE}=2:1$이므로, $\overline{AE}=\dfrac{1}{2}\overline{CD}=\dfrac{1}{2}\times 9=4.5$가 된다.

④ 그럼 문제의 답을 찾아라.

A5.

① 닮음조건과 도형의 닮음비

② 개념정리하기 참조

③ 이 문제는 주어진 그림에서 닮음인 도형을 찾고, 닮음비를 활용하여 구하고자 하는 값을 계산할 수 있는지 묻는 문제이다. 우선 $\triangle CAB$와 $\triangle CDF$, $\triangle CAB$와 $\triangle EAD$가 닮음인지 확인해 본다. 만약 닮음이라면 $\triangle CDF$와 $\triangle EAD$도 닮음이 될 것이다. $\triangle CAB$와 $\triangle CDF$의 닮음비를 활용하여 $\overline{AB}$의 길이를 구하고, $\triangle CDF$와 $\triangle EAD$의 닮음비를 활용하여 $\overline{AE}$의 길이를 구하면 쉽게 $\overline{BE}$의 길이를 찾을 수 있을 것이다.

④ $\overline{BE}=3.5$

[정답풀이]

$\overline{AB}$와 $\overline{DF}$는 평행하므로 $\angle CAB$와 $\angle CDF$(동위각)의 크기는 서로 같다. 따라서 $\triangle CAB$와 $\triangle CDF$는 닮음이다.

$\triangle CAB$와 $\triangle CDF$: $\angle C$는 공통, $\angle CAB = \angle CDF$(동위각) → AA닮음

$\triangle CAB$와 $\triangle EAD$ 또한 닮음이다.

$\triangle CAB$와 $\triangle EAD$: $\angle A$는 공통, $\angle ACB = \angle AED$ → AA닮음

$\triangle CAB$와 $\triangle CDF$, $\triangle CAB$와 $\triangle EAD$가 각각 닮음이므로 $\triangle CDF$와 $\triangle EAD$도 닮음이다.

$\triangle CAB$와 $\triangle CDF$의 닮음비를 활용하여 $\overline{AB}$의 길이를 구해보자.

$\triangle CAB$와 $\triangle CDF$의 닮음비는 $\overline{CA}:\overline{CD}=12:(12-3)=12:9=4:3$이다.

$\overline{AB}:\overline{DF}=4:3$ → $\overline{AB}=\dfrac{4}{3}\overline{DF}=\dfrac{4}{3}\times6=8$

$\triangle CDF$와 $\triangle EAD$의 닮음비를 활용하여 $\overline{AE}$의 길이를 구해보자.

$\triangle CDF$와 $\triangle EAD$의 닮음비는 $\overline{DF}:\overline{AD}=6:3=2:1$이다.

$\overline{CD}:\overline{AE}=2:1$ → $\overline{AE}=\dfrac{1}{2}\overline{CD}=\dfrac{1}{2}\times9=4.5$

구하고자 하는 $\overline{BE}$는 $(\overline{AB}-\overline{AE})$와 같으므로, 그 길이는 $3.5(=8-4.5)$가 된다.

 스스로 유사한 문제를 여러 개 만들어(출제하여) 답을 찾아보시기 바랍니다.

Q6. 다음 그림에서 $\overline{AE}=15$, $\overline{DE}=30$, $\overline{CD}=20$일 때, $\overline{BE}$의 길이를 구하여라.
(단, $\overline{AD}/\!/\overline{BC}$이고 $\overline{AE}/\!/\overline{DC}$이다)

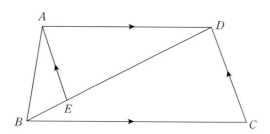

① 이 문제를 풀기 위해 어떤 개념을 알아야 하는가?

② 그 개념을 머릿속에 떠올려 보아라.

③ 문제의 출제의도를 말하고 어떻게 풀지 간단히 설명해 보아라. (잘 모를 경우, 아래 Hint를 보면서 질문의 답을 찾아본다)

Hint(1) $\angle DBC$와 $\angle ADB$는 동위각으로 그 크기가 같다.

Hint(2) $\overline{AE}$의 연장선을 그어 $\overline{BC}$와 만나는 점을 F라고 할 경우. $\square AFCD$는 평행사변형이 된다.
☞ 평행사변형의 대각의 크기는 같다. ($\angle DAE=\angle C$)

Hint(3) $\triangle AED$와 $\triangle CDB$가 닮음인지 확인해 본다.
☞ $\triangle AED$와 $\triangle CDB$: $\angle ADE=\angle CBD$, $\angle DAE=\angle C$ → AA닮음

Hint(4) $\overline{AE}=15$, $\overline{CD}=20$이므로 $\triangle AED$와 $\triangle CDB$의 닮음비는 $3:4(=15:20)$이다.

Hint(5) $\triangle AED$와 $\triangle CDB$의 닮음비 $3:4$를 이용하여 $\overline{BD}$의 길이를 구해본다.

④ 그럼 문제의 답을 찾아라.

A6.

① 닮음조건과 도형의 닮음비

② 개념정리하기 참조

③ 이 문제는 주어진 그림에서 닮음인 도형을 찾고, 닮음비를 활용하여 구하고자 하는 값을 계산할 수 있는지 묻는 문제이다. 평행선의 성질을 이용하여 두 삼각형 △AED와 △CDB가 닮음인지 확인한 후, 그 닮음비를 활용하면 어렵지 않게 답을 구할 수 있다.

④ 10

[정답풀이]

∠DBC와 ∠ADB는 동위각으로 그 크기가 같다. 그리고 $\overline{AE}$의 연장선을 그어 $\overline{BC}$와 만나는 점을 F라고 할 경우, □$AFCD$는 평행사변형이 된다.

　평행사변형의 대각은 서로 같다. → ∠DAE=∠C

△AED와 △CDB가 닮음인지 확인해 보면 다음과 같다.

　△AED와 △CDB : ∠ADE=∠CBD, ∠DAE=∠C → AA닮음

$\overline{AE}$=15, $\overline{CD}$=20이므로 △AED와 △CDB의 닮음비는 3:4(=15:20)이다. △AED와 △CDB의 닮음비가 3:4임을 활용하여 $\overline{BD}$의 길이를 구하면 다음과 같다. 편의상 $\overline{BD}$의 길이를 x로 놓는다.

　$\overline{DE}:\overline{BD}$=30:$x$=3:4 → $3x$=120 → x=40

따라서 구하고자 하는 $\overline{BE}$의 길이는 ($\overline{BD}-\overline{ED}$)이므로 10(=40−30)이 된다.

 스스로 유사한 문제를 여러 개 만들어(출제하여) 답을 찾아보시기 바랍니다.

Q7. 다음과 같이 평행사변형 $ABCD$가 있다. $\overline{DE}$=20일 때, $\overline{FE}$의 길이를 구하여라.

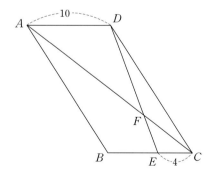

① 이 문제를 풀기 위해 어떤 개념을 알아야 하는가?

② 그 개념을 머릿속에 떠올려 보아라.

③ 문제의 출제의도를 말하고 어떻게 풀지 간단히 설명해 보아라. (잘 모를 경우, 아래 Hint를 보면서 질문의 답을 찾아본다)

Hint(1) $\angle DAF$와 $\angle ECF$는 엇각으로 그 크기가 같다.

Hint(2) $\angle DFA$와 $\angle EFC$는 맞꼭지각으로 그 크기가 같다.

Hint(3) $\triangle FAD$와 $\triangle FCE$가 닮음인지 확인해 본다.

    ☞ $\triangle FAD$와 $\triangle FCE$: $\angle DAF = \angle ECF$, $\angle DFA = \angle EFC$ → AA닮음

Hint(4) $\overline{AD}=10$, $\overline{CE}=4$이므로 $\triangle FAD$와 $\triangle FCE$의 닮음비는 $5:2 (=10:4)$이다.

Hint(5) $\overline{FE}$의 길이를 x로 놓고 $\triangle FAD$와 $\triangle FCE$의 닮음비 $5:2$를 활용하여 $\overline{FE}$의 길이를 구해 본다. ($\overline{FE}$의 길이가 x이므로, $\overline{FD}=20-x$이다)

    ☞ $\overline{FD}:\overline{FE}=(20-x):x=5:2$

④ 그림 문제의 답을 찾아라.

A7.

① 닮음조건과 도형의 닮음비

② 개념정리하기 참조

③ 이 문제는 주어진 그림에서 닮음인 도형을 찾고, 닮음비를 활용하여 구하고자 하는 값을 계산할 수 있는지 묻는 문제이다. $\angle DAF$와 $\angle ECF$는 엇각으로 그 크기가 같으며 $\angle DFA$와 $\angle EFC$는 맞꼭지각으로 그 크기가 같다. 따라서 $\triangle FAD$와 $\triangle FCE$는 AA닮음이 된다. $\overline{FE}$의 길이를 x로 놓고 $\triangle FAD$와 $\triangle FCE$의 닮음비를 활용하면 쉽게 답을 찾을 수 있을 것이다.

④ $\dfrac{40}{7}$

[정답풀이]

$\angle DAF$와 $\angle ECF$는 엇각으로 그 크기가 같으며 $\angle DFA$와 $\angle EFC$는 맞꼭지각으로 그 크기가 같다. 즉, $\triangle FAD$와 $\triangle FCE$가 닮음이다.

    $\triangle FAD$와 $\triangle FCE$: $\angle DAF = \angle ECF$, $\angle DFA = \angle EFC$ → AA닮음

$\overline{AD}=10$, $\overline{CE}=4$이므로 $\triangle FAD$와 $\triangle FCE$의 닮음비는 $5:2 (=10:4)$이다. $\overline{FE}$의 길이를 x로 놓고, $\triangle FAD$와 $\triangle FCE$의 닮음비 $5:2$를 활용하여 $\overline{FE}$의 길이를 구해보면 다음과 같다. ($\overline{FE}$의 길이가 x이므로, $\overline{FD}=20-x$이다)

    $\overline{FD}:\overline{FE}=(20-x):x=5:2$ → $5x=2(20-x)$ → $7x=40$ → $x=\dfrac{40}{7}$

따라서 $\overline{FE}$의 길이는 $\dfrac{40}{7}$이다.

 스스로 유사한 문제를 여러 개 만들어(출제하여) 답을 찾아보시기 바랍니다.

Q8. 평행선 l, m, n에 대하여 x, y의 값을 구하여라.

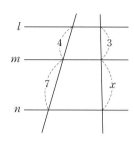 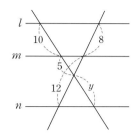

① 이 문제를 풀기 위해 어떤 개념을 알아야 하는가?

② 그 개념을 머릿속에 떠올려 보아라.

③ 문제의 출제의도를 말하고 어떻게 풀지 간단히 설명해 보아라. (잘 모를 경우, 아래 Hint를 보면서 질문의 답을 찾아본다)

> **Hint(1)** 평행선 l, m, n에 대한 길이의 비를 이용하여 x에 대한 비례식을 도출해 본다.
> ☞ $4:7=3:x$ 또는 $4:3=7:x$

> **Hint(2)** 평행선 l, m, n에 대한 길이의 비를 이용하여 y에 대한 비례식을 도출해 본다.
> ☞ $10:(5+y)=8:12$ 또는 $10:8=(5+y):12$

④ 그럼 문제의 답을 찾아라.

A8.

① 평행선에 대한 길이의 비, 삼각형의 닮음

② 개념정리하기 참조

③ 이 문제는 평행선에 대한 길이의 비를 활용하여 구하고자 하는 값을 찾을 수 있는지 묻는 문제이다. 주어진 평행선 l, m, n에 대한 길이의 비를 확인한 후, x, y에 대한 비례식을 도출하면 쉽게 답을 구할 수 있다.

④ $x=\dfrac{21}{4}$, $y=10$

[정답풀이]

주어진 평행선 l, m, n에 대한 길이의 비를 확인한 후, x, y에 대한 비례식을 도출하면 다음과 같다.

$4:7=3:x$ 또는 $4:3=7:x$

$10:(5+y)=8:12$ 또는 $10:8=(5+y):12$

비례식을 풀어 x, y의 값을 구해보자.

$4:7=3:x \ \rightarrow \ 4x=21 \ \rightarrow \ x=\dfrac{21}{4}$

$10:(5+y)=8:12 \ \rightarrow \ 120=8(5+y) \ \rightarrow \ 15=5+y \ \rightarrow \ y=10$

🐰 스스로 유사한 문제를 여러 개 만들어(출제하여) 답을 찾아보시기 바랍니다.

Q9. 점 G가 $\triangle ABC$의 무게중심일 때, x, y의 길이를 구하여라.

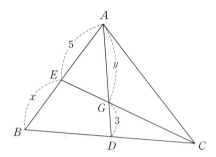

① 이 문제를 풀기 위해 어떤 개념을 알아야 하는가?

② 그 개념을 머릿속에 떠올려 보아라.

③ 문제의 출제의도를 말하고 어떻게 풀지 간단히 설명해 보아라. (잘 모를 경우, 아래 Hint를 보면서 질문의 답을 찾아본다)

> **Hint(1)** 삼각형의 무게중심은 세 중선(꼭짓점과 그 대변의 중점을 이은 선)이 만나는 점이다.
>
> **Hint(2)** 삼각형의 무게중심은 세 중선을 2:1로 내분한다. 즉, $\overline{AG} : \overline{GD} = 2:1$이다. 이로부터 y에 대한 비례식을 도출해 본다.
> ☞ $\overline{AG} : \overline{GD} = 2:1$ → $y:3 = 2:1$

④ 그럼 문제의 답을 찾아라.

A9.

> ① 무게중심의 정의와 성질
>
> ② 개념정리하기 참조
>
> ③ 이 문제는 무게중심의 정의와 성질을 이용하여 구하고자 하는 값을 계산할 수 있는지 묻는 문제이다. 삼각형의 무게중심이란 세 중선(꼭짓점과 그 대변의 중점을 이은 선)이 만나는 점을 말한다. 먼저 점 E가 선분 $\overline{AB}$의 중점이라는 사실을 이용하면 쉽게 x의 값을 구할 수 있을 것이다. 그리고 삼각형의 무게중심이 세 중선을 2:1로 내분한다는 사실로부터 y에 대한 비례식을 도출하면 쉽게 답을 구할 수 있다.
>
> ④ $x=5$, $y=6$

[정답풀이]

삼각형의 무게중심이란 세 중선(꼭짓점과 그 대변의 중점을 이은 선)이 만나는 점을 말한다. 점 E는 선분 $\overline{AB}$의 중점이 된다.

$\overline{AE} = \overline{EB}$이므로 $x=5$이다.

더불어 삼각형의 무게중심은 세 중선을 2:1로 내분하는 점이다.

$\overline{AG} : \overline{GD} = 2:1$

이제 y에 대한 비례식을 도출하여 그 값을 구해보자.

$\overline{AG}:\overline{GD}=2:1 \rightarrow y:3=2:1 \rightarrow y=6$

 스스로 유사한 문제를 여러 개 만들어(출제하여) 답을 찾아보시기 바랍니다.

Q10. 다음과 같이 생김새는 같으나 용량이 다른 두 개의 주전자가 있다. 두 주전자의 밑면(원)의 반지름은 각각 12cm, 8cm라고 한다.

(1) 두 주전자의 겉넓이의 비는 얼마인가?

(2) 큰 주전자의 용량(부피)이 2,592mL라면 작은 주전자의 용량은 몇 mL일까?

① 이 문제를 풀기 위해 어떤 개념을 알아야 하는가?

② 그 개념을 머릿속에 떠올려 보아라.

③ 문제의 출제의도를 말하고 어떻게 풀지 간단히 설명해 보아라. (잘 모를 경우, 아래 Hint를 보면서 질문의 답을 찾아본다)

Hint(1) 닮음비가 $a:b$인 두 닮음도형의 겉넓이의 비는 $a^2:b^2$이다.

Hint(2) 닮음비가 $a:b$인 두 닮음도형의 부피의 비는 $a^3:b^3$이다.

④ 그럼 문제의 답을 찾아라.

A10.

① 닮음도형의 넓이와 부피의 비

② 개념정리하기 참조

③ 이 문제는 닮음비로부터 닮음도형의 넓이와 부피의 비를 계산할 수 있는지 묻는 문제이다. 주전자의 밑면(원)의 반지름의 길이가 12cm, 8cm라고 했으므로, 닮음비는 3:2(=12:8)가 된다. 닮음비가 $a:b$인 두 닮음도형의 겉넓이와 부피의 비는 각각 $a^2:b^2$와 $a^3:b^3$이므로, 주어진 두 도형의 겉넓이의 비는 9:4, 부피의 비는 27:8이 된다. 문제에서 큰 주전자의 용량(부피)이 2,592mL라고 했으므로, 작은 주전자의 용량을 미지수 x로 놓고 비례식을 도출하면 어렵지 않게 구

하고자 하는 값을 계산해 낼 수 있을 것이다.

④ (1) 9:4   (2) 768mL

[정답풀이]

주전자의 밑면(원)의 반지름의 길이가 12cm, 8cm라고 했으므로, 닮음비는 3:2(=12:8)가 된다. 닮음비가 $a:b$인 두 닮음도형의 겉넓이와 부피의 비는 각각 $a^2:b^2$와 $a^3:b^3$이므로, 주어진 두 도형의 겉넓이의 비는 9:4, 부피의 비는 27:8이 된다. 따라서 두 주전자의 겉넓이의 비는 9:4이다. 문제에서 큰 주전자의 용량(부피)이 2,592mL라고 했으므로, 작은 주전자의 용량을 미지수 x로 놓고 비례식을 도출하여 그 값을 구하면 다음과 같다.

(두 닮음 도형의 부피의 비)$=27:8=2592:x \rightarrow 27x=8\times2592 \rightarrow x=768$

따라서 작은 주전자의 용량은 768mL가 된다.

 스스로 유사한 문제를 여러 개 만들어(출제하여) 답을 찾아보시기 바랍니다.

Q11. 점 G가 △ABC의 무게중심일 때, $\overline{FE}$의 길이를 구하여라. (단, $\overline{BD}$와 $\overline{FE}$는 평행하다)

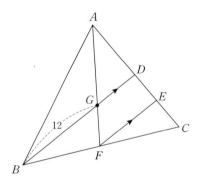

① 이 문제를 풀기 위해 어떤 개념을 알아야 하는가?

② 그 개념을 머릿속에 떠올려 보아라.

③ 문제의 출제의도를 말하고 어떻게 풀지 간단히 설명해 보아라. (잘 모를 경우, 아래 Hint를 보면서 질문의 답을 찾아본다)

    Hint(1) 삼각형의 무게중심은 세 중선(꼭짓점과 그 대변의 중점을 이은 선)을 2:1로 내분하는 점이다. 즉, $\overline{BG}:\overline{GD}=2:1$이다. 이 사실로부터 $\overline{GD}$의 길이에 대한 비례식을 도출하여 $\overline{GD}$의 길이를 구해본다.

        ☞ $\overline{BG}:\overline{GD}=2:1 \rightarrow 12:\overline{GD}=2:1 \rightarrow \overline{GD}=6$

    Hint(2) △AFE와 △AGD가 닮음인지 확인해 본다.

        ☞ △AFE와 △AGD : ∠A는 공통, ∠$AGD=$∠AFE(동위각) $\rightarrow$ AA닮음

    Hint(3) △AFE와 △AGD의 닮음비를 구해본다.

☞ $\overline{AG}:\overline{AF}=3:2$ (왜냐하면 $\overline{AG}:\overline{GF}=2:1$이기 때문이다)

Hint(4) △AFE와 △AGD의 닮음비를 활용하여 $\overline{FE}$에 대한 비례식을 도출해 본다. 편의상 $\overline{FE}$의 길이를 미지수 x로 놓는다.
　　　☞ (△AFE와 △AGD의 닮음비)$=3:2$ → $\overline{FE}:\overline{GD}=3:2$ → $x:6=3:2$

④ 그럼 문제의 답을 찾아라.

A11.

> ① 무게중심의 정의와 성질
> ② 개념정리하기 참조
> ③ 이 문제는 무게중심의 정의와 성질에 대해 알고 있는지 그리고 닮음비를 활용하여 구하고자 하는 값을 계산할 수 있는지 묻는 문제이다. 삼각형의 무게중심은 세 중선(꼭짓점과 그 대변의 중점을 이은 선)을 2:1로 내분하는 점이다. 즉, $\overline{BG}:\overline{GD}=2:1$이다. 이 사실로부터 $\overline{GD}$의 길이를 구할 수 있다. 더불어 △AFE와 △AGD의 닮음비를 활용하여 $\overline{FE}$에 대한 비례식을 도출하면 어렵지 않게 구하고자 하는 값을 계산할 수 있을 것이다.
> ④ $\overline{FE}=9$

[정답풀이]

삼각형의 무게중심은 세 중선(꼭짓점과 그 대변의 중점을 이은 선)을 2:1로 내분하는 점이다. 즉, $\overline{BG}:\overline{GD}=2:1$이다. 이 사실로부터 $\overline{GD}$의 길이에 대한 비례식을 도출하여 $\overline{GD}$의 길이를 구해보면 다음과 같다.

　　$\overline{BG}:\overline{GD}=2:1$ → $12:\overline{GD}=2:1$ → $\overline{GD}=6$

$\angle A$는 공통, $\angle AGD=\angle AFE$(동위각)이므로 △AFE와 △AGD는 AA닮음이다. 이제 △AFE와 △AGD의 닮음비를 구해보자.

　　$\overline{AG}:\overline{AF}=3:2$ (왜냐하면 $\overline{AG}:\overline{GF}=2:1$이기 때문이다)

△AFE와 △AGD의 닮음비를 이용하여 $\overline{FE}$에 대한 비례식을 도출한 후, $\overline{FE}$의 길이를 구하면 다음과 같다. 편의상 $\overline{FE}$의 길이를 미지수 x로 놓는다.

　　(△AFE와 △AGD의 닮음비)$=3:2$ → $\overline{FE}:\overline{GD}=3:2$ → $x:6=3:2$ → $x=9$

따라서 $\overline{FE}$의 길이는 9가 된다.

 스스로 유사한 문제를 여러 개 만들어(출제하여) 답을 찾아보시기 바랍니다.

Q12. 은설이는 할아버지가 소유한 땅이 그려져 있는 지도를 보고 있다. 지도의 축척이 1:40000이라고 할 때, 할아버지 땅의 넓이는 몇 m^2인가? (단, 두 삼각형 $\triangle ABC$와 $\triangle DCE$는 닮음이다)

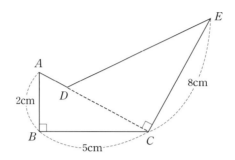

① 이 문제를 풀기 위해 어떤 개념을 알아야 하는가?

② 그 개념을 머릿속에 떠올려 보아라.

③ 문제의 출제의도를 말하고 어떻게 풀지 간단히 설명해 보아라. (잘 모를 경우, 아래 Hint를 보면서 질문의 답을 찾아본다)

Hint(1) 닮음비가 $a:b$인 두 닮음도형의 넓이의 비는 $a^2:b^2$이다.

Hint(2) $\triangle ABC$와 $\triangle DCE$의 닮음비는 5:8이므로, 두 도형의 넓이의 비는 25:64가 된다.

Hint(3) $\triangle ABC$와 $\triangle DCE$의 넓이의 비를 활용하여 $\triangle DCE$의 넓이를 구해본다. 그림에서 보는 바와 같이 $\triangle ABC$의 넓이는 5cm²이며, 편의상 $\triangle DCE$의 넓이를 $x$cm²로 놓는다.

☞ ($\triangle ABC$의 넓이):($\triangle DCE$의 넓이)=5cm²:$x$cm²=25:64 → $x=\dfrac{64}{5}$cm²

Hint(4) $\triangle ABC$와 $\triangle DCE$의 넓이의 합에 지도의 축척을 적용하여 실제 땅의 넓이를 구해본다.

Hint(5) 축척이란 지도상의 거리와 이것에 대응하는 실제 지형의 거리의 비를 말하는데, 이는 지도의 도형과 실제 지형의 닮음비와 같다고 말할 수 있다.

Hint(6) 10000cm²는 1m²와 같다.

④ 그럼 문제의 답을 찾아라.

A12.

> ① 닮음도형의 넓이의 비, 축척
>
> ② 개념정리하기 참조
>
> ③ 이 문제는 닮음도형의 넓이의 비에 대해 알고 있는지 그리고 축척의 개념을 활용하여 실제 지형의 넓이를 계산할 수 있는지 묻는 문제이다. 닮음비가 $a:b$인 두 도형의 넓이의 비는 $a^2:b^2$이다. 즉, $\triangle ABC$와 $\triangle DCE$의 닮음비가 5:8이므로, 두 도형의 넓이의 비는 25:64가 된다. $\triangle ABC$와 $\triangle DCE$의 넓이의 비를 활용하여 $\triangle DCE$의 넓이를 구한 후, 여기에 지도의 축척을 적용하면 실제 땅의 넓이를 구할 수 있다. 참고로 축척이란 지도상의 거리와 이것에 대응하는 실제

지형의 거리의 비를 말하는데, 이는 지도의 도형과 실제 지형의 닮음비와 같다고 말할 수 있다. 여기서 단위환산에 주의한다. (10000cm²는 1m²와 같다)

④ 2,048,000m²

[정답풀이]

닮음비가 $a:b$인 두 도형의 넓이의 비는 $a^2:b^2$이다. 즉, $\triangle ABC$와 $\triangle DCE$의 닮음비가 5:8이므로, 두 도형의 넓이의 비는 25:64가 된다. $\triangle ABC$와 $\triangle DCE$의 넓이의 비를 이용하여 $\triangle DCE$의 넓이를 구해보자. 그림에서 보는 바와 같이 $\triangle ABC$의 넓이는 5cm²이며, 편의상 $\triangle DCE$의 넓이를 $x$cm²로 놓는다.

$$(\triangle ABC\text{의 넓이}):(\triangle DCE\text{의 넓이})=5\text{cm}^2:x\text{cm}^2=25:64 \ \rightarrow \ x=\frac{64}{5}\text{cm}^2$$

$\triangle ABC$와 $\triangle DCE$의 넓이의 합은 $\frac{89}{5}\left(=5+\frac{64}{5}\right)$cm²가 된다. 축척이란 지도상의 거리와 이것에 대응하는 실제 지형의 거리의 비를 말하는데, 이는 지도의 도형과 실제 지형의 닮음비와 같다고 말할 수 있다. 축척이 1:40000이므로, 지도의 도형과 실제 지형의 넓이의 비는 1:1600000000이 된다. 축척(비례식)을 활용하여 실제 지형의 넓이를 구하면 다음과 같다.

$$1:1600000000=\frac{64}{5}\text{cm}^2:y\text{cm}^2 \ \rightarrow \ y=16\times10^8\times\frac{64}{5}=2048\times10^7\text{cm}^2$$

10000cm²는 1m²와 같으므로, 2048×10^7cm²는 2048000m²이다. 따라서 할아버지의 땅의 실제 넓이는 2048000m²이 된다.

 스스로 유사한 문제를 여러 개 만들어(출제하여) 답을 찾아보시기 바랍니다.

Q13. 어느 보석가게에서 작은 순금 조각들을 녹여 큰 순금으로 합치는 작업을 하고 있다. 한 변의 길이가 1cm인 정육면체 모양의 순금 512개를 녹여 하나의 큰 정육면체를 만들었다면, 만들어진 정육면체의 한 변의 길이는 과연 얼마일까?

① 이 문제를 풀기 위해 어떤 개념을 알아야 하는가?

② 그 개념을 머릿속에 떠올려 보아라.

③ 문제의 출제의도를 말하고 어떻게 풀지 간단히 설명해 보아라. (잘 모를 경우, 아래 Hint를 보면서 질문의 답을 찾아본다)

    Hint(1) 한 변의 길이가 1cm인 정육면체의 부피는 1cm³이다. 더불어 부피가 1cm³인 순금 512개를 녹여서 만든 정육면체의 부피는 512cm³가 된다.

    Hint(2) 닮음도형의 부피의 비가 $a^3:b^3$일 때, 두 도형의 닮음비(대응변의 길이의 비)는 $a:b$이다.

    Hint(3) 두 정육면체의 부피의 비를 $a^3:b^3$꼴의 형태로 변형하여 두 도형의 닮음비(대응변의 길이의 비)를 구해본다.

      ☞ 두 정육면체의 부피의 비가 $1:512=1^3:8^3$이므로, 두 도형의 닮음비(대응변의 길이의 비)는 1:8이 된다.

④ 그럼 문제의 답을 찾아라.

A13.

① 닮음비와 닮음도형의 부피의 비
② 개념정리하기 참조
③ 이 문제는 닮음 도형의 부피의 비로부터 닮음비(길이의 비)를 계산할 수 있는지
묻는 문제이다. 한 변의 길이가 1cm인 정육면체의 부피는 1cm³이다. 더불어
부피가 1cm³인 순금 512개를 녹여서 만든 정육면체의 부피는 512cm³가 된다.
닮음도형의 부피의 비가 $a^3:b^3$일 때, 두 도형의 닮음비(대응변의 길이의 비)는
$a:b$이므로, 두 정육면체의 부피의 비를 $a^3:b^3$꼴의 형태로 변형하면 쉽게 닮음비
(대응변의 길이의 비)를 계산할 수 있다.
④ 8cm

[정답풀이]

한 변의 길이가 1cm인 정육면체의 부피는 1cm³이다. 더불어 부피가 1cm³인 순금 512개를 녹여서 만든 정육면체의 부피는 512cm³가 된다. 닮음도형의 부피의 비가 $a^3:b^3$일 때, 두 도형의 닮음비(대응변의 길이의 비)는 $a:b$이므로, 두 정육면체의 부피의 비를 $a^3:b^3$꼴의 형태로 변형하여 닮음비(대응변의 길이의 비)를 구하면 다음과 같다.

  (두 정육면체의 부피의 비)$=1:512=1^3:8^3$

  → 두 정육면체의 닮음비(대응변의 길이의 비)$=1:8$

따라서 만들어진 정육면체의 한 변의 길이는 8cm이다.

 스스로 유사한 문제를 여러 개 만들어(출제하여) 답을 찾아보시기 바랍니다.

Q14. 평행사변형 $ABCD$에 대하여 $\triangle DGF$의 넓이가 11cm²일 때, $\triangle BAD$의 넓이를 구하여라.
(단, 점 E는 $\overline{AB}$의 중점이다)

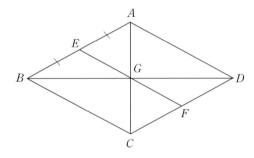

① 이 문제를 풀기 위해 어떤 개념을 알아야 하는가?
② 그 개념을 머릿속에 떠올려 보아라.

③ 문제의 출제의도를 말하고 어떻게 풀지 간단히 설명해 보아라. (잘 모를 경우, 아래 Hint를 보면서 질문의 답을 찾아본다)

> **Hint(1)** $\triangle DGF$와 합동인 삼각형을 찾아본다.
> ☞ $\triangle DGF \equiv \triangle BGE$ (ASA합동)
> $\angle BGE = \angle DGF$(맞꼭지각), $\angle EBG = \angle FDG$(엇각),
> $\overline{BG} = \overline{DG}$ (평행사변형의 두 대각선은 서로를 이등분한다)
>
> **Hint(2)** $\triangle BEG$와 닮음인 삼각형을 찾아본다.
> ☞ $\triangle BEG \infty \triangle BAD$ (SAS닮음)
> $\angle EBG$(공통), $\overline{BE}:\overline{BA} = \overline{BG}:\overline{BD} = 1:2$
>
> **Hint(3)** $\triangle BEG$와 $\triangle BAD$은 닮음비 1:2이다.
>
> **Hint(4)** $\triangle BEG$와 $\triangle BAD$은 넓이의 비는 1:4이다.

④ 그럼 문제의 답을 찾아라.

A14.

> ① 삼각형의 합동, 닮음도형의 넓이의 비
> ② 개념정리하기 참조
> ③ 이 문제는 삼각형의 합동 및 닮음도형의 넓이의 비를 활용하여 구하고자 하는 값을 찾을 수 있는지 묻는 문제이다. 일단 $\triangle DGF$와 합동인 삼각형을 찾아본다. 더불어 $\triangle BEG$와 $\triangle BAD$가 닮음인지 확인해 본다. 만약 닮음일 경우, 닮음비로부터 넓이의 비를 구하면 손쉽게 답을 찾을 수 있을 것이다.
> ④ $44cm^2$

[정답풀이]

$\triangle DGF$와 $\triangle BGE$의 합동조건을 찾아보면 다음과 같다.

$\triangle DGF \equiv \triangle BGE$ (ASA합동)

$\angle BGE = \angle DGF$(맞꼭지각), $\angle EBG = \angle FDG$(엇각),

$\overline{BG} = \overline{DG}$ (평행사변형의 두 대각선은 서로를 이등분한다)

$\triangle DGF$와 $\triangle BGE$가 합동이므로, $\triangle BGE$의 넓이 또한 $11cm^2$가 된다. 이제 $\triangle BEG$와 $\triangle BAD$의 닮음조건을 찾아보면 다음과 같다.

$\triangle BEG \infty \triangle BAD$ (SAS닮음)

$\angle EBG$(공통), $\overline{BE}:\overline{BA} = \overline{BG}:\overline{BD} = 1:2$

$\triangle BEG$와 $\triangle BAD$은 닮음비는 1:2이므로, 넓이의 비는 1:4이다. $\triangle BAD$의 넓이를 x로 놓은 후, 비례식(x에 대한 방정식)을 작성하면 다음과 같다.

($\triangle BEG$와 $\triangle BAD$의 넓이의 비)$=1:4=11:x \rightarrow x=44$

따라서 $\triangle BAD$의 넓이는 $44cm^2$이다.

 스스로 유사한 문제를 여러 개 만들어(출제하여) 답을 찾아보시기 바랍니다.

★ 개념의 이해도가 충분하지 않다면, 일단 PASS하시기 바랍니다. 그리고 개념정리가 마무리 되었을 때 심화학습 내용을 따로 읽어보는 것을 권장합니다.

Q1. 다음과 같이 원뿔 모양의 물통에 물을 붓고 있다. 수도꼭지에서는 1초에 3mL씩 수돗물이 나오고 있다고 한다. 5초 후, 채워진 물의 높이가 7cm라면, 물통에 물을 가득 채울 때,

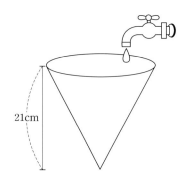

(1) 걸리는 시간(초)은 얼마일까?

(2) 물통의 부피(mL)는 얼마일까?

① 이 문제를 풀기 위해 어떤 개념을 알아야 하는가?

② 그 개념을 머릿속에 떠올려 보아라.

③ 문제의 출제의도를 말하고 어떻게 풀지 간단히 설명해 보아라. (잘 모를 경우, 아래 Hint를 보면서 질문의 답을 찾아본다)

> **Hint(1)** 1초에 3mL씩 수돗물이 나오고 있으므로, 5초 후 채워진 물의 부피는 15mL가 될 것이다. (이 때 물의 높이는 7cm이다)

> **Hint(2)** 5초 동안 채워진 물의 도형(원뿔)과 물통의 도형(원뿔)은 서로 닮음이다.
> ☞ 물의 도형(원뿔)과 물통의 도형(원뿔)의 닮음비는 높이의 비와 같다. → $1:3(=7:21)$

> **Hint(3)** 5초 동안 채워진 물의 도형(원뿔)과 물통의 도형(원뿔)의 닮음비를 활용하여 물통의 부피를 구해본다.
> ☞ 두 입체도형의 닮음비가 $a:b$라면 부피의 비는 $a^3:b^3$이 된다.
> ☞ 두 입체도형의 닮음비가 $1:3$이므로 부피의 비는 $1:27$이다. 5초 동안 채워진 물의 부피가 15mL이므로 물통의 부피는 $405(=15\times27)$mL가 된다.

> **Hint(4)** 물통의 부피 405mL를 모두 채우는 데 걸리는 시간을 구해본다. (1초에 3mL씩 수돗물이 나오고 있다)

④ 그럼 문제의 답을 찾아라.

A1.

① 닮음도형의 부피의 비

② 개념정리하기 참조

③ 이 문제는 닮음비를 이용하여 두 도형의 부피의 비를 계산할 수 있는지 그리고 부피의 비로부터 구하고자 하는 값을 찾을 수 있는지 묻는 문제이다. 5초 동안 채워진 물의 도형(원뿔)과 물통의 도형(원뿔)은 서로 닮음이다. 두 도형의 닮음비를 활용하여 물통의 부피를 구하면 어렵지 않게 답을 찾을 수 있다.

④ (1) 135초   (2) 405mL

[정답풀이]

1초에 3mL씩 수돗물이 나오고 있으므로, 5초 후 채워진 물의 부피는 15mL가 된다. 5초 동안 채워진 물의 도형(원뿔)과 물통의 도형(원뿔)은 서로 닮음이다. 그럼 닮음비를 구해보자. (5초 후 물의 높이는 7cm이다)

(채워진 물의 도형과 물통의 도형의 닮음비)＝(두 도형의 높이의 비)＝1:3(＝7:21)

5초 동안 채워진 물의 도형(원뿔)과 물통의 도형(원뿔)의 닮음비를 활용하여 물통의 부피를 구하면 다음과 같다. (참고로 두 입체도형의 닮음비가 $a:b$라면 부피의 비는 $a^3:b^3$이다)

(두 입체도형의 닮음비)＝1:3 → (부피의 비)＝1:27

즉, 5초 동안 채워진 물의 부피가 15mL이므로 물통의 부피는 405(＝15×27)mL가 된다. 더불어 1초에 3mL씩 수돗물이 나오고 있으므로 물통의 부피 405mL를 모두 채우는 데 걸리는 시간은 135초(＝405÷3)가 된다.

 스스로 유사한 문제를 여러 개 만들어(출제하여) 답을 찾아보시기 바랍니다.

memo

memo